SHOUBASHOU JIAONI XIU DIANHANJI

# 手把手教你修电焊机

张永吉　等编

化学工业出版社

·北京·

**图书在版编目（CIP）数据**

手把手教你修电焊机/张永吉等编．—北京：化学工业出版社，2012.6（2021.11重印）

ISBN 978-7-122-14184-2

Ⅰ．手…　Ⅱ．张…　Ⅲ．①交流电焊机-维修②直流电焊机-维修　Ⅳ．TG434

中国版本图书馆CIP数据核字（2012）第082714号

责任编辑：高墨荣　　文字编辑：徐卿华

责任校对：顾淑云　　装帧设计：王晓宇

出版发行：化学工业出版社（北京市东城区青年湖南街13号　邮政编码100011）

印　　装：天津盛通数码科技有限公司

787mm×1092mm　1/16　印张16　字数416千字　　2021年11月北京第1版第13次印刷

购书咨询：010-64518888　　售后服务：010-64518899

网　　址：http://www.cip.com.cn

凡购买本书，如有缺损质量问题，本社销售中心负责调换。

**定　　价：39.80元**

近年来，电焊机正以惊人的速度改进和发展，数量和品种不断增加，初学电焊机的维修人员渴望有一本由浅入深、一步步教会他们修理电焊机的书，因此，我们根据多年积累的电焊机维修资料整理编写了本书，以期对初学者提供一定的帮助。

本书以简洁易懂的语言、师傅带徒弟的形式，由浅入深地介绍了电焊机的基础知识和维修技巧，是学好维修电焊机和独立维修电焊机的首选，希望您早日在维修电焊机的行业里大显身手。

本书内容在选材上充分考虑到初学者的掌握能力和实际需要，选取维修过程中最常见的几种焊机最频繁的故障、疑点、难点为实例，深入、细致地介绍了维修电焊机的许多基础知识和必须掌握的维修方法。

本书主要介绍了几种典型的焊机，如交流弧焊机（BX6-120）、$CO_2$ 半自动电焊机、NSA4-300 型直流手工钨极氩弧焊机、MZ-100 型交直流埋弧自动焊机、ZXG7-300 型整流式弧焊机硅、ZX5-400 型晶闸管整流弧焊机、IGBT-ZX7 系列逆变式电焊机。

本书共分 11 章，主要内容和特点如下。

• 由浅入深地介绍了维修电焊机的基本理论知识，讲解了维修焊机的相关电工基础知识。

• 认识和了解电焊机中各种元器件的图形和符号，为分析和读懂电焊机电气原理图打下了良好基础。

• 了解并掌握各元器件在电路中的作用及元件的性能与识别方法。

• 了解和掌握常见的各类电焊机的维修方法和维修程序。

• 了解维修电焊机需要哪些仪器、仪表和工具。

• 了解电焊机简单电路和电焊机的结构及工艺特点。

• 会分析简单电路图和典型电焊机的工作原理过程。

• 师傅教徒弟形式贯穿整个过程，都以实际例子进行交流和指导。掌握分析问题、判断故障的方法，积累经验。

• 能正确、迅速地分析和判断设备发生故障的部位或损坏元件，比较准确、又快又好地排除故障。

• 能在学完后独立完成简单焊机的维修工作，具有排除故障的能力及一定水平。

参加本书编写的有张永吉、乔长君、姜春宇、李树永、张虹，由于编者水平有限，书中难免有疏漏不妥之处，恳请广大读者批评指正。

编 者

# 目录

手把手教你修电焊机

Chapter 1

手把手教你修电焊机

# 第1章 认识电路和识别元器件

# 1.1 电焊机基本电路的组成

## 1.1.1 电路

徒弟 师傅，要想学好维修电焊机，也要学习一些电工的基本电路和相关知识吗？

师傅 是的，在初中时物理老师已经讲过电路及相关的知识，学习电工的基本电路和相关知识，可以加深理解电路在实际维修中的理解和应用，在分析故障时能尽快掌握基本的电路（典型电路），是今后学习维修电焊机的最基本要求，也是非常重要的组成部分。

电路就是电流通过的路径。此时是一个完全闭合的回路（电路）。下面为了便于学习电路的组成，准备一个灯泡、一个开关、电池（电源）做一个实验。把灯泡用导线和开关以及电池（电源）连接起来。就形成一个回路。当合上开关，就有电流通过灯泡，灯泡就发光。如果把一台电动机，同样用导线、开关与电源接通，也就形成了一个回路（电路），此时就有电流通过电动机，使电动机旋转起来。把有关元器件适当组合时所构成的回路，而使电流获得的通路的总体，叫作电路，如图 1-1 所示。

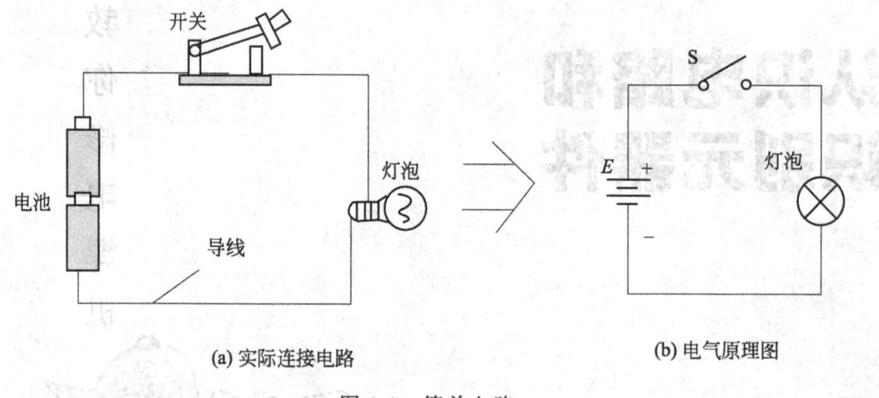


图 1-1　简单电路

**（1）电路的组成**

电路一般由四部分组成。

① 电源：是产生电能的设备。其作用是将其他形式的能量转换为电能。如电池是将化学能转换为电能，而发电机是将机械能转换成电能。电源还有多种形式，如火力发电、水力发电、风力发电、太阳能发电等。

② 用电设备：又称负载或负荷，它的作用是把电能转换成为其他形式的能量。如电灯将电能转换为光能，电动机将电能转换为机械能，风机将电能转换成风能，还有很多其他用电设备，在这里不一一列举。

③ 连接导线：由导体制成，其作用是把电源、负载和控制电器（开关）等连接成一个闭合的通路，并将电能传输和分配给负载（负荷）。上面的例子就是一个典型的实际电路组成。

④ 其他设备：在电路中起控制、保护等作用的设备。如断路器（开关）、按钮、熔断器、继电器（交流接触器）、分流器、电工仪表等。

**(2) 电路的三种情况**

① 通路：电路的开关闭合，使电源与负载接通，此时的电路称为通路，又叫闭合电路。通路时的电路有电流流过负载，电路处于工作状态。日常的开灯过程，就是这种状态。

② 开路：电源的开关打开或熔断器（丝）熔断时，电路就处于开路（断路）状态。例如，家里使用的水龙头，当把放水的闸阀关掉后，水就不流。同样，电源开路时，由于外电路的电阻是无穷大，因而电路中没有电流流过。电源的端电压等于电动势，电源不输出电能。

以后会经常遇到维修电路控制板时，发生元器件因过载（或内部过热造成暂时性引线剥离现象）使其阻值变大或开路现象发生。

③ 短路：短路状态是电路里不同的电位直接接通，接通处的电阻极低（很小或接近零），一般视为零。"短路"状态可能发生在电路的任何处，但最严重的电源短路，会使电气设备烧毁或造成严重事故，有时会造成作业人员因短路烧伤的事故等。

如会经常遇到在使用小家电时发生线路老化或意外连接（电源过热或灯头内部意外相碰），造成的打火甚至使熔断器（保险丝）熔断现象都是因线路短路造成的。

## 1.1.2 电路图

徒弟 师傅，您举的例子我看懂了。一个电路的组成必须满足四个条件：电源、开关、负载和导线，才能构成一个电路（闭合回路）。也学会了根据实际接线图画出电气原理图，同时也知道了电路是由四部分组成的，以及电路的三种状态情况。但是，在维修电气设备中涉及到很多典型电路图，元器件比较多，而且线路（电路）又很复杂，难理解，也不容易看懂。那么我们如何看懂相关的电路图呢？请您给我们仔细系统地讲解一下。

师傅 在实际维修电气设备的工作中，经常遇到较复杂的电路和典型电路。为了便于分析、研究电路，通常将电路的实际组件用图形符号表示在电路中，称为电气原理图，也叫电路图。图 1-1(b) 就是图 1-1(a) 的电气原理图。也可以把较复杂的电路化简成简单电路图，使分析和学习更方便。

电路图分很多类型，一般有主电路、整流电路、控制电路、触发电路、稳压电路、逆变电路、滤波电路、反馈电路（正、负反馈）以及检测回路和辅助设备等。这些电路在今后的学习中会一一讲解的。

因此，要想学好并且掌握各类典型电路，必须要有扎实的理论基础和实践经验。

## 1.1.3 常用电气图形符号和文字符号

首先要了解和学会看懂电气原理图的每个图形符号并且要牢记，这对今后的学习是有很大帮助的，电气原理图中常见的各种图形符号与文字符号见表 1-1。

**表 1-1 常用电气图形符号与文字符号**

| 图形符号 | 符号名称 | 文字符号 | 图形符号 | 符号名称 | 文字符号 |
|---|---|---|---|---|---|
| — | 直流电 | DC | + | 正极 | |
| ～ | 交流电 | AC | — | 负极 | |
| ⏚ | 接地 | PE | $\overset{\sim}{-}$ | 交直流电 | AC/DC |

续表

| 图形符号 | 符号名称 | 文字符号 | 图形符号 | 符号名称 | 文字符号 |
|---|---|---|---|---|---|
| + − | 原电池或蓄电池 | E |  | 固定电阻 | R |
| (a) (b) + − | (a)无极性电容器<br>(b)电解电容器 | C |  | 可变电阻器<br>滑线变阻器 | RP |
|  | 可变电容器 | C | θ | 热敏电阻器 | RT |
|  | 电感线圈 | L | U | 压敏电阻器 | RV |
|  | 有铁芯的<br>电感线圈 | LT |  | 光敏电阻 | RG或RL |
|  | 单相变压器 | TC |  | 三相变压器 | TM |
|  | 电压互感器 | PT/TV |  | 电流互感器 | TA |
|  | 电抗器 | L | M 3~ | 三相异步电动机 | M |
| M 3~ | 三相绕线转子<br>异步电动机 | M | M — | 他励直流电动机 | M |
| M — | 并励直流电动机 | M | M — | 串励直流电动机 | M |
| TG — | 直流测速发电机 | TG |  | 熔断器 | FU |

续表

| 图形符号 | 符号名称 | 文字符号 | 图形符号 | 符号名称 | 文字符号 |
|---|---|---|---|---|---|
| | 信号灯(指示灯) | HL | | 照明灯 | EL |
| | 插头 | XP | | 插座 | XS |
| | 电磁阀 | YV | p | 压力继电器常开触头 | KP |
| (a) (b) | (a)瞬时闭合的常开触点<br>(b)瞬时断开的常闭触点 | KT | 或 | 延时闭合的常开触点 | KT |
| (a) (b) | (a)接触器常开触点<br>(b)接触器常闭触点 | KM | 或 | 延时断开的常闭触点 | KT |
| | 接触器线圈 | KM | 或 | 延时闭合的常闭触点 | KT |
| | 热继电器 | RF | 或 | 延时断开的常开触点 | KT |
| | 断路器 | QF | (a) (b) | (a)位置开关动合触点<br>(b)位置开关动断触点 | SQ |
| | 隔离开关 | QS | (a) (b) | (a)启动按钮开关(常开)<br>(b)停止按钮开关(闭锁) | SBst<br>SBss |
| | 自动开关 | QA | | 接机壳或接底板 | GND |

续表

| 图形符号 | 符号名称 | 文字符号 | 图形符号 | 符号名称 | 文字符号 |
|---|---|---|---|---|---|
| A | 电流表 | A | V | 电压表 | V |
| Hz | 频率表 | Hz | n | 转速表 | n |
|  | 二极管 | V |  | 稳压管（也叫稳压二极管） | VS |
|  | 光敏二极管 | V |  | 发光二极管 | LED |
|  | 变容二极管 | V |  | 双向触发二极管 | V |
|  | 桥式整流器 | V | $T_1$ G $T_2$ | 双向晶闸管（也叫可控硅） | VT |
| E $B_1$ $B_2$ | 单结晶体管（双基二极管） | VT 或 Q | A G K | 晶闸管 | VT |
| B C E | NPN 型三极管 |  | B C E | PNP 型三极管 |  |
| G C E | IGBT 场效应管 | VT | B C E | 带阻尼二极管 NPN 型三极管 | VT |
| 1 2 3 4 输入 输出 | 四端光电耦合器 | IC | 1 2 3 4 5 6 | 六端光电耦合器 | IC |

## 1.1.4 常用电焊机电气控制电路

以下通过电焊机的启停控制的典型电路，来加深理解和学习其控制的作用及原理。这对于初学者来说需要能背着画出其各种电气控制电路图，并且能熟练掌握各个元器件的动作原理和实际接线方式。

### 1.1.4.1 启动停止控制电路

**(1) 断路器启动停止控制电路**

断路器电源控制电路如图 1-2 所示。这种电路比较简单只要合上断路器，电源就送到负载，拉开断路器负载就没电。

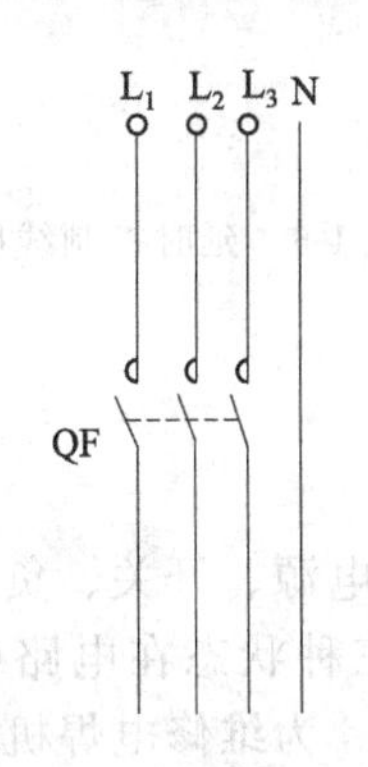


图 1-2 电源控制电路

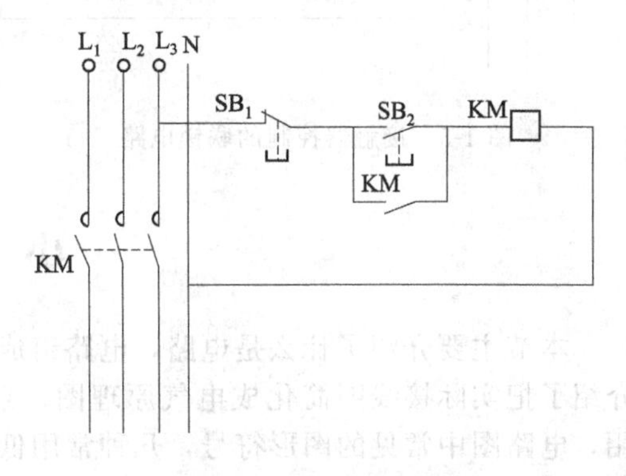


图 1-3 单向启动线路

**(2) 接触器自锁控制电路**

如图 1-3 所示。其动作原理如下：当按下按钮 $SB_2$，接触器 KM 线圈得电吸合，其主触点 KM 闭合，电源通过主触点送到负载（电机或电焊机以及用电设备），由于 KM 的常开辅助触点并联在 $SB_2$ 两端，即使松开 $SB_2$，线圈回路仍然有电。这个电路也可改用万能转换开关直接控制。

**(3) 联锁控制电路**

如图 1-4 所示。一般在 $CO_2$ 电焊机、氩弧焊机的控制系统中经常见到气压、风压开关作为联锁系统的问题，下面举一个例子来学习其工作原理。当风压开关 SS 受 SB 控制，开机时按下风机启动按钮 SB，当风机启动并达到一定风压后，利用风的压力推动 SS 闭合，接触器线圈 KM 得电吸合，主触点闭合，负载得电。如果风机不启动或风的压力小，那么开关 SS 将不能闭合，接触器也就无法吸合。这种电路也可用接触器联锁实现，如图 1-5 所示。主接触器 $KM_1$ 线圈与风机接触器 $KM_2$ 的常开辅助触点串联，只有在风机启动 $KM_2$ 常开辅助触点闭合后，才能按下按钮 $SB_1$，$KM_1$ 才能得电。一旦按下停止按钮，风机停转了，主接触器也就断开了。

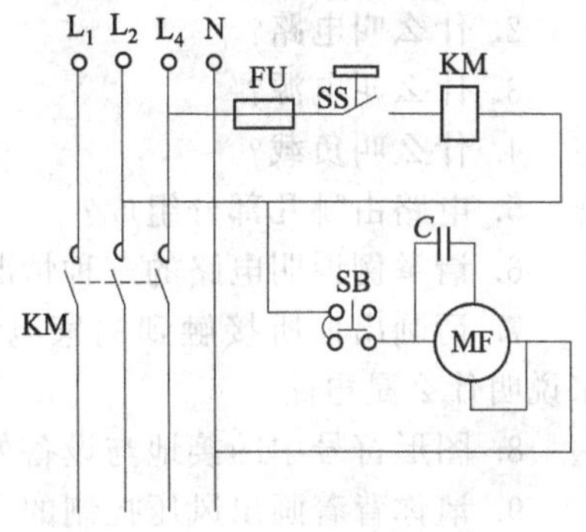


图 1-4 风压控制的联锁电路

### 1.1.4.2 其他控制电路

图 1-6 所示为断电延时控制线路。当按下启动按钮 $SB_2$ 时，快速时间继电器 KT 线圈得电，常开触点闭合，$KM_1$ 线圈得电，主触点吸合电源送到负载。当辅助触点 $KM_2$ 断开时，时间继电器 KT 并不马上打开，而是经过一定延时才打开，这时接触器 $KM_1$ 线圈才失电释放，负载断电。

这个电路可应用于气体保护焊接的控制。

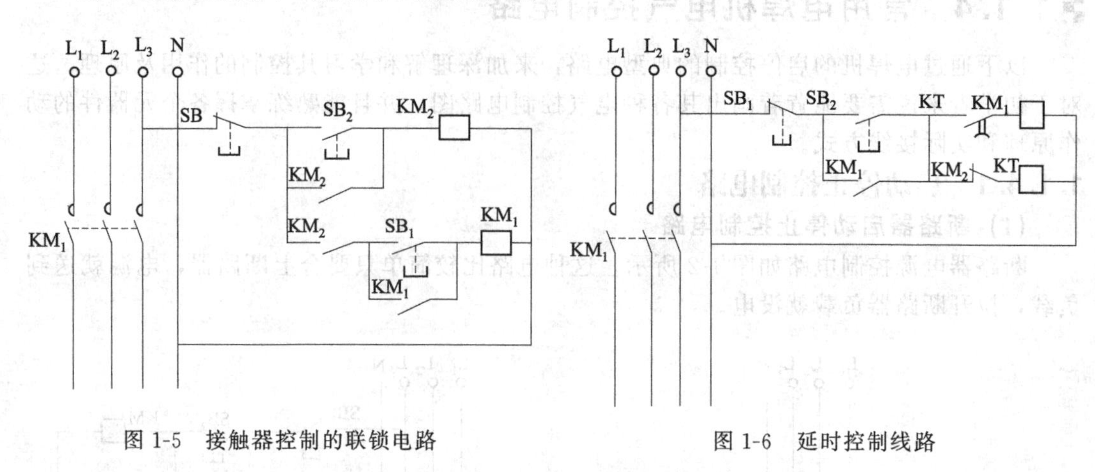


图 1-5　接触器控制的联锁电路　　　　图 1-6　延时控制线路

## 小　　结

本节主要介绍了什么是电路，电路组成的四个条件，即电源、开关、负载和导线，也介绍了把实际接线图简化成电气原理图，还介绍了电路的三种状态在电路中的情况和作用，电路图中常见的图形符号，几种常用低压电器控制电路。为维修电焊机时准确分析和识别电气元器件提供了必备的知识，也为学好下边的知识打下一个良好的基础。

## 练 习 题

1. 电路的通路状态是指__________；电路的短路状态是指______________；电路的开路（断路）状态是指____________。

2. 什么叫电路？

3. 什么叫电源？

4. 什么叫负载？

5. 电路由哪几部分组成？

6. 请举例说明电路的三种情况。

7. 请画出你所接触到的家电设备（台灯、临时照明、排烟机等）来组成一个电路，来说明什么是电路。

8. 图形符号中的接地与设备外壳及底板接地有什么区别？

9. 请你背着画出风压控制的联锁电路图。

# 1.2　电焊机电路中的各种元器件

徒弟　师傅，这一节是不是要讲电路中的电阻、电容与电感了？此节的重点是什么？

师傅　上节学习了电路的一些基本概念，是为了学好维修焊机及分析电路，通过举例来对电路进行认识和理解。这一节还要讲电路中涉及的几个基本元器件，如电阻、电容、电感等。

**徒弟** 师傅，什么是电阻？它有什么特点？单位又是如何定义的？

**师傅** 首先，我们从表 1-1 中知道了电阻的图形和文字符号，知道了它在电路中是如何表示的。此节主要是来加深理解电阻在电路中起什么作用以及它的一些技术参数等。

## 1.2.1 电阻

从理论上讲，导体中的电荷在电场力的作用下作定向运动时所受到的阻碍作用，导体对电流的阻碍作用叫作导体电阻，或者表示电流流过导体，要受到一定的阻力，该阻力称为“电阻”，用字母 $R$ 或 $r$ 表示。电阻的单位是“欧姆”，简称“欧”，用符号“Ω”表示。

因此，在选用电阻时一定要记住电阻的单位和符号，在线性电阻器的主要参数中会详细介绍。另外，在很多场合应用电阻时会遇到环境温度的情况。它与温度有什么关系？下面就分析一下。

当温度一定时，导体电阻的大小与导体长度成正比，与导体截面积成反比，还与导体的材料有关。即

$$R=\rho\frac{l}{S}$$

式中 $R$——导体的电阻，Ω；

$l$——导体的长度，m；

$S$——导体截面积，$mm^2$；

$\rho$——电阻率，$\Omega\cdot mm^2/m$。

导体电阻的大小，还与温度有关：

$$R_1=R_0[1+\alpha(T_1-T_0)]$$

式中 $R_1$——温度为 $T_1$ 时导体的电阻值；

$R_0$——温度为 $T_0$ 时导体的电阻值；

$T_1$——环境温度（导体温度）；

$T_0$——环境温度，一般取 20℃。

以上两个概念和公式表明，电阻受温度的影响是很大的。因此，可以通过其性能和理论做成一系列的一次元件（如热电阻、热电偶等）。

**(1) 电阻组件**

电阻器是利用一些材料对电流有阻碍作用的特性所制成的，它是一种最基本、最常用的电子组件。电阻器在电路里的用途很多，大致可以归纳为降低电压、分配电压、限制电流和向各种元器件提供必要的工作条件（电压或电流）等。也可以作为发热体供人们使用。为了表述方便，通常将电阻器简称为电阻。

电阻器按结构形式可分为固定式和可变式两大类。

固定电阻器文字符号常用字母“R”表示，主要用于阻值不需要变动的电路。它的种类很多，主要有碳质电阻、碳膜电阻、金属膜电阻、线绕电阻等。

可变电阻器即电位器文字符号用“RP”表示，主要用于阻值需要经常变动的电路。它可以分为旋柄式和滑键式两类。半调电位器通常称为微调电位器，主要用于阻值有时需要变动的电路。

固定电阻器通常简称电阻，是电气控制中使用最多的元件。固定电阻器一经制成，其阻值便固定不变。

**(2) 常用固定电阻器的种类和特点**

维修电气控制板（各类家电电器）时，维修人员经常使用的固定电阻器有实芯电阻

器、薄膜电阻器、线绕电阻、碳膜电阻、金属膜电阻、金属氧化膜电阻、金属玻璃釉电阻等。图 1-7 所示是其中几种的实物外形图。由图可知，普通固定电阻器只有两根引脚，引脚无正、负极性之分。小型固定电阻器的两根引脚一般沿轴线方向伸出，可以弯曲，以便在电路板上进行焊接和安装。

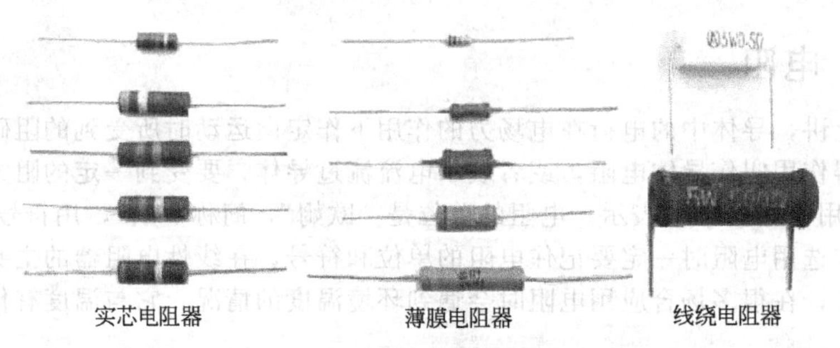


图 1-7 常用固定电阻器实物外形图

实芯电阻器是由碳与不良导电材料混合，并加入黏结剂制成的，型号中有 RS 标志。这种电阻器成本低，价格便宜，可靠性高，但阻值误差较大，稳定性差。在以前的电子管收音机和各种电子设备中，实芯电阻器使用非常普遍，但现在的成品电器中已经很少使用。电子爱好者手头多有这种电阻器，在一般业余电子制作中还是完全可以利用的。

薄膜电阻器是用蒸发的方法将碳或某些合金镀在瓷管（棒）的表面制成的，它是电子制作中最常用的电阻器。碳膜电阻器型号有 RT 的标志（小型碳膜电阻器为 RTX），它造价便宜、电压稳定性好，但允许的额定功率较小。金属膜电阻器型号有 RJ 标志，外面常涂以红色或棕色漆，它精度高，热稳定性好，在相同额定功率时，体积只有碳膜电阻器的一半。线绕电阻器在型号中有 RX 标志，是用镍铬或锰铜合金电阻丝绕在绝缘支架上制成的，表面常涂有绝缘漆或耐热釉层。线绕电阻器的特点是精度高，能承受较大功率，热稳定性好；缺点是价格贵，不容易得到高阻值。万用电表中的分流器、分压器大多采用线绕电阻器。

在维修电气控制板时，有时需要用到功率比较大、阻值却很小的电阻器，这样的电阻器不容易购买到，但完全可以用自制的线绕电阻器来满足需要。自制线绕电阻器（参见图 1-8）的方法很简单：根据欲制作电阻器所要求的功率（瓦数）大小选择粗细合适的电阻丝，先测出单位长度的阻值，估算出所需阻值的长度。再将电阻丝绕在自制的胶木片骨架上，待绕得差不多时进行测量，直至达到要求的阻值。然后在胶木片两端做出引线，并焊上接线片即成。所用电阻丝可以用专门的镍铬丝、康铜丝、锰铜丝等，也可从废电烙铁芯、旧线绕电阻器等处拆下，或直接从电炉丝、电热毯丝截取。

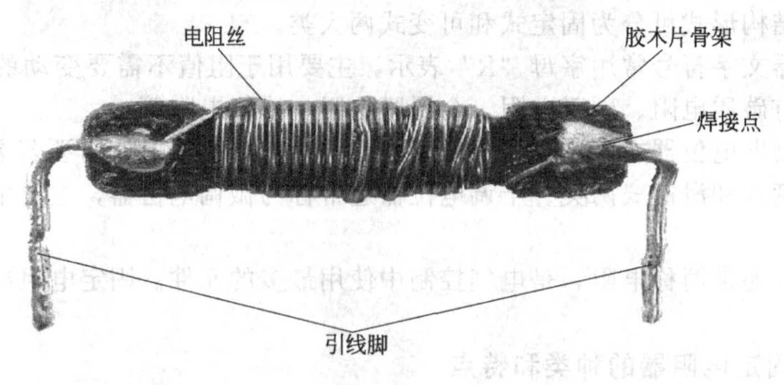


图 1-8 自制线绕电阻器实物外形图

**(3) 电阻器的主要参数及标注方法**

电阻器的主要技术参数有标称阻值、允许偏差和额定功率。

1）线性电阻器的主要参数

电阻器的参数很多，但在实际应用中，一般只考虑标称阻值、允许偏差和额定功率。其他参数只在特殊需要时才考虑。

① 标称阻值　电阻器的标称阻值是指电阻器表面所标阻值。它是按国家标准规定的系列制造的，具体标称阻值系列可查有关手册。国家规定了一系列的电阻值作为产品的标准，并在产品上标注清楚标准电阻值，称之为标称电阻。我国电阻器的标称阻值系列见表1-2所示。表中所给出的基数，可以乘以10、100、1000……例如3.9这个基数，可以是3.9Ω，也可以是39Ω、390Ω、3.9kΩ、39kΩ、390kΩ和3.9MΩ等。

**表 1-2　电阻器标称阻值系列**

| | |
|---|---|
| Ⅰ级(±5%) | 1.0、1.1、1.2、1.3、1.5、1.6、1.8、2.0、2.2、2.4、2.7、3.0、3.3、3.6、3.9、4.3、4.7、5.1、5.6、6.2、6.8、7.5、8.2、9.1 |
| Ⅱ级(±10%) | 1.0、1.2、1.5、1.8、2.2、2.7、3.3、3.9、4.7、5.6、6.8、8.2 |
| Ⅲ级(±20%) | 1.0、1.5、2.2、3.3、4.7、6.8 |

标称阻值的表示方法有三种情况：直标法；文字符号法；色标法。

a. 直标法：就是将数值直接打印在电阻器上。

b. 文字符号法：将文字、数字符号有规律地组合起来表示出电阻器的阻值与误差。通常还使用比欧姆（Ω）更大的单位——千欧（kΩ）和兆欧（MΩ）。它们之间的换算关系是：

$$1M\Omega=1000k\Omega$$

$$1k\Omega=1000\Omega$$

为了适应不同的需要，标示符号规定如下：

如：欧姆（$10^0$ 欧姆），用符号“Ω”表示。

千欧（$10^3$欧姆），用符号“kΩ”表示，即1kΩ=1000Ω

兆欧（$10^6$欧姆），用符号“MΩ”表示，即1MΩ=1000kΩ=1000000Ω

例如，5Ω可表示为Ω5；40.7kΩ可表示为40.7k。

c. 色标法：指用不同颜色在电阻体表面标志主要参数和技术性能的方法。各种颜色表示的标称值和允许误差见表1-3。

**表 1-3　色环颜色所代表的意义**

| 色环颜色 | 第一色环<br>第一位数 | 第二色环<br>第二位数 | 第三色环<br>第三位数 | 第四色环<br>误差 |
|---|---|---|---|---|
| 黑 | 0 | 0 | $\times10^0$ | |
| 棕 | 1 | 1 | $\times10^1$ | ±1% |
| 红 | 2 | 2 | $\times10^2$ | ±2% |
| 橙 | 3 | 3 | $\times10^3$ | ±3% |
| 黄 | 4 | 4 | $\times10^4$ | ±4% |
| 绿 | 5 | 5 | $\times10^5$ | |
| 蓝 | 6 | 6 | $\times10^6$ | |
| 紫 | 7 | 7 | $\times10^7$ | |
| 灰 | 8 | 8 | $\times10^8$ | |
| 白 | 9 | 9 | $\times10^9$ | |
| 金 | | | $\times10^{-1}$ | ±5% |
| 银 | | | $\times10^{-2}$ | ±10% |
| 无色 | | | | ±20% |

用不同颜色的色环表示电阻器的阻值或误差。固定电阻器的色环标志读数识别如图1-9所示。一般电阻器用两位有效数字表示，其例如图1-9(a) 所示。精密电阻器用三位数字表示，其例如图1-9(b) 所示。

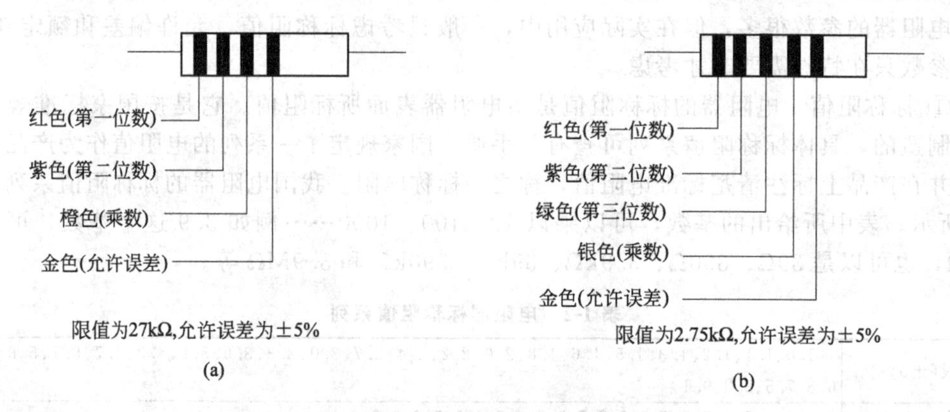


图1-9 固定电阻器色环标志读数识别

② 阻值误差 由于电阻器在生产过程中存在着误差，所以标称阻值并不是100%地等于电阻器的实际电阻。把电阻器的实际阻值和标称阻值间的差别，常以差值与标称阻值的百分比数来表示，叫作允许偏差（或阻值误差）。电阻器产品根据允许偏差大小可以分为3个等级（表1-2），即：Ⅰ级允许偏差为±5%；Ⅱ级允许偏差为±10%，Ⅲ级允许偏差为±20%。很显然，允许偏差值越小，表示电阻器的阻值精度越高。

③ 电阻器的额定功率 电阻器是一种耗能元器件，当电流通过电阻器时，就会有一部分电能转换成热能，使电阻器温度升高。若使用时电阻器通过的电流太大或电阻器两端承受的电压过高，都会造成过热而损坏。因此，各种电阻器都规定了它的标称功率（又叫额定功率）。

电阻器在交、直流电路中长期连续工作所允许消耗的最大功率，称为电阻器的额定功率。常用的有1/8W、1/4W、1/2W、1W、2W、5W和10W等数值。电阻器额定功率通常用图1-10所示的符号来表示。

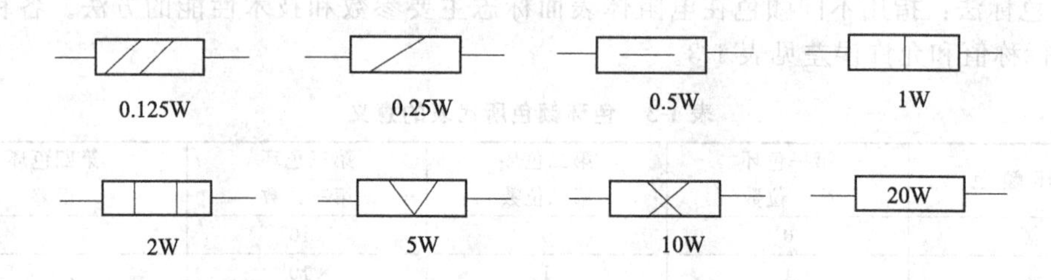


图1-10 电阻器额定功率表示符号

注：各符号下的数值表示相应的电阻器的额定功率。

如果低于额定功率使用，电阻器的寿命就长，工作安全；如果超负荷使用，轻者会缩短它的使用寿命，重者可能将电阻器烧坏。电阻器长期工作所允许承受的最大电功率即为额定功率，单位为瓦（W）。一般电阻器分为1/16W、1/8W、1/4W、1/2W、1W、2W、5W、10W等多种，使用中，电阻器实际消耗的功率必须小于它的额定功率。在电子制作和控制板中，如果电路中没有特别注明，通常都可以使用1/8W或1/4W的电阻器。以前国产的电阻器大多数是将其标称阻值、允许偏差和额定功率（1W以下不标明）用数字和字母等直接印在表面漆膜上的，如图1-11(a) 所示。这种直接标志法的好处是各项参数一目了然。另一种标志方法是在单位符号（Ω、kΩ、MΩ）前面用数字表示整数阻值，而在单位符号后面用数字表示第一位小数阻值，下面的字母则表示电阻值允许偏差的等级。字母等级划分：D 表示±0.5%，F 表示±1%，G 表示±2%，J 表示±5%，K 表示±10%，M 表示±20%。例如，图 1-11(b) 所示的电阻器阻值为 3.9kΩ，误差为±5% 。

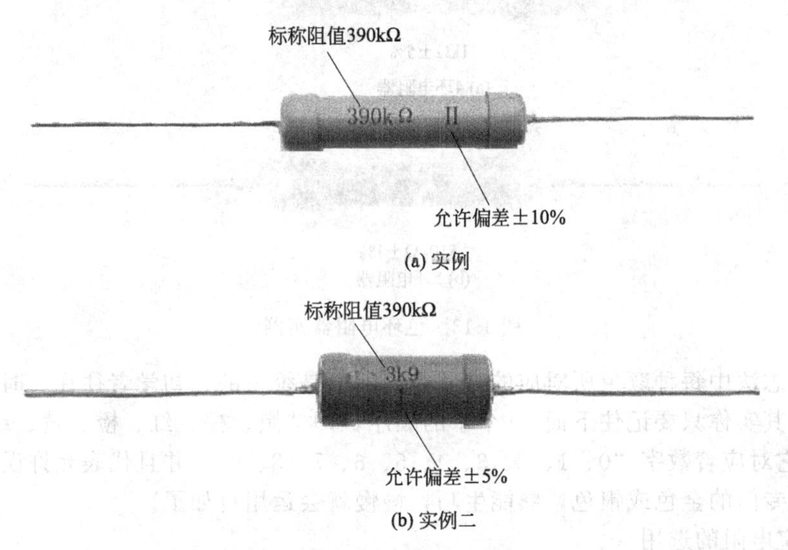


图 1-11　电阻器的直接标志法

实际上，目前占据电阻器主流标志方法的是国际上惯用的“色环标志法”。采用色环标志电阻器的标称阻值和允许偏差有很多好处：颜色醒目，标志清晰，不易褪色，并且从电阻器的各个方向都能看清阻值和允许误差。使用这种电阻器装配整机时，不需注意电阻器的标志方向，有利于自动化生产。在整机调试和修理过程中，不用拨动电阻器就可看清阻值，给调试和修理带来方便，因此世界各国大多采用色环标志法。

采用色环标志法的电阻器，在电阻器上印有 4 道或 5 道色环表示阻值等，阻值的单位为 Ω。对于 4 环电阻器，紧靠电阻器端部的第 1、2 环表示两位有效数字，第 3 环表示倍乘数，第 4 环表示允许偏差，如图 1-12 左图所示。对于 5 环电阻器，第 1、2、3 环表示三位有效数字，第 4 环表示倍乘数，第 5 环表示允许偏差，如图 1-12 右图所示。一般说来，常用的碳膜电阻器多采用 4 色环，而金属膜电阻器为了更好地表示精度，多采用 5 色环。色环一般采用黑、棕、红、橙、黄、绿、蓝、紫、灰、白、金、银 12 种颜色，它们所代表的数字意义如表 1-3 所示。图 1-13 给出了色环电阻器的实例。其中，图 1-13(a) 的电阻器 4 道色环依次为“棕、黑、红、金”，它表示 1 0 后面有 2 个 0 ，其阻值为 1000Ω=1kΩ，

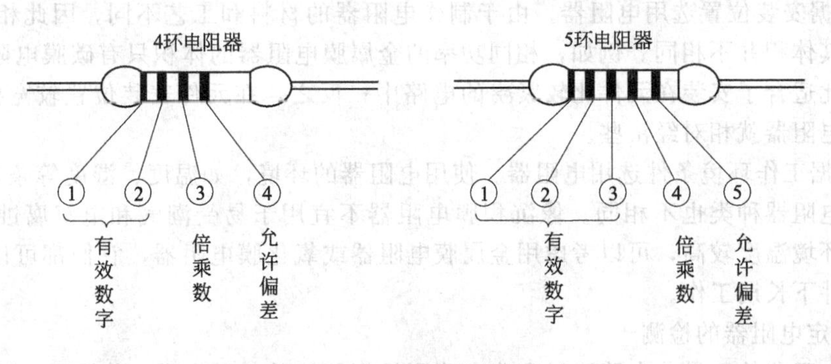


图 1-12　色环电阻器的标志法

允许误差为±5%；图 1-13(b) 的电阻器 5 道色环依次为“绿、棕、黑、橙、棕”，它表示 510 后面有 3 个 0，其阻值为 $510\times10^3\Omega=510k\Omega$，允许误差为±1%。

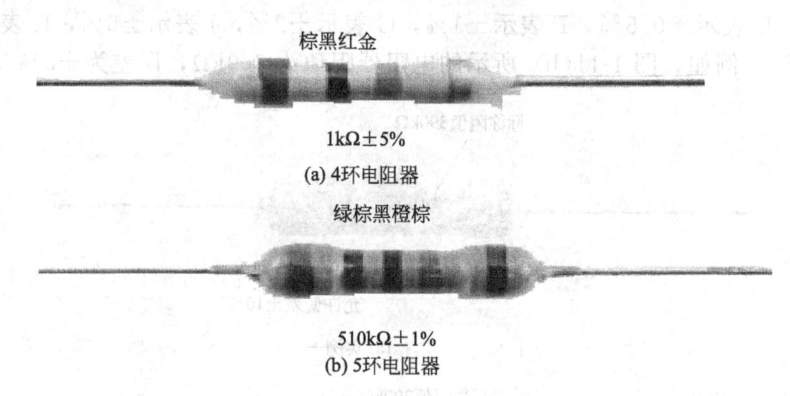


图 1-13　色环电阻器实例

色环标志法中每种颜色所对应的数字在国际上是统一的，初学者往往一时记不住，运用不熟练，其实你只要记住下面 10 个字的顺序，即“黑、棕、红、橙、黄、绿、蓝、紫、灰、白”，它对应着数字“0、1、2、3、4、5、6、7、8、9”，并且代表允许误差的最后一圈色环多为专门的金色或银色，熟能生巧，慢慢就会运用自如了。

2）固定电阻的选用

① 优先选用通用型电阻器。通用型电阻器种类很多，如碳膜电阻、金属膜电阻、金属氧化膜电阻、金属玻璃釉电阻、实芯电阻、线绕电阻等。这类电阻规格齐全，来源充足，价格便宜，有利于生产和维修。

② 所有电阻器的额定功率必须为实际承受功率的两倍以上。例如，电路中某电阻实际承受的功率为 0.5W，则应选用额定功率为 1W 以上的电阻器。

③ 根据电路工作频率选择电阻器。由于各种电阻器的结构和制造工艺不同，其分布参数也不相同。RX 型线绕电阻器的分布电感和分布电容都比较大，只适用于频率低于 50Hz 的电路；RH 型合成膜电阻器和 RS 型有机实芯电阻器可以用在几十兆赫兹的电路中；RT 型碳膜电阻器可在 100 MHz 左右的电路中工作；而 RJ 型金属膜电阻和 RY 型氧化膜电阻器可以工作在高达数百兆赫的高频电路中。

④ 根据电路对温度稳定性的要求选则电阻器。实芯电阻器温度系数较大，不宜用在稳定性要求较高的电路中；碳膜电阻器、金属膜电阻器、玻璃釉膜电阻器都具有较好的温度特性，很适用于稳定度较高的场合；线绕电阻器由于采用特殊的合金线绕制，它的稳度系数极小，因此其阻值最为稳定。

⑤ 根据安装位置选用电阻器。由于制作电阻器的材料和工艺不同，因此相同功率的电阻器，其体积并不相同。例如，相同功率的金属膜电阻器的体积只有碳膜电阻器的 1/2 左右，因此适合于安装在元件比较紧凑的电路中；反之，在元件安装位置较宽松的场合，选用碳膜电阻器就相对经济些。

⑥ 根据工作环境条件选用电阻器。使用电阻器的环境，如温度、湿度等条件不同时，所选用的电阻器种类也不相同。像沉积膜电阻器不宜用于易受潮气和电解腐蚀影响的场合；如果环境温度较高，可以考虑用金属膜电阻器或氧化膜电阻器，它们都可以在 135℃ 的高温条件下长期工作。

3）固定电阻器的检测

固定电阻器的测量分在路测量和非在路测量两种情况。无论哪一种情况，测量之前都应根据对被测电阻的估测（如色环、直接标示的阻值数）来选择合适的量程。

① 非在路测量电阻　非在路测量是指把电阻焊下一脚再进行测量，如图 1-14 所示。当被测电阻的阻值较大时，不能用手同时接触被测电阻的两个引脚，否则人体电阻就会与被测电阻并联，影响测量的结果，尤其是测几百千欧的大阻值电阻，最好手不要接触电阻体的任何部分。对于几欧姆的小电阻，应注意使表笔与电阻引线接触良好，必要时可将电阻器引线上的氧化物刮掉再进行检测。

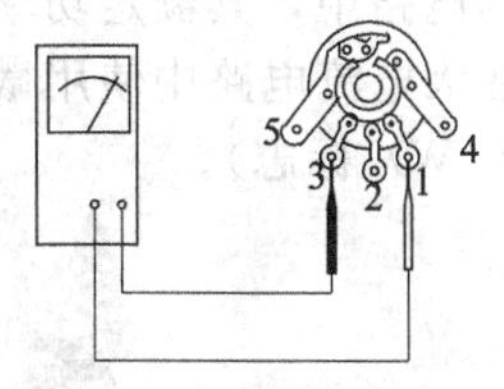

图 1-14　电位器测量

② 在路测量电阻　在路测量固定电阻器阻值时，只能大致判断电阻的好坏，而不能具体说明电阻的量的变化，但这种方法方便、迅速，是维修人员判断故障的常用方法。当用指针万用表在路测量电阻器阻值时，一般读数应小于或等于实际被测电阻器的阻值；因为在路测量时会受到被测电阻器并联的电阻、晶体二极管、晶体三极管等的影响。因此在路测量时，最好考虑用数字万用表来在路测量电阻器的阻值。由于数字万用表转到电阻挡时，两表笔间的测量电压较小，测量时受晶体二极管、晶体三极管等的影响较小，测量的准确度较高。

③ 电位器的测量　电位器的测量方法与测量固定电阻器方法相同，只是因为电位器有三个脚，在操作上要多一些步骤。先用万用表的欧姆挡测量电位器的最大阻值（即电位器两固定端间的电阻值），看是否与标称值相符；然后再测量中心滑动端和电位器任一固定端的电阻值。测量时旋转转轴，观察万用表的读数是否变化平稳，是否有跳动现象。转动转轴时应感到触点滑动灵活、松紧适中，听不到“嗞嗞”的噪声，表示电位器的电阻体良好，动接触点接触可靠。可调电阻器主要有微调电阻器和电位器两大类，其最大特点是电阻值能够在一定范围内连续可调。

4）微调电阻器

微调电阻器又称微调电位器、半可调电阻器，其实物外形如图 1-15 所示。它的阻值可以在一定范围内改变，常用于偶尔需要调整阻值的电路里，例如作为晶体管的偏流电阻器、电桥平衡电阻器等。

图 1-15　常用微调电阻器实物外形图

微调电阻器的结构原理可通过图 1-16 所示的 WH7-A 型立式微调电阻器来说明。与固定电阻器相比较，微调电阻器增加了一个可以在两个固定电阻片引出脚之间滑动的触点引出脚，其中两个固定电阻片引出脚之间的电阻值固定，并将该电阻值称为这个微调电阻器的标称阻值。而滑动触点引出脚与任何一个固定电阻片引出脚之间的电阻值可以随着滑动触点的转动而改变。这样，可以达到调节电路中的电压或电流的目的。微调电阻器的阻值一般打印在它的外壳或表面明显处，所标阻值是它的最大阻值。微调电阻多用于小电流的电路中，其额定功率较小，常见的多是合成碳膜电阻器，它的型号中有 WH 标志。若在大电流电路中使用微调电阻器，如电源滤波电路等，则要用线绕半可调电阻器（型号中有 WX 标志）。

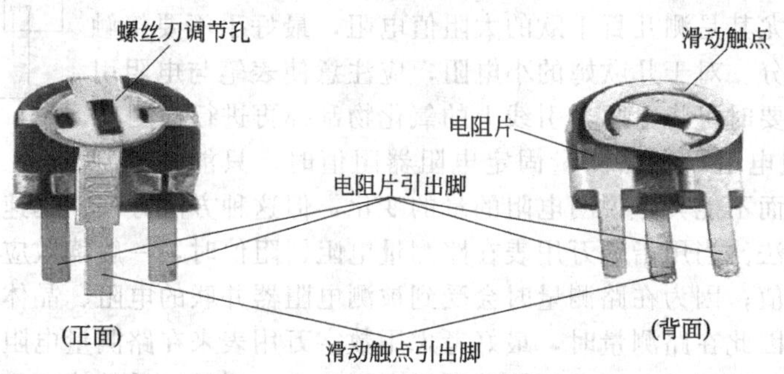


图 1-16　WH7-A 型立式微调电阻器

5）电位器

电位器也是一种可调电阻器，它在电路中多用于经常需要改变阻值，进行某种控制或调节的地方，如收音机的音量调节、稳压电源输出电压调节等都是通过电位器来完成的。常用电位器有普通旋转式电位器、带开关电位器、小型带开关电位器、直滑式电位器等，它们的实物外形见图 1-17。

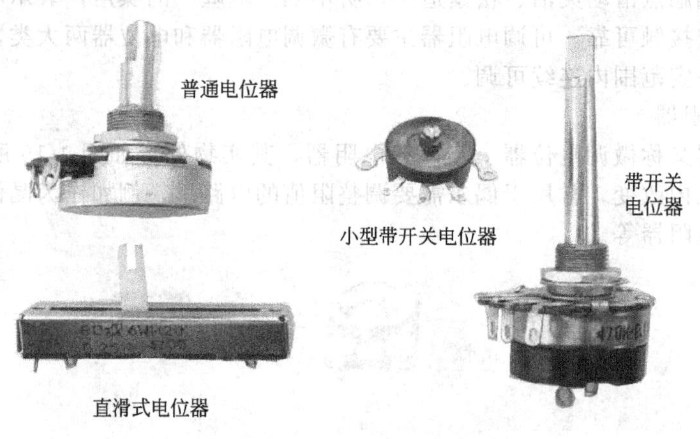


图 1-17　常用电位器实物外形图

电位器与微调电阻器在构造上有相似的地方，它们一般都有 3 个引出脚，其中两边的两个固定电阻引出脚间电阻最大，而中间的滑动触点引出脚与左、右两个引出脚之间的电阻可通过与旋轴相连的簧片式触点移动而改变，但这两个电阻值之和始终等于最大电阻（标称阻值）。与微调电阻器相比，电位器具有较长的旋轴和外壳，制造工艺也更精巧，有的电位器还附有独立的电源开关。在业余电子制作或临时搭接线路的电子实验中，只要体积允许，可用电位器来代替微调电阻器。电位器在实际应用时必须配上合适的手动绝缘旋钮或拨轮盘。例如，广泛应用于便携式收音机、磁带录放机等产品中的 WH15-K 型带开关小型合成膜电位器（见图 1-18），只有给它配上了专门的塑料拨轮盘，才能顺利操作。通过塑料拨轮盘控制旋柄转动，从而完成电源开关和阻值改变两项工作。

6）电阻器的使用

① 在电路图中的识别　图 1-19 中画出了固定电阻器、微调电阻器与电位器的电路符号。符号中的长方块，表示电阻体本身，两端的短线表示电阻器的两个引脚线。微调电阻

图 1-18　WH15-K 型带开关电位器

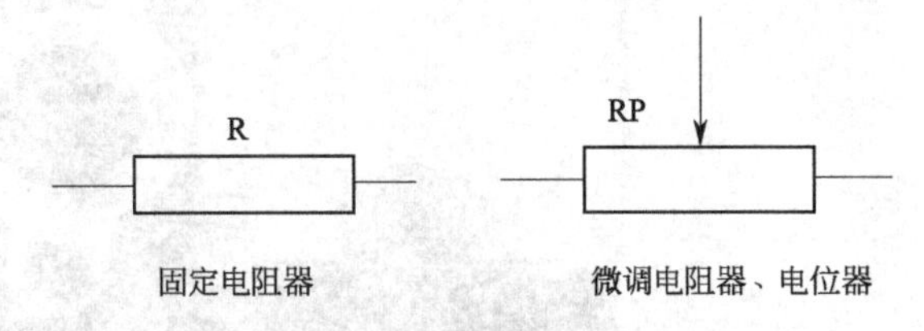


图 1-19　电阻器的符号

器和电位器符号中带箭头的引线，表示滑动簧片端。在电路图中，为了整齐、清楚，这些电路符号可以竖着画，也可以横着画，在图中的位置也以连接简捷为前提。这与制作时它们的实际位置、竖放还是横放以及排列的远近疏密都没有关系。这一点对电阻器以外的其他元器件也是一样的，初学者要注意。

通常情况下，如果一个电阻器在电路符号中或文字叙述中没有其他特别的说明，则可认为选择该电阻器时对型号、种类以及功率等均无特别要求。

② 检测与修复　电阻器在使用前，最好用万用表进行简单检测，以做到心中有数。检测普通电阻器的好坏，主要是用万用表测它的阻值。正常情况下，万用表的读数应与标称阻值大体符合；如果万用表的读数与标称阻值相差很大，或万用表指针不动、指针摆动不稳，则说明该电阻器已经损坏。这里需要注意，不能用两只手同时接触万用表的表笔两端去测量电阻值，因为这样会把人体电阻与被测电阻并联，从而造成测量误差。这在测高值电阻器时尤需注意。

检测电位器或微调电阻器的质量好坏时，可分两步进行：首先，测量电位器的最大阻值。按照图 1-20(a) 所示，将万用表的表笔跨接在电位器两固定端，测量一下电位器的最大阻值，其读数应为电位器的标称阻值。如果万用表指针不动或阻值相差很多，则表明被测电位器已损坏。然后，测量电位器滑动片与电阻体接触是否良好。按照图 1-20(b) 所示，将万用表的表笔分别接在活动端和一个固定端，同时缓慢地旋转电位器的旋轴，从一个极端转至另一个极端，反复调两次，万用表测出的阻值应在“0”和标称阻值之间变化。如果在电位器旋轴转动过程中，万用表的表针有跳动现象，说明可变触点接触不良，这样的电位器不宜使用。固定电阻器价格便宜，如发生断裂、变值、引线松脱而损坏时，一般应丢弃。微调电阻器常因日久积尘或锈蚀而造成接触不良，如发现测量阻值变大或开路，可用酒精棉球擦洗，或调整簧片压力，一般可以修复。

③ 替代使用方法　在电子制作中，如果手头一时没有所需阻值或功率的电阻，那么可以用串联、并联的方法，“凑”出代用的电阻器。按照图 1-21(a) 所示，用几个阻值小

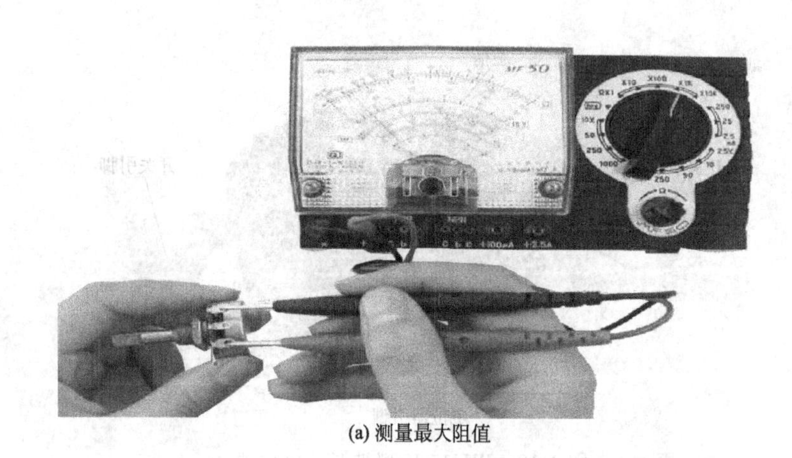

(a) 测量最大阻值

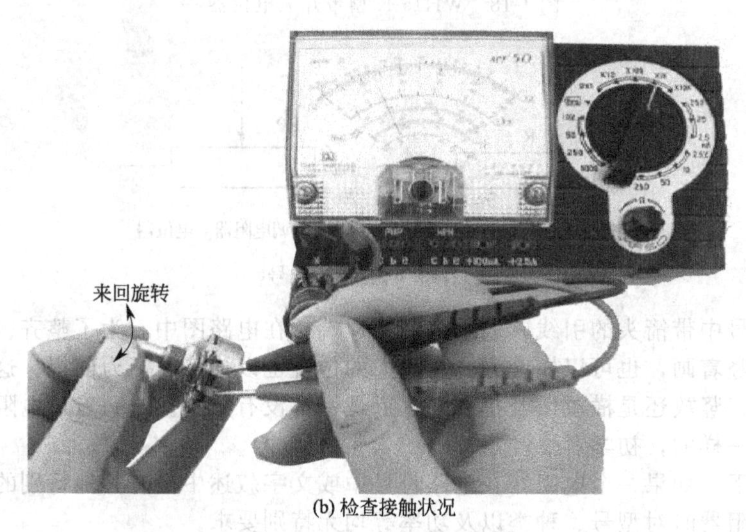


(b) 检查接触状况

图 1-20 电位器的检测方法

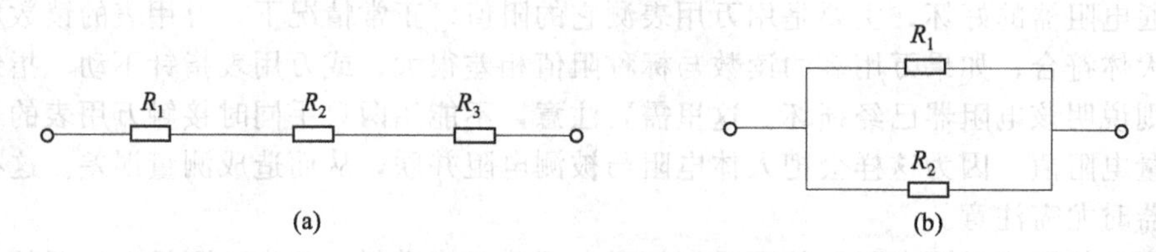


(a) (b)

图 1-21 电阻器的替代法

的电阻器串联，可以得到大阻值电阻器。串联后总阻值等于各个电阻之和，即 $R_总=R_1+R_2+R_3$。按照图 1-21(b) 所示，用两个阻值较大的电阻器并联，可代替较小阻值的电阻器，并联的总阻值 $R_总=R_1R_2/(R_1+R_2)$。当两只电阻阻值相等时，并联后总阻值即减半。小功率电阻串联或并联都可以代替大功率电阻。

例如，有一只 100Ω、4W 的电阻器损坏，可以用两只 50Ω、2W 的电阻器串联，也可以用两只 200Ω、2W 的电阻并联来代替，效果是一样的。多只电阻器或不同阻值电阻器串联、并联后，各自功率承担的情况比较复杂，需通过计算求得，这在实际中很少使用。

在电阻器的代用中，如果允许不考虑价格和体积，那么大功率电阻器可以取代同阻值小功率电阻器；金属膜电阻器可以取代同阻值、同功率碳膜电阻器或实芯电阻器，微调电阻器可代替固定电阻器。如果需要调节的机会极少，那么固定电阻器也可以取代调节阻值的微调电阻器。

**徒弟** 师傅，电阻部分讲解的很细，内容很全，通过学习已经了解电阻在电路中作用和符号，另外知道电阻的使用单位和一些技术参数以及如何识别和选择，也学会了如何检测电阻的好坏和替代方法。但我了解到很多电路和电焊机中还有一些特殊的电阻器，如热敏电阻器、压敏电阻器、湿敏电阻器、光敏电阻器等，那么它们又如何识别和选择呢？

**师傅** 是的，上述的几个特殊电阻器在电路中有时会使用，但在维修时有时识别不了是什么器件，因此在维修时拿不准而无法及时进行更换和维修。你提到的几个特殊电阻器在电路中的作用和识别的问题，下面就分别介绍一下。

**(4) 热敏电阻器的识别与选择**

① 热敏电阻器的识别　热敏电阻器种类较多，按其结构及形状可分为球形、杆状、圆片形、管形、圆圈形等。按其受热方式的不同，可分为直热式和旁热式热敏电阻。按温度系数可分为正温度系数（PTC）和负温度系数（NTC）热敏电阻器。按工作温度范围的不同，可分为常温、高温、超低温热敏电阻器。目前应用最广泛的是负温度系数热敏电阻器，它又可分为测温型、稳压型、普通型。

热敏电阻器的标称值是指环境温度为 25℃时的电阻值。用万用表测其阻值时，其阻值不一定和标称阻值相符。

热敏电阻器的外形与图形符号如图 1-22 所示。

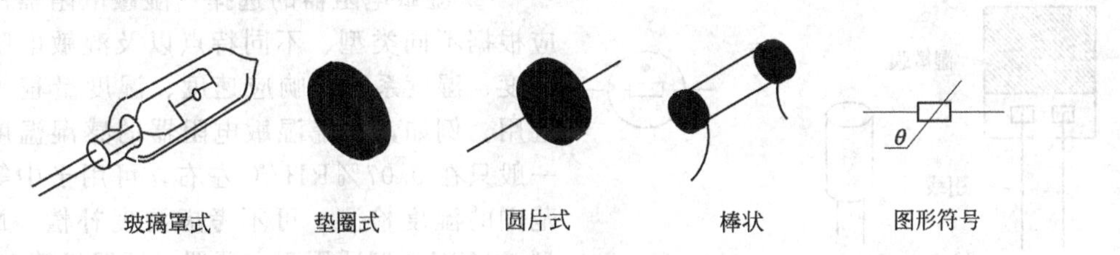


图 1-22　热敏电阻器的外形及图形符号

② 热敏电阻器的选择　选择热敏电阻器时不但要注意其额定功率、最大工作电压、标称阻值，更要注意最高工作温度和电阻温度系数等主要参数。由于热敏电阻器的种类和型号较多，而且还分正温度系数和负温度系数的热敏电阻器等，因此选用时一定要符合具体电路的要求。

**(5) 压敏电阻的识别与选择**

① 压敏电阻的识别　压敏电阻器（VSR）也是一种在自动控制系统电路中经常用到的电阻器，是对电压变化很敏感的非线性电阻器，常用于电路的过电压保护。压敏电阻器的外形和图形符号如图 1-23 所示。

压敏电阻器的种类按其使用的材料可分为硅压敏电阻器、金属氧化物压敏电阻器、锗压敏电阻器、碳化硅压敏电阻器、氧化锌压敏电阻器、硒化镉压敏电阻器等。

按其伏安特性可分为无极性（对称型）和有极性（非对称型）压敏电阻器。按其结构可分为膜状压敏电阻器、结型压敏电阻器、体型压敏电阻器等。

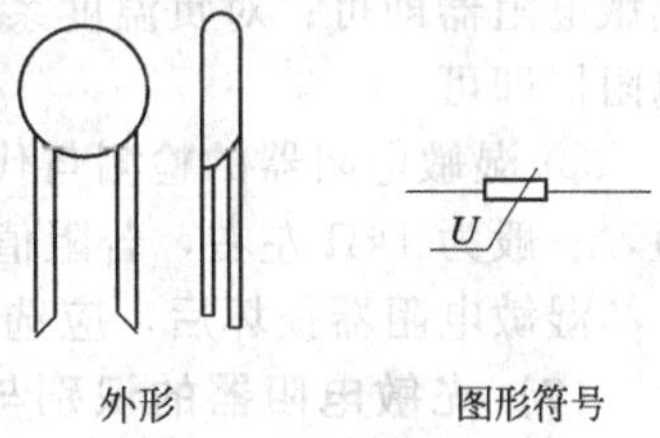

U
外形　图形符号

图 1-23　压敏电阻的外形及图形符号

压敏电阻器用字母数字表示型号的分类号时，最后三位数字表示压敏电压，前两位数字为有效数字，第三位数字表示 O 的个数。如 390 表示 39V，391 表示 390V。中间的字母表示电压误差，J 表示

±5%，K表示±10%，L表示±15%，M表示±20%。电压误差前面的符号表示瓷片直径，用数字表示，单位为mm，最前面的字母表示压敏电阻的种类。

例如，MYD07K680表示标称电压68V，电压误差为±10%，瓷片直径为7mm的通用型压敏电阻；MYG20G05K151表示压敏电压（标称电压）为150V，电压误差为±10%，瓷片直径为5mm，浪涌抑制型压敏电阻。

② 压敏电阻的选择　根据具体电路的要求，准确选择标称电压值是关键。一般的选择方法是：压敏电阻器的标称电压值应是加在压敏电阻器两端电压的2～2.5倍。另外，还应注意选用温度系数小的压敏电阻器，以保证电路的稳定。通常半导体器件的过电压保护电路可选用MYD系列、MYL系列、MYH、MYG20等型号的压敏电阻器，电子电路、电气设备、电力系统的过电压保护电路可选用MYG系列、MY21、MY31系列压敏电阻器。

**(6) 湿敏电阻器的识别与选择**

① 湿敏电阻器的识别　湿敏电阻器是对湿度变化非常敏感的电阻器，能在各种湿度环境中使用。它是将湿度转换成电信号的换能器件。正温度系数湿敏电阻器的阻值是随湿度增高而增大，在录像机中使用的就是正温度系数湿敏电阻器。

按阻值变化的特性可分为正温度系数湿敏电阻器和负温度系数湿敏电阻器。按其制作材料又可分为陶瓷湿敏电阻器、高分子聚合物湿敏电阻器和硅湿敏电阻器等。

湿敏电阻器的外形和图形符号如图1-24所示。

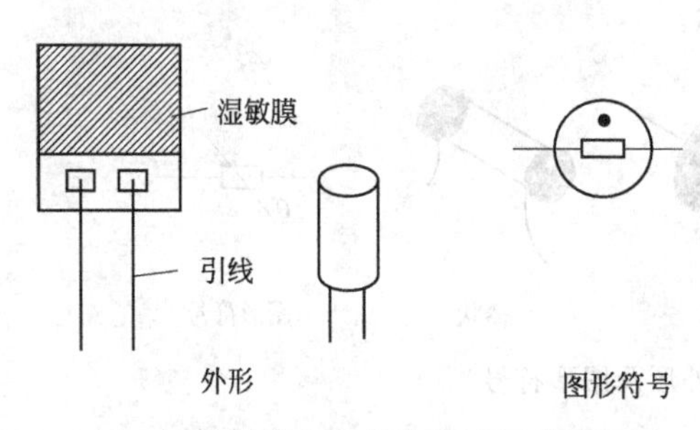


图1-24　湿敏电阻的外形及图形符号

② 湿敏电阻器的选择　湿敏电阻器的选用应根据不同类型、不同特点以及湿敏电阻器的精度、湿度系数、响应速度、湿度量程等进行选用。例如，陶瓷湿敏电阻器的感湿温度系数一般只在0.07%RH/℃左右，可用于中等测湿范围的湿度检测，可不考虑湿度补偿。MSC-1型、MSC-2型适用于空调器、恒湿机等。

氯化锂湿敏电阻器由于其检测湿度范围宽，可用于对仓库的湿度检测、洗衣机的湿度检测等。碳膜湿敏电阻器由于其响应时间短、变化范围小，可用于录像机的结露检测、气象设备的监控等电路。

为了提高湿度监控的精度，湿敏电阻器的温度系列一般有正负、大小之分，因此使用时应考虑温度补偿措施。当使用温度系数小的湿敏电阻器时，可不必考虑温度补偿，而对温度系数大、湿度系数较小的湿敏电阻器，则必须进行温度补偿。补偿方法应根据湿敏电阻器的温度系数而定。对正温度系数湿敏电阻器，在电路中并联一只同阻值的负温度系数热敏电阻器即可；对负温度系数湿敏电阻器，在电路中并联一只同阻值的正温度系数热敏电阻器即可。

③ 湿敏电阻器的检测与代换　湿敏电阻器的检测方法是用万用表的$R\times1k$挡测其阻值，一般为1kΩ左右，若阻值远大于1kΩ，说明湿敏电阻器不能再用。

湿敏电阻器损坏后，应选用同型号的进行代换。否则，将降低电路的测试性能。

**(7) 光敏电阻器的识别与选择**

① 光敏电阻器的识别　光敏电阻器是用光能产生光电效应的半导体材料制成的电阻器。

光敏电阻器的种类很多，根据光敏电阻器的光敏特性，可分为可见光光敏电阻器、红外光光敏电阻器及紫外光光敏电阻器。

可见光光敏电阻器有硫硒化镉光敏电阻器，硫化镉光敏电阻器，砷化镓光敏电阻器，硅、锗、硫化锌光敏电阻器等。红外光光敏电阻器有硫化铅光敏电阻器、碲化铅光敏电阻器、锗掺汞光敏电阻器等。紫外光光敏电阻器有硒化镉光敏电阻器、硫化镉光敏电阻器等。

根据光敏层所用半导体材料的不同，又可分为单晶光敏电阻器与多晶光敏电阻器。

光敏电阻器外形和图形符号如图 1-25 所示，从光敏电阻器的结构中可以看到，它是由玻璃基片、光敏层、电极、外封装等组成的。

光敏电阻器的应用比较广泛，主要用于各种光电自动控制系统，如自动报警系统、电子照相机的曝光电路，还可以用于非接触条件下的自动控制等。

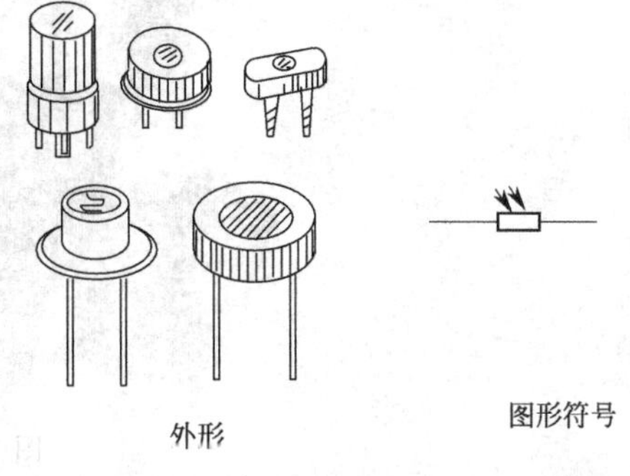

图 1-25 光敏电阻的外形及图形符号

② 光敏电阻器的选择　由于光敏电阻器对光线特别敏感，有光线照射时，其阻值迅速减小，无光线照射时，其阻值为高阻状态。因此选择时，应首先确定控制电路对光敏电阻器的光谱特性有何要求，到底是选用可见光光敏电阻器还是选用红外光光敏电阻器。

另外，选择光敏电阻器时还应确定亮阻、暗阻的范围。此项参数的选择是关系到控制电路能否正常动作的关键，因此必须予以认真确定。

徒弟　师傅，刚才讲了各类型电阻器的识别和作用，从中知道电阻器的符号的表示及作用，还了解了一些特殊的电阻器在不同的使用场合下的作用和识别。下面是否要讲电容器方面的知识了？

师傅　是的，在电路中电容器也是非常重要的电器元件。下面就介绍一下电容方面的内容。

## 1.2.2 电容器、高频电解电容器

### (1) 电容器的分类及应用

按结构不同，电容器可分为固定电容器和可变电容器。可变电容器又分可变和半可变两类。

按介质材料的不同，可分为空气（或真空）电容器、油浸电容器、云母电容器、陶制电容器、瓷介电容器、玻璃釉电容器、漆膜电容器、纸介电容器、薄膜电容器和电解电容器等。部分电容器外形和符号见图 1-26～图 1-28。

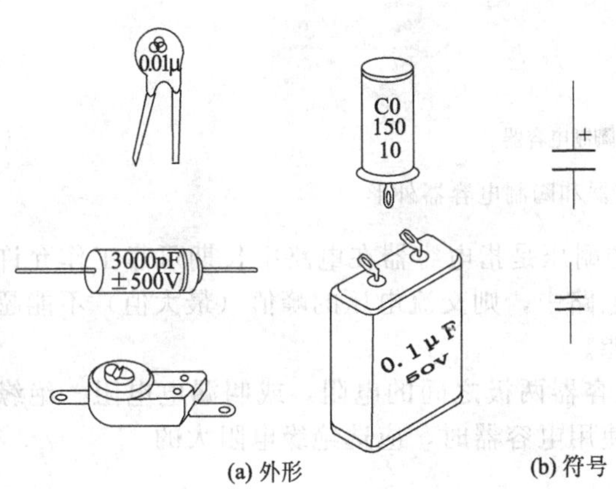

图 1-26 电容外形和符号

### (2) 电容器的主要参数

① 标称容量和允许误差　标在电容器外壳上的电容量数值称电容器的标称容量。电容量是指电容器加上电压后储存电荷的能力。储存电荷越多，电容量就越大，反之，电容量就越小。

电容器的实际容量与标称容量之间总存在一定的误差，误差一般分为三级，即±5%、±10%及±20%，或写成Ⅰ级、Ⅱ级和Ⅲ级。有些电解电容器的误差可能要超过 20%。

图 1-27　电容器外形

(a) 铝电解电容器

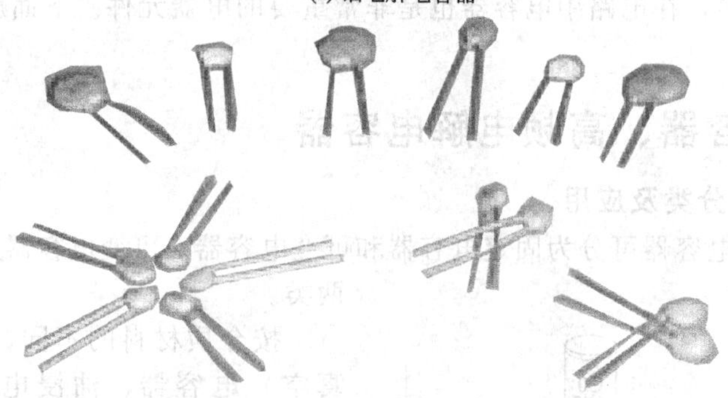

(b) 陶制电容器

图 1-28　铝电解电容器和陶制电容器外形

② 额定直流工作电压（耐压）　电容器的耐压是指电容器在电路中长期可靠工作允许加的最高直流电压。如果电容器工作在交流电路中，则交流电压的峰值（最大值）不能超过耐压值，否则电容器有被击穿或损坏的可能。

③ 绝缘电阻　电容器的绝缘电阻是指电容器两极之间的电阻，或叫漏电电阻。绝缘电阻的大小决定于电容器介质性能的好坏。使用电容器时，应选绝缘电阻大的。

**(3) 电容器的表示方法**

与电阻器相同，电容器的主要参数和技术指标通常标示在电容体上，其表示方法有以下几种。

1）直标法

其标示方法与电阻相同。有些电容由于体积较小，在标示时为了节省空间，习惯上省去单位，但必须遵照下述规则。

① 凡不带小数点的整数，若无标示单位，则表示是 pF。例如 4700，表示 4700pF。

② 凡带小数点的若无标示单位，则表示是 μF，例如 0.022，表示是 0.022μF。

2）文字符号法

表示方法与电阻器相同。例如：

0.33pF，表示为 p33；

4.7pF，表示为 4p7；

4700pF；表示为 4n7；

电容量允许误差表示符号与电阻器采用的符号相同。

3）色标法

电容器色标法原则上与电阻器的色标法相同，标示的颜色符号与电阻器采用的相同，电解电容器的工作电压有时采用颜色标示：63V 用棕色，10V 用红色，16V 用灰色。色点应标在正极。

4）数学计数法

如瓷介电容，标值 272，容量就是：27×100pF＝2700pF。如果标值 473，即为 47×1000pF＝47000pF（标值后面的 2、3，表示 10 的多少次方）。

5）电容器的符号和使用单位

电容器符号是 C。在国际单位制里，电容单位是法拉，简称法，符号是 F，常用的电容单位有毫法（mF）、微法（μF）、纳法（nF）和皮法（pF）。

其换算关系是：

1F＝1000mF＝1000000μF

1μF＝1000nF＝1000000pF

**(4) 电容器的检测**

1）无极性电容的检测

① 检测 10pF 以下的小电容　因 10pF 以下的固定电容器容量太小，用指针万用表进行测量，只能定性地检查其是否有漏电、内部短路或击穿现象。测量时，可选用万用表 $R\times10k$ 挡，用两表笔分别任意接电容的两个引脚，阻值应为无穷大。若测出阻值很小（指针向右摆动）或阻值为零，则说明电容漏电损坏或内部击穿。10pF 以下的固定电容器，可用数字万用表测量其容量，只需将电容的两脚插入数字万用表的 Cx 插座内，将数字万用表置于相应的挡位即可。

② 检测 10pF～0.01μF 的电容　用指针式万用表（$R\times10k$ 挡）只能测试电容有无短路漏电现象，而不能方便检测出是否有充电现象，进而判断其好坏。用数字万用表测量时，将电容的两脚插入数字万用表的 Cx 插座内，将数字万用表置于相应的挡位可测出其容量。

③ 检测 0.01μF 以上的电容器　对于 0.01μF 以上的电容，可用万用表的 $R\times10k$ 挡直接测试电容器有无充电过程以及有无内部短路或漏电，并可根据指针向右摆动的幅度大小估计出电容器的容量。测试操作时，先用两表笔任意触碰电容的两引脚，然后调换表笔再触碰一次，如果电容是好的，万用表指针会向右摆动一下，随即向左迅速返回无穷大位置。电容量越大，指针摆动幅度越大。如果反复调换表笔触碰电容器两脚，万用表指针始终不向右摆动，说明该电容器的容量低于 0.01μF 或已经消失，测量后不能再向左回到无穷大位置，说明电容漏电或已经击穿短路。

测试时要注意，为了观察到指针向右摆动的情况，应反复调换表笔触碰电容器两引脚进行测量，直到确认电容有无充电现象为止。用数字万用表的测试方法同上。

2）电解电容的检测

电解电容既可以用数字万用表测量，也可以用指针式万用表测量。用数字万用表测量电解电容时，只需将电容的两脚插入数字万用表的Cx插座内，将数字万用表置于相应的挡位即可。由于数字万用表电容测量挡量程有限，一般最大只能测量20μF，因此，数字万用表只能对部分电解电容进行测量。用指针式万用表测量电解电容的方法和技巧如下。

① 挡位的选择　电解电容的容量比一般无极性电容大得多，所以，测量时应针对不同容量选用合适的量程。根据经验，一般情况下，1～47μF的电容可用$R\times1k$挡测量，大于47μF的电容可用$R\times100$挡测量。

② 测量漏电阻　将万用表红表笔接电解电容的负极，黑表笔接正极，在刚接触的瞬间，万用表指针即向右偏转较大幅度（对于同一电阻挡，容量越大，摆幅越大），接着逐渐向左回转，直到停在某一位置。此时的阻值便是电解电容的正向漏电阻。此值越大，说明漏电流越小，电容性能越好。然后，将红、黑表笔对调，万用表指针将重复上述摆动现象，但此时所测的阻值为电解电容的反向漏电阻，此值略小于正向漏电阻，即反向漏电流比正向漏电流要大。实际使用经验表明，电解电容的漏电阻一般应在几百千欧以上，否则，将不能正常工作。在测试中，若正向、反向均无充电的现象，即表针不动，则说明容量消失或内部断路；如果所测阻值很小或为零，说明电容漏电大或已击穿损坏，不能再使用。

③ 极性判别　对于正、负极标志不明的电解电容器，可利用上述测量漏电阻的方法加以判别。即先任意测一下漏电阻，记住其大小，然后交换表笔再测出一个阻值。两次测量中阻值大的那一次便是正向接法，即黑表笔接的是正极，红表笔接的是负极。

④ 检测大容量电解电容器的漏电阻　用万用表检测电解电容器的漏电阻，是利用表内的电池给电解电容充电的原理进行的。一旦将万用表电阻挡位确定下来，充电的时间长短便取决于电容的容量大小。对于同一电阻挡而言，容量越大，充电时间越长，例如，选用$R\times1k$挡测量一只4700μF的电解电容，待其充完电显示出漏电阻，需10min左右，显然时间过长，不太实用。但是，万用表的不同电阻挡的内阻是不一样的。电阻挡位越高，内阻越大；电阻挡位越低，内阻越小。一般万用表的$R\times1$挡的内阻仅是$R\times10k$挡的千分之一。利用万用表这一特点，采用变换电阻挡位的方法，可以比较快速地将大容量电解电容器的漏电阻测出。

具体操作方法：先使用$R\times10$或$R\times1$低阻挡（视容量而定）进行测量，使电容器很快充足电，指针迅速向左回旋到无穷大位置。这时再拨到$R\times1k$挡，若指针停在无穷大处，说明漏电极小，用$R\times1k$挡已经测不出来；若指针又缓慢向右摆动，最后停在某一刻度上，此时的读数即是被测电解电容的漏电阻值。通常10000μF以上大容量电解电容器的漏电阻在100kΩ左右是基本正常的。

**(5) 电容器的选择**

电容器选用时，除了满足电容器的技术参数（标称容量及允许误差、绝缘性能和损耗、额定电压、无功功率、稳定性等）外，还要综合考虑体积、重量、成本、可靠性等方面的因素。

一般说来，电路极间耦合多选用纸介电容器（CZ）或涤纶电容器（CL）；电源滤波和低频旁路宜选用铝电解电容器（CD）；高频电路和要求电容稳定的地方选用高频磁介电容器（CC）、云母电容器（CY）或钽电解电容器（CA）；如果在使用过程中经常调整，选用可变电容器（CB）；不需要经常调整的，选用微调电容器。

1）大容量电容器的选择

① 低频、低阻抗耦合电路、旁路电路、退耦电路、电源滤波电路，选用几微法以上

大容量电容器（电解电容器等）。

② 要求较高的电路，如长延时电路，选用钽或铌为介质的优质电容器。

2）小容量电容器的选择

① 一般电路，采用纸介电容器，质量就可满足要求。

② 稳定性要求高的高频电路，如各种振荡电路、脉冲电路等，选用薄膜、瓷介、云母电容器。

③ 可变电容器，按电路计算的最大和最小容量，结合容量变化特性予以选择。

3）选择注意事项

① 所选电容器的额定电压应高于电容器两端实际电压的 1～2 倍，但电解电容器例外，应使电容器两端的实际电压等于所选额定电压的 50%～70%，才能发挥电解电容器的作用。

② 不同精度的电容器，价格相差很大。选用时以满足要求为止，不要盲目追求电容器的精度等级。

③ 由于介质材料不同，电容器的体积相差几倍至几十倍，单位体积的电容量称为电容器的比率电容，比率电容越大，电容器的体积越小，价格越贵。

**(6) 电容器在电路中的作用**

电容器在电焊机的控制中起到非常重要的作用。要知道在直流电路中，电容器是相当于断路的；在交流电路中，电容器是相当于短路的。这对于维修焊机电路板是必须清楚和牢记的，这样才能准确判断故障所在。

在电工学里有句话："通交流，阻直流"，说的就是电容的这个性质。

电容有以下四个的作用。

① 旁路作用　旁路电容是为本地器件提供能量的储能器件，它能使稳压器的输出均匀化，降低负载需求。就像小型可充电电池一样，旁路电容能够被充电，并向器件进行放电。为尽量减少阻抗，旁路电容要尽量靠近负载器件的供电电源管脚和地管脚。这能够很好地防止输入值过大而导致的地电位抬高和噪声。地电位是地连接处在通过大电流毛刺时的电压降。

② 去耦作用　去耦，又称解耦。从电路来说，总是可以区分为驱动的源和被驱动的负载。如果负载电容比较大，驱动电路要把电容充电、放电，才能完成信号的跳变，在上升沿比较陡峭的时候，电流比较大，这样驱动的电流就会吸收很大的电源电流，由于电路中的电感、电阻（特别是芯片管脚上的电感，会产生反弹），这种电流相对于正常情况来说实际上就是一种噪声，会影响前级的正常工作，这就是所谓的"耦合"。

去耦电容就是起到一个"电池"的作用，满足驱动电路电流的变化，避免相互间的耦合干扰。

将旁路电容和去耦电容结合起来将更容易理解。旁路电容实际也是去耦合的，只是旁路电容一般是指高频旁路，也就是给高频的开关噪声提供一条低阻抗泄放途径。高频旁路电容一般比较小，根据谐振频率一般取 0.1μF、0.01μF 等；而去耦电容的容量一般较大，可能是 10μF 或者更大，依据电路中分布参数，以及驱动电流的变化大小来确定。旁路是把输入信号中的干扰作为滤除对象，而去耦是把输出信号的干扰作为滤除对象，防止干扰信号返回电源。这是它们的本质区别。

③ 滤波作用　从理论上（即假设电容为纯电容）说，电容越大，阻抗越小，通过的频率也越高。但实际上超过 1μF 的电容大多为电解电容，有很大的电感成分，所以频率高后反而阻抗会增大。有时会看到有一个电容量较大电解电容并联了一个小电容，这时大电容通低频，小电容通高频。电容的作用就是通高阻低，通高频阻低频。电容越大低频越

容易通过。具体用在滤波中，大电容（1000μF）滤低频，小电容（20pF）滤高频。曾有人形象地将滤波电容比作“水塘”。由于电容的两端电压不会突变，由此可知，信号频率越高则衰减越大，可很形象地说电容像个水塘，不会因几滴水的加入或蒸发而引起水量的变化。它把电压的变动转化为电流的变化，频率越高，峰值电流就越大，从而缓冲了电压。滤波就是充电、放电的过程。

④ 储能作用　储能型电容器通过整流器收集电荷，并将存储的能量通过变换器引线传送至电源的输出端。电压额定值为40～450V DC、电容值在220～150000μF之间的铝电解电容器（如EPCOS公司的B43504或B43505）是较为常用的。根据不同的电源要求，器件有时会采用串联、并联或其组合的形式，对于功率级超过10kW的电源，通常采用体积较大的罐形螺旋端子电容器。

徒弟　师傅，通过学习我知道了电容器在电路中的作用和性质，它在直流电路中起隔直流作用，它在交流电路中为什么能导通，是因为交流电是随时间变化的，这是由电容的性质决定的。同时对电容器在使用和识别上有了较清楚的认识和理解。以下是不是要讲到电路中另一个重要元件，电感了？

师傅　是的。下面就介绍一下电感在不同电路中的作用和识别方法。

## 1.2.3 电感

**(1) 电感的作用和类别**

在交流电路中，线圈有阻碍交流电流通过的作用，而对稳定的直流却不起作用，所以线圈在交流电路里作阻流、降压、交链负载用。当线圈与电容配合时，可以作调谐、滤波、选频、分频、退耦等用。线圈用文字L表示，阻流圈用文字符号ZL表示。

线圈按用途分为高频阻流圈、低频阻流圈、调谐线圈、退耦线圈、提升线圈、稳频线圈等。

电感：电感是衡量线圈产生电磁感应能力的物理量。给一个线圈通入电流，线圈周围就会产生磁场，线圈就有磁通量通过。通入线圈的电流越大，磁场就越强，通过线圈的磁通量就越大。实验证明，通过线圈的磁通量和通入的电流是成正比的，它们的比值叫作自感系数，也叫作电感。如果通过线圈的磁通量用$\Phi$表示，电流用$I$表示，电感用$L$表示。电感的单位是亨（H），也常用毫亨（mH）或微亨（μH）作单位。1H＝1000mH＝1000000μH。

**(2) 线圈的结构**

线圈一般由骨架、绕组、磁芯（或铁芯）和屏蔽罩等组成。

① 骨架：用云母、陶瓷、塑料等绝缘性能较好的材料做成不同形状，导线绕在上面构成线圈。

② 绕组：用漆色线、纱包线等绝缘导线在骨架上环绕而成，是线圈的主要部分。

③ 磁芯（铁芯）：线圈内部装有磁芯（铁芯）比不装磁芯（铁芯）的线圈电感量大，通过调节磁芯（铁芯）在线圈内部的位置可改变电感量的大小。

④ 屏蔽罩：为了减小线圈自身磁场对周围元件的影响，有些线圈的外面套有一个金属罩壳，将罩壳与电路的地点接在一起，就能防止线圈与外电路之间互相影响，起到磁屏蔽作用。

**(3) 线圈的主要参数**

① 电感量　线圈电感量的大小与线圈的圈数、尺寸、内部有无磁芯以及绕制方式等都有直接的关系。电感量的单位为亨利，简称亨，用H表示。有时也采用毫亨或微亨，毫亨用mH表示，微亨用μH表示。它们之间的换算关系为

$$1H=10^3mH=10^6\mu H$$

② 品质因数 $Q$　品质因数是反映线圈质量的参数。$Q$ 值与线圈工作的频率、电感量以及损耗电阻有直接关系。$Q$ 值越高，表明线圈的工作效率越高，损耗越小。

③ 分布电容　由于线圈每两圈（或每两层）导线可以看成是电容器的两块金属片，导线之间的绝缘材料相当于绝缘介质，相当于一个很小的电容，这就是分布电容。由于分布电容的存在，将使线圈的 $Q$ 值下降。

④ 额定电流　指线圈正常工作时能承受的最大电流。对于阻流圈、大功率的谐振线圈和电源滤波线圈额定工作电流是一个重要参数。

**(4) 电感器的表示方法**

与电阻器相同，电感器的主要参数和技术指标通常标示在电感体上，其表示方法有以下几种。

① 直标法　此标示方法是直接在电感器外壳上标出电感的标称值。同时用字母 $I$ 表示额定电流，再用Ⅰ、Ⅱ、Ⅲ表示允许偏差。如图 1-29 所示。

② 色标法　电感器色标法原则上与电阻器的色标法相同，标示的颜色符号与电阻器采用的相同。

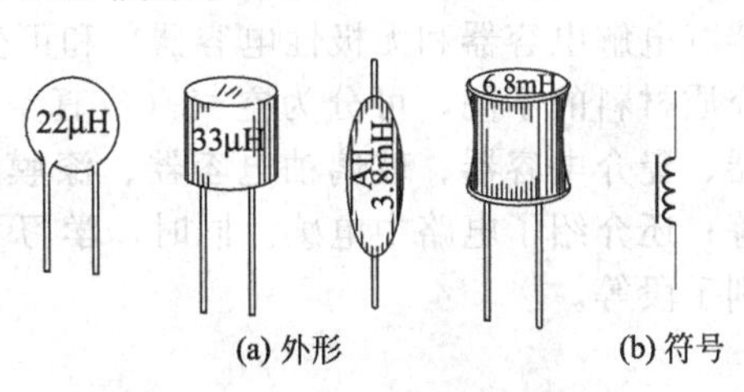

图 1-29　电感外形和符号

**(5) 电感线圈的检测**

电感器件的绕组通断、绝缘等状况可用万用表的电阻挡进行检测。

在路检测电感：将万用表置 $R\times1$ 挡或 $R\times10$ 挡，用两表笔接触在路线圈的两端，表针应指示导通，否则线圈断路；该法适合粗略、快速测量线圈是否烧坏。

非在路检测电感：将电感器件从线路板上焊开一脚，把数字万用表转到 $R\times10$ 挡并调零，测量线圈两端的阻值，如线圈用线较细或匝数较多，指针应有明显的摆动，一般为几欧姆至几十欧姆；如电阻值明显偏小，可判断线圈匝间短路。不过有许多线圈线径较粗，电阻值为欧姆级甚至于小于 1Ω，这时用指针式万用表的 $R\times1$ 挡来测量就不易读数，可改用数字万用表的欧姆挡测量。

**(6) 电感线圈的选择**

① 电感线圈的工作频率要适合电路的要求。用在低频电路线圈，应选用铁氧体或硅钢片作为磁芯材料，其线圈应能够承受大的电流（有的达几亨或几十亨）。用在音频电路的电感线圈应选用硅钢片或坡莫合金为磁芯材料。用在较高频率（几十兆赫以上）电路的电感线圈应选用高频铁氧体作为磁芯，也可采用空心线圈，如果率超过 100MHz，选用空心线圈为佳。

② 电感线圈的电感量、额定电流必须满足电路的要求。

③ 电感线圈的外形尺寸要符合电路板位置的要求。

④ 使用高频阻流圈时除注意额定电流、电感量外，还应选分布电容小的蜂房式电感线圈或多层分段绕制的电感线圈。对用在电源电路的低频阻流圈，尽量选用大电感量的；一般选大于回路电感量的 10 倍以上为最好。

⑤ 不同电路对电感线圈的要求是不一样的，应选用不同性能的电感线圈，如振荡电路、均衡电路、退耦电路等。

⑥ 在更换电感线圈时，不应随便改变线圈的大小、形状，尤其是用在高频电路的空心电感线圈，不要轻易改动它原有的位置或线圈的间距，一旦有所改变，其电感量就会发生变化。

⑦ 对于色码电感或小型固定电感线圈，当电感量相同、标称电流相同的情况下，可以代换使用。

⑧ 使用有屏蔽罩的电感线圈时一定要将屏蔽罩接地，这样可提高电感线圈的使用性能，达到隔离电场的作用。

⑨ 在实际应用电感线圈时，为达到最佳效果，需要对线圈进行微调，对于有磁芯的线圈，可通过调节磁芯的位置，改变电感量。对于单层线圈只要将端头几圈移出原位置，需要微调时只要改变其位置就能改变电感量。对于多层分段线圈，移动分段的相对距离就能达到微调的目的。

## 小　结

本节主要介绍了什么是电阻、电容、电感。电阻分为固定电阻、可变电阻以及特殊电阻：光敏电阻、压敏电阻、湿敏电阻等；同时介绍了电容器按结构不同，可分为固定电容器（电解电容器和无极性电容器）和可变电容器。可变电容器又分可变和半可变两类。按介质材料的不同，可分为空气（或真空）电容器、油浸电容器、云母电容器、陶制电容器、瓷介电容器、玻璃釉电容器、漆膜电容器、纸介电容器、薄膜电容器和电解电容器等；还介绍了电路中电感。同时，学习了各个元器件的单位、符号、作用和使用方法及识别手段等。

## 练习题

1. 电阻还有一个特殊性质，即在温度变化时，电阻也在变化；当温度一定时，导体电阻的大小与导体长度成______，与导体截面积成______，还与导体的材料有关。

2. 电容在直流电路中起________作用，在交流电路中起________作用；这是由电容器的______决定的。

3. 什么是电阻？它在直流电路中起什么作用？

4. 什么是电容？它在直流电路中起什么作用？

5. 什么是电感？

6. 如何用万用表判别电容器的好坏？

**徒弟** 师傅，通过上一节讲解使我对电阻、电容和电感在电路中起到的作用和检测方法及相关知识有了比较系统的理解。下面我们是否要讲一下在电路中另一些重要的器件，如半导体二极管，稳压管、发光二极管、光电二极管等？

**师傅** 是的，这些元器件在电路或控制电路中起到了非常重要的作用，而且如何判别其好坏和选择，都很重要，对于初学者必须掌握这方面的知识和应用。下面就来介绍一下。

## 1.2.4　电焊机设备控制系统中的半导体元器件

### 1.2.4.1　半导体二极管

#### (1) 半导体二极管的结构

半导体二极管是由P型半导体和N型半导体组成的PN结，并放置在一个保护壳内。

二极管的外形如图1-30(a) 所示，图形符号如图1-30(b) 所示。二极管由管芯、管壳和两个电极构成。管芯就是一个PN结，接P端的电极为正极，接N端的电极为负极。

按材料不同可分为点接触型、面接触型和平面型，如图 1-31 所示。

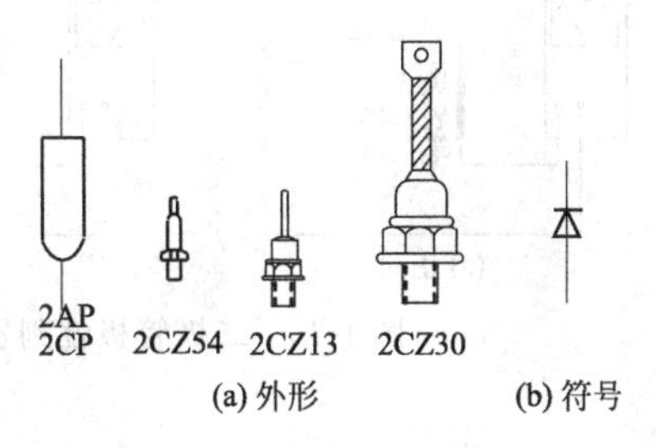


图 1-30 二极管外形和符号

点接触型二极管不能承受高的反向电压和大的电流，只能作高频检波和数字脉冲电路里的开关元件，也可用来作小电流整流。

**(2) 主要技术参数**

① 整流、检波、开关二极管的主要技术参数　这类二极管有两个相同的主要特性参数，即最大整流电流 $I_F$ 和最大反向电压 $U_{RM}$。最大整流电流 $I_F$ 亦称正向电流，指的是二极管长期连续工作时允许通过的最大正向电流值。应用时，实际流过管子的电流值不可超过 $I_F$，否则管子可能被烧坏。最大反向电压 $U_{RM}$ 系二极管在工作中所能承受的最大反向电压值。$U_{RM}$ 一般小于反向击穿电压。虽然如此，但选用时还是以 $U_{RM}$ 为准并适当留有余量，否则管子易损坏。

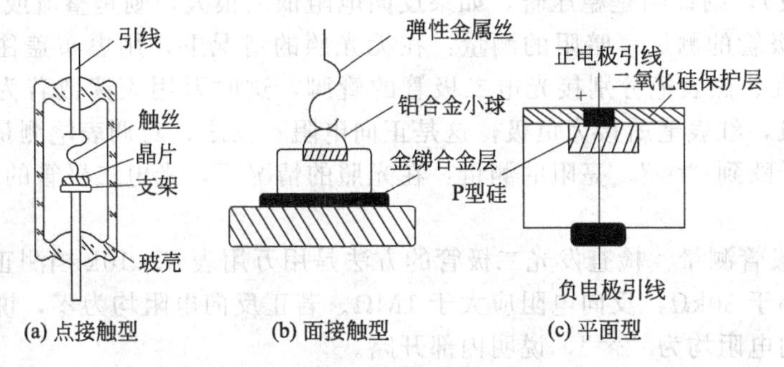


图 1-31 二极管的类型结构

二极管还有反向饱和电流、正向压降、结电容、截止频率、反向恢复时间等参数，对普通整流用一般不需考虑这些参数。对检波二极管，因工作在高频小信号电路，其截止频率（最高工作频率）及检波效率等参数应符合要求。对开关二极管，因工作于脉冲电路，需特别注意选反向恢复时间短的二极管（快恢复二极管）。若工作电流大，还需注意管子的额定功率参数。电视机行输出电路中用的二极管一般应注意整流电流 $I_F$ 和最大反向电压 $U_{RM}$ 这两个参数，若用普通二极管，尽管 $I_F$、$U_{RM}$ 符合要求也会发热烧坏。

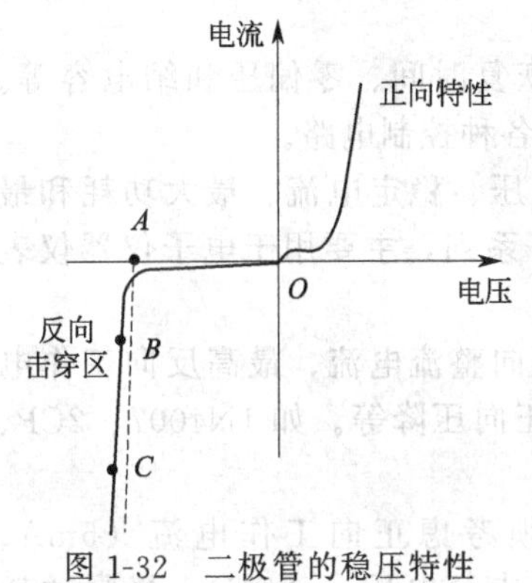


图 1-32 二极管的稳压特性

② 稳压二极管的主要技术参数　稳压管也叫齐纳二极管，这种二极管正偏时与普通二极管相同，不具有电压稳定作用。与普通二极管不同的是稳压管可以工作在反向击穿状态，而且为了具有电压稳定性能，它还必须工作在反向击穿状态。

稳压二极管的主要参数有稳定电压 $U_Z$、最大工作电流 $I_{ZM}$、最大耗散功率 $P_{ZM}$、动态电阻 $R_Z$ 和稳定电流 $I_Z$ 等。其中，$R_Z$ 是指稳压管两端电压变化随电流变化的比值，如图 1-32 中 $BC$ 段，线的斜度越陡，$R_Z$ 越小，稳压管的稳定性能也就越好。$R_Z$ 与稳压管品种和工作电流有关。一般选用稳压管时只需考虑 $U_Z$、$I_Z$、$P_{ZM}$ 和 $I_{ZM}$，即 $U_Z$ 要与所需的稳定电压相同或相近，同时流过稳压管的电流不能小于 $I_Z$ 和大于 $I_{ZM}$。

**(3) 二极管的判别**

① 用万用表判别二极管的极性　将 500 型万用表选择开关旋到 $R\times100$ 或 $R\times1\text{k}$ 挡，然后用两只表笔连接二极管的两根引线，若测出的电阻为几十千欧至几百千欧，则红表笔

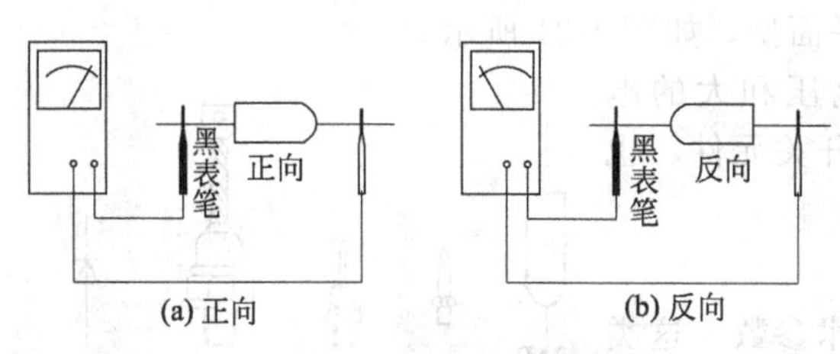

图 1-33　二极管极性判别

所连接的引线为正极，黑表笔所连接的引线为负极；若测出的电阻为几十至几百欧（硅管为几千欧），则黑表笔所连接引线为正极，红表笔所连接引线为负极，如图 1-33 所示。使用数字万用表时情况正好相反，这是因为两类万用表内部电池正负极接法不同的缘故。

② 稳压管与普通二极管的判别　常用稳压管与二极管的外形与普通小功率整流二极管相似，当标注清晰时，可按标注使用，如果标注不清晰，可使用 500 型万用表判别。

首先利用判别二极管的方法判别出正负极性，然后将万用表旋至 $R\times10$k 挡，黑表笔接二极管的负极，红表笔接二极管正极，如果此时的反向电阻变得很小（与 $R\times1$k 挡测出的电阻值比较），则证明是稳压管，如果反向电阻依然很大，则是整流或检波二极管。

③ 光电二极管的测量　暗阻的测量：在无光照的情况下，用黑布盖住，将万用表拨至 $R\times1$k 挡，红、黑表笔分别接光电二极管的管脚，这时万用表读数若为几千欧，则黑表笔所接为正极，红表笔所接为负极，这是正向电阻；反之，对调表笔测量反向电阻，一般读数为几百千欧到“∞”。亮阻的测量：在光照的情况下，光电二极管的反向电阻很小，仅为几百欧。

④ 发光二极管测量　检查发光二极管的方法是用万用表 $R\times10$k 挡测正反向电阻，一般正向电阻应小于 30kΩ，反向电阻应大于 1MΩ。若正反向电阻均为零，说明内部击穿短路；若正、反向电阻均为“∞”，说明内部开路。

**(4) 晶体二极管的选择**

① 检波二极管　选择检波二极管时，考虑其正向压降、反向电流、检波效率和损耗、最高工作温度等。如 2AP 系列，用于收音机等电路中的检波电路，利用二极管的单向导电性，检出有用信号，滤去无用信号。

② 开关二极管　选择开关二极管时，必须考虑反向恢复时间、零偏压和结电容等。如 2CK 系列，主要用于高频电路、开关电路、逻辑电路和各种控制电路。

③ 稳压二极管　选用稳压二极管时，必须考虑稳定电压、稳定电流、最大功耗和最大工作电流、动态电阻、电压温度系数等。如 2CW、2DW 系列，主要用于电子仪器仪表中作稳压用。

④ 整流二极管　选择整流二极管时，必须考虑最大正向整流电流、最高反向工作电压、最高反向工作电压下的反向电流、最大整流电流下的正向压降等。如 1N4007、2CP、2DP、2CZ 系列，主要用于电子设备中作整流用。

⑤ 发光二极管　选择发光二极管（LED）时，必须考虑正向工作电流（5mA、10mA、20mA、40mA）、正向工作电压（1.5～3V）、反向击穿电压（≥5V）、极限功耗（50mW、100mW）、发光波长和亮度。如 BT 系列，主要用于显示、报警电路。

⑥ 光电二极管　是一种将光照强弱变化转换成电信号的半导体器件，一般用于遥控器、彩色电视机、空调器、DVD 中，通常选用 2CU、2DU 系列，和红外发光二极管配套选择。

⑦ 红外二极管　通常选用 D101、D102（SE303）系列，其作用是把电能和光能间的相互转换，广泛用于遥控家用电器及各种遥控设备中。红外二极管分为红外发光二极管和红外接收二极管两种，它们的作用是不同的，选择时一定要注意。普通发光二极管发的是可见光，反向电阻为无穷大，起始电压 1.6～2V；红外发光二极管发的是不可见光，正向电阻为 30kΩ，反向电阻为 500kΩ，起始电压为 1.6～2V，不能选错。

⑧ 变容二极管　通常选用2CC1、2CC12、2CC13系列，它的结电容随外加反向电压大小而改变，常用于调谐电路。变容二极管同型号中有不同规格，一般配对使用，选择时要选择同型号、同色点或同字母的，以保证调谐的准确和良好的接收效果。

⑨ 稳压二极管

a. 根据具体的电路要求选择稳压值。如稳压源的基准电压为6V就可选稳定电压为6～7.5V的2CW55或稳定电压为6.5V的2CW54，以及稳定电压为6.3V的1N4627等型号的稳压二极管。选择的原则是稳压二极管的稳定电压值应与应用电路的基准电压值基本相同。

b. 对用于过电压保护电路的稳压二极管，其稳定电压值的选定要依据电路保护电压的大小进行选择，其稳定电压值不能选得过大或过小，否则将起不到过电压保护的作用。

c. 选择稳压二极管时，流过稳压二极管的反向电流（最大工作电流）不能超过其规定值，否则会导致稳压二极管的过热而损坏。

**(5) 三端稳压块的识别与选择**

① 三端稳压块的识别　三端稳压块有3个电极，直观识别的方法是，稳压块面对读者，从左往右依次为输入端、接地端、输出端，如图1-34所示。

② 三端稳压集成电路的选择　三端稳压集成电路的常用型号有LM317、W78系列、W79系列等。三端稳压集成电路可分为固定式(W7800、W7900)和可调式(LM317)，也可分为正输出电压和负输出电压。W78系列（正输出）稳压电路的输出电压分为5V、6V、9V、12V、15V、18V、21V共7个挡，最大输出电流有1.5A、0.5A、0.1A。负输出电压W79系列输出电流和输出电压与W78系列相同。主要用于直流稳压电源电路中，起稳压作用。

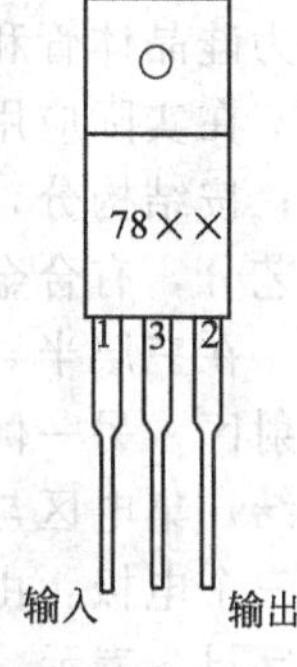

图1-34　三端稳压块识别

LM117、LM217、LM317是输出1.2～37V电压的可调集成稳压器，外电路仅用两只电阻便可调整输出电压。其电压调整率与电流调整率都优于常见的固定稳压器。此外，LM系列还在IC内部设置了过载保护、限流保护和安全区保护，故使用中不易损坏。

**(6) 硅桥堆的识别**

桥式直流电路的四只二极管封装在一起，构成硅桥堆（见图1-35），识别方法很简单，标识的两“～”端为交流输入端，标识的“＋”、“－”端为负载输出端。

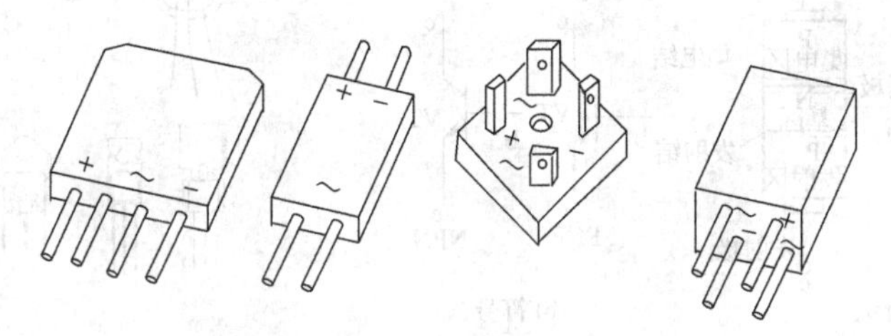
图1-35　硅桥堆外形

徒弟　师傅，通过学习我掌握了半导体二极管、稳压管、发光二极管、光电二极管工作原理和基本知识，也掌握了如何判别其好坏。下面要讲哪部分呢？

师傅　不急，我们先来总结一下上节课所讲的内容，来加深一下学过的知识。虽然已经了解和掌握了半导体二极管、稳压管、发光二极管、光电二极管等元器件在电路中所起的作用和原理，但在实际维修中，对于新手来讲，二极管、稳压管等都涉及到判别正负极的准确性问题，也是初学者一般不好掌握的问题，需要在维修的过程中去摸索和总结。

**徒弟** 师傅，在实际维修中又如何确定二极管、稳压管正负极的准确性呢？

**师傅** 特别是新手在维修控制板时，遇到在线检测二极管或稳压管时确定不了二极管和稳压管的正负极，主要是在使用万用表时（万用表正极实际是电池的负端；而负极为电池的正端）对万用表的正负端（红表笔和黑表笔）没有理解透，所以在判断该管时就会拿不准二极管或稳压管正负极。如果掌握了万用表的正负极关系，就能快速准确地确定该管的好坏和极性。下面讲述在电路中更重要的器件：晶体三极管和单结晶体管，分别介绍一下它们的结构和符号的标示。

### 1.2.4.2 双极型（三极管）晶体管

**(1) 半导体三极管的结构与分类**

双极型晶体管内有两种载流子——空穴和电子，通常称为晶体三极管或晶体管。

晶体管的基本结构是由两个PN结组成，两个PN结是由三层半导体区构成，根据组成形式不同，可分为NPN型和PNP型两种类型晶体管。按选用的本征半导体材料不同，分为硅晶体管和锗晶体管。

在实际应用中，从不同的角度对三极管可有不同的分类方法。按材料分，有硅管和锗管；按结构分，有NPN型管和PNP型管；按工作频率分，有高频管和低频管；按制造工艺分，有合金管和平面管；按功率分，有中小功率管和大功率管等。

在三层半导体区中，位于中间一层称为基区，基区旁一侧专门用来发射载流子的称为发射区，另一侧专门用来收集载流子的称为集电区，而发射区与基区之间的PN结称为发射结，集电区与基区之间的PN结称为集电结，如图1-36(a) 所示。从三层半导体区上引出三个电极：由基区引出的电极称为基极，用字母b表示，由发射区引出的称为发射极，用字母e表示，由集电区引出的称为集电极，用字母c表示。PNP和NPN型晶体管的图形符号见图1-36(b)。

NPN、PNP型晶体管是不能互换的。

常见各类晶体管的外形如图1-37所示。

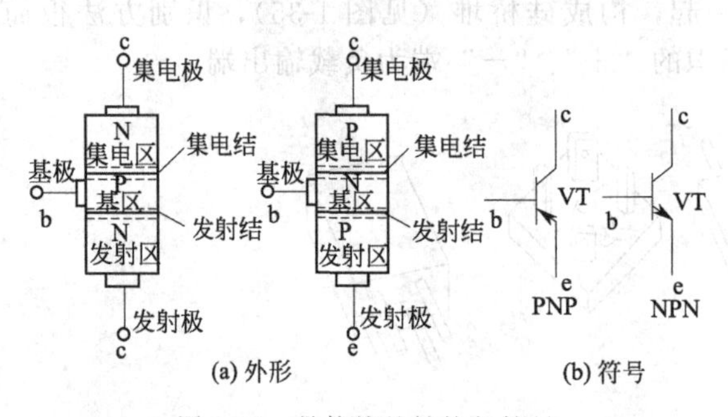


图1-36 晶体管的结构与符号

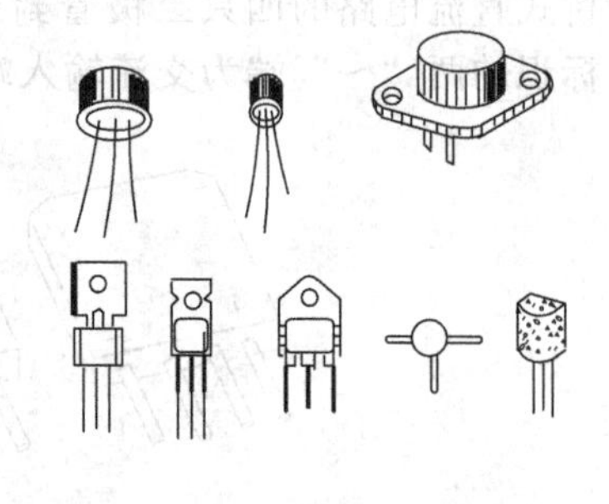

图1-37 常见晶体管外形

**(2) 晶体管的识别和选择**

**徒弟** 师傅，我们在实际的维修中常见到晶体管的识别（判断三极管的三个管脚问题）与选择的问题，那又如何鉴定三极管（晶体管）电极和选择晶体管呢？

**师傅** 我们就以图1-38来进行分析：一般直观识别硅三极管的电极方法是，将三极管的电极向上，缺口对着读者，电极从左到右，按顺时针方向，依次为发射极e、基极 b、集电极 c。锗 PNP 型管的判别方法与硅管相同。对于一字形排列的三极管，管脚判别从左到右，依次为 e、b、c。对大功率的三极管，其外壳表示集电极 c。

用万用表判别 NPN 管和 PNP 管及管脚时，将 500 型万用表选择开关旋到 $R\times1\text{k}$ 挡，然后用黑表笔连接晶体管的任意一电极，红表笔分别连接两外两个电极，若测出的电阻为几百欧时，则被测管子为 NPN 型，黑表笔连接的电极是基极 b，在 b、c 间跨接一只 100kΩ 电阻（图 1-38），两次测量（表笔对调一次）b、c 间电阻，阻值小的一次，黑表笔接的是 c 极，另一个是 e 极。反之，红表笔与黑表笔交换，则被测管子是 PNP 型，红表笔接的电极是 b 极。

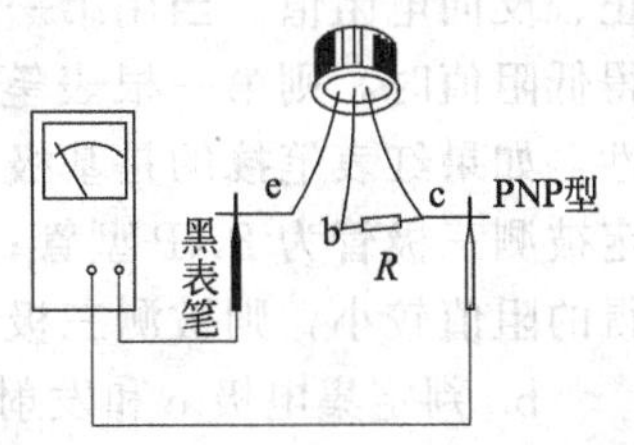

图 1-38　三极管管脚判别

另外，在选择晶体管时，要严格控制晶体管的参数值。

选择晶体管参数时必须考虑电流放大倍数 $\beta$，反向电流 $I_{cbo}$、$I_{ceo}$，反向击穿电压 $U_{ceo}$，最大允许集电极电流 $I_{cm}$，集电极最大允许耗散功率 $P_{cm}$，频率参数：$f_\alpha$——工作频率；$f_\beta$——共射极截止频率；$f_T$——特征频率及开关参数 $t_d$、$t_r$、$t_s$、$t_f$ 等参数。根据不同的频率、功率电路工作状态和不同的要求选择管子。在使用中尤其不可忽视和随便选择不符合要求的晶体管。在维修中选择不合适的晶体管会造成修好的电路控制板再次发生故障和其他问题。必须按原设计（同规格、同型号和技术参数）的晶体管进行更换。

**徒弟** 师傅，我在实际的维修中了解到晶体管的检测方法和经验还有很多，是吗？

**师傅** 是的。它们分为中、小功率三极管、大功率晶体三极管、普通达林顿管、大功率达林顿管、带阻尼行输出三极管，下面分别介绍其检测方法。

**(1) 中、小功率三极管的检测**

① 已知型号和管脚排列的三极管，可按下述方法来判断其性能好坏。

a. 测量极间电阻。将万用表置于 $R\times100$ 或 $R\times1\text{k}$ 挡，按照红、黑表笔的六种不同接法进行测试。其中，发射结和集电结的正向电阻值比较低，其他四种接法测得的电阻值都很高，约为几百千欧至无穷大。但不管是低阻还是高阻，硅材料三极管的极间电阻要比锗材料三极管的极间电阻大得多。

b. 三极管的穿透电流 $i_{ceo}$ 的数值近似等于管子的倍数 $\beta$ 和集电结的反向电流 $i_{cbo}$ 的乘积。$i_{cbo}$ 随着环境温度的升高而增长很快，$i_{cbo}$ 的增加必然造成 $i_{ceo}$ 的增大。而 $i_{ceo}$ 的增大将直接影响管子工作的稳定性，所以在使用中应尽量选用 $i_{ceo}$ 小的管子。

通过用万用表电阻挡直接测量三极管 e-c 极之间的电阻方法，可间接估计 $i_{ceo}$ 的大小，具体方法如下。

万用表电阻的量程一般选用 $R\times100$ 或 $R\times1\text{k}$ 挡，对于 PNP 管，黑表管接 e 极，红表笔接 c 极，对于 NPN 型三极管，黑表笔接 c 极，红表笔接 e 极。要求测得的电阻越大越好。e-c 间的阻值越人，说明管子的 $i_{ceo}$ 越小；反之，所测阻值越小，说明被测管的 $i_{ceo}$ 越大。一般说来，中、小功率硅、锗材料低频管，其阻值应分别在几百千欧、几十千欧及十几千欧以上，如果阻值很小或测试时万用表指针来回晃动，则表明 $i_{ceo}$ 很大，管子的性能不稳定。

c. 测量放大能力（$\beta$）。目前有些型号的万用表具有测量三极管 $h_{FE}$ 的刻度线及其测试插座，可以很方便地测量三极管的放大倍数。先将万用表功能开关拨至 $h_{FE}$ 挡，再把被测三极管插入测试插座，即可从显示屏上读出管子的放大倍数。

另外，有些型号的中、小功率三极管，生产厂家直接在其管壳顶部标示出不同色点来

表明管子的放大倍数$\beta$值，其颜色和$\beta$值有对应关系，但要注意，各厂家所用色标并不一定完全相同。

② 检测判别电极。

a. 判定基极。用万用表$R\times100$或$R\times1\text{k}$挡测量三极管三个电极中每两个极之间的正、反向电阻值。当用第一根表笔接某一电极，而第二根表笔先后接触另外两个电极均测得低阻值时，则第一根表笔所接的那个电极即为基极b。这时，要注意万用表表笔的极性，如果红表笔接的是基极b，黑表笔分别接在其他两极时，测得的阻值都较小，则可判定被测三极管为PNP型管；如果黑表笔接的是基极b，红表笔分别接触其他两极时，测得的阻值较小，则被测三极管为NPN型管。

b. 判定集电极c和发射极e（以PNP为例）。将万用表置于$R\times100$或$R\times1\text{k}$挡，红表笔接基极b，用黑表笔分别接触另外两个管脚时，所测得的两个电阻值会是一个大一些，一个小一些。在阻值小的一次测量中，黑表笔所接管脚为集电极；在阻值较大的一次测量中，黑表笔所接管脚为发射极。

③ 判别高频管与低频管。

高频管的截止频率大于3MHz，而低频管的截止频率则小于3MHz，一般情况下，二者是不能互换的。

④ 在路电压检测判断法。

在实际应用，中、小功率三极管多直接焊接在印刷电路板上，由于元件的安装密度大，拆卸比较麻烦，所以在检测时常常通过用万用表直流电压挡去测量被测三极管各引脚的电压值，来推断其工作是否正常，进而判断其好坏。

**(2) 大功率晶体三极管的检测**

利用万用表检测中、小功率三极管的极性、管型及性能的各种方法，对检测大功率三极管来说基本上适用。但是，由于大功率三极管的工作电流比较大，因而其PN结的面积也较大。PN结较大，其反向饱和电流也必然增大。所以，若像测量中、小功率三极管极间电阻那样，使用万用表的$R\times1\text{k}$挡测量，必然测得的电阻值很小，好像极间短路一样，所以通常使用$R\times10$或$R\times1$挡检测大功率三极管。

**(3) 普通达林顿管的检测**

用万用表对普通达林顿管的检测包括识别电极、区分PNP和NPN类型、估测放大能力等项内容。因为达林顿管的e-b极之间包含多个发射结，所以应该使用万用表能提供较高电压的$R\times10\text{k}$挡进行测量。

**(4) 大功率达林顿管的检测**

检测大功率达林顿管的方法与检测普通达林顿管基本相同。但由于大功率达林顿管内部设置了保护和泄放漏电流元件，所以在检测时应将这些元件对测量数据的影响加以区分，以免造成误判。具体可按下述几个步骤进行。

a. 用万用表$R\times10\text{k}$挡测量b、c之间PN结电阻值，应明显测出具有单向导电性能。正、反向电阻值应有较大差异。

b. 在大功率达林顿管b-e之间有两个PN结，并且接有电阻$R_1$和$R_2$。用万用表电阻挡检测时，当正向测量时，测到的阻值是b-e结正向电阻与$R_1$、$R_2$阻值并联的结果；当反向测量时，发射结截止，测出的则是$R_1+R_2$电阻之和，大约为几百欧，且阻值固定，不随电阻挡位的变换而改变。但需要注意的是，有些大功率达林顿管在$R_1$、$R_2$上还并有二极管，此时所测得的则不是$R_1+R_2$之和，而是$R_1+R_2$与两只二极管正向电阻之和的并联电阻值。

**(5) 带阻尼行输出三极管的检测**

将万用表置于 $R\times 1$ 挡，通过单独测量带阻尼行输出三极管各电极之间的电阻值，即可判断其是否正常。具体测试原理、方法及步骤如下。

① 将红表笔接 e，黑表笔接 b，此时相当于测量大功率管 b-e 结的等效二极管与保护电阻 $R$ 并联后的阻值，由于等效二极管的正向电阻较小，而保护电阻 $R$ 的阻值一般也仅有 20～50Ω，所以，二者并联后的阻值也较小；反之，将表笔对调，即红表笔接 b，黑表笔接 e，则测得的是大功率管 b-e 结等效二极管的反向电阻值与保护电阻 $R$ 的并联阻值，由于等效二极管反向电阻值较大，所以，此时测得的阻值即是保护电阻 $R$ 的值，此值仍然较小。

② 将红表笔接 c，黑表笔接 b，此时相当于测量管内大功率管 b-c 结等效二极管的正向电阻，一般测得的阻值也较小；将红、黑表笔对调，即将红表笔接 b，黑表笔接 c，则相当于测量大功率管 b-c 结等效二极管的反向电阻，测得的阻值通常为无穷大。

③ 将红表笔接 e，黑表笔接 c，相当于测量管内阻尼二极管的反向电阻，测得的阻值一般都较大，约 300Ω 至∞；将红、黑表笔对调，即红表笔接 c，黑表笔接 e，则相当于测量管内阻尼二极管的正向电阻，测得的阻值一般都较小，约几欧至几十欧。

**(6) 单结晶体管**

将万用表置于 $R\times 1\mathrm{k}$ 挡，固定黑表笔于任意电极上，然后用红表笔去分别接触另外两个电极，当得到两个近似相等的电阻值（约 10kΩ）时，则黑表笔所接的电极为发射极 e。然后，将万用表的红表笔接在发射极上，黑表笔接任意一个基极，用舌头舔另一个没接表笔的基极和红笔所接的发射极，这样做两次后，注意仔细观察表针哪一次摆动大。摆动大时，则其中没接黑表笔的电极为基极 $b_1$，而另一个基极是 $b_2$。如用这种方法两次测量表针都有明显的摆动，也说明管子是好的。

1）管子好坏的识别

在焊接好双基极二极管的检测电路中，将被检测基极二极管接在虚线位置上。如果被测管是好的，发光二极管就明显地交替闪光；如被测管是坏的，或者基极 $b_1$ 与 $b_2$ 接反了，发光二极管就一直亮着。这说明基极 $b_1$ 与 $b_2$ 不能互换。

2）单结晶体管的选择

① 根据单结晶体管的参数和使用要求选择。

② 根据型号 BT31、BT21、BT33 系列选择。

③ 根据不同分压比 $\eta$ 值选择。

④ 根据峰点电压和谷点电压值选择。

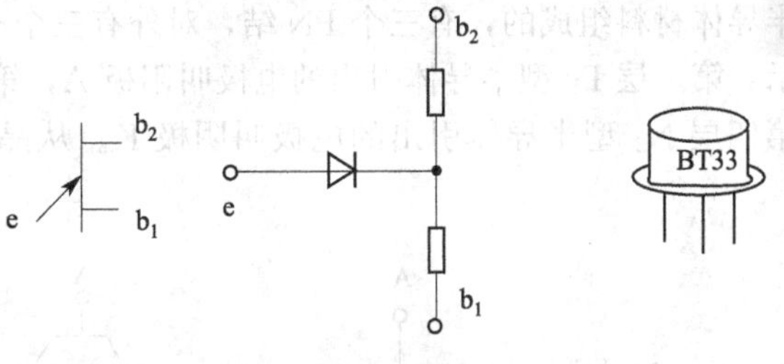

图 1-39　单结晶体管的结构与外形

e—发射极；$b_1$—第一基极；$b_2$—第二基极

3）单结晶体管的结构与特性

单结晶体管有一个 PN 结和三个电极，即一个发射极和两个基极，所以又叫双基极二极管。如图 1-39 所示。

单结晶体管有一个重要的电气特性——负阻特性，利用这种特性可以组成张弛振荡器、自激多谐振荡器、阶梯波发生器、定时器等多种脉冲单元电路。

单结晶体管的内部结构：在一块高阻率的 N 型硅片两端，制作两个接触电极，分别叫第一基极 $b_1$ 和第二基极 $b_2$，硅片的另一侧在靠近第二基极 $b_2$ 处制作了一个 PN 结，并在 P 型硅片上引出电极 e，e 叫发射极。如图 1-40 所示。

第一基极 $b_1$ 和第二基极 $b_2$ 之间的纯电阻，称为基区电阻，一般在 2～10kΩ 之间。

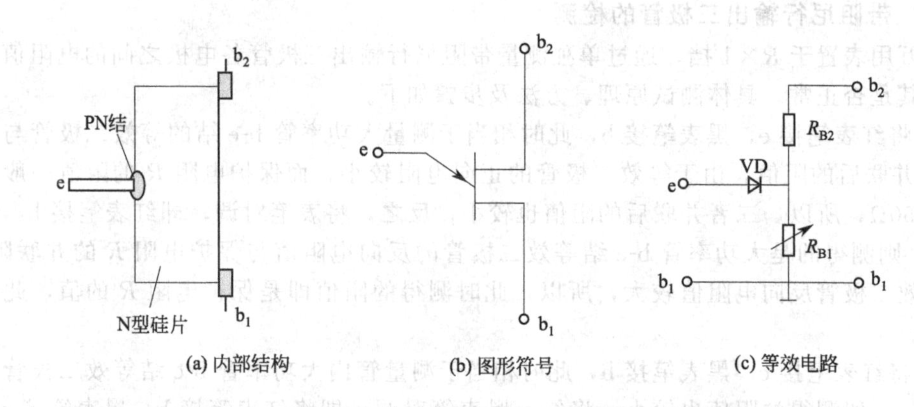


图 1-40　单结晶体管的内部结构、图形符号及等效电路

第一基极 $b_1$ 与发射极 e 之间的电阻，在正常工作时，将随发射极电流而变化。PN 结的作用相当于一个二极管。

在阻值比较中，$e\text{-}b_1$ 的阻值较大，$e\text{-}b_2$ 的阻值较小，即 $e\text{-}b_1$ 的阻值大于 $e\text{-}b_2$ 的阻值。

用万用表测单结晶体管的阻值，第一基极 $b_1$ 和第二基极 $b_2$ 之间的正反电阻均一样，为正常，否则说明该单结晶体管性能不好。

### 1.2.4.3　晶闸管

**徒弟** 师傅，什么是晶闸管，为什么也有的叫它可控硅？

**师傅** 一种以硅单晶为基本材料的 $P_1N_1P_2N_2$ 四层三端器件，创制于 1957 年，由于它特性类似于真空闸流管，所以国际上通称为硅晶体闸流管，简称晶闸管。又由于晶闸管最初应用于可控整流方面，所以又称为硅可控整流元件，简称为可控硅，它用字母 SCR 来表示。

**徒弟** 师傅，那么晶闸管在电路中的符号如何表示的？它的工作原理又如何？

**师傅** 今天大家使用的是单向晶闸管，也就是人们常说的普通晶闸管，它是由四层半导体材料组成的，有三个 PN 结，对外有三个电极，在电路中的表示符号如图 1-41(a) 所示：第一层 $P_1$ 型半导体引出的电极叫阳极 A，第三层 $P_2$ 型半导体引出的电极叫控制极 G，第四层 $N_2$ 型半导体引出的电极叫阴极 K。从晶闸管的电路符号［图 1-41(b)］可以看到，

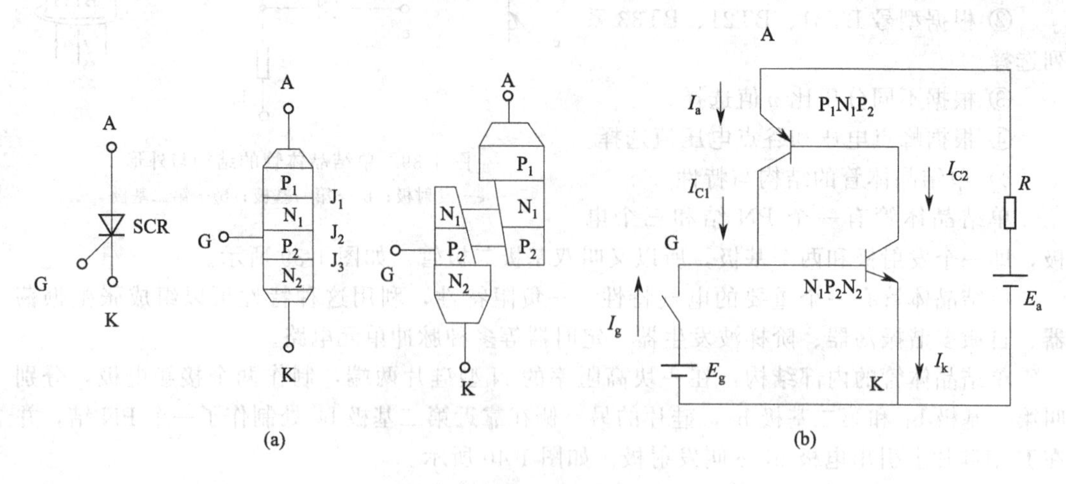


图 1-41　晶闸管等效示意图

它和二极管一样是一种单方向导电的器件，关键是多了一个控制极 G，这就使它具有与二极管完全不同的工作特性。

当晶闸管承受正向电压时，为使其导通，必须使方向偏置的 $J_2$ 结起阻挡作用。由图(b) 可见，每个晶体管的集电极电流同时就是另一个晶体管的基极电流，因此两个互相复合的晶体管电路，一旦有足够的控制极电流 $I_g$ 流入时，就会形成强烈的正反馈过程，造成两个晶体管迅速饱和，即晶闸管导通。

设 $P_1N_1P_2$ 管和 $N_1P_2N_2$ 管的集电极电流分别为 $I_{C1}$ 和 $I_{C2}$，发射极电流分别为 $I_a$ 和 $I_k$，对应的电流放大系数分别为 $\alpha_1=I_{C1}/I_a$ 和 $\alpha_2=I_{C2}/I_k$，设流过 $J_2$ 结反向漏电流为 $I_{C0}$。

晶闸管阳极电流等于两管的集电极电流和漏电流的总和：

$$I_a=I_{C1}+I_{C2}+I_{C0} \tag{1-1}$$

将 $I_{C1}$ 和 $I_{C2}$ 用 $\alpha_1$ 和 $\alpha_2$ 表示，则

$$I_a=\alpha_1 I_a+\alpha_2 I_k+I_{C0} \tag{1-2}$$

若控制极电流为 $I_g$，则有

$$I_k=I_a+I_g \tag{1-3}$$

将式(1-3) 代入式(1-2) 中，则得

$$I_a=\alpha_1 I_a+\alpha_2 I_a+\alpha_2 I_g+I_{C0}$$

$$I_a(1-\alpha_1-\alpha_2)=\alpha_2 I_g+I_{C0}$$

所以

$$I_a=(\alpha_2 I_g+I_{C0})/[1-(\alpha_1+\alpha_2)] \tag{1-4}$$

由式(1-4) 可见，晶闸管阳极电流决定于 $I_g$ 与 $\alpha_1+\alpha_2$ 之值。硅 $P_1N_1P_2$ 管和硅 $N_1P_2N_2$ 管相应的电流放大系数 $\alpha_1$ 和 $\alpha_2$ 随其发射极电流的改变而急剧变化。

当晶闸管加入正向阳极电压，而控制极不加电压时，式(1-4) 中，$I_g=0$，$\alpha_1+\alpha_2$ 很小，晶闸管阳极电流 $I_a\approx I_{C0}$，晶闸管处于正向阻断状态。当晶闸管加入正向阳极电压和正向控制极电压时，使控制极流入电流 $I_g$，经 $N_1P_2N_2$ 放大，产生足够大的集电极电流 $I_{C2}$，又经 $P_1N_1P_2$ 放大，产生更大的集电极电流 $I_{C1}$，$I_{C1}$ 又流经 $N_1P_2N_2$ 管的发射结，这样强烈的正反馈过程使 $\alpha_1$ 和 $\alpha_2$ 迅速增大。当增大到 $\alpha_1+\alpha_2\approx1$ 时，则式(1-4) 分母 $1-(\alpha_1+\alpha_2)\approx0$，于是晶闸管阳极有相当大的电流，使两个三极管饱和导通，晶闸管处于正向导通状态。

从式(1-4) 式可见，在晶闸管导通后，$1-(\alpha_1+\alpha_2)$ 趋于零，晶闸管阳极电流迅速增大至某一数值，此时即使 $I_g=0$，$I_a$ 仍然很大，于是 $I_a$ 将不受 $I_g$ 控制，$I_a$ 之值决定于外加阳极电压和负载电阻。所以，欲使晶闸管由导通状态转为阻断状态，必须将阳极电压减少，或切断阳极电压，或加反向电压，使阳极电流小于维持电流时，晶闸管才能关断。

从以上分析可得出如下结论。

① 晶闸管的导通条件：

外电路 $E_a>0$，$E_g>0$，内电路 $\alpha_1+\alpha_2\geqslant1$。

② 晶闸管导通后，反馈电流大于控制极注入电流，故晶闸管一旦导通后，控制极失去作用。

③ $\alpha_1+\alpha_2<1$ 时，阳极电流小于维持电流，晶闸管由导通转为截止，恢复阻断状态。

在逆变电路中，晶闸管相当于无触点开关，利用晶闸管的开（导通）与关（阻断）使电流转换方向，完成逆变任务。

**徒弟** 师傅，我们在很多电路中都应用晶闸管，在电焊机中也常见到，通过它可以将直流电压变成交流电压。您可不可以举一个例子来让我们学习和了解它的作用？

**师傅** 可以，我们看图 1-42 所示电路，它就是利用关断电路控制两个晶闸管轮流导通或阻断，可将直流电压变成交流电压。

晶闸管作为开关元件与晶体管作为开关元件有着显著区别。晶体管由导通状态转变为截止状态，仅受控基极激励信号，只要把晶体管发射结的偏置电压正偏置变到零，晶体管就可从导通转为截止。而晶闸管则不然，因为晶闸管被触发导通后，控制极就不再起控制作用了，欲使导通的晶闸管可靠关断必须满足两个条件。

① 晶闸管的阳极电流必须减小为零或小于维持电流。

② 晶闸管再次加上正向阳极电压之前，必须在晶闸管恢复了正向阻断能力之后。

从晶闸管电流降到零并恢复正向阻断能力，尚需要一段时间，这段时间称为晶闸管的关断时间，用 $t_g$ 表示。显然，给晶闸管加反电压时间必须大于关断时间才能使其可靠关断。

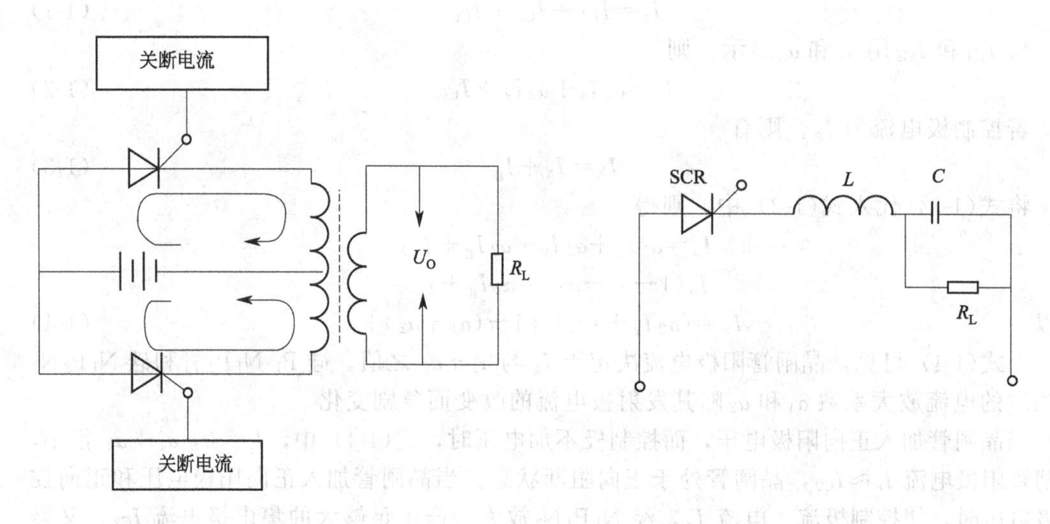


图 1-42　晶闸管逆变电路示意图　　图 1-43　*LC* 串联换相电路

图 1-43 是利用 *LC* 振荡特性在电容器上产生高压，迫使晶闸管关断的电路。当 SCR 触发导通时，电源一方面通过 SCR、*L* 向负载 $R_L$ 供电，另一方面给电容器 *C* 充电。由于 *L*、*C* 的作用，充电电流按正弦规律上升。当电容器充电电压达到电源电压 *E* 时，电流达到最大值，瞬间电流不再上升并有减少的趋势，由于电感中产生右正左负的感应电势，继续给电容器 *C* 充电。当 *L* 中磁场能量释放完毕，电容器电压达到某一数值时，充电结束。然后电容器 *C* 通过 *L*、SCR 放电，给 SCR 加反压迫使其关断。电容器 *C* 放电过程亦是向负载 $R_L$ 供电过程，当放电终了，负载两端电压等于零时，晶闸管再次触发导通，又重复上述过程。

**徒弟** 师傅，晶闸管的结构及性能特点如何？除了上述讲的晶闸管外，我还了解到晶闸管在电路应用中，还有好几种类别和作用，您可以再给详细介绍一下吗？

**师傅** 是的。晶闸管在电路中除了刚才讲过的普通晶闸管外，还有双向晶闸管、门极关断晶闸管、光控晶闸管、逆导晶闸管、BTG 晶闸管（也叫程控单结晶体管）、温控晶闸管、四极晶闸管以及晶闸管模块，以下分别作介绍。

**(1) 普通晶闸管**

普通晶闸管是由 PNPN 四层半导体材料构成的三端半导体器件，三个引出端分别为阳极 A、阴极 K 和门极 G，图 1-44 是其电路图形符号。

普通晶闸管的阳极与阴极之间具有单向导电的性能，其内部可以等效为由一只 PNP

晶闸管和一只 NPN 晶闸管组成的组合管，如图 1-45 所示。

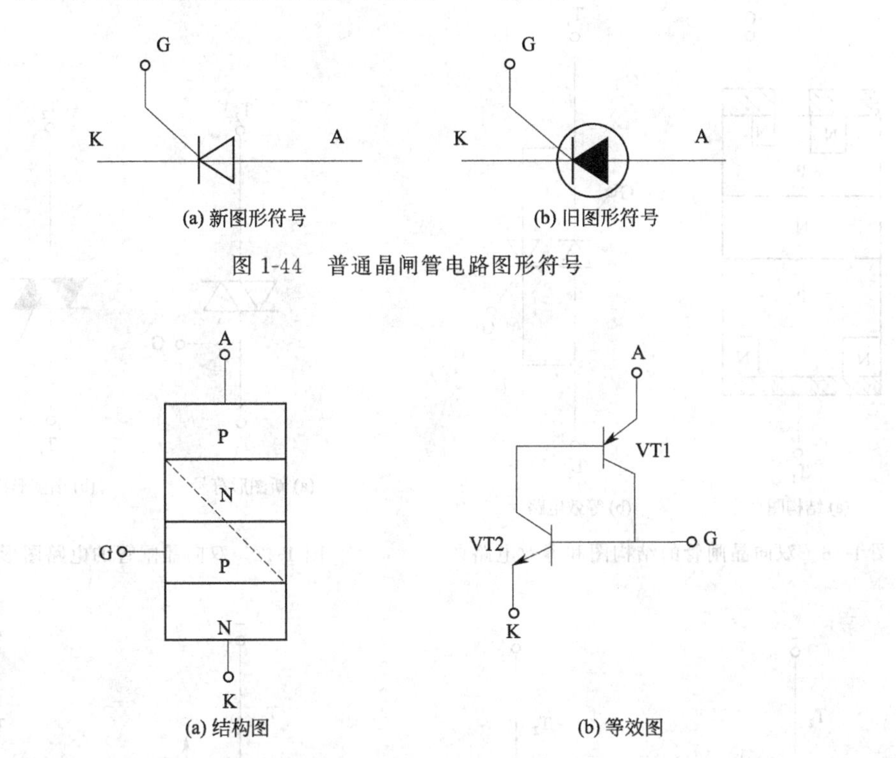


图 1-44　普通晶闸管电路图形符号

图 1-45　普通晶闸管的结构和等效电路

当晶闸管反向连接（即 A 极接电源负端，K 极接电源正端）时，无论门极 G 所加电压是什么极性，晶闸管均处于阻断状态。当晶闸管正向连接（即 A 极接电源正端，K 极接电源负端）时，若门极 G 所加触发电压为负时，则晶闸管也不导通，只有其门极 G 加上适当的正向触发电压时，晶闸管才能由阻断状态变为导通状态。此时，晶闸管阳极 A 极与阴极 K 极之间呈低阻导通状态，A、K 极之间压降约为 1V。

普通晶闸管受触发导通后，其门极 G 即使失去触发电压，只要阳极 A 和阴极 K 之间仍保持正向电压，晶闸管将维持低阻导通状态。只有把阳极 A 电压撤除或阳极 A、阴极 K 之间电压极性发生改变（如交流过零）时，普通晶闸管才由低阻导通状态转换为高阻阻断状态。普通晶闸管一旦阻断，即使其阳极 A 与阴极 K 之间又重新加上正向电压，仍需在门极 G 和阴极 K 之间重新加上正向触发电压后方可导通。

普通晶闸管的导通与阻断状态相当于开关的闭合和断开状态，用它可以制成无触点电子开关，去控制直流电源电路。

**（2）双向晶闸管**

① 双向晶闸管（TRIAC）是由 NPNPN 五层半导体材料构成的，相当于两只普通晶闸管反相并联，它也有三个电极，分别是主电极 $T_1$、主电极 $T_2$ 和门极 G。图 1-46 是双向晶闸管的结构和等效电路，图 1-47 是其电路图形符号。

双向晶闸管可以双向导通，即门极加上正或负的触发电压，均能触发双向晶闸管正、反两个方向导通。图 1-48 是其触发状态。

当门极 G 和主电极 $T_2$ 相对于主电极 $T_1$ 的电压为正（$U_{T2}>U_{T1}$、$U_G>U_{T1}$）或门极 G 和主电极 $T_1$ 相对于主电极 $T_2$ 的电压为负（$U_{T1}<U_{T2}$、$U_G<U_{T2}$）时，晶闸管的导通方向为 $T_2 \rightarrow T_1$，此时 $T_2$ 为阳极，$T_1$ 为阴极。

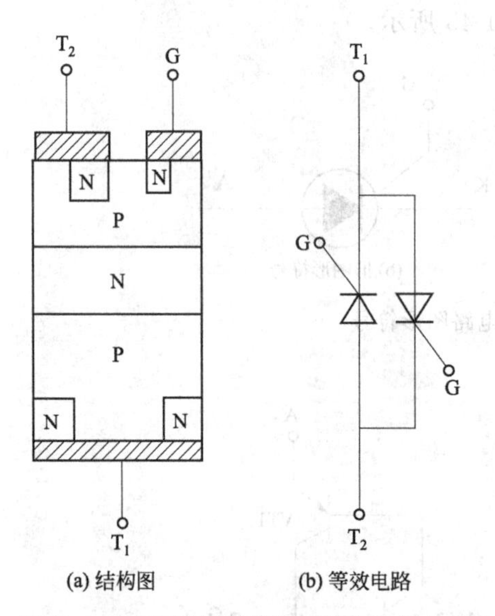


图 1-46　双向晶闸管的结构图和等效电路

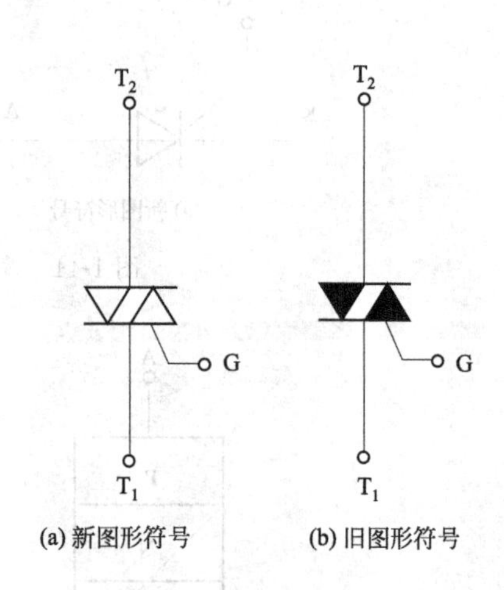


图 1-47　双向晶闸管的电路图形符号

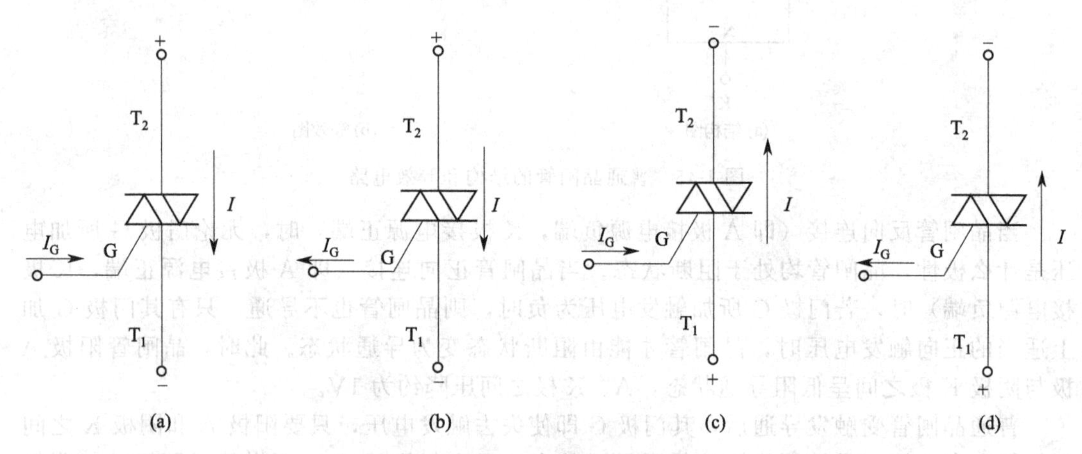


图 1-48　双向晶闸管的触发状态

当门极 G 和主电极 $T_1$ 相对于主电极 $T_2$ 为正（$U_{T1}>U_{T2}$、$U_G>U_{T2}$）或门极 G 和主电极 $T_2$ 相对于主电极 $T_1$ 为负（$U_{T2}<U_{T1}$、$U_G<U_{T1}$）时，则晶闸管的导通方向为 $T_1 \rightarrow T_2$，此时 $T_1$ 为阳极，$T_2$ 为阴极。

双向晶闸管的主电极 $T_1$ 与主电极 $T_2$ 间，无论所加电压极性是正向还是反向，只要门极 G 和主电极 $T_1$（或 $T_2$）间加有正、负极性不同的触发电压，满足其必需的触发电流，晶闸管即可触发导通呈低阻状态。此时，主电极 $T_1$、$T_2$ 间压降约为 1V 左右。

双向晶闸管一旦导通，即使失去触发电压，也能继续维持导通状态。当主电极 $T_1$、$T_2$ 电流减小至维持电流以下或 $T_1$、$T_2$ 间电压改变极性，且无触发电压时，双向晶闸管阻断，只有重新施加触发电压，才能再次导通。

② 用万用表测出双向晶闸管的三个极　双向晶闸管除了一个电极 G 仍然叫控制极外，另外两个电极通常不再叫阳极和阴极，而统称为主电极 $T_1$ 和 $T_2$。双向晶闸管是一种 N-P-N-P-N 型 5 层结构的半导体，其结构图见图 1-46。

用万用表区分双向晶闸管电极的方法是：首先找出主电极 $T_2$。将万用表置于 $R\times100$ 挡，用黑表笔接双向晶闸管的任一个电极，红表笔分别接双向晶闸管的另外两个电极，如果表针不动，说明黑表笔接的就是主电极 $T_2$。否则就要把黑表笔再调换到另一个电极上，按上述方法进行测量，直到找出主电极 $T_2$。

$T_2$ 确定后再按下述方法找出 $T_1$ 极和 G 极。由图 1-46 可见，$T_1$ 与 G 是由两个 PN 结反向并联的，因设计需要和结构的原因，$T_1$ 与 G 之间的电阻值，依然存在正反向的差别。用万用表 $R\times10$ 或 $R\times1$ 挡测 $T_1$ 和 G 之间的正、反向电阻，如一次是 22Ω 左右，一次是 24Ω 左右，则在电阻较小的一次（正向电阻）黑表笔接的是主电极 $T_1$，红表笔接的是控制极 G。

**(3) 门极关断晶闸管**

门极关断晶闸管（GTO）（以 P 型门极为例）是由 PNPN 四层半导体材料构成，其三个电极分别为阳极 A、阴极 K 和门极 G，图 1-49 是其结构及电路图形符号。

门极关断晶闸管也具有单向导电特性，即当其阳极 A、阴极 K 两端为正向电压，在门极 G 上加正的触发电压时，晶闸管将导通，导通方向 A→K。

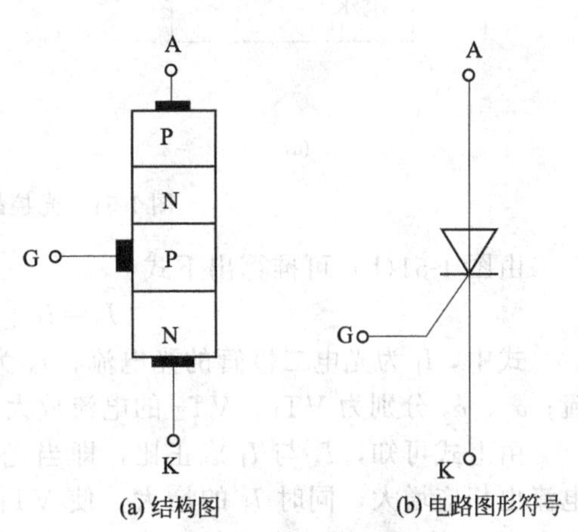

图 1-49　门极关断晶闸管结构及电路图形符号

在门极关断晶闸管导通状态，若在其门极 G 上加一个适当负电压，则能使导通的晶闸管关断（普通晶闸管在靠门极正电压触发之后，撤掉触发电压也能维持导通，只有切断电源使正向电流低于维持电流或加上反向电压，才能使其关断）。

**(4) 光控晶闸管**

光控晶闸管也称 GK 型光开关管，是一种光敏器件。如图 1-50 所示。

① 光控晶闸管的结构　通常晶闸管有三个

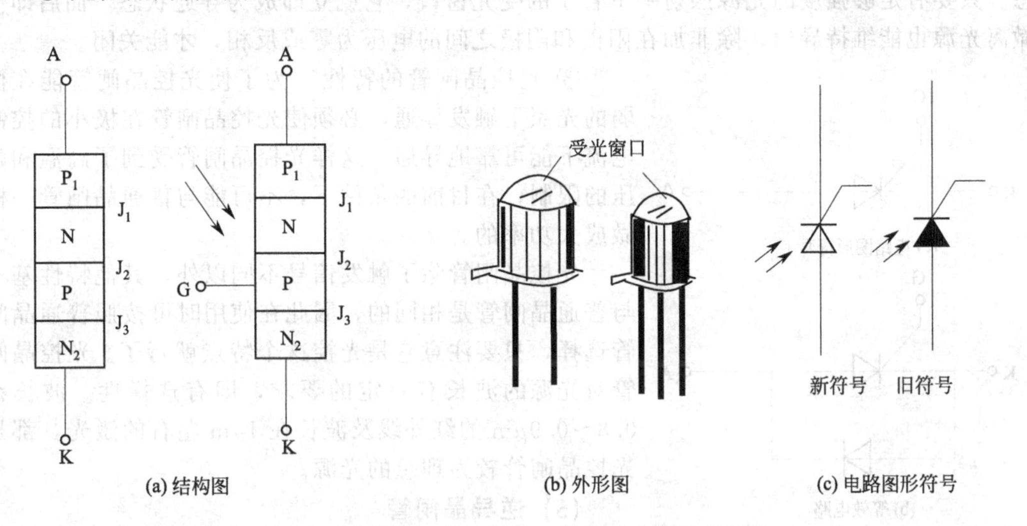

图 1-50　光控晶闸管的结构、外形及电路图形符号

电极：控制极 G、阳极 A 和阴极 K。而光控晶闸管由于其控制信号来自光的照射，没有必要再引出控制极，所以只有两个电极（阳极 A 和阴极 K）。但它的结构与普通晶闸管一样，是由四层 PNPN 器件构成。

从外形上看，光控晶闸管亦有受光窗口，还有两条管脚和壳体，酷似光电二极管。

② 光控晶闸管的工作原理　当在光控晶闸管的阳极加上正向电压，阴极加上负向电压时，图 1-51(a) 的光控晶闸管可以等效成图 1-51(b) 的电路图。

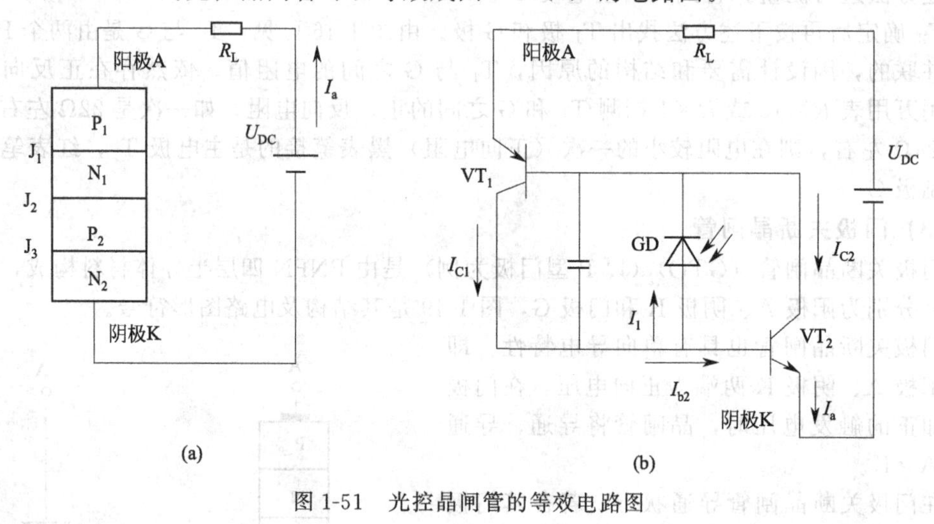


图 1-51　光控晶闸管的等效电路图

由图 1-51(b) 可推算出下式：

$$I_a = I_1 / [1-(\alpha_1+\alpha_2)]$$

式中，$I_1$ 为光电二极管的光电流；$I_a$ 为光控晶闸管阳极电流，即光控晶闸管的输出电流；$\alpha_1$、$\alpha_2$ 分别为 $VT_1$、$VT_2$ 的电流放大系数。

由上式可知，$I_a$ 与 $I_1$ 成正比，即当光电二极管的光电流增大时，光控晶闸管的输出电流也相应增大，同时 $I_1$ 的增大，使 $VT_1$、$VT_2$ 的电流放大系数 $\alpha_1$、$\alpha_2$ 也增大。当 $\alpha_1$ 与 $\alpha_2$ 之和接近 1 时，光控晶闸管的 $I_a$ 达到最大，即完全导通。能使光控晶闸管导通的最小光照度，称其为导通光照度。光控晶闸管与普通晶闸管一样，一经触发，即成导通状态。只要有足够强度的光源照射一下管子的受光窗口，它就立即成为导通状态，而后即使撤离光源也能维持导通，除非加在阳极和阴极之间的电压为零或反相，才能关闭。

③ 光控晶闸管的特性　为了使光控晶闸管能在微弱的光照下触发导通，必须使光控晶闸管在极小的控制电流下能可靠地导通。这样光控晶闸管受到了高温和耐压的限制，在目前的条件下，不可能与普通晶闸管一样做成大功率的。

光控晶闸管除了触发信号不同以外，其他特性基本与普通晶闸管是相同的，因此在使用时可按照普通晶闸管选择，只要注意它是光控这个特点就行了。光控晶闸管对光源的波长有一定的要求，即有选择性。波长在 0.8～0.9μm 的红外线及波长在 1μm 左右的激光，都是光控晶闸管较为理想的光源。

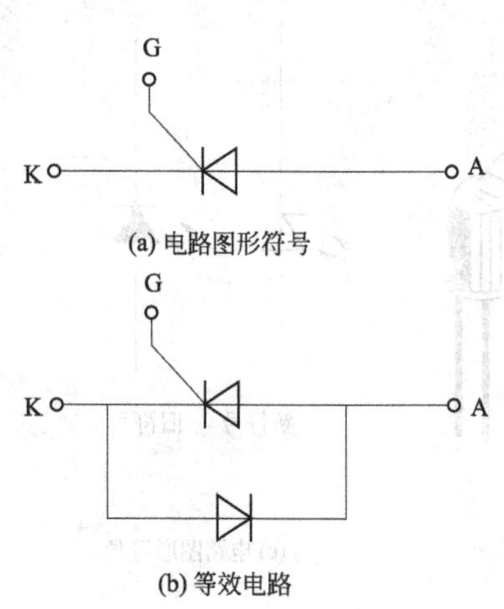


图 1-52　逆导晶闸管电路图形符号和等效电路

### (5) 逆导晶闸管

逆导晶闸管（RCT）俗称逆导可控硅，它在普通晶闸管的阳极 A 与阴极 K 间反向并联了一只二极管（制作于同一管芯中），如图 1-52 所示。

逆导晶闸管较普通晶闸管的工作频率高，关断时间短，误动作少，可广泛应用于超声波电路、电磁灶、开关电源、电子镇流器、超导磁能储存系统等领域。

**(6) BTG 晶闸管**

也称程控单结晶体管 PUT，是由 PNPN 四层半导体材料构成的三端逆阻型晶闸管，其电路图形符号、内部结构和等效电路见图 1-53。

BTG 晶闸管的参数可调，改变其外部偏置电阻的阻值，即可改变 BTG 晶闸管门极电压和工作电流。它还具有触发灵敏度高、脉冲上升时间短、漏电流小、输出功率大等优点，被广泛应用于可编程脉冲电路、锯齿波发生器、过电压保护器、延时器及大功率晶体管的触发电路中，既可作为小功率晶闸管使用，还可作为单结晶体管［双基极二极管(UJT)］使用。

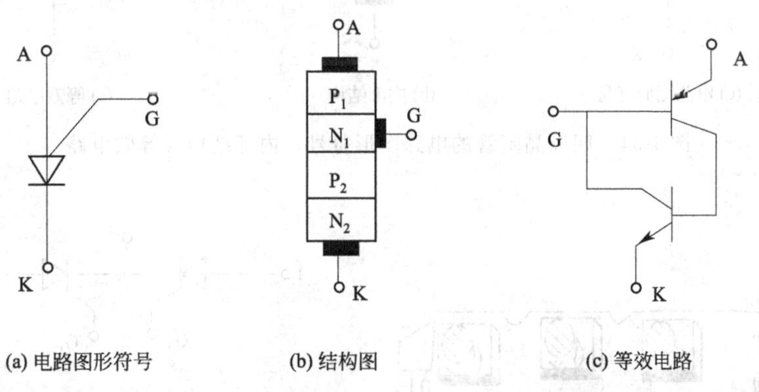


图 1-53　BTG 晶闸管的电路图形符号、结构和等效电路

**(7) 温控晶闸管**

温控晶闸管是一种新型温度敏感开关器件，它将温度传感器与控制电路结合为一体，输出驱动电流大，可直接驱动继电器等执行部件或直接带动小功率负荷。

温控晶闸管的结构与普通晶闸管的结构相似（电路图形符号也与普通晶闸管相同），也是由 PNPN 半导体材料制成的三端器件，但在制作时，温控晶闸管中间的 PN 结中注入了对温度极为敏感的成分（如氩离子），因此改变环境温度，即可改变其特性曲线。

在温控晶闸管的阳极 A 接上正电压，在阴极 K 接上负电压，在门极 G 和阳极 A 之间接入分流电阻，就可以使它在一定温度范围内（通常为－40～＋130℃）起开关作用。温控晶闸管由断态到通态的转折电压随温度变化而改变，温度越高，转折电压值就越低。

**(8) 四极晶闸管**

四极晶闸管也称硅控制开关管（SCS），是一种由 PNPN 四层半导体材料构成的多功能半导体器件，图 1-54 是其电路图形符号、内部结构和等效电路。

四极晶闸管的四个电极分别为阳极 A、阴极 K、阳极控制极 $G_A$和阴极控制极 $G_K$。若将四极晶闸管的阳极控制极 $G_A$空着不用，则四极晶闸管可以代替普通晶闸管或门极关断晶闸管使用；若将其阴极控制极 $G_K$空着不用，则可以代替 BTG 晶闸管或门极关断晶闸管、单结晶体管使用；若将其阳极门极 $G_A$与阳极 A 短接，则可以代替逆导晶闸管或 NPN 型硅晶体管使用。

**(9) 晶闸管模块**

晶闸管模块，它在逆变焊机中经常用到。它是将两只参数一致的普通晶闸管串联或并联在一起构成的，如图 1-55 所示。

晶闸管模块具有体积小、重量轻、散热好、安装方便等优点，被广泛应用于电动机调速、无触点开关、交流调压、低压逆变、高压控制、整流、稳压等电子电路中。

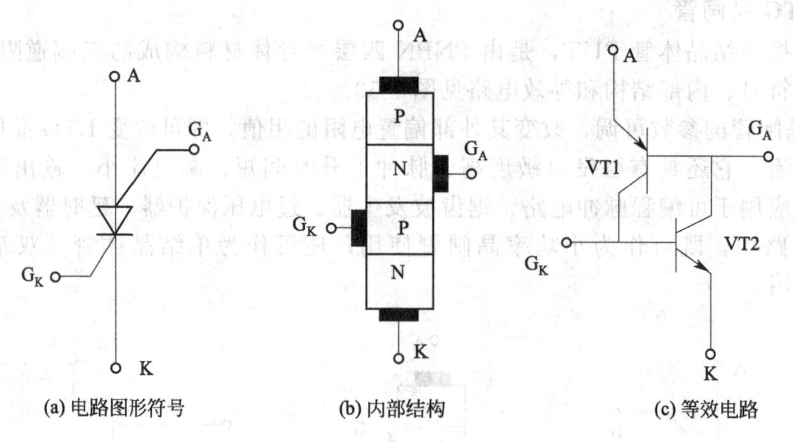


图 1-54　四极晶闸管的电路图形符号、内部结构及等效电路

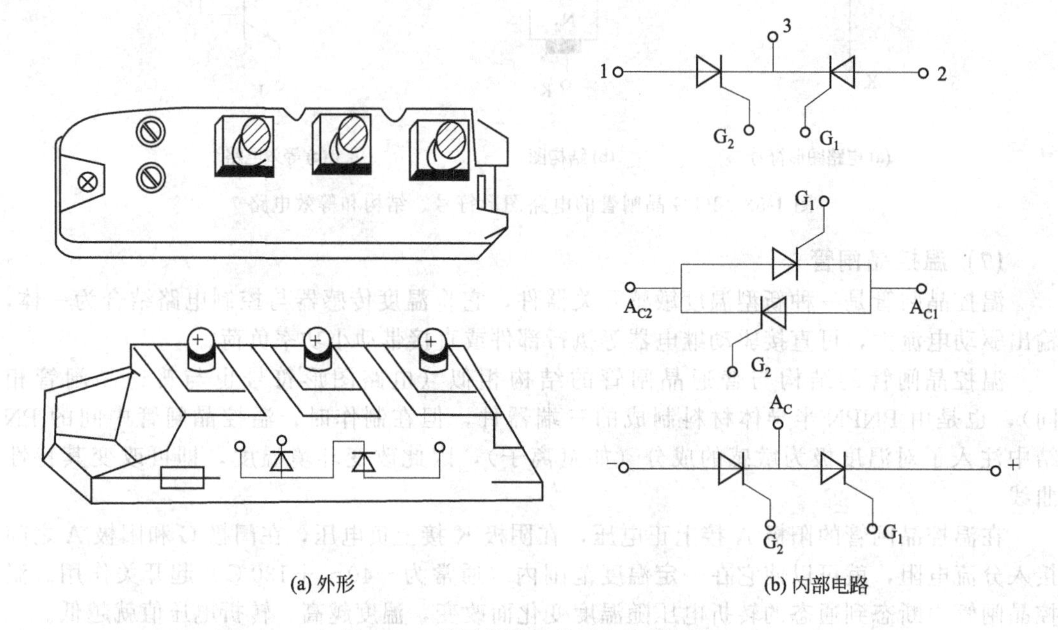


图 1-55　晶闸管模块外形与内部电路

## 1.2.4.4　IGBT 的结构与工作原理

徒弟　师傅，我们在维修电焊机过程中，在新型电焊机的电气原理图中经常提到和看到 IGBT 这种晶体管，它在电焊机中的工作原理和结构又如何？

师傅　IGBT 三极管问世仅 20 多年，它是功率场效应管与普通双极型（PNP 或 NPN）管复合后的一种新型半导体器件，即绝缘栅、双极晶体管，简称 IGBT 管，它综合了场效应管开关速度快、控制电压低和双极晶体管电流大、反压高、导通时压降小的优点。目前，最高工作频率（$f_T$）已超过 150kHz，最高反压（$BV_{cbo}$）≥1700V、最大电流（$I_{CM}$）≥800A、最大功率（$P_{CM}$）达 3000W、导通时间（$t_{on}$）<50ns，故广泛应用于逆变氩弧焊机、微波炉、电磁厨具（如电磁炉、电磁灶）、煮饭厨具、电压谐振变换及大功率放大电路。它们的封装与普通大功率三极管相同，随功率大小有各种封装形式。

图 1-56 所示为一个 N 沟道增强型绝缘栅双极晶体管结构，N+ 区称为源区，附于其上的电极称为源极。N+区称为漏区。器件的控制区为栅区，附于其上的电极称为栅极。沟道在紧靠栅区边界形成。在漏、源之间的 P 型区（包括 P+和 P−区）（沟道在该区域形成），称为亚沟道区（subchannel region）。而在漏区另一侧的 P+区称为漏注入区（drain injector），它是 IGBT 特有的功能区，与漏区和亚沟道区一起形成 PNP 双极晶体管，起发射极的作用，向漏极注入空穴，进行导电调制，以降低器件的通态电压。附于漏注入区上的电极称为漏极。

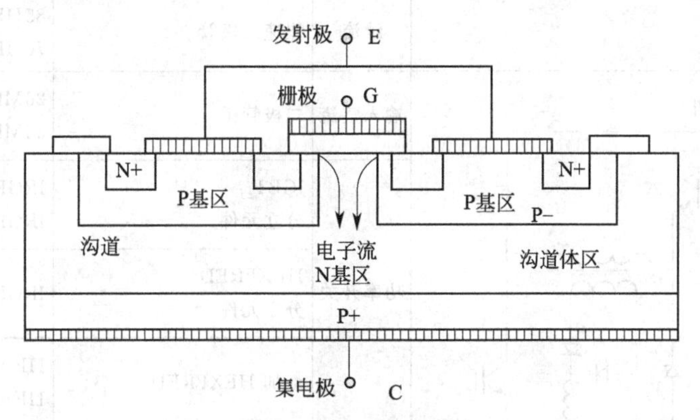

图 1-56　N 沟道增强型 IGBT 结构

IGBT 的开关作用是通过加正向栅极电压形成沟道，给 PNP 晶体管提供基极电流，使 IGBT 导通。反之，加反向门极电压消除沟道，流过反向基极电流，使 IGBT 关断。IGBT 的驱动方法和 MOSFET 基本相同，只需控制输入极 N−沟道 MOSFET，所以具有高输入阻抗特性。当 MOSFET 的沟道形成后，从 P+基极注入到 N−层的空穴（少子），对 N−层进行电导调制，减小 N−层的电阻，使 IGBT 在高电压时，也具有低的通态电压。

### 1.2.4.5 应用举例

下面将以目前最热门的功率器件 IGBT 为例说明电路结构与器件的选择使用，详见表 1-4。

### 1.2.4.6 霍尔效应电流传感器

在电路中碰到或用到霍尔效应电流传感器的时候，对它有些了解就可以了，这里就不详细讲了。在晶闸管、GTO、GTR、MOSFET 管、IGBT 管、SIT 管和 SFTH 管等各种电力半导体器件的应用中，都提出了过流保护的问题。以往采用快速熔断器保护晶闸管，有时并不能保护器件免受损坏（如 $di/dt$），即使起到了保护作用，快速熔断器的价格也很贵，连续烧坏的代价太大。至于 GTR 的二次击穿带来的电流增大，GTO 是否进入导通状态，GTO 的阳极电流是否超过可关断电流 $I_{ATO}$，都不是常规保护措施能快速响应的。而霍尔效应电流传感器，的确是一种最佳的快速过流保护措施。

### 1.2.4.7 各种晶闸管的检测方法

**（1）单向晶闸管的检测**

① 判别各电极　根据普通晶闸管的结构可知，其门极 G 与阴极 K 极之间为一个 PN 结，具有单向导电特性，而阳极 A 与门极之间有两个反极性串联的 PN 结。因此，通过用万用表的 $R\times100$ 或 $R\times1k$ 挡测量普通晶闸管各引脚之间的电阻值，即能确定三个电极。

具体方法是：将万用表黑表笔任接晶闸管某一极，红表笔依次去触碰另外两个电极。

**表 1-4　电路结构与 IGBT 的选择使用**

| 线路及用途 | 功率器件 | | |
|---|---|---|---|
| | 功能 | 型式 | 型号(美国 IR 公司) |
| ①用途：等离子切割<br>220V<br>150V/100A<br>频率≥20kHz | 输入整流 | 二极管桥 | 26MB80A<br>36MB80A |
| | 功率开关 | IGBT 模块 | IRGKI140U06 |
| | 功率开关 | IGBT<br>分立元件 | IRGP440U(500V)<br>IRGPC40U(600V) |
| | 续流 | 快速二极管 | 85HFL60S02<br>70HFL60S02 |
| ② 用途：便携式焊机<br>220V<br>频率≥20kHz<br>30V/160A | 输入整流 | 二极管桥 | 26MB80A<br>36MB80A |
| | 功率开关 | IGBT<br>分立元件 | IRGP440U(500V)<br>IRGPC40U(600V) |
| | 功率开关 | HEXFRED<br>分立元件 | IRGP450 |
| | 功率开关 | 外加 HEXFRED | HFA08PB60<br>HFA15PB60 |
| | 输出整流 | 快速二极管 | 85HFL60S02<br>70HFL60S02 |
| ③用途：便携式焊机<br>40V/400A | 输入整流 | 二极管桥 | 26MB80A<br>36MB80A |
| | 功率开关 | IGBT<br>分立元件 | IRGP440U(500V)<br>IRGPC40U(600V)<br>IRGPC50U(600V) |
| | 功率开关 | 外加 HEXFRED | HFA08PB60<br>HFA15PB60 |
| | 功率开关 | IGBT 组件 | IRGPC40UD2<br>IRGPC50UD2 |
| | 功率开关 | HEXFRED 分立元件 | IRGP450 |
| | 输出整流 | 快速二极管 | 85HFL60S02<br>70HFL60S02 |
| ④用途：大功率小型焊机<br>380V<br>频率≥50kHz<br>40V/400A | 输入整流 | 二极管 | 36MT120<br>130MT120K |
| | 功率开关 | IGBT | IRGTI075M12<br>IRGTI100M12<br>IRGTI150M12<br>IRGTI200M12 |
| | 输出整流 | 快速二极管 | 70HFL60S02<br>85 HFL60S02 |
| | 输出整流 | 肖特基模块 | 400A/200V<br>(与生产厂联系) |

续表

| 线路及用途 | 功率器件 | | |
|---|---|---|---|
| ⑤ 用途：大功率小型焊机 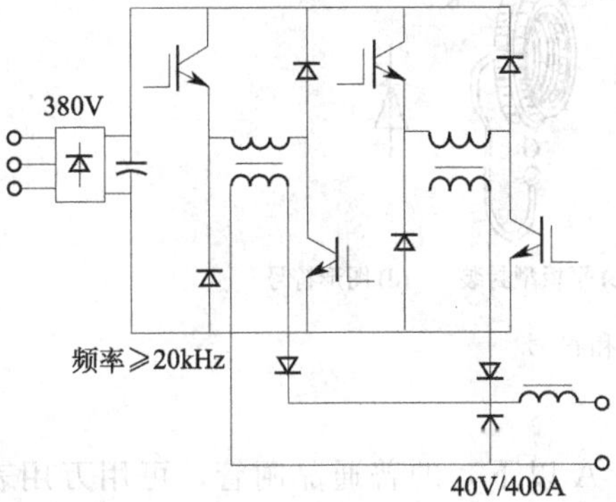<br>380V<br>频率≥20kHz<br>40V/400A | 输入整流 | 二极管桥 | 36MT120<br>60 MT120K<br>90 MT120K |
| | 功率开关 | IGBT 分立元件 | IRGPH50K(1200V) |
| | | HEXFET 分立元件 | IRFPE50(800V) |
| | | HEXFET 模块 | 与生产厂联系 |
| | | 外加 HEXFRED 二极管 | HFA08PB120<br>HFA16PB120 |
| | 输出整流 | 快速二极管 | 70HFL60S02<br>85 HFL60S02 |
| ⑥用途：大功率坚固耐用的焊机 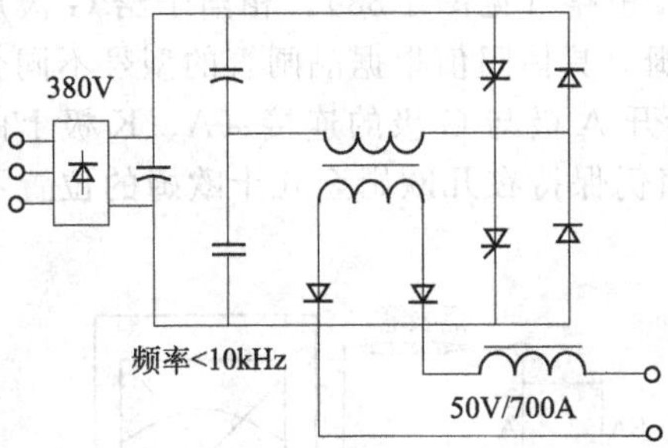<br>380V<br>频率<10kHz<br>50V/700A | 输入整流 | 二极管桥 | 130NT120K |
| | | 半桥 | IRLD91-12 |
| | 功率开关 | 快速晶闸管 | ST083S12P<br>ST173S12P |
| | | 外加快速二极管 | 85HFL100S05<br>SD103N100S05P |
| | 输出整流 | 快速二极管 | 85HFL60S02<br>SD153N06S10P<br>SD253N06S10P |

若测量结果有一次阻值为几千欧姆，而另一次阻值为几百欧姆，则可判定黑表笔接的是门极 G。在阻值为几百欧姆的测量中，红表笔接的是阴极 K，而在阻值为几千欧姆的那次测量中，红表笔接的是阳极 A，若两次测出的阻值均很大，则说明黑表笔接的不是门极 G，应用同样方法改测其他电极，直到找出三个电极为止。也可以测任两脚之间的正、反向电阻，若正、反向电阻均接近无穷大，则两极即为阳极 A 和阴极 K，而另一脚即为门极 G。

普通晶闸管也可以根据其封装形式来判断出各电极。例如，螺栓型普通晶闸管的螺栓一端为阳极 A，较细的引线端为门极 G，较粗的引线端为阴极 K。平板型普通晶闸管的引出线端为门极 G，平面端为阳极 A，另一端为阴极 K。金属壳封装（TO-3）的普通晶闸管，其外壳为阳极 A。塑封（TO-220）的普通晶闸管的中间引脚为阳极 A，且多与自带散热片相连。

图 1-57 为几种普通晶闸管的引脚排列。

② 判断其好坏　用万用表 $R\times1k$ 挡测量普通晶闸管阳极 A 与阴极 K 之间的正、反向电阻，正常时均应为无穷大（∞）；若测得 A、K 之间的正、反向电阻值为零或阻值均较小，则说明晶闸管内部击穿短路或漏电。

测量门极 G 与阴极 K 之间的正、反向电阻值，正常时应有类似二极管的正、反向电阻值（实际测量结果要较普通二极管的正、反向电阻值小一些），即正向电阻值较小（小于 2kΩ），反向电阻值较大（大于 80kΩ）。若两次测量的电阻值均很大或均很小，则说明该晶闸管 G、K 极之间开路或短路。若正、反电阻值均相等或接近，则说明该晶闸管已失效，其 G、K 极间 PN 结已失去单向导电作用。

测量阳极 A 与门极 G 之间的正、反向电阻，正常时两个阻值均应为几百千欧姆或无穷大，若出现正、反向电阻值不一样（有类似二极管的单向导电）。则是 G、A 极之间反

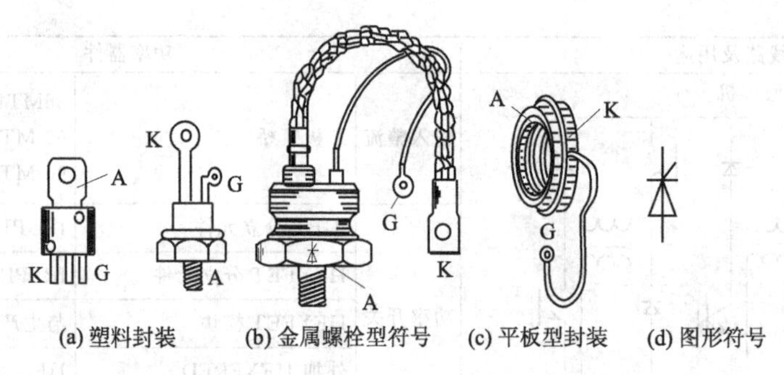

(a) 塑料封装　(b) 金属螺栓型符号　(c) 平板型封装　(d) 图形符号

图 1-57　晶闸管外形和符号

向串联的两个 PN 结中的一个已击穿短路。

③ 触发能力检测　对于小功率（工作电流为 5 A 以下）的普通晶闸管，可用万用表 $R\times1$ 挡测量。测量时黑表笔接阳极 A，红表笔接阴极 K，此时表针不动，显示阻值为无穷大（∞）。用镊子或导线将晶闸管的阳极 A 与门极短路（见图 1-58），相当于给 G 极加上正向触发电压，此时若电阻值为几欧姆至几十欧姆（具体阻值根据晶闸管的型号不同会有所差异），则表明晶闸管因正向触发而导通。再断开 A 极与 G 极的连接（A、K 极上的表笔不动，只将 G 极的触发电压断掉），若表针示值仍保持在几欧姆至几十欧姆的位置不动，则说明此晶闸管的触发性能良好。

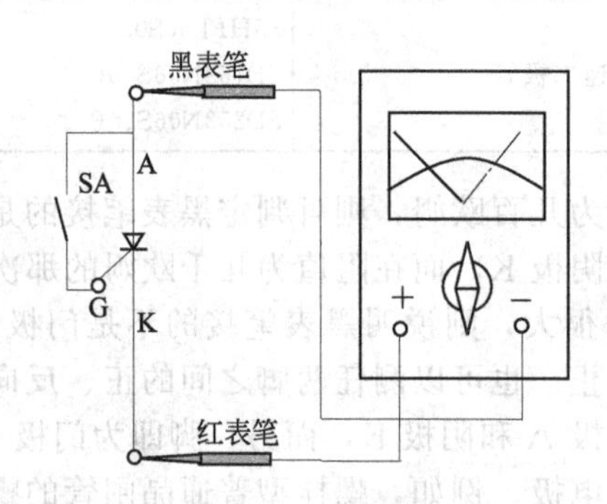

图 1-58　用万用表测量小功率单向晶闸管触发电路

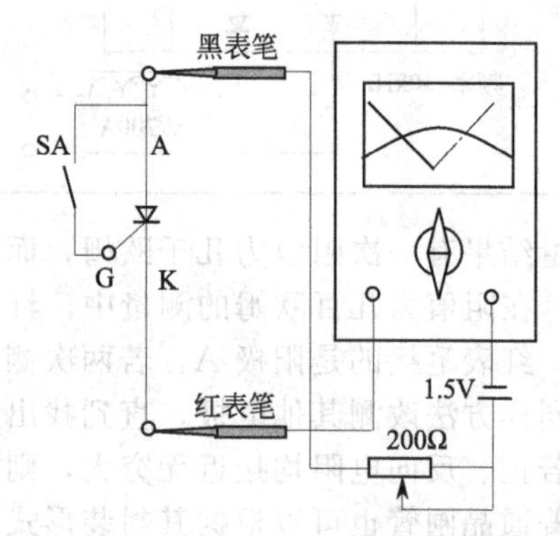

图 1-59　用万用表测量大功率单向晶闸管触发电路

对于工作电流在 5 A 以上的中、大功率普通晶闸管，因其通态压降 $U_T$、维持电流 $I_H$ 及门极触发电压 $U_G$ 均相对较大，万用表 $R\times1k$ 挡所提供的电流偏低，晶闸管不能完全导通，故检测时可在黑表笔端串接一只 200Ω 可调电阻和 1～3 节 1.5V 干电池（视被测晶闸管的容量而定，其工作电流大于 100 A 的，应用 3 节 1.5V 干电池），如图 1-59 所示。

也可以用图 1-60 中的测试电路测试普通晶闸管的触发能力。电路中，VT 为被测晶闸管，HL 为 6.3V 指示灯（手电筒中的小电珠），GB 为 6V 电源（可使用 4 节 1.5V 干电池或 6V 稳压电源），SA 为按钮，$R$ 为限流电阻。

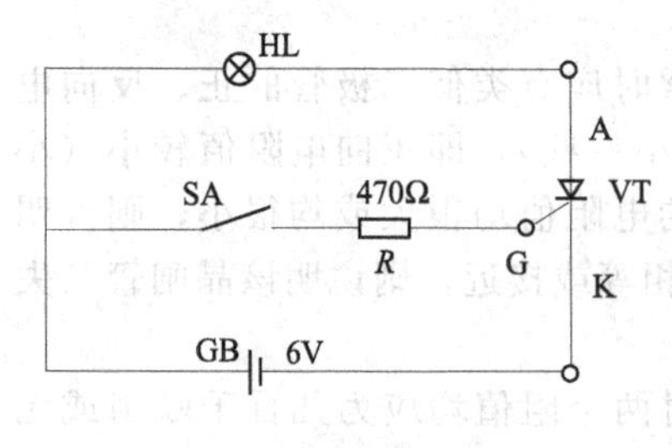

图 1-60　普通测试方法

当按钮 SA 未接通时，晶闸管 VT 处于阻断状态，指示灯 HL 不亮（若此时 HL 亮，则是 VT 击穿或漏电损坏）。按动一下按钮 SA 后（使 SA 接通一下，为晶闸管 VT 的门极 G 提供触发电压），若指示灯 HL 一直点亮，则说明晶闸管的触发能力良好。若指示灯亮度偏低，则表明晶闸管性能不良，导通压降大（正常时导通压降应为1V左右）。若按钮SA接通时，指示灯亮，而按钮SA断开时，指示灯熄灭，则说明晶闸管已损坏，触发性能不良。

**(2) 双向晶闸管的检测**

① 判别各电极　用万用表$R\times1$或$R\times10$挡分别测量双向晶闸管三个引脚间的正、反向电阻值，若测得某一脚与其他两脚均不通，则此脚便是主电极$T_2$。找出$T_2$极之后，剩下的两脚便是主电极$T_1$和门极G。测量这两脚之间的正、反向电阻值，会测得两个均较小的电阻值。在电阻值较小（约几十欧姆）的一次测量中，黑表笔接的是主电极$T_1$，红表笔接的是门极G。螺栓型双向晶闸管的螺栓一端为主电极$T_2$，较细的引线端为门极G，较粗的引线端为主电极$T_1$。金属壳封装（TO-3）双向晶闸管的外壳为主电极$T_2$。塑封（TO-220）双向晶闸管的中间引脚为主电极$T_2$，该极通常与自带小散热片相连。

② 判别其好坏　用万用表$R\times1$或$R\times10$挡测量双向晶闸管的主电极$T_1$与主电极$T_2$之间、主电极$T_2$与门极G之间的正、反向电阻值，正常时均应接近无穷大。若测得电阻值均很小，则说明该晶闸管电极间已击穿或漏电短路。测量主电极$T_1$与门极G之间的正、反向电阻值，正常时均应在几十欧姆至100Ω之间（黑表笔接$T_1$极，红表笔接G极时，测得的正向电阻值较反向电阻值略小一些）。若测得$T_1$极与G极之间的正、反向电阻值均为无穷大，则说明该晶闸管已开路损坏。

③ 触发能力检测　对于工作电流为8 A以下的小功率双向晶闸管，可用万用表$R\times1$挡直接测量。测量时先将黑表笔接主电极$T_2$，红表笔接主电极$T_1$，然后用镊子将$T_2$极与门极G短路，给G极加上正极性触发信号，若此时测得的电阻值由无穷大变为十几欧姆，则说明该晶闸管已被触发导通，导通方向为$T_2\rightarrow T_1$。再将黑表笔接主电极$T_1$，红表笔接主电极$T_2$，用镊子将$T_2$极与门极G之间短路，给G极加上负极性触发信号时，测得的电阻值应由无穷大变为十几欧姆，则说明该晶闸管已被触发导通，导通方向为$T_1\rightarrow T_2$。若在晶闸管被触发导通后断开G极，$T_2$、$T_1$极间不能维持低阻导通状态而阻值变为无穷大，则说明该双向晶闸管性能不良或已经损坏。若给G极加上正（或负）极性触发信号后，晶闸管仍不导通（$T_1$与$T_2$间的正、反向电阻值仍为无穷大），则说明该晶闸管已损坏，无触发导通能力。

对于工作电流在8A以上的中、大功率双向晶闸管，在测量其触发能力时，可先在万用表的某支表笔上串接1～3节1.5V干电池，然后再用$R\times1$挡按上述方法测量。对于耐压为400V以上的双向晶闸管，也可以用220V交流电压来测试其触发能力及性能好坏。

图1-61是双向晶闸管的测试电路。电路中，FL为60W/220V白炽灯泡，VT为被测双向晶闸管，$R$为100Ω限流电阻，S为按钮。

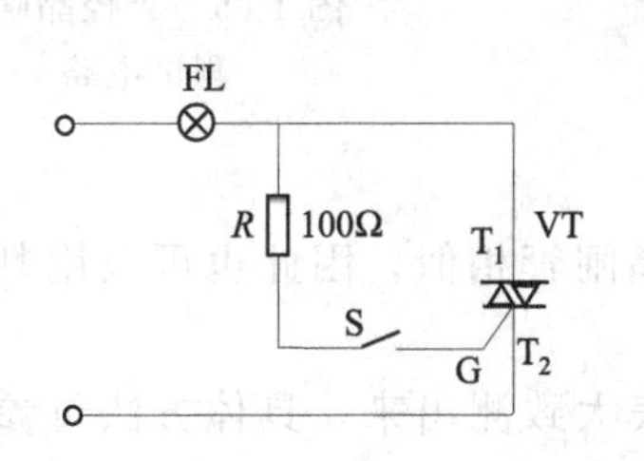

图1-61　双向晶闸管测试电路

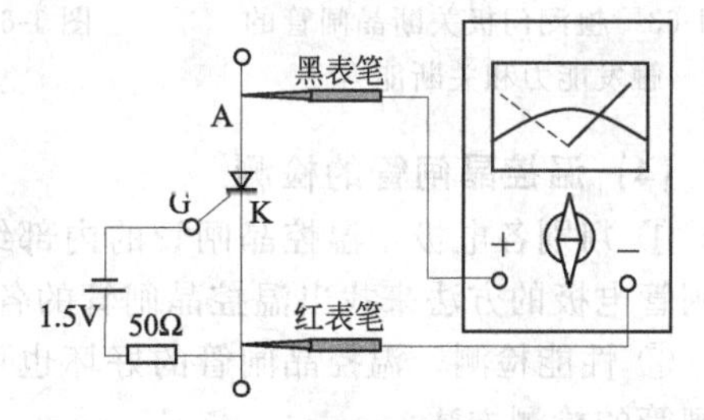

图1-62　万用表检测门极关断晶闸管的关断能力

将电源插头接入市电后，双向晶闸管处于截止状态，灯泡不亮（若此时灯泡正常发光，则说明被测晶闸管的$T_1$、$T_2$极之间已击穿短路；若灯泡微亮，则说明被测晶闸管漏电损坏）。按动一下按钮 S，为晶闸管的门极 G 提供触发电压信号，正常时晶闸管应立即被触发导通，灯泡正常发光。若灯泡不能发光，则说明被测晶闸管内部开路损坏。若按动按钮 S 时灯泡点亮，松手后灯泡又熄灭，则表明被测晶闸管的触发性能不良。

**(3) 门极关断晶闸管的检测**

① 判别各电极　门极关断晶闸管三个电极的判别方法与普通晶闸管相同，即用万用表的 $R\times100$ 挡，找出具有二极管特性的两个电极，其中一次为低阻值（几百欧姆），另一次阻值较大。在阻值小的那一次测量中，红表笔接的是阴极 K，黑表笔接的是门极 G，剩下的一只引脚即为阳极 A。

② 触发能力和关断能力的检测　可关断晶闸管触发能力的检测方法与普通晶闸管相同。检测门极关断晶闸管的关断能力时，可先按检测触发能力的方法使晶闸管处于导通状态，即用万用表 $R\times1$ 挡，黑表笔接阳极 A，红表笔接阴极 K，测得电阻值为无穷大。再将 A 极与门极 G 短路，给 G 极加上正向触发信号时，晶闸管被触发导通，其 A、K 极间电阻值由无穷大变为低阻状态。断开 A 极与 G 极的短路点后，晶闸管维持低阻导通状态，说明其触发能力正常。再在晶闸管的门极 G 与阳极 A 之间加上反向触发信号，若此时 A 极与 K 极间电阻值由低阻值变为无穷大，则说明晶闸管的关断能力正常，图 1-62 是关断能力的检测示意图。

也可以用图 1-63 所示电路来检测门极关断晶闸管的触发能力和关断能力。电路中，EL 为 6.3V 指示灯（小电珠），S 为转换开关，VT 为被测晶闸管。当开关 S 关断时，晶闸管不导通，指示灯不亮。将开关 S 的 $K_1$ 触点接通时，为 G 极加上正向触发信号，指示灯亮，说明晶闸管已被触发导通。若将开关 S 断开，指示灯维持发光，则说明晶闸管的触发能力正常。若将开关 S 的 $K_2$ 触点接通，为 G 极加上反向触发信号，指示灯熄灭，则说明晶闸管的关断能力正常。

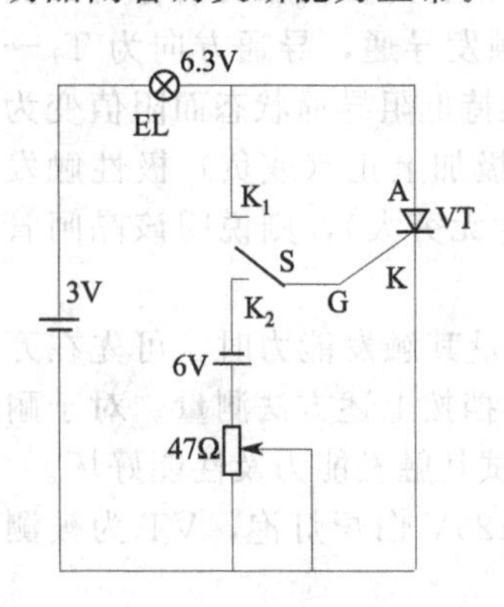

图 1-63　检测门极关断晶闸管的触发能力和关断能力

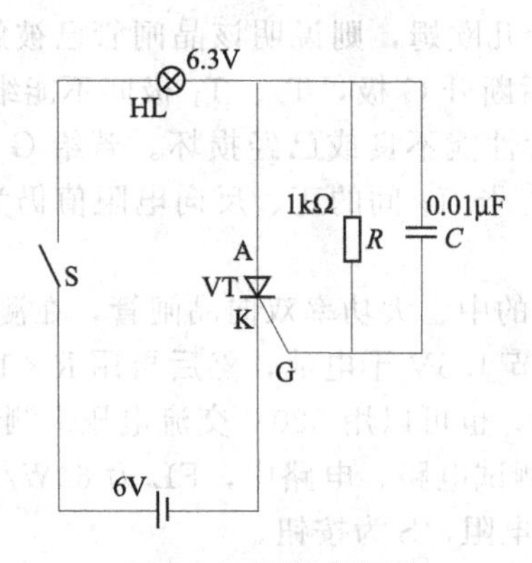

图 1-64　温控晶闸管测试电路

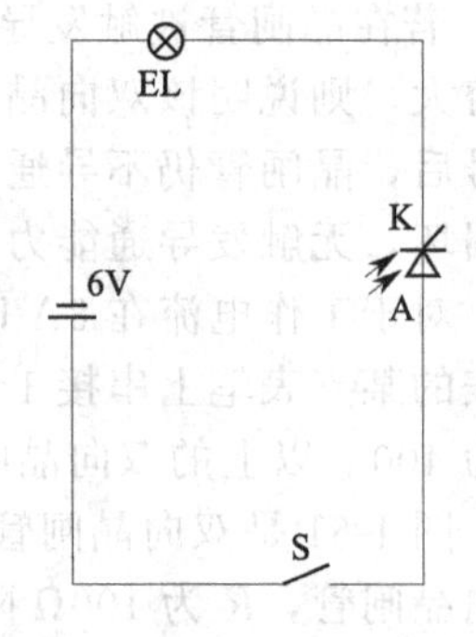

图 1-65　光控晶闸管测试电路

**(4) 温控晶闸管的检测**

① 判别各电极　温控晶闸管的内部结构与普通晶闸管相似，因此也可以用判别普通晶闸管电极的方法来找出温控晶闸管的各电极。

② 性能检测　温控晶闸管的好坏也可以用万用表大致测出来，具体方法可参考普通晶闸管的检测方法。

图 1-64 是温控晶闸管测试电路。电路中，$R$ 是分流电阻，用来设定晶闸管 VT 的开关温度，其阻值越小，开关温度设置值就越高。$C$ 为抗干扰电容，可防止晶闸管 VT 误触发。HL 为 6.3V 指示灯（小电珠），S 为电源开关。接通电源开关 S 后，晶闸管 VT 不导

通，指示灯 HL 不亮。用电吹风“热风”挡给晶闸管 VT 加温，当其温度达到设定温度值时，指示灯亮，说明晶闸管 VT 已被触发导通。若再用电吹风“冷风”挡给晶闸管 VT 降温（或待其自然冷却）至一定温度值时，指示灯能熄灭，则说明该晶闸管性能良好。若接通电源开关后指示灯即亮或给晶闸管加温后指示灯不亮，或给晶闸管降温后指示灯不熄灭，则是被测晶闸管击穿或性能不良。

**（5）光控晶闸管检测**

用万用表检测小功率光控晶闸管时，可将万用表置于 $R\times1$ 挡，在黑表笔上串接 1～3 节 1.5V 干电池，测量两引脚之间的正、反向电阻值，正常时均应为无穷大。然后再用小手电筒或激光笔照射光控晶闸管的受光窗口，此时应能测出一个较小的正向电阻值，但反向电阻值仍为无穷大。在较小电阻值的一次测量中，黑表笔接的是阳极 A，红表笔接的是阴极 K。

也可用图 1 65 中电路对光控晶闸管进行测量。接通电源开关 S，用手电筒照射晶闸管 VT 的受光窗口。为其加上触发光源（大功率光控晶闸管自带光源，只要将其光缆中的发光二极管或半导体激光器加上工作电压即可，不用外加光源）后，指示灯 EL 应点亮，撤离光源后指示灯 EL 应维持发光。若接通电源开关 S 后（尚未加光源），指示灯 FL 即点亮，则说明被测晶闸管已击穿短路。若接通电源开关并加上触发光源后，指示灯 EL 仍不亮，在被测晶闸管电极连接正确的情况下，则是该晶闸管内部损坏。若加上触发光源后，指示灯发光，但取消光源后指示灯即熄灭，则说明该晶闸管触发性能不良。

**（6）BTG 晶闸管的检测**

① 判别各电极　根据 BTG 晶闸管的内部结构可知，其阳极 A、阴极 K 之间和门极 G、阴极 K 之间均包含有多个正、反向串联的 PN 结，而阳极 A 与门极 G 之间却只有一个 PN 结。因此，只要用万用表测出 A 极和 G 极即可。

将万用表置于 $R\times1$k 挡，两表笔任接被测晶闸管的某两个引脚（测其正、反向电阻值），若测出某对引脚为低阻值时，则黑表笔接的是阳极 A，而红表笔接的是门极 G，另外一个引脚即是阴极 K。

② 判断其好坏　用万用表 $R\times1$k 挡测量 BTG 晶闸管各电极之间的正、反向电阻值。正常时，阳极 A 与阴极 K 之间的正、反向电阻均为无穷大；阳极 A 与门极 G 之间的正向电阻值（指黑表笔接 A 极时）为几百欧姆至几千欧姆，反向电阻值为无穷大。若测得某两极之间的正、反向电阻值均很小，则说明该晶闸管已短路损坏。

③ 触发能力检测　将万用表置于 $R\times1$ 挡，黑表笔接阳极 A，红表笔接阴极 K，测得阻值应为无穷大。然后用手指触摸门极 G，给其加一个人体感应信号，若此时 A、K 极之间的电阻值由无穷大变为低阻值（数欧姆），则说明晶闸管的触发能力良好，否则说明此晶闸管的性能不良。

## 小　结

这一节介绍了半导体二极管、双极型（三极管）晶体管、晶闸管（可控硅）、IGBT 管、功率集成电路等相关知识。对维修电焊机设备所涉及的各种元器件，在实际应用中的重要知识和作用有了进一步的理解和认识，而且，这些关键元器件参数也是在维修电焊机时用来判断故障非常重要的理论知识。

## 练　习　题

1. 什么是 IGBT？它有什么特点？

2. 什么是晶闸管？为什么也有的叫它可控硅？

3. 什么是单结晶体管？如何判定它的极性？

4. 什么是二极管、稳压管？它们的工作原理是什么？

5. 请你用万用表来判断二极管和三极管的极性？

6. 填空

① 晶体管正常工作时，发射结压降变化不大，对硅管约为________V；对于锗管约为________V。

② 普通晶闸管受触发导通后，其门极G即使失去触发电压，只要阳极A和阴极K之间仍保持正向电压，晶闸管将维持低阻________状态。只有把阳极A电压撤除或阳极A、阴极K之间电压极性________改变（如交流过零）时，普通晶闸管才由低阻导通状态转换为高阻________状态。

## 1.3 电气设备铭牌参数及相关知识

**徒弟** 师傅，我们维修电气设备（电焊机）为什么还要介绍电气设备的铭牌上的这几个参数？

**师傅** 以下我们就来介绍这个几个电气设备的铭牌参数，我介绍完后你就知道了。

### 1.3.1 电气设备的额定值

各种电气设备的铭牌上都要标出它们的电压、电流和功率的限额，称为该电气设备的额定值。也叫作铭牌数据。

额定值是制造厂家对电气设备的使用规定，是为了保证电气设备正常合理可靠地工作的条件。若超过设计的额定值使用，往往就会导致设备过热、线圈绝缘的损坏，从而使设备寿命缩短以致毁坏等事故。如果额定值低于使用条件，不仅得不到正常合理的工作情况（如电压过低、电动机的转速过低、电焊机的电压过低造成电焊机无法焊接等），而且也不能充分达到设备的工作能力。因此，在使用电气设备时，必须注意电气设备的电压、电流等数量界限，即首先要知道它的额定值，才能正确地使用电气设备。例如，一个电灯泡，上面标出“220V、100W”字样，就是指它的额定电压是220V，额定功率是100W。在使用时，应该接到220V的电源上，这时消耗的功率是100W。如果把它接到110V的电源上，灯泡就很暗，此时就降低了一半的亮度；如果接到380V的电源上，灯泡就会因为电压（电流）过大而烧毁灯泡。

还有，在维修电焊机时也要区分该电焊机是单相还是三相电源，如果没有仔细了解和确定使用条件，盲目通电试电焊机，那将造成严重后果和损失。下面介绍电气设备上标示额定电压、额定电流、额定电功率。

### 1.3.2 电压

**电压**也称作**电势差**或**电位差**，是衡量单位电荷在静电场中由于电势不同所产生的能量差的物理量。此概念与水位高低所造成的“水压”相似。需要指出的是，“电压”一词一般只用于电路中，“电势差”和“电位差”则普遍应用于一切电现象当中。在交流电路中，电压有瞬时值、平均值和有效值之分，有时简称其有效值为电压。如通常照明用电为220V即指电压有效值。电压一般用字母$U$表示，电压的国际单位是伏特（V）。1伏特等于对每1库仑（C）的电荷做1焦耳（J）的功，即1V=1J/C。

高电压可以用千伏（kV）表示，低电压可以用毫伏（mV）、微伏（μV）表示。

它们之间的换算关系是：

1kV＝1000V

1V＝1000mV

1mV＝1000μV

#### 1.3.2.1 电压与电流、电阻的关系

电压、电流、电阻的关系就是欧姆定律，即

电压＝电阻×电流（$U=RI$）

电流＝电压/电阻（$I=\frac{U}{R}$）

电阻＝电压/电流（$R=\frac{U}{I}$）

电能＝电压×电流×通电时间（$W=UIt$）

注意，在这个公式里常犯的错误就是这个说法："电阻跟导体两段电压成正比，跟电流成反比"。这个说法是错的，电阻是导体本身的固有特性，只和导体的长度、横截面积、材料和温度有关，和电压、电流无关。

#### 1.3.2.2 串并联电路电压的特点

① 串联

$$U=U_1+U_2+\cdots+U_n$$

特点：串联电路的总电压等于各部分电路两端电压之和。

② 并联

$$U=U_1=U_2=\cdots=U_n$$

特点：在并联电路中，各支路两端的电压相等。

#### 1.3.2.3 高电压和低电压

电压可分为高电压与低电压。高、低压的区别是以火线对地间的电压值为依据的。对地电压高于250V的为高压，对地电压小于250V的为低压。习惯的说法是380V或500V以上的电压为高压，220V的为低压。其实质是一种误解，也是对电的不了解。只要高于250V就是高压。像家庭用电220V是一种低压。工业常用的380V电压其实也是一种低压，因为它是3根火线1根零线，火线的对地电压是220V，所以它也是低压。

#### 1.3.2.4 安全电压

安全电压是指不致使人直接致死或致残的电压。根据生产和作业场所的特点，采用相应等级的安全电压，是防止发生触电伤亡事故的根本性措施。国家标准《安全电压》（GB 3805—83）规定我国安全电压额定值的等级为42V、36V、24V、12V和6V，应根据作业场所、操作员条件、使用方式、供电方式、线路状况等因素选用。根据欧姆定律（$I=U/R$）可以得知流经人体电流的大小与外加电压和人体电阻有关。人体电阻除人的自身电阻外，还应附加上人体以外的衣服、鞋、裤等电阻，虽然人体电阻一般可达5000Ω，但是，影响人体电阻的因素很多，如皮肤潮湿出汗、带有导电性粉尘、加大与带电体的接触面积和压力以及衣服、鞋、袜的潮湿油污等情况，均能使人体电阻降低，所以通常流经人体电流的大小是无法事先计算出来的。因此，为确定安全条件，往往不采用安全电流，而是采用安全电压来进行估算：一般情况下，也就是干燥而触电危险性较大的环境下，安全电压规定为36V，对于潮湿而触电危险性较大的环境（如金属容器、管道内施焊检修），安全电压规定为12V，这样，触电时通过人体的电流，可被限制在较小范围内，可在一定的程度上保障人身安全。

#### 1.3.2.5 击穿电压

电介质在足够强的电场作用下将失去其介电性能成为导体，称为电介质击穿，所对应的电压称为击穿电压。电介质击穿时的电场强度叫击穿场强。不同电介质在相同温度下，其击穿场强不同。当电容器介质和两极板的距离 $d$ 一定后，由 $U_1-U_2=Ed$ 知，击穿场强决定了击穿电压。击穿场强通常又称为电介质的介电强度。提高电容器的耐压能力起关键作用的是电介质的介电强度。

### 1.3.3 电流

电荷的定向移动就形成了电流。电流的定义、单位与换算关系如下。

#### 1.3.3.1 定义

单位时间内通过导体横截面的电荷量，叫电流，用符号 $I$ 表示，单位是安，用字母“A”来表示。

电流分直流和交流两种，电流的大小和方向不随时间变化的叫直流，电流的大小和方向随时间有规律地而改变的叫交流。

#### 1.3.3.2 单位

在国际单位制中电流的基本单位是安培（A），习惯上规定，以正电荷移动的方向作为电流的方向，这是一种规定。因为我们已经知道导体中的电流实际上是自由电子的移动，即一般所说的电流方向与自由电子定向移动的方向相反。

物理上规定电流的方向，是正电荷定向移动的方向。

电荷指的是自由电荷，在金属导体中的电子是自由电子，在酸、碱、盐的水溶液中是正、负离子。在电源外部电流沿着正电荷移动的方向流动，在电源内部电流由负极流回正极。这在理论上分析电路计算时是要考虑的。它是讲电流是从电源正极流到电源负极（闭合回路），而实际是电源内部电流由负极流回到电源的正极。

#### 1.3.3.3 换算关系

电流的大小用电流强度衡量。通过导体横截面的电量与通过这些电量所用的时间的比值，即单位时间通过导体横截面的电量叫电流强度。用符号 $I$ 表示：

$$I=Q/t$$

式中 $Q$——电量，C；

$t$——时间，s；

$I$——电流强度，A。

电流的单位还有 μA（微安）、mA（毫安）、kA（千安）等，换算关系是：

$$1\text{kA}=1000\text{A}$$

$$1\text{A}=1000\text{mA}$$

$$1\text{mA}=1000\mu\text{A}$$

一些常见的电流：电子手表 1.5～2μA，白炽灯泡 200mA，手机 100mA，空调 5～10A。

用电器都标有一个正常工作的电流值叫额定电流。

#### 1.3.3.4 串并联电路电流的特点

① 串联

$$I_{总}=I_1=I_2=\cdots=I_n$$

特点：串联电路中，电路各部分的电流相等。

② 并联

$$I_{总}=I_1+I_2+\cdots+I_n$$

特点：在并联电路中，干路电流等于各支路电流之和，各支路两端的电压相等。

### 1.3.4 电功率

在物理学中，用电功率表示消耗电能的快慢。电功率用 $P$ 表示，它的单位是瓦特，简称瓦，符号是 W。电流在单位时间内做的功叫作电功率。

一个用电器功率的大小等于它在 1s 内所消耗的电能。如果在 t 这段时间内消耗的电能为 $W$，那么这个用电器的电功率 $P$ 就是

$$P=W/t$$

式中 $W$——电能，J；

$t$——时间，s；

$P$——用电器的功率，W。

或 $W$——电能，kW·h；

$t$——时间，h；

$P$——用电器功率，kW。

（两套单位，根据不同需要，选择合适的单位进行计算）

有关电功率的公式还有：

$$P=UI$$

$$P=I^2R$$

$$P=U^2/R$$

每个用电器都有一个正常工作的电压值叫额定电压；用电器在额定电压下的功率叫作额定功率（如电动机、电焊机等电气设备都标有额定参数）。

### 1.3.5 断路器和交流接触器如何选择

**徒弟** 师傅，上一节我们较详细地把电路中经常使用的电子元器件分别进行了分析和论述。在维修电气设备（电焊机）时也要经常遇到停送电而实现负载和电源的隔离（或保护）作用的开关（断路器）及交流接触器等元器件问题，而且，开关的故障也是比较常见的，那么我们应如何选择断路器（习惯叫空气开关）和交流接触器呢？

**师傅** 是的，你对前几节所学的内容掌握得不错。空气开关（断路器）以及交流接触器选择得正确与否是很关键的。下面就介绍一下它们是如何选择的。

一是要看所选低压断路器的运行短路分断能力和极限短路分断能力，国际电工委员会 IEC947-2 和我国等效采用 IEC 的 GB 4048.2《低压开关设备和控制设备低压断路器》标准，对断路器运行短路分断能力和极限短路分断能力作了明确规定。

二是要看所选低压断路器的电气间隙与爬电距离，确定断路器的电气间隙，必须依据低压系统的绝缘配合，而绝缘配合则是建立在瞬时过电压被限制在规定的冲击耐受电压，而系统中的断路器或设备产生的瞬时过电压也必须低于电源系统规定的冲击电压。因此：

① 断路器产生的瞬态过电压应≤电源系统的额定冲击耐受电压；

② 断路器的额定绝缘电压应≥电源系统的额定电压；

③ 断路器的额定冲击耐受电压应≥电源系统的额定冲击耐受电压。

#### 1.3.5.1 普通断路器的选择

配电（线路）、电动机和电焊机等的过电流保护断路器，因保护对象（如变压器、电线电缆、电动机和电焊机及家用电器等）的承受过载电流的能力（包括电动机的启动电流和启动时间等）有差异，选用的断路器的保护特性不同。

**(1) 配电用断路器的选择**

配电用断路器是指在低压电网中专门用于分配电能的断路器，包括电源总断路器和负载支路断路器。在选用这一类断路器时，需注重下列选用原则。

① 断路器的长延时动作电流整定值≤导线容许载流量。对于采用电线电缆的情况，可取电线电缆容许载流量的80%。

② 3倍长延时动作电流整定值的可返回时间≥线路中最大启动电流的电动机的启动时间。

③ 短延时动作电流整定值$I_1$为

$$I_1=1.1(I_{jx}+1.35kI_{ed})$$

式中 $I_{jx}$——线路计算负载电流，A；

$k$——电动机的启动电流倍数；

$I_{ed}$——电动机额定电流，A。

④ 瞬时电流整定值$I_2$为

$$I_2=1.1(I_{jx}+k_1kI_{edm})$$

式中 $k_1$——电动机启动电流的冲击系数，一般取$k_1=1.7\sim2$；

$I_{edm}$——最大的一台电动机的额定电流。

⑤ 短延时的时间阶段，按配电系统的分段而定。一般时间阶段为2～3级。每级之间的短延时时差为0.1～0.2s，视断路器短延时机构的动作精度而定，其可返回时间应保证各级的选择性动作。选定短延时阶梯后，最好按被保护对象的热稳定性能加以校核。

**(2) 电动机保护型断路器的选择**

微型断路器（MCB）不能用于对电动机的保护，只可作为替代熔断器对配电线路（如电线电缆）进行保护。电动机在启动瞬间电流有5～7倍$I_{ed}$，持续时间为10s，即使C特性在电磁脱扣电流设定为5～10倍$I_{ed}$，可以保证在电动机启动时避过浪涌电流。

但对热保护来讲，其过载保护的动作值整定于$1.45I_{ed}$，也就是说电动机要承受45%以上的过载电流时MCB才能脱扣，这对于只能承受<20%过载的电动机定子绕组来讲，是极轻易使绕组间的绝缘损坏的，而对于电线电缆来讲是可承受的。因此，在某些场合如确需用MCB对电动机进行保护，可选用ABB公司特有的符合IEC 947-2标准中K特性的MCB，或采用MCB外加热继电器的方式，对电动机进行过载和短路保护。

**(3) 家用保护型断路器的选择**

MCB是建筑电气终端配电装置中使用最广泛的一种终端保护电器。

应当像选用塑壳断路器和框架断路器一样，计算最大短路容量后再选择。

MCB的设计和使用是针对50～60Hz交流电网的，如用于直流电路，应根据制造厂商提供的磁脱扣动作电流同电源频率变化系数来换算；当环境温度大于或小于校准温度值时，必须根据制造厂商提供的温度与载流能力修正曲线来调整MCB的额定电流值。

低压配电线路的短路电流与该供电线路的导线截面、导线敷设方式、短路点与电源距离长短、配电变压器的容量大小、阻抗百分比等电气参数有关。

一般工业与民用建筑配电变压器低压侧电压多为0.23/0.4kV，变压器容量大多为1600kV·A及以下，低压侧线路的短路电流随配电容量增大而增大。对于不同容量的配电变压器，低压馈线端短路电流是不同的。一般来说，对于民用住宅、小型商场及公共建筑，由于由当地供电企业的低压电网供电，供电线路的电缆或架空导线截面较细，用电设备距供电电源距离较远，选用 4.5kA 及以上分断能力的 MCB 即可。

对于有专供或有 10kV 变配电站的用户，往往因供电线路的电缆截面较粗，供电距离较短，应选用 6kA 及以上额定分断能力的 MCB。而对于如变配电站（站内使用的照明、动力电源直接取自于低压总母排）以及大容量车间变配电站（供车间用电设备）等供电距离较短的类似场合，则必须选用 10kA 及以上分断能力的 MCB，具体选用时要注意：MCB 的额定分断能力是在上端子进线、下端子出线状态下测得的。

在工程中若碰到某些情况下要求下端子进线、上端子出线，由于开断故障电流时灭弧的原因，MCB 必须降容使用，即额定分断能力必须按制造厂商提供的有关降容系数来换算。MCB 的保护特性根据 IEC 898 分为 A、B、C、D 四种特性供用户选用：A 特性一般用于需要快速、无延时脱扣的使用场合，亦即用于较低的峰值电流值（通常是额定电流 $I_n$ 的 2～3 倍），以限制允许通过短路电流值和总的分断时间，利用该特性可使 MCB 替代熔断器作为电子元器件的过流保护及互感测量回路的保护；B 特性用于需要较快速度脱扣且峰值电流不是很大的使用场合。

与 A 特性相比较，B 特性允许通过的峰值电流 $<3I_n$，一般用于白炽灯、电加热器等电阻性负载及住宅线路的保护；C 特性适用于大部分的电气回路，它允许负载通过较高的短时峰值电流而 MCB 不动作，C 特性允许通过的峰值电流 $<5I_n$，用于荧光灯、高压气体放电灯、动力配电系统的线路保护；D 特性适用于很高的峰值电流（$<10I_n$）的断路器设备，可用于交流额定电压与频率下的控制变压器和局部照明变压器的一次线路和电磁阀的保护。

#### 1.3.5.2 漏电断路器的选择

**（1）普通漏电断路器的选择**

选择漏电断路器要遵循以下原则。

① 断路器的额定电压、电流应大于或等于线路设备的正常工作电压和电流。

② 线路应保护的漏电电流应小于或等于断路器的规定漏电保护电流。

③ 断路器的极限通断能力应大于或等于电路最大短路电流。

④ 过载脱扣器的额定电流大于或等于线路的最大负载电流。

⑤ 有较短的分断反应时间，能够起到保护线路和设备的作用。

**（2）四极断路器的选用**

是否选用四极断路器可遵循以下原则。

① 根据 IEC465.1.5 条规定，正常供电电源与备用发电机之间的转换断路器应使用四极断路器。

② 带漏电保护的双电源转换断路器应采用四极断路器。两个上级断路器带漏电保护，其下级的电源转换断路器应使用四极断路器。

③ 在两种不同接地系统间电源切换断路器应采用四极断路器。

④ TN-C 系统严禁使用四极断路器。

⑤ TN-S、TN-C-S 系统一般不需要设置四极断路器，但 TN-S 系统的一些特殊情况（严重三相不平衡、零序谐波含量较高等）是否不用四极断路器有待进一步研究。

⑥ TT 系统的电源进线断路器应采用四极断路器。

⑦ IT 系统中当有中性线引出时应采用四极断路器。

#### 1.3.5.3 断路器的使用

断路器在使用过程中要注意以下几点。

① 电路接好后，应检查接线是否正确。可通过试验按钮加以检查。如断路器能正确

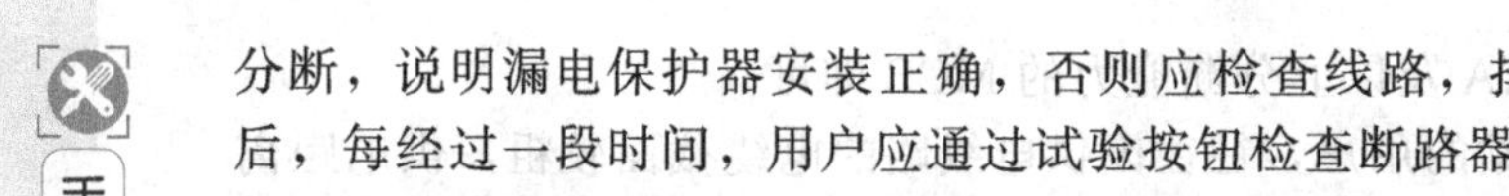

分断，说明漏电保护器安装正确，否则应检查线路，排除故障。在漏电保护器投入运行后，每经过一段时间，用户应通过试验按钮检查断路器是否正常运行。

② 断路保护器的漏电、过载、短路保护特性是由制造厂设定的，不可随意调整，以免影响性能。

③ 试验按钮的作用在于断路器在新安装或运行一定时期后，在合闸通电的状态下对其运行状态进行检查。按动试验按钮，断路器能分断，说明运行正常，可继续使用；如断路器不能分断，说明断路器或线路有故障，需进行检修。

④ 断路器因被保护电路发生故障（漏电、过载或短路）而分断，则操作手柄处于脱扣位置（中位置）。查明原因排除故障后，应先将操作手柄向下扳（即置于“分”位置），使操作机构“再扣”后，才能进行合闸操作（注意断路器操作手柄三个位置的不同含义）。

⑤ 断路器因线路短路断开后，需检查触头，若主触头烧损严重或有凹坑时，需进行维修。

⑥ 四极漏电断路器必须接入零线，以使电子线路正常工作。

⑦ 漏电断路器的负载接线必须经过断路器的负载端，不允许负载的任一相线或零线不经过漏电断路器，否则将产生人为“漏电”而造成断路器合不上闸，造成“误动”。

此外，为了更加有效地保护线路和设备，可以将漏电断路器与熔断器配合使用。

另外，还需注意以下几点。

① 电源进线断路器中性线的隔离不是为了防三相回路内中性线不平衡电流引起的中性线过流或这种过流引起的人身电击危险，而是为了消除沿中性线导入的故障电位对电气检修人员的电击危险。

② 为减少三相回路“断零”事故的发生，应尽量避免在中性线上装设不必要的断路器触头，即在保证电气检修安全条件下，尽量少装用四极断路器。

③ 不论建筑物内有无总等电位连接，TT 系统电源进线断路器应实现中性线和相线的同时隔离，但有总等电位连接的 TN-S 系统和 TN-C-S 系统建筑物电气装置无此需要。

④ TT 系统内的 RCD 应能同时断开相线和中性线，以防发生两个故障时引起的电击事故，但对 TN 系统内的漏电保护器 RCD 没有此要求。

⑤ 除带漏电保护功能的电源转换断路器外，其他电源转换断路器无需隔离中性线。

⑥ 不论何种接地系统，单相电源进线断路器都应能同时断开相线和中性线。

### 1.3.5.4 低压交流接触器选型

低压交流接触器主要用于通断电气设备电源，可以远距离控制动力设备，在接通断开设备电源时避免人身伤害。交流接触器的选用对动力设备和电力线路正常运行非常重要。

**(1) 交流接触器的结构与参数**

一般使用中要求交流接触器装置结构紧凑，使用方便，动、静触头的磁吹装置良好，灭弧效果好，最好达到零飞弧，温升小。按照灭弧方式分为空气式和真空式，按照操动方式分为电磁式、气动式和电磁气动式。

接触器额定电压参数分为高压和低压，低压一般为 380V、500V、660V、1140V 等。

电流按型式分为交流、直流。电流参数有额定工作电流、约定发热电流、接通电流及分断电流、辅助触头的约定发热电流及接触器的短时耐受电流等。一般接触器型号参数给出的是约定发热电流，约定发热电流对应的额定工作电流有好几个。比如 CJ20-63，主触头的额定工作电流分为 63A、40A，型号参数中 63 指的是约定发热电流，它和接触器的外壳绝缘结构有关，而额定工作电流和选定的负载电流、电压等级有关。

交流接触器线圈按照电压分为 36V、127V、220V、380V 等。接触器的极数分为 2、3、4、5 极等。辅助触头根据常开常闭各有几对，根据控制需要选择。

其他参数还有接通、分断次数、机械寿命、电寿命、最大允许操作频率、最大允许接线线径以及外形尺寸和安装尺寸等。接触器的分类见表 1-5 。

**表 1-5　常用接触器类型**

| 使用类别代号 | 适用典型负载举例 | 典型设备 |
| --- | --- | --- |
| AC-1 | 无感或微感负载，电阻性负载 | 电阻炉、加热器等 |
| AC-2 | 绕线式感应电动机的启动、分断 | 起重机、压缩机、提升机等 |
| AC-3 | 笼型感应电动机的启动、分断 | 风机、泵等 |
| AC-4 | 笼型感应电动机的启动、反接制动或密接通断电动机 | 风机、泵、机床等 |
| AC-5a | 放电灯的通断 | 高压气体放电灯如汞灯、卤素灯等 |
| AC-5b | 白炽灯的通断 | 白炽灯 |
| AC-6a | 变压器的通断 | 电焊机 |
| AC-6b | 电容器的通断 | 电容器 |
| AC-7a | 家用电器和类似用途的低感负载 | 微波炉、烘手机等 |
| AC-7b | 家用的电动机负载 | 电冰箱、洗衣机等电源通断 |
| AC-8a | 具有手动复位过载脱扣器的密封制冷压缩机的电动机 | 压缩机 |
| AC-8b | 具有手动复位过载脱扣器的密封制冷压缩机的电动机 | 压缩机 |

**(2) 交流接触器的选用原则**

接触器作为通断负载电源的设备，其选用应按满足被控制设备的要求进行，除额定工作电压与被控设备的额定工作电压相同外，被控设备的负载功率、使用类别、控制方式、操作频率、工作寿命、安装方式、安装尺寸以及经济性是选择的依据。选用原则如下。

① 交流接触器的电压等级要和负载相同，选用的接触器类型要和负载相适应。

② 负载的计算电流要符合接触器的容量等级，即计算电流小于等于接触器的额定工作电流。接触器的接通电流大于负载的启动电流，分断电流大于负载运行时分断需要电流，负载的计算电流要考虑实际工作环境和工况，对于启动时间长的负载，半小时峰值电流不能超过约定发热电流。

③ 按短时的动、热稳定校验。线路的三相短路电流不应超过接触器允许的动、热稳定电流，当使用接触器断开短路电流时，还应校验接触器的分断能力。

④ 接触器吸引线圈的额定电压、电流及辅助触头的数量、电流容量应满足控制回路接线要求。要考虑接在接触器控制回路的线路长度，一般推荐的操作电压值，接触器要能够在 85%～110%的额定电压值下工作。如果线路过长，由于电压降太大，接触器线圈对合闸指令有可能不反应；由于线路电容太大，可能对跳闸指令不起作用。

⑤ 根据操作次数校验接触器所允许的操作频率。如果操作频率超过规定值，额定电流应该加大一倍。

⑥ 短路保护元件参数应该和接触器参数配合选用。选用时可参见样本手册，样本手册一般给出的是接触器和熔断器的配合表。

接触器和空气断路器的配合要根据空气断路器的过载系数和短路保护电流系数来决定。接触器的约定发热电流应小于空气断路器的过载电流，接触器的接通、断开电流应小于断路器的短路保护电流，这样断路器才能保护接触器。实际中接触器在一个电压等级下约定发热电流和额定工作电流比值在 1～1.38 之间，而断路器的反时限过载系数参数比较多，不同类型断路器不一样，所以两者间配合很难有一个标准，不能形成配合表，需要实际核算。在这里就不详细介绍了。

⑦ 接触器和其他元器件的安装距离要符合相关国标、规范，要考虑维修和走线距离。

**(3) 不同负载下交流接触器的选用**

为了使接触器不会发生触头粘连烧蚀，延长接触器寿命，接触器要躲过负载启动最大电流，还要考虑到启动时间的长短等不利因素，因此要对接触器通断运行的负载进行分析，根据负载电气特点和此电力系统的实际情况，对不同的负载启停电流进行计算校合。

① 控制电热设备用交流接触器的选用　这类设备有电阻炉、调温设备等，其电热元件负载中用的绕线电阻元件，接通电流可达额定电流的1.4倍，如果考虑到电源电压升高等，电流还会变大。此类负载的电流波动范围很小，按使用类别属于AC-1，操作也不频繁，选用接触器时只要按照接触器的额定工作电流等于或大于电热设备的工作电流的1.2倍即可。

② 控制照明设备用的接触器的选用　照明设备的种类很多，不同类型的照明设备、启动电流和启动时间也不一样。此类负载使用类别为AC-5a或AC-5b。如果启动时间很短，可选择其发热电流等于照明设备工作电流的1.1倍。启动时间较长以及功率因数较低，可选择其发热电流比照明设备工作电流大一些。

③ 控制电焊变压器（各类电焊机）用接触器的选用　当接通低压变压器负载时，变压器因为二次侧的电极短路而出现短时的陡峭大电流，在一次侧出现较大电流，可达额定电流的15～20倍，它与变压器的绕组布置及铁芯特性有关。当电焊机频繁地产生突发性的强电流，从而使变压器的初级侧的开关承受巨大的应力和电流，所以必须按照变压器的额定功率下电极短路时一次侧的短路电流及焊接频率来选择接触器，即接通电流大于二次侧短路时一次侧电流。此类负载使用类别为AC-6a。

④ 电动机用接触器的选用　电动机用接触器根据电动机使用情况及电动机类别可分别选用AC-2～AC-4，对于启动电流在6倍额定电流，分断电流为额定电流下可选用AC-3，如风机水泵等，可采用查表法及选用曲线法，根据样本及手册选用，不用再计算。

绕线式电动机接通电流及分断电流都是2.5倍额定电流，一般启动时在转子中串入电阻以限制启动电流，增加启动转矩，使用类别AC-2，可选用转动式接触器。

当电动机处于点动、需反向运转及制动时，接通电流为$6I_e$，使用类别为AC-4，它比AC-3频繁得多。可根据使用类别AC-4下列出电流大小计算电动机的功率。公式如下：

$$P_e=3U_eI_e\eta\cos\varphi$$

式中，$U_e$为电动机额定电压；$I_e$为电动机额定电流；$\cos\varphi$为功率因数；$\eta$为电动机效率。如果允许触头寿命缩短，AC-4电流可适当加大，在很低的通断频率下改为AC-3类。根据电动机保护配合的要求，堵转电流以下电流应该由控制电器接通和分断。大多数Y系列电动机的堵转电流$\leqslant 7I_e$，因此选择接触器时要考虑分、合堵转电流。规范规定：电动机运行在AC-3下，接触器额定电流不大于630A时，接触器应当能承受8倍额定电流至少10s。对于一般设备用电动机，工作电流小于额定电流，启动电流虽然达到额定电流的4～7倍，但时间短，对接触器的触头损伤不大，接触器在设计时已考虑此因素，一般选用触头容量大于电动机额定容量的1.25倍即可。对于在特殊情况下工作的电动机，要根据实际工况考虑。如电动葫芦属于冲击性负载，重载启停频繁，反接制动等，所以计算工作电流要乘以相应倍数，由于重载启停频繁，选用4倍电动机额定电流，通常重载下反接制动电流为启动电流的2倍，所以对于此工况要选用8倍额定电流。

⑤ 电容器用接触器选用　电容器接通时产生瞬态充电过程，出现很大的合闸涌流，同时伴随着很高的电流频率振荡，此电流由电网电压、电容器的容量和电路中的电抗决定（即与此馈电变压器和连接导线有关），因此触头闭合过程中可能烧蚀严重，应当按计算出的电容器电路中最大稳态电流和实际电力系统中接通时可能产生的最大涌流峰值进行选择，这样才能保证正确安全的操作使用。

选用普通型交流接触器要考虑接通电容器组时的涌流倍数、电网容量、变压器、回路及开关设备的阻抗、并联电容器组放电状态以及合闸相角等，一般达到 50～100 额定电流，计算时比较烦琐。如果电容器组没有放电装置，可选用带强制泄放电阻电路的专用接触器，如 ABB 公司的 B25C、B275C 系列。国产的 CJ19 系列切换电容器接触器专为电容器而设计，也采用了串联电阻抑制涌流的措施。

选用时参见样本，而且还要考虑无功补偿装置标准中的规定。电容器投入瞬间产生的涌流峰值应限制在电容器组额定电流的 20 倍以下（JB7113－1993 低压并联电容器装置规定）；还应考虑最大稳态电流下电容器运行，电容器组运行时的谐波电压加上高达 1.1 倍额定工作时的工频过电压，会产生较大的电流。电容器组电路中的设备器件应能在额定频率、额定正弦电压所产生的均方根值不超过 1.3 倍额定电流下连续运行，由于实际电容器的电容值可能达到额定电容值 1.1 倍，故此电流可达 1.43 倍额定电流，因此选择接触器的额定发热电流应不小于此最大稳态电流。

### 1.3.5.5 有特殊要求情况下交流接触器的选用

**(1) 防晃电型交流接触器**

电力系统由于雷击、短路后重合闸以及单相人为短时故障接地后自动恢复等原因使供电系统晃电，晃电时间一般在几秒以下。

在有连续性生产要求的情况下，工艺上不允许设备在电源短时中断（晃电）就造成设备跳闸停电，可以采用新型电控设备：FS 系列防晃电交流接触器。

FS 系列防晃电接触器不依赖辅助工作电源，不依赖辅助机械装置，体积小，可靠性高，它采用强力吸合装置，双绕组线圈，接触器在吸合释放时无有害抖动，避免了电网失压时触头抖动引起的燃弧熔焊，因此减少了触头磨损。接触器线圈带有储能机构，当晃电发生时，接触器线圈延迟释放，其辅助触点延迟发出断开的控制信号，由此躲开晃电时间，晃电时间由负载性质和断电长短决定，接触器延时时间可调。

**(2) 节能型交流接触器**

交流接触器的节电是指采用各种节电技术来降低操作电磁系统吸持时所消耗的有功、无功功率。交流接触器的操作电磁系统一般采用交流控制电源，我国现有 63A 以上交流接触器，在吸持时所消耗的有功功率在数十瓦至几百瓦之间，无功功率在数十乏至几百乏之间，一般所耗有功功率铁芯约占 65%～75%，短路环约占 25%～30%，线圈约占 3%～5%，所以可以将交流吸持电流改为直流吸持，或者采用机械结构吸持、限电流吸持等方法，可以节省铁芯及短路环中所占的大部分功率损耗，还可消除、降低噪声，改善环境。

根据原理一般分为三大类：节电器、节电线圈、节电型交流接触器。电磁系统采用节电装置，使电磁无噪声及温升低，并解决了使用节电装置有释放延时的缺点，如国产的 CJ40 系列。

**(3) 带有附加功能的交流接触器**

电子技术的应用可以很方便地在接触器中增添主电路保护功能，如欠、过电压保护、断相保护、漏电保护等。电动机烧毁事故中，接触器一相接触不良的占 11%，所以选择带有断相保护的断路器、接触器等电气器件也是十分必要的。

接触器加辅助模块可以满足一些特殊要求。加机械联锁可以构成可逆接触器，实现电动机正反可逆旋转，或者两个接触器加机械联锁实现主电路电气互锁，可用于变频器的变频/工频切换；加气延时头和辅助触头组可以实现电动机星-三角启动；加空气延时头可以构成延时接触器。

可以选用交流接触器的电磁线圈作电动机的低电压保护，其控制回路宜由电动机主回

手把手教你修电焊机

路供电，如由其他电源供电，则主回路失压时，应自动断开控制电源。

#### 1.3.5.6 交流接触器的安装

交流接触器的吸合、断开时振动比较大，在安装时尽量不要和振动要求比较严格的电气设备安装在一个柜子里，否则要采用防振措施，一般尽量安装在柜子下部。交流接触器的安装环境要符合产品要求，安装尺寸应该符合电气安全距离、接线规程，而且要检修方便。

#### 1.3.5.7 结论

交流接触器的选用不仅和所通断的负载有关，和接触器所在回路的电力系统各阻抗参数有关，还和控制方式、使用环境及使用要求有关，所以选择交流接触器时要全面考虑，逐步计算各参数数值，达到选用合理、使用方便。

徒弟 师傅，对交流接触器的选用原则以及不同负载下交流接触器的选用和有特殊要求情况下交流接触器的选用介绍得比较详细了，但在实际应用上应如何去选择各种类型的交流接触器呢？

师傅 你学习得很不错，在实际的应用中确实会遇到这个问题。在我们配置设备上的交流接触器时在填写材料计划表时确实会遇到这样的事情。下面将介绍在日常工作中常见的几种系列的交流接触器的选型。

CJ12 系列及派生的 CJ12Z 系列交流接触器主要用于交流 50Hz、额定工作电压至 380V、额定工作电流至 600A 的电力线路中，供冶金、轧钢企业起重机等的电气设备中，作远距离接通和分断电路，并作为交流电动机频繁地启动、停止和反接之用。

NC1-N 系列可逆交流接触器主要用于交流 50Hz 或 60Hz、额定工作电压至 660V、额定工作电流至 95A 以下的电路中，作电动机可逆控制用。它的机械联锁机构，保证了两台可逆接触器触头转换的工作可靠性。

NC1 系列交流接触器，主要用于交流 50Hz（或 60Hz）、电压至 660V、电流至 95A 的电路中，供远距离接通和分断电路、频繁地启动和控制交流电动机之用，并可与适当的热继电器组成电磁启动器以保护可能发生操作过负荷的电路。

CJ20 系列交流接触器，主要用于交流 50Hz（或 60Hz）、额定工作电压至 660V、额定工作电流至 630A 的电路中，供远距离接通和分断电路之用，并可与适当的热过载继电器组合，以保护可能发生操作过负荷的电路。

NC2 系列交流接触器，主要用于交流 50Hz 或 60Hz、额定工作电压至 1000V、额定工作电流至 630A 的电路中，供远距离接通和分断电路之用，并可与适当的热过载继电器组成电磁启动器，以保护可能发生操作过负荷的电路。

NC3（CJ46）系列交流接触器，主要用于交流 50Hz（或 60Hz），额定工作电压至 660V，额定工作电流至 250A 的电力系统中接通和分断电路，并与适当的热继电器或电子式保护装置组合成电动机启动器，以保护可能发生过载的电路。

## 小　结

这一节主要介绍了电气设备上标示的额定电压、额定电流、额定电功率，还介绍了断路器和交流接触器的选用原则以及相关知识，对电工基础知识在实际应用中的重要关系和作用有了进一步的理解和认识，而且这几个关键参数也是我们在维修电焊机时用来判断故障非常重要的参数。

# 练 习 题

1. 各种电气设备的铭牌上都要标出它们的电压、电流和功率的限额，称为该电气设备的________。也叫作铭牌数据。

2. 每个用电器都有一个正常工作的电压值叫额定________；用电器在额定电压下的功率叫额定________。

3. 交流接触器的选用原则的具体条件是什么？

4. 电功率等于________与________的乘积。

5. 电流在单位时间内做的功叫________。

6. 什么是电压？什么是电流？

7. 写出串、并联电路电压的特点 。

8. 写出串、并联电路电流的特点。

# 第2章 电焊机维修基础知识

Chapter 2

手把手教你修电焊机

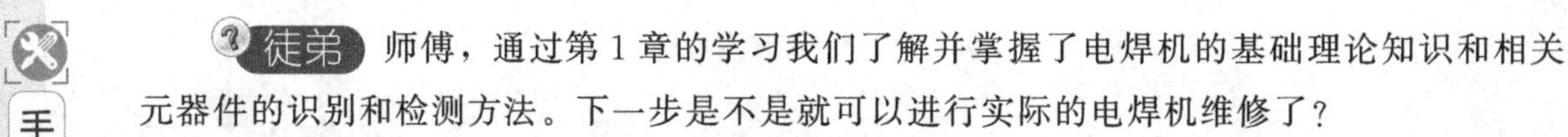

徒弟 师傅，通过第 1 章的学习我们了解并掌握了电焊机的基础理论知识和相关元器件的识别和检测方法。下一步是不是就可以进行实际的电焊机维修了？

师傅 还不够，虽然你已经掌握和学习了一些维修电焊机不可缺少的理论部分和掌握了各个电气元器件的识别和检测方法。但是要想学好维修电焊机还需要了解下面的一些相关知识和要求，这对维修电焊机也是不可缺少，也是有很大帮助的。

徒弟 师傅，那就请您快点讲吧。

师傅 好的。对焊机专业维修人员应掌握的知识，有以下几点要仔细阅读和学习：①对维修人员的要求；②焊接设备故障排除的一般方法；③维修人员应掌握的技能；④电路板焊接与调试；⑤基本电焊机焊接方法及种类的划分等。下面就分别进行学习。

## 2.1　对维修人员的要求

① 维修人员要能够看懂主电路，分清焊接设备的主回路和控制回路，分清有哪几部分组成，了解其作用原理。

② 对电路中一些不清楚的元器件或控制单元，要结合维修焊接设备查询相关资料。对一些复杂的电路，要进行简化处理，并且要掌握主要元件的工作原理。

③ 看焊接设备电气原理图时，要弄懂各电路之间的联系。电路是怎样实现各种功能的，要形成整体概念。另外掌握其辅助设备的相互联系和作用也很关键。

④ 可以用符号、图形及简短的语言，按照自己的思路和需要，写出设备的操作程序（即工作流程），对图纸资料作一个概括性总结，以后维修焊接设备时，按照工作流程来查找故障。

⑤ 记住一些必须掌握的主要技术参数以及设备在正常工作时的某些测试点的数据或波形，以便今后维修时进行比较，对今后的维修有着很大作用和意义。

⑥ 在工作中不断加深和完善电气原理图的理解和熟悉，做到典型电路要熟记并顺手便来处理故障。

⑦ 在维修工作中，要做好原始记录。如故障性质、时间、原因、各方面（施工现场）环境因素和处理方法，以及分析和修理的过程和方法，要一一记录下来。

## 2.2　焊接设备的故障排除

① 首先要正确地使用焊接设备（应仔细阅读说明书），了解故障现象及其产生的原因，结合自己掌握的知识及经验，作出正确的分析和判断，确定是哪方面的问题，是电气设备故障，还是机械原因，或是焊接工艺规范应用不当等。

② 对设备进行检查时，首先要断开电源，对自己所怀疑的地方，先易后难或查找可能性最大的地方。检查接头插头是否松脱，电线、电缆是否有破损，印刷板元件或线路有没有脱焊或烧坏，而且不要放过附属设备的问题，注意机内有没有煳味等。

③ 外观检查后，再进行通电检查或试机。在通电前，首先检查电源是否正常（不缺相、熔断器完好等），机内有没有异常气味等。如有，则立刻断开电源，进行排除；如没有，则继续检查，观察设备的部件和检测元器件工作是否正常。根据工作流程和图纸资料利用万用表（或相关的仪器和示波器）进行检测，还可以用观察相关的指示灯在电路中的作用来判断，也可以用更换印刷板等办法查找故障出在哪一环节。通电后，要特别注意人

身安全和设备状况，哪些部件已有电，要做到心中有数，即使认为没有电的地方，也要把它当作有电对待。

④ 设备故障点有时候不很明显，往往电路的各参数都很正常，但设备就是不能正常使用，让人“莫名其妙，无从下手”，或者设备时好时坏（软故障），故障现象不定，像“捉迷藏”。对于这类极少数的疑难故障，应进行细致的检查分析可能是什么原因引起的，分析和处理方法如下。

a. 电路板的元器件接触不良，这类接触不良故障，不易被发现，特别是元器件虚焊（旧焊接设备或用时间比较久的焊接设备，非常容易出现这类故障），甚至用万用表测量电阻、电压都没有问题或无明显问题，因此，应细心地观察是否有点生锈，接触是否有点松动，接触面是否平整等。

b. 可能有虚焊点。可以对焊点重新焊接。

c. 有个别的器件（如二极管、三极管、电源块、集成块），用万用表测量是好的，但在使用中，即动态时就不行了。对所怀疑的元器件，可换上好的元器件试一试。如果电线要断不断，电缆内部线间绝缘不可靠，也可以用这种“代替法”试一试。

d. 可以用优选法（分段、分片）缩小范围。如果不清楚故障出在什么地方，可断开线路或换上好的元器件，将范围缩小，再用前述方法寻找故障。

e. 对已修过的设备，要认真检查接线或元件参数是否有错误。对照设备的原理图或根据设备的性能进行分析，确定有错误后，则加以改正。值得一提的是，维修人员在修理时要细心，必要时要做好“记号”不要接错线，替代元器件时，要知道换上该元器件行不行（在实际应用中有的元器件技术参数要求是很严格的，不可忽视），如果维修人员不清楚，还是照葫芦画瓢为好，不能随随便便地使用代用元器件或改线，否则越修越糟，甚至于会搞坏设备。

f. 有的元器件是不能用一般的方法进行检测好坏的，此时要对照原理图，用示波器测定各点波形。

g. 如果从各方面检查电气方面没有问题，那就要从机械、工艺规范等其他方面寻找原因。对疑难故障的排除，要细心、耐心、沉着、严谨。

⑤ 关于印刷线路板的检修。一般焊接设备的印刷线路板，厂家都没有提供电气原理图，只有外部接线图和主电气原理图。可采用下面的办法查找印刷板的故障点。

a. 用万用表对所怀疑的元件、线路作一般检查。针对所怀疑的焊点和连接点要重新焊接和处理。

b. 查不出问题时，在有条件的情况下（备件齐全），可用万用表将坏了的印刷板与好的印刷板的元件或线路对比测量，分析判断（一般在板上测量，不要焊下元件），注意避免把元件和印刷板搞坏。

c. 根据设备印刷线路板，画出电气原理图或发生故障部分原理图，对故障进行分析检查。

d. 根据对原理图的分析，掌握重要环节的参数及波形，用示波器进行检查。

## 2.3 维修人员应掌握的技能

① 机械钳工的技艺：常用的是锯、锉、刮、研、钻孔、攻螺纹、套螺纹、划线、测量、拆卸、装配等钳工的基本技能。

② 机械维修工的技艺：一般机械的维修、机械传动机构的维修、气压传动机构的维修和液压传动机构的维修等。

③ 综合电工的技艺：电焊机就其本质来讲是一种特殊的电气机械，所以它的维修要求电气的工种类别较多，其技艺主要有以下几个方面。

a. 通用电工基本技能。

b. 一般电机维修工艺的技艺。

c. 低压电器维修工的技艺。

d. 自控系统中关于继电控制电路的维修技艺。

e. 电气装配工的技艺。

f. 关于变压器铁芯叠片、线圈绕制、绝缘处理等技能。

g. 一般的半导体电子电路维修技艺。

## 2.4 电路板焊接与调试

### 2.4.1 焊前准备

**（1）焊锡丝**

焊锡丝是焊接元件必备的焊料。一般要求熔点低、凝结快、附着力强、坚固、电导率高且表面光洁。其主要成分是铅锡合金。除丝状外，还有扁带状、球状、柄状规格不等的成型材料。焊锡丝的直径有 0.5、0.8、0.9、1.0、1.2、1.5、2.0、2.3、2.5、3.0、4.0、5.0（mm），焊接过程中应根据焊点的大小和电烙铁的功率选择合适的焊锡。

**（2）助焊剂**

助焊剂是焊接过程的必需材料，它具有去除氧化膜、防止氧化、减小表面张力，使得焊点美观的作用。助焊剂有碱性、酸性和中性之分，在印制板上焊接电子元件，要求采用中性焊剂。松香是一种中性焊剂，受热熔化变成液态。它无毒、无腐蚀性、异味小、价格低廉、助焊力强。在焊接过程中，松香受热汽化，将金属表面的氧化膜带走，使焊锡与被焊金属充分结合，形成坚固的焊点。碱性和酸性焊剂用于体积较大的金属制品的焊接。

**（3）电烙铁的选用**

常用的电烙铁按功率可分为小功率电烙铁和大功率电烙铁。小功率电烙铁用于电子元件的焊接，大功率电烙铁主要用于焊接体积较大的元件或部件。常见的烙铁功率有 20W、30W、45W、50W、100W、200W、300W、500W。按结构可分为内（直）热式和外（旁）热式。内热式具有体积小、升温快、低廉、寿命短等特点；外热式具有体积大、升温慢、造价高、寿命长等特点。还有一种调温电烙铁，它具有调温、方便快捷、寿命长等特点，是电子元件焊接的首选工具。

焊接电子元件时，最好采用 20W 内热式电烙铁或恒温电烙铁，并应有良好接地装置。焊接大元件、部件、连接导线、插接件时，可选用 45W 电烙铁。

**（4）导线**

在焊接之前，要准备好一些沾好锡的各色导线，主要是多股铜线，用于各种连线、安装线、屏蔽线等，其安全载流量按 $5A/mm^2$ 计算，这在各种条件下都是安全的。

**（5）温度与时间的控制**

手工焊接引线沾锡和焊接元件时，温度和时间要选择适当并严格控制。沾锡和焊接切勿超过耐焊性试验条件（距离器件管壳 1.5mm，260℃，时间 10s，350℃时为 3s）。对于混合电路，电烙铁的最佳温度为 230～240℃，以松香熔化比较快又不冒烟为宜。元器件焊接最佳时间为 2～3s。

## 2.4.2 焊接方法与步骤

先焊细导线和小型元件，后焊晶体管、集成块。最后焊接体积较大较重元件。因为大元件占面积大，又比较重，后焊接比较方便。晶体管和集成块怕热，后焊接可防止烙铁的热量经导线传到晶体管或集成块内而损坏。

**（1）一般元件的焊接**

将插好元件的印制板焊接面朝上，左手拿焊锡丝，右手持电烙铁，使烙铁头贴着元件的引线加热，使焊锡丝在高温下熔化，沿着引线向下流动，直至充满焊孔并覆盖引线点周围的金属部分。撤去焊锡丝并沿着引线向上方向提拉烙铁头，形成像水滴一样光亮的焊点。焊接速度要快，一般不超过3s，以免损坏元件。由于引线的粗细不同，焊孔的大小不同，如一次未焊好，等冷却后再焊。

**（2）晶体管元件的焊接**

焊接晶体管等器件时，可用镊子或尖嘴钳夹住管脚进行焊接，因镊子和钳子具有散热作用，可以保护元器件。焊接CMOS器件时，为了避免电烙铁的感应电压损坏器件，必须使电烙铁的外壳可靠接地，或断电后用电烙铁的余热焊接。

**（3）集成电路的焊接**

双列直插式集成电路块，管脚之间的距离只有25mm，焊点过大，会造成相邻管脚短路。应采用尖头电烙铁，快速焊接。电烙铁温度不能太高，焊接时间不能太长，否则会烧坏集成块并使印制板上的导电铜箔脱离，所以焊接时一定要细心。

焊点质量应具有可靠的电气连接，足够的机械强度，外观光亮、圆滑、清洁、大小合适，无裂缝、针孔、夹杂，焊锡与被焊物之间没有明显的分界。

## 2.4.3 虚焊产生的原因及其鉴别

虚焊是电子产品的一大隐患，占设备故障总数的1/2。它会影响电子装置的正常运行，出现一些难以判断的“软故障”。常见不合格焊点如图2-1所示。

**（1）虚焊点产生的原因**

① 设计。印制板设计有问题，会形成虚焊的潜在因素。焊点过密，元件插接孔过大，导致虚焊增加。

② 工艺。在涂助焊剂时，清洁工作没有做好，没有上好锡；上锡后的元件存放时间太久，焊接部分已经氧化，直接焊接时产生了虚焊。

③ 材料。有的元件引线材料可焊性差，如上锡不好，未刮净，会产生虚焊。

④ 焊剂。有的焊剂不好，或自制锡、铅比例不当，配出的焊剂熔点高，流动性差，也会导致虚焊。

⑤ 助焊剂。助焊剂选择不当，或不用助焊剂，也会产生虚焊。

⑥ 焊接工具。电烙铁功率太小，温度不够，焊点像豆腐渣；功率太大，锡易成珠，均会产生虚焊。

⑦ 操作方法。焊接时，烙铁头离焊点远，使锡流过去包围元件引脚，会使被焊面的热量

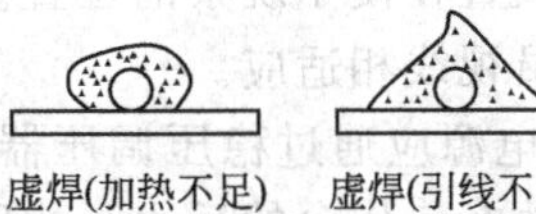

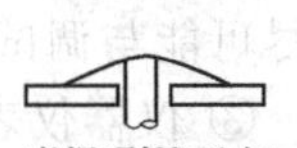

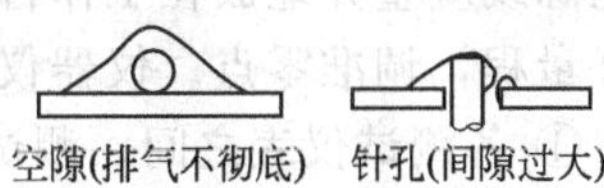
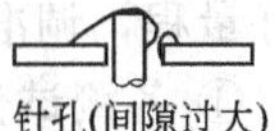

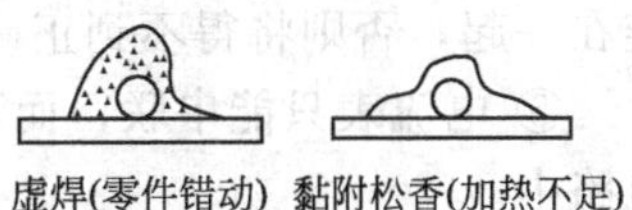
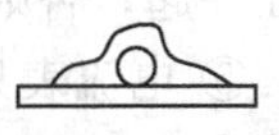

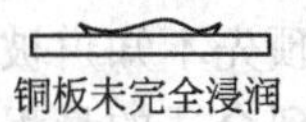


图2-1 常见不合格焊点

不够而导致虚焊。

**(2) 鉴别方法**

① 观察焊点，似焊非焊，一摇即动，必为虚焊。

② 焊锡与印制板没有形成一体。

③ 焊口点特别光亮，成鼓包状。

## 2.4.4 电路调试

电子产品（如组装的电路板、一个完整的电路以及独立的电路等）通过调试，使之满足各项性能指标，达到产品设计的技术要求，以及维修的电子产品符合技术要求。在调试过程中，可以发现产品设计以及维修的电子产品和实际制作（维修）中的错误或不足之处，不断改进设计制作方案和提高维修水平，使之更加完善。调试工作又是应用理论知识来解决制作（维修）中各种问题的主要途径。通过调试可以提高制作者和维修人员的理论水平和解决实际问题的能力，因此，要引起每个电子产品制作者的高度重视。

电子装置的调试工作一般分“分调”和“总调”两步。分调的目的是使组成装置（维修）的各个单元电路工作正常，在此基础上，再进行整机调试。整机调试称为“总调”和“联调”，通过联调才能使装置达到预定的技术要求。

**(1) 调试前的准备工作**

① 布置好场地，调试场地应布置得整齐清洁，调试用的图纸、文件、工具、备件应放置得有条理，准备好测试记录本或测试卡。调试场地的地板最好加垫绝缘胶垫。

② 检查各单元或各功能部件是否符合整机装配要求，初步检查有无错焊、漏焊、线间短路等问题。

③ 要懂得整机和各单元的性能指标及电路工作原理。

④ 要正确、合理地选择测试仪表，检查测试仪器仪表是否工作正常，并做好测试准备。熟练地掌握这些仪表的性能和使用方法。

⑤ 要熟悉在调试过程中查找故障及消除这些故障的方法。

**(2) 仪器、仪表的选择及其使用**（正常应用的情况下）

① 根据技术文件的要求，正确地选择和确定测试仪器仪表及专用测试设备。

② 仪器仪表在使用前必须经计量部门计量合格，各项技术指标必须符合调试要求，保证能正常工作。仪器仪表一般都放置在调试工作台上。重的仪表放在下面，轻的仪表放在上面。监视仪表放置在便于观察的位置。仪器仪表的读数度盘与水平面垂直，它的高低应尽可能与调试人员视线相适应。

③ 仪器仪表的电源应通过稳压调压器供给，保证仪器仪表少受电源波动的影响。输入电源线应整齐地放在工作台的后边。按照调试说明和调试工艺文件的规定，仪器仪表要选好量程，调准零点。仪器仪表要预热到规定的预热时间。

④ 各测试仪表之间，测试仪表与被测整机的公共参考点（零线，也称公共地线）应连在一起，否则将得不到正确的测量结果。

⑤ 电流表只能串联，而不能并联在电路中，否则会烧坏电流表。电压表只能并联在电路中。

⑥ 被测电量的数值不得超过测试仪表的量程，否则将打坏指针，甚至烧坏表头。如果预先不知道被测电量的大致数值，可以将表量程放在高挡，然后再根据所指示的数值转换到合适的量程。被测信号很大时，要加衰减器进行衰减。因为测试仪表在输入端都有耐压要求，如被测电压超过此电压，轻则破坏绝缘，严重的将损坏测试仪表。

⑦ 有MOS电路元件的测试仪表或被测电路，电路和机壳都必须有良好的接地，以免损坏MOS电路元件。

⑧ 用高灵敏仪表（如毫伏表、微伏表）进行测量时，不但要有良好的接地，还要使它们之间的连接线采用屏蔽线。

⑨ 高频测量时，应使用高频探头直接和被测点接触进行测量；地线也越短越好，以减小测量误差。

⑩ 对要求防振、防尘、防电磁场的测试仪表，在使用中也要注意。

**(3) 对调试过程的要求**

① 电路设计的技术指标要留有余地，因为元器件的参数分散性较大，环境条件的影响也比较大，如果指标没有余地，就很难调试合格，即使开始正常，经过短时间使用后，由于元器件参数的偏移，也会变得不正常或不稳定。

② 调试说明和调试工艺文件对调试的具体内容与项目（如工作特性等）、步骤与方法、测试条件、测试仪表、注意事项与安全操作规程等都要写清楚，调试内容要具体切实可行，测试仪器选用要合理，调试步骤应有条理性，测试数据尽量表格化，以便于从数据中寻找规律。调试人员必须熟悉调试说明、调试工艺文件和电路原理，正确选择步骤方法。

③ 对于简单的整机，装配好以后就可以直接进行调试（如收音机）。对于复杂的整机，必须先对各单元或分机功能进行调试，最后进行整机统调。

**(4) 测量**

① 对测量的要求　测量是调试的基础。准确的测量为调试提供依据。通过测量，一般要获得被测电路的有关参数、波形、性能指标及其他必要的结果。测量方法和仪表的选用应从实际出发，力求简便有效，并注意设备和人身安全。测量时，必须保持和模拟电路的实际情况（如外接负载、信号源内阻等），不能由于测量而使电路失去真实性，或者破坏电路的正常工作状态。

要采取边测量、边记录、边分析估算的方法，养成求实作风和科学态度。对所测结果立即进行分析、判断，以区别真伪，进而决定取舍，为调试工作提供正确的依据。

② 测量顺序与内容　电路的基本测量项目可分为两类，即“静态”测量和“动态”测量。测量顺序一般是先静态后动态。此外，根据实际需要有时还需要进行某些专项测试，如电源波动情况下的电路稳定性检查，抗干扰能力测定，以确保装置能在各种情况下稳定、可靠地工作。

静态测量，一般指输入端不加输入信号或加固定电位信号使电路处于稳定状态而言。静态测量的主要对象是有关点的直流电位和有关回路中的直流工作电流的测量。

动态测量，则是在电路输入端引入合适的变化信号情况下进行。动态测量常用示波器观察测量电路有关点的波形及其幅度、周期、脉宽、占空比、前后沿等参数。

例如，晶体管交流放大电路的静态测试应是晶体管静态工作点的检查。而动态测试要在输入端注入一个交流信号，用示波器（最好双踪示波器）监测放大的输入、输出端，可以看到交流放大器的主要性能；交流信号电压放大量、最大交流输出幅值（要调节输入信号的大小），失真情况以及频率特性（当输入信号幅度相同、频率不同的时候，输出信号的幅度和相位移情况的曲线）等。

**(5) 调试的关键与方法**

电子产品组装完成以后，一般需调试才能正常工作。各种电子产品电路的调试方法有所不同，但也有一些普遍规律。电子电路的调试是电子技术人员的一项基本操作技能，掌握一定的电子电路理论，学会科学的分析方法，以及实际工作中积累的经验是搞好电子电路调试的保证。任何复杂的电子电路都是由基本单元电路组合而成的，因此掌握基本电路的调试方法是搞好电子产品调试的基础。

调试的关键是善于对实测结果进行分析，而科学的分析是以正确的测量为基础。根据测量得到的数据、波形和现象，结合电路进行分析、判断，确定症结所在，进而拟定调整、改进的措施。

① 检查电路及电源电压　检查电路元器件是否接错，特别是晶体管管脚、二极管的方向，电解电容的极性是否接对；检查各连接线是否接错，特别是直流电源的极性以及电源与地线是否短接，各连接线是否焊牢，是否有漏焊、虚焊、短路等现象，检查电路无误后才能进行通电调试。

② 调试供电电源　一般的电子设备都是由整流、滤波、稳压电路组成的直流稳压电源供电，调试前要把供电电源与电子设备的主要电路断开，先把电源电路调试好，才能将电源与电路接通，电源电路按照直流稳压电源的调试方法进行调试。当测量直流输出电压的数值、纹波系数和电源极性与电路设计要求相符并能正常工作时，方可接通电源调试主电路。

若电子设备是由电池供电时，也要按规定的电压、极性装接好，检查无误后，再接通电源开关。同时要注意电池的容量应能满足设备的工作需要。

③ 静态调试　先不接入输入信号，有振荡电路时可暂不接通。测量各级晶体管的静态工作点。凡工作在放大状态的晶体管，测量$U_{be}$和$U_{ce}$不应出现零状态，若$U_{be}=0$，表示晶体管截止或损坏；若$U_{ce}=0$，表示晶体管饱和或击穿，这时，均需找出原因排除故障。处于放大状态的硅管，$U_{be}=0.6\sim0.8V$；锗管$U_{be}=0.1\sim0.3V$；$U_{ce}$应大于$1\sim2V$。

④ 动态调试　在静态调试电路正常后接入输入信号，各级电路的输出端应有相应的输出信号。线性放大电路不应有非线性失真；波形产生及变换电路的输出波形出应符合设计要求。调试时，可由后级开始逐级向前检测。这样容易发现故障，及时调整改进。

⑤ 指标测试　电路正常工作之后，即可进行技术指标测试，根据设计要求，逐个测试指标完成情况，凡未能达到指标要求的，需分析原因，重新调整，以便达到技术指标要求。

⑥ 负荷试验　调试后还要按规定进行负荷试验，并定时对各种指标进行测试，做好记录。若能符合技术要求，正常工作，则此部整机调试完毕。

调试结束后，需要对调试全过程中发现问题、分析问题到解决问题的经验、教训进行总结，并建立“技术档案”，积累经验，有利于日后对产品使用过程中故障的维修。单元电路调试（分调）的总结内容一般有测调目的、使用仪器仪表、电路图与接线图、实测波形和数据、计算结果（包括绘制曲线），以及测调结果和有关问题的分析讨论（主要指实测结果与预期结果的符合情况，误差分析和测调中出现的故障及其排除等）。总结的内容常有方框图、逻辑图、电原理图、波形图等，结合这些图简要解释装置的工作原理，同时指出所采用的设计技巧、特点，对调试过程遇到的问题和异常现象应提高警惕。

**(6) 调试中常见故障**

在调试中也会发现一些故障，这些故障无非是由于元器件、线路和装配工艺三方面的原因引起的。例如，元器件的失效、参数发生偏移、短路、错接、虚焊、漏焊、设计不当和绝缘不良等，都是导致发生故障的原因，常见的故障如下。

① 焊接工艺不当，虚焊造成焊接点接触不良，以及接插件（如印制线路板）和开关等接点的接触不良。

② 由于空气潮湿，使印制线路板、变压器等受潮、发霉或绝缘性能降低，甚至损坏。

③ 元器件检查不严，某些元器件失效。例如，电解电容器的电解液干涸，导致电解

电容器的失效或损耗增加而发热。

④ 接插件接触不良。如印制线路板插座簧片弹力不足；断电器触点表面氧化发黑，造成接触不良，使控制失灵。

⑤ 元件的可动部分接触不良。如电位器、半可变电阻的滑动点接触不良造成开路或噪声的增加等。

⑥ 线扎中某个引出端错焊、漏焊。在调试过程中，由于多次弯折或受振动而使接线断裂；或是紧固的零件松动（如面板上的电位器和波段开关），来回摆动，使连线断裂。

⑦ 元件由于排布不当，相碰而引起短路；有的连接导线焊接时绝缘外皮剥离过多或因过热而后缩，也容易和别的元器件或机壳相碰引起短路。

⑧ 线路设计不当，允许元器件参数的变化范围过窄，以致元器件参数稍有变化，机器就不能正常工作。

## 2.5 基本电焊机焊接方法及种类划分

徒弟 师傅，您已经给我们讲了电焊机维修人员的要求、焊接设备故障排除的一般方法、维修人员应掌握的技能及电路板焊接与调试，对我们的学好维修电焊机起到抛砖引玉的作用，实在是太有用了。那么下边还要学习什么内容？

师傅 上面所讲过的内容是初学者必须认真阅读和学习的，这对维修电焊机是非常有必要的。特别是以下几方面：

① 通用电工基本技能；

② 电焊机维修工艺的技艺；

③ 低压电器维修工的技艺；

④ 自控系统中关于继电控制电路的维修技艺；

⑤ 电气装配工的技艺；

⑥ 关于变压器铁芯叠片、线圈绕制、绝缘处理等技能；

⑦ 一般的半导体电子电路维修技艺。

这七个方面在各章节中都会讲解到，你也会通过自己平常的学习（理论）及实际操作中来理解和加深这方面的知识。这需要下一定功夫，有恒心和毅力。要想学好是非常不容易的，平常需要边学习，边总结。善于积累维修经验和典型故障的总结。要想维修各类不同的电焊机，首先就要了解电焊机设备的焊接方法和种类划分，这样对学习维修电焊机有很大帮助和指导作用。

徒弟 您这么一讲我清楚多了。焊接方法还有多种之分吗？那么它们又如何划分的？

师傅 是的，焊接方法分三类，每类里又有若干方法之分。下面就介绍一下在日常的作业和加工设备中常见的焊接设备。

在工业生产及新建工程（装置）、设备加工中，要实现每一种焊接方法，都需要使用专门的设备、装置和专用工具，将完成某种焊接而应用的这些设备、装置和专用工具，统称焊机（或焊接设备）。

随着工业发展和技术进步，焊接方法已经发展到几十种之多。按焊接接头的形成本质来说，可将焊接方法分成熔焊、压焊和钎焊三大类，每类里又有若干方法之分，见图 2-2、图 2-3 所示。

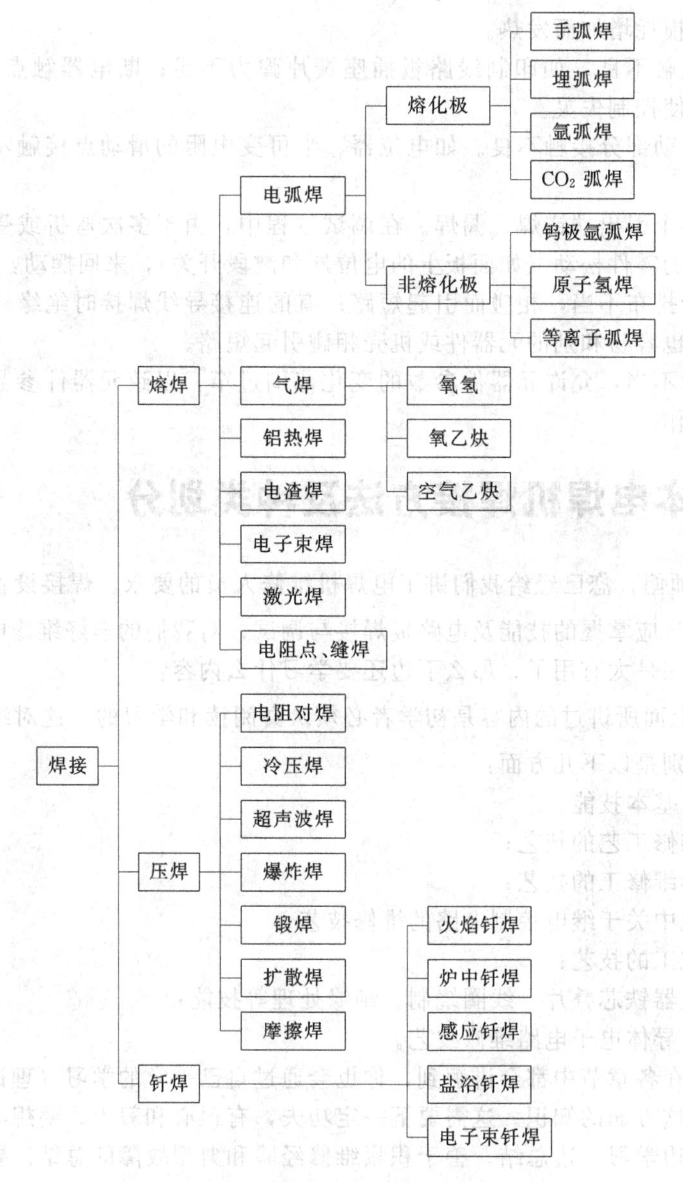


图 2-2 基本焊接方法及分类

徒弟 师傅，焊机故障都有哪些类型？是如何划分的？

师傅 上一节介绍了焊接设备的焊接方法和分类，下面再讲一下电焊机故障是如何分类的。

在企事业单位中（化工、设备制造、建筑等），不管是生产、加工、制造等，焊机设备应用都比较广泛。任何电焊机经过一定时期的使用，必然会产生各种各样的故障。电焊机的故障，概括地讲是指其应有功能的丧失。也是机电设备中一个重要类别，所以从设备故障诊断学的观点，焊机的故障可以从不同角度进行分类，从中可以深入了解电焊机故障的产生、故障性质和危害，及时地采取相对应的手段和技术措施，是有着很大益处的。焊机故障大概可按以下几点划分。

**(1) 从故障产生的时间特点分**

① 间隙性故障：指在很短时间内电焊机出现功能丧失的状况，过后电焊机的功能又

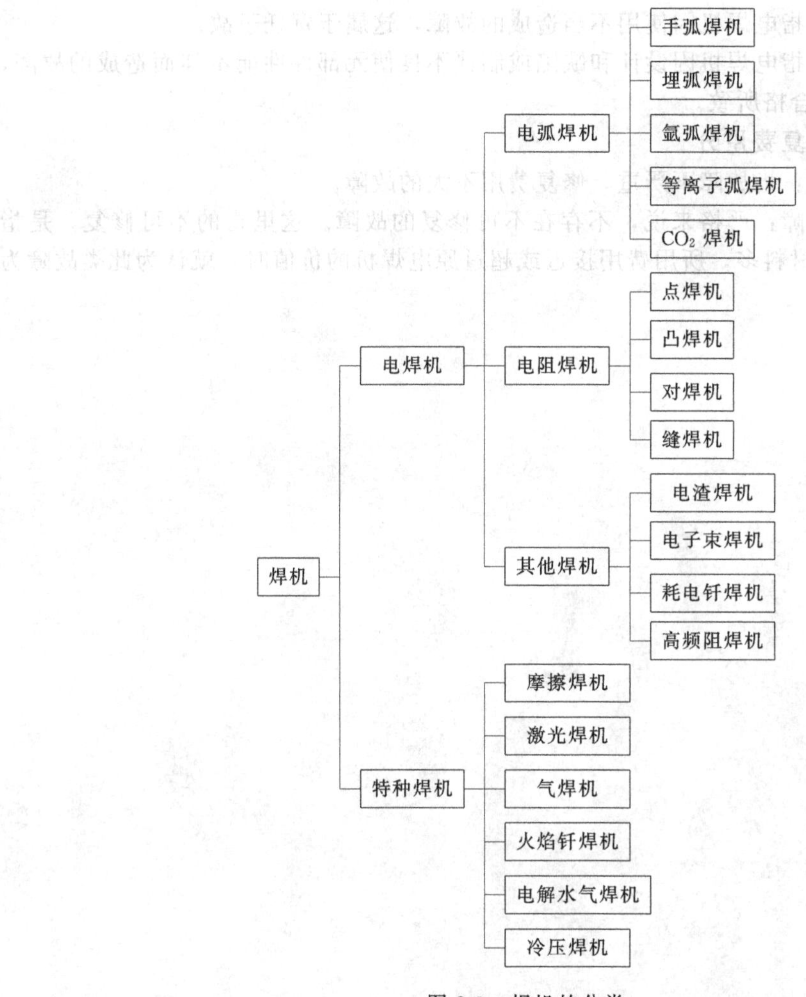


图 2-3 焊机的分类

能恢复到标准状态的现象。有时电焊机的部分元器件在无运行（焊机工作）时，没有故障，但一运行不长时间就开始出现电焊机不能正常工作。有时碰一碰（敲打）电焊机一切正常。

② 永久性故障：指电焊机丧失了功能，只有在更换某些零部件之后才能恢复其原功能的现象（如保险烧断、变压器损坏、机内控制板的元器件烧坏等）。

**(2) 从故障产生的速度分**

① 突发性故障：指电焊机不能靠早期试验或预测而突然产生的故障（如电焊机内冒烟、断路器跳闸、电源断电等）。

② 渐发性故障：指电焊机能够早期发现和预测的故障（如电焊机电流减少无法焊接作业、输出电压明显减小等）。

**(3) 从故障对电焊机的功能影响分**

① 局部性故障：指电焊机的某些个别功能（如控制板、电源线接触不良、某个元器件损坏等）的丧失。

② 全局性故障：指电焊机的全部或大部分功能的丧失。

**(4) 按电焊机故障产生的原因分**

① 磨损性故障：指电焊机因自然耗损产生的故障，这是可以预料到的。

② 错用性故障：指电焊机因使用不当造成的故障，这属于责任事故。

③ 薄弱性故障：指电焊机因设计和缺陷或制造不良使元部件性能不佳而造成的故障，这是由于产品质量不合格所致。

**（5）按故障的修复费用分**

① 可修复的故障：指故障不严重，修复费用不大的故障。

② 不可修复的故障：严格来说，不存在不可修复的故障。这里指的不可修复，是指修复工作量大，耗用材料多，所用费用接近或超过原电焊机的价值时，就认为此类故障为不可修复。

Chapter 3

手把手教你修电焊机

# 第3章

# 电焊机维修中常用仪器、仪表及工具

徒弟 师傅，我们用了很多时间学习了维修电焊机的一些基础知识和各方面的内容。那么下一步就要进行实际的维修焊机设备了，是否还需要了解一些专业的维修设备、仪表和工具？

师傅 是的，我们确实需要学习一些专业的维修设备、仪器仪表和专用工具的知识，以下就分别介绍一下。

在电焊机的修理工作中，有时电焊机的故障及其原因很明显，修理方法也简单，只用一般常用工具便可将故障排除。但这种情况为数不多，多数的故障需借助于仪表的检测才能发现原因，而修理时还要使用专用工具（如大、中、小绕线机、烘箱、各种扳手等），甚至还可能需要一定的专用设备，才能将电焊机修好。因此，专职的电焊机维修人员，必须有专用的工具、仪表和设备，才能完成电焊机修理工作。

## 3.1 电焊机修理常用设备

**(1) 绕线机或简易绕线支架**

通用绕线机（图 3-1）用于绕制多匝密绕的绕组，是电焊机制造厂的必备设备，对于一般修理厂可不必专门备置。确有多匝绕组需用绕线机时，亦可自制简易的木支架（土绕线机），同样可绕制出合格的绕组。

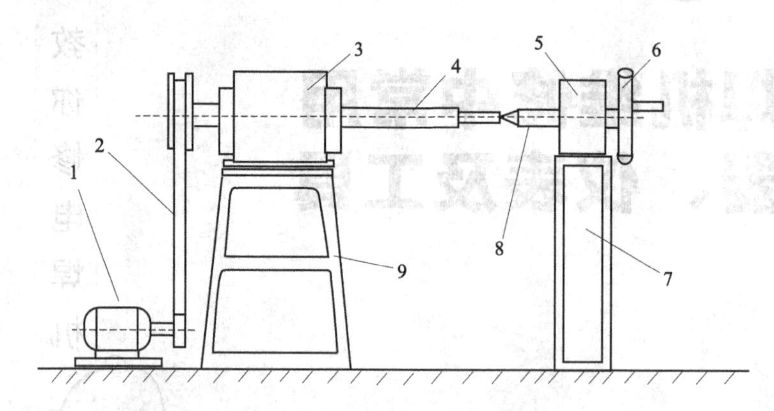


图 3-1 绕线机结构示意图

1—电动机；2—皮带；3—减速器；4—输出转轴（装绕组骨架）；5—尾座；6—手轮；7—支架；8—顶尖；9—机架

**(2) 立绕机或立绕胎模**

有的电焊机绕组采用扁线立绕结构，这种特殊结构绕组，没有立绕机或专用胎模具是难以制成的。立绕胎模复杂，有多种结构形式，其中的一种简易形式，使用方便，易于制作，适用于维修单位。

**(3) 负载电阻箱**

负载电阻箱可用为电焊机的负载，用以测定修完电焊机的输出电流、电焊机的外特性和电流调节范围，是校验电焊机的必备设备。负载箱有 200A、300A 两种规格，在大负载的情况下可以多台并联。

如果没有负载电阻箱，也可以使用自制的盐水电阻箱代替，只不过测试的误差稍大一些。

**(4) 浸漆槽**

浸漆槽用于各种绕组和变压器整体浸漆之用，也可用于其他电器或元件的浸漆。

**(5) 硅钢片涂漆机**

经常性的需要大量的硅钢片涂漆，可自制一台硅钢片手摇涂漆机。它结构简单，使用方便，可以使硅钢片的漆膜均匀，可提高硅钢片的叠片系数。

**(6) 烘干炉或烘箱**

烘干炉或烘箱是用于烘干浸过漆而又经淋干的绕组或器件的炉或箱。可以置备，也可用焊条烘箱或热处理用的烘炉代用。

**(7) 台钻**

台钻用于修理工作中的钻孔。

**(8) 焊接设备**

根据各单位的现用条件，可设置气焊、电阻焊（对焊）或氩弧焊设备，用于导线的接长、导线的焊补、绕组引出线的焊接等。

**(9) 小型手绕绕线机**

可以使用它制作（绕制）损坏的线圈。

## 3.2 电焊机修理常用仪表

### 3.2.1 万用表

万用表是电焊机修理中最常用的仪表。它的精度虽然不高，但由于量程多、用途广、使用方便，因此较受欢迎。使用中多用于测试电网电压、电焊机的空载电压和线路的检查。在维修电气设备时经常使用万用表。下面分别介绍一下数字万用表和指针式万用表的使用和注意事项。

**(1) 数字万用表**

以 VC9802 型数字万用表为例，简单介绍其使用方法和注意事项。

① 使用方法

a. 使用前，应认真阅读有关的使用说明书，熟悉电源开关、量程开关、插孔、特殊插口的作用。

b. 将电源开关置于 ON 位置。

c. 交直流电压的测量：根据需要将量程开关拨至 DCV（直流）或 ACV（交流）的合适量程，红表笔插入 V/Ω 孔，黑表笔插入 COM 孔，并将表笔与被测线路并联，读数即显示。

d. 交直流电流的测量：将量程开关拨至 DCA（直流）或 ACA（交流）的合适量程，红表笔插入 mA 孔（<200mA 时）或 10A 孔（>200mA 时），黑表笔插入 COM 孔，并将万用表串联在被测电路中即可。测量直流量时，数字万用表能自动显示极性。

e. 电阻的测量：将量程开关拨至合适量程，红表笔插入 V/Ω 孔，黑表笔插入 COM 孔。如果被测电阻值超出所选择量程的最大值，万用表将显示 1，这时应选择更高的量程。测量电阻时，红表笔为正极，黑表笔为负极，这与指针式万用表正好相反。因此，测量晶体管、电解电容器等有极性的元器件时，必须注意表笔的极性。

② 注意事项

a. 如果无法预先估计被测电压或电流的大小，则应先拨至最高量程挡测量一次，再视情况逐渐把量程减小到合适位置。测量完毕，应将量程开关拨到最高电压挡，并关闭电源。

b. 满量程时，仪表仅在最高位显示数字 1，其他位均消失，这时应选择更高的量程。

c. 测量电压时，应将数字万用表与被测电路并联，测电流时应与被测电路串联。测直流量时不必考虑正、负极性。

d. 当误用交流电压挡去测量直流电压，或者误用直流电压挡去测量交流电压时，显示屏将显示 000，或低位上的数字出现跳动。

e. 禁止在测量高电压（220V 以上）或大电流（0.5A 以上）时换量程，以防止产生电弧，烧毁开关触点。

f. 当显示“、”、“BATT”或“LOWBAT”时，表示电池电压低于工作电压。

**(2) 指针式万用表**

使用注意事项如下。

① 在使用之前，应先进行“机械调零”。

② 在使用过程中，不能用手去接触表笔的金属部分，这样一方面可以保证测量的准确，另一方面也可以保证人身安全。

③ 在测量某一电量时，不能在测量的同时换挡，尤其是在测量高电压或大电流时，更应注意。否则，会使仪表毁坏。如需换挡，应先断开表笔，换挡后再去测量。

④ 在使用时，必须水平放置，以免造成误差。同时，还要注意避免外界磁场的影响。

⑤ 使用完毕，应将转换开关置于交流电压的最大挡。如果长期不使用，还应将内部的电池取出来，以免电池腐蚀表内其他器件。

⑥ 一定要注意被测量的种类和量程（电压、电流、电容、电阻）的选择，用错了会使表头和表内线路受到破坏。

### 3.2.2 兆欧（摇）表

兆欧表用于测量各绕组的对地绝缘电阻，是电焊机修理工作中不可缺少的仪表。一般使用电压 500V，量程为 0～500MΩ 兆欧表，就可满足要求。

使用兆欧表的注意事项如下。

① 在测量前，被测设备要切断电源并进行充分放电（需经 2～3min），以保障仪表及人身安全。

② 兆欧表的接线柱与被测设备间的连接线不可使用绞线或双股绝缘线，要使用单根独立的连线，以避免测量误差。

③ 兆欧表在测量前应进行一次开路和短路试验，检查兆欧表是否良好，同时又可减少测量误差。

④ 摇动手柄时应由慢渐快，最后达到均匀。当出现指针已指零时，不能再继续摇动手柄，以防烧坏仪表。

⑤ 禁止在雷电时或在邻近有带高压导体的设备时进行兆欧表测量。

### 3.2.3 交直流电流表、分流器及电流互感器

交直流电流表、分流器及电流互感器是为精确测量电焊机的电流调节范围和外特性而使用的。表的精度可选用 1.0 级或 1.5 级。表的量程要与电焊机的最大电流相适应。

### 3.2.4 交直流电压表

交直流电压表可用于精确测量电焊机的空载电压和外特性。表的精度可用 1.0 级，表的量程在 120～150V 为佳。

## 3.2.5 温度计

温度计用以测电焊机的温升，量程可在 0～150℃。

## 3.2.6 钳形电流表

钳形电流表利用电磁感应原理制成，主要用来测量电流，有的还具有测量电压、电阻等功能。如图 3-2 所示的钳形电流表除具有测量电流功能外，还具有 V 挡：电压测量；Hz 挡：测量电源的频率和谐波；W 挡：测量功率；$W_{3\phi}$ 挡：测量三相功率；SETUP 挡：设置；LOG 挡：采集等功能。

电流测量方法：打开钳口，将被测导线置于钳口中心位置，合上钳口即可读出被测导线的电流值。测量较小电流时，可把被测导线在钳口多绕几匝，这时实际电流应除以缠绕匝数。

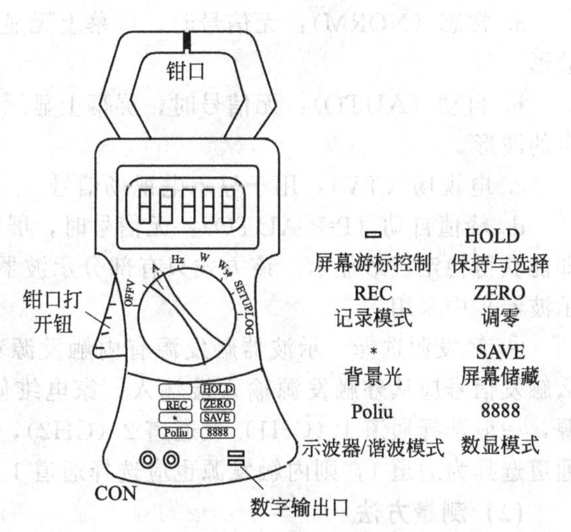


图 3-2 数字式钳形电流表外形

## 3.2.7 示波器

在维修电焊机的控制板（家电）的过程中使用示波器已十分普遍。通过示波器可以直观地观察被测电路的波形，包括形状、幅度、频率（周期）、相位，还可以对两个波形进行比较，从而迅速、准确地找到故障原因。正确、熟练地使用示波器，是初学维修人员的一项基本功。

虽然示波器的牌号、型号、品种繁多，但其基本组成和功能却大同小异，可以通过使用示波器时参照该示波器的说明书进行使用和操作。在这里简单地介绍通用示波器的使用方法，使大家有一个初步的了解和认识。

**(1) 面板各旋钮的作用**

① 亮度和聚焦旋钮　亮度调节旋钮用于调节光迹的亮度（有些示波器称为“辉度”），使用时应使亮度适当，若过亮，容易损坏示波管。聚焦调节旋钮用于调节光迹的聚焦（粗细）程度，使用时以图形清晰为佳。

② 信号输入通道　常用示波器多为双踪示波器，有两个输入通道，分别为通道 1（CH1）和通道 2（CH2），可分别接上示波器探头，再将示波器外壳接地，探针插至待测部位进行测量。

③ 通道选择键（垂直方式选择）　常用示波器有五个通道选择键：

a. CH1：通道 1 单独显示；

b. CH2：通道 2 单独显示；

c. ALT：两通道交替显示；

d. CHOP：两通道断续显示，用于扫描速度较慢时双踪显示；

e. ADD：两通道的信号叠加，维修中以选择通道 1 或通道 2 为多。

④ 垂直灵敏度调节旋钮　调节垂直偏转灵敏度，应根据输入信号的幅度调节旋钮的位置，将该旋钮指示的数值（如 0.5V/div，表示垂直方向每格幅度为 0.5V）乘以被测信号在屏幕垂直方向所占格数，即得出该被测信号的幅度。

⑤ 垂直移动调节旋钮　用于调节被测信号光迹在屏幕垂直方向的位置。

⑥ 水平扫描调节旋钮　调节水平速度，应根据输入信号的频率调节旋钮的位置，将该旋钮指示数值（如 0.5ms/div，表示水平方向每格时间为 0.5ms），乘以被测信号一个周期占有格数，即得出该信号的周期，也可以换算成频率。

⑦ 水平位置调节旋钮　用于调节被测信号光迹在屏幕水平方向的位置。

⑧ 触发方式选择　示波器通常有四种触发方式。

a. 常态（NORM）：无信号时，屏幕上无显示；有信号时，与电平控制配合显示稳定波形。

b. 自动（AUTO）：无信号时，屏幕上显示光迹；有信号时，与电平控制配合显示稳定的波形。

c. 电视场（TV）：用于显示电视场信号。

d. 峰值自动（P-P AUTO）：无信号时，屏幕上显示光迹；有信号时，无需调节电平即能获得稳定波形显示。该方式只有部分示波器（例如 CALTEK 卡尔泰克 CA8000 系列示波器）中采用。

⑨ 触发源选择　示波器触发源有内触发源和外触发源两种。如果选择外触发源，那么触发信号应从外触发源输入端输入，家电维修中很少采用这种方式。如果选择内触发源，一般选择通道 1（CH1）或通道 2（CH2），应根据输入信号通道选择，如果输入信号通道选择为通道 1，则内触发源也应选择通道 1。

**（2）测量方法**

① 幅度和频率的测量方法（以测试示波器的校准信号为例）

a. 将示波器探头插入通道 1 插孔，并将探头上的衰减置于“1”挡；

b. 将通道选择置于 CH1，耦合方式置于 DC 挡；

c. 将探头探针插入校准信号源小孔内，此时示波器屏幕出现光迹；

d. 调节垂直旋钮和水平旋钮，使屏幕显示的波形图稳定，并将垂直微调和水平微调置于校准位置；

e. 读出波形图在垂直方向所占格数，乘以垂直衰减旋钮的指示数值，得到校准信号的幅度；

f. 读出波形每个周期在水平方向所占格数，乘以水平扫描旋钮的指示数值，得到校准信号的周期（周期的倒数为频率）；

g. 一般校准信号的频率为 1kHz，幅度为 0.5V，用以校准示波器内部扫描振荡器频率，如果不正常，应调节示波器（内部）相应电位器，直至相符为止。

② 示波器应用举例（以测量图 9-4 触发脉冲电路原理图中 $VF_{12}$ 单结晶体管 e 点锯齿波脉冲为例）

$VF_{12}$ 单结晶体管 e 点信号正常是脉冲变压器 TP4 相应产生一系列脉冲信号的必要条件，因此维修时只要测量有无锯齿波信号就可以判断其好坏。步骤如下。

a. 打开示波器，调节亮度和聚焦旋钮，使屏幕上显示一条亮度适中、聚焦良好的水平亮线。

b. 按上述方法校准好示波器，然后将耦合方式置于 AC 挡。

c. 将示波器探头的接地夹夹在电路板的接地点，探针插到 $VF_{12}$ 单结晶体管 e 脚。

d. 接通焊机电源，使线路板处于工作状态。此时调节示波器垂直扫描和水平扫描旋钮，观察屏幕上是否出现稳定的锯齿波形，如果没有，一般说明直流电源±15V 电压有问题或 $C_{20}$ 电容短路或损坏。

## 3.3 电焊机修理常用工具

### 3.3.1 低压验电器

低压验电器简称电笔。有氖泡笔式、氖泡改锥式和感应（电子）笔式等。其外形如图 3-3 所示。

氖泡式验电器使用时应注意手指不要靠近笔的触电极，以免通过触电极与带电体接触造成触电。

在使用低压验电器时还要注意检验电路的电压等级，只有在 500V 以下的电路中才可以使用低压验电器。

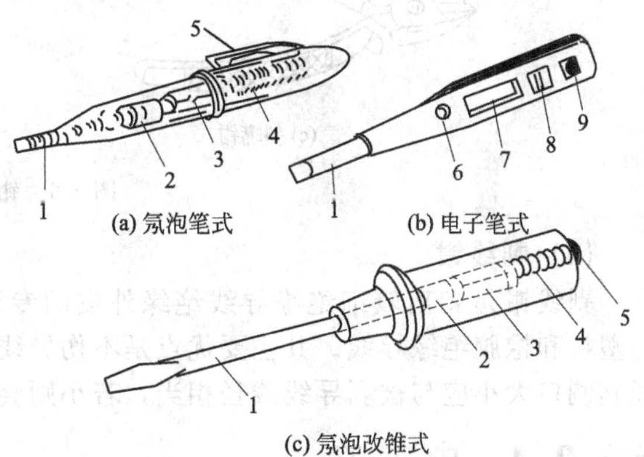


图 3-3 常用验电笔

1—触电极；2—电阻；3—氖泡；4—弹簧；5—手触极；6—指示灯；7—显示屏；8—断点测试键；9—验电测试键

### 3.3.2 螺丝刀

螺丝刀又称改锥、起子，是一种旋紧或松开螺钉的工具，如图 3-4 所示。按照头部形状可分为一字形和十字形两种，使用时应注意选用合适的规格，以小代大，可能造成螺丝刀刃口扭曲；以大代小，容易损坏电器元件。

使用注意事项如下。

① 电工不可使用金属杆直通柄顶的螺丝刀，否则易造成触电事故。

② 使用螺丝刀紧固或拆卸带电的螺钉时，手不得触及螺丝刀的金属杆，以免发生触电事故。

③ 为了避免螺丝刀的金属杆触及皮肤或临近带电体，应在金属杆上穿套绝缘管。

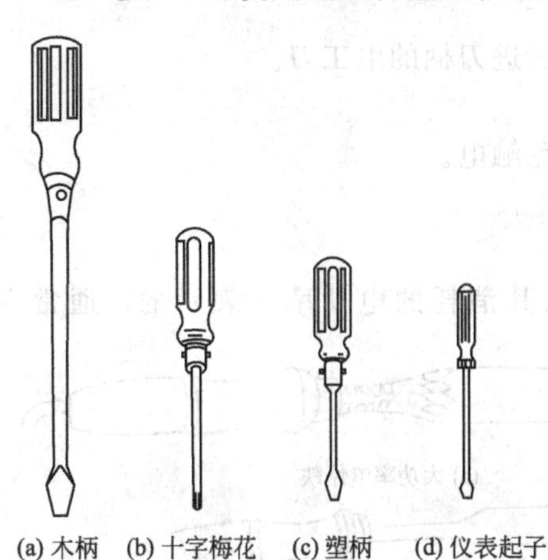


图 3-4 常用螺丝刀

### 3.3.3 钳子

钳子可分为钢丝钳（克丝钳）、尖嘴钳、圆嘴钳、斜嘴钳（偏口钳）、剥线钳等多种。几种钳子的外形图如图 3-5 所示。

**(1) 圆嘴钳和尖嘴钳**

圆嘴钳主要用于将导线弯成标准的圆环，常用于导线与接线螺丝的连接作业中，用圆嘴钳不同的部位可做出不同直径的圆环。尖嘴钳则主要用于夹持或弯折较小较细的元件或金属丝等，特别是较适用于狭窄区域的作业。

**(2) 钢丝钳**

钢丝钳可用于夹持或弯折薄片形、圆柱形金属件及切断金属丝。对于较粗较硬的金属丝，可用其铡口切断。使用钢丝钳（包括其他钳子）不要用力过猛，否则有可能将其手柄压断。

**(3) 斜嘴钳**

斜嘴钳主要用于切断较细的导线，特别适用于清除接线后多余的线头和飞刺等。

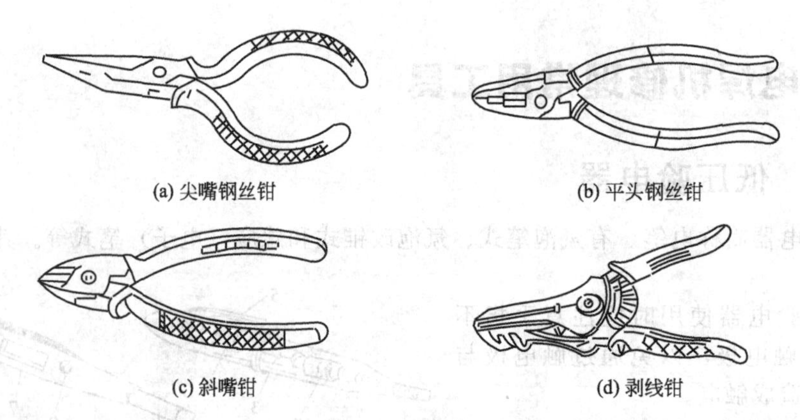


图 3-5　钳子

**(4) 剥线钳**

剥线钳是剥离较细绝缘导线绝缘外皮的专用工具，一般适用于线径在 0.6～2.2mm 的塑料和橡胶绝缘导线。其主要优点是不伤导线、切口整齐、方便快捷。使用时应注意选择其铡口大小应与被剥导线线径相当，若小则会损伤导线。

## 3.3.4　电工刀

电工刀是用来剖削电线外皮和切割电工器材的常用工具，其外形如图 3-6 所示。

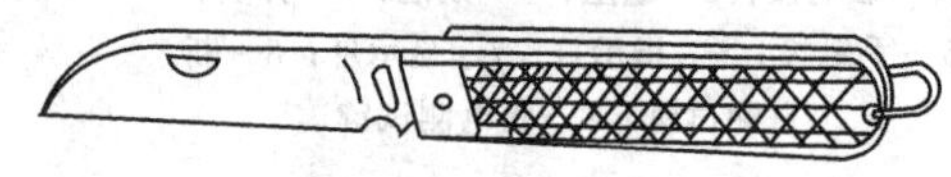

图 3-6　常用电工刀

使用电工刀进行剖削时，刀口应朝外，用毕应立即把刀身折入刀柄内。电工刀的刀柄是不绝缘的，不能在带电的导线或器材上进行剖削，以防触电。

使用注意事项如下。

① 使用电工刀时应注意避免伤手，不得传递未折进刀柄的电工刀。

② 电工刀用毕，随时将刀身折进刀柄。

③ 电工刀刀柄无绝缘保护，不能带电作业，以免触电。

## 3.3.5　电烙铁

电烙铁外形如图 3-7 所示。电烙铁的规格是以其消耗的电功率来表示的，通常在 20～500W 之间。一般在焊接较细的电线时，用 50W 左右的；焊接铜板等板材时，可选用 300W 以上的电烙铁。

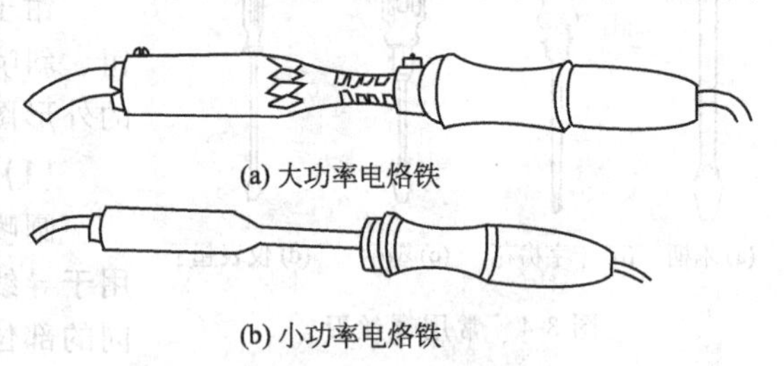


图 3-7　电烙铁

电烙铁用于锡焊时在焊接表面必须涂焊剂，才能进行焊接。常用的焊剂中，松香液适用于铜及铜合金焊件，焊锡膏适用于小焊件。氯化锌溶液可用于薄钢板焊件。焊接前应用砂布或锉刀等对焊接表面进行清洁处理，除去上面的脏物和氧化层，然后涂以焊剂。烙铁加热后，可分别在两焊点上涂上一层锡，再进行对焊。

## 3.3.6　扳手

扳手又称扳子，分活扳手和死扳手（呆扳手或傻扳手）两大类，死扳手又分单头、双头、梅花（眼镜）扳手、内六角扳手、外六角扳手多种，如图 3-8 所示。

(a) 活扳手　(b) 单头呆扳手

(c) 双头呆扳手　(d) 梅花扳手

(e) 内六角扳手　(f) 外六角扳手

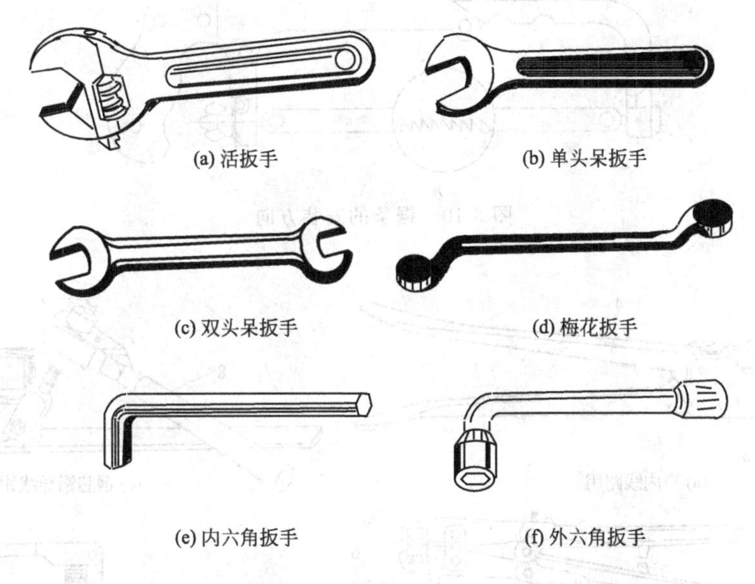

图 3-8　常用电工扳手

使用死扳手最应注意的是扳手口径应与被旋螺母（或螺母、螺杆等）的规格尺寸一致，对外六角螺母、螺帽等，小的不能用，大则容易损坏螺帽的棱角，使螺母变圆而无法使用。内六角扳手刚好相反。

使用活扳手旋动较小螺丝时，应用拇指推紧扳手的调节蜗轮，防止卡口变大打滑。

使用扳手应注意用力适当，防止用力过猛，紧固时应适可而止，否则可造成螺丝的损伤，严重时会使其螺纹损坏而失去压紧作用。

## 3.3.7　电工工具夹

用来插装螺丝刀、电工刀、验电器、钢丝钳和活络扳手等电工常用工具，分有插装三件、五件工具等各种规格，是电工操作的必备用品，如图 3-9 所示。

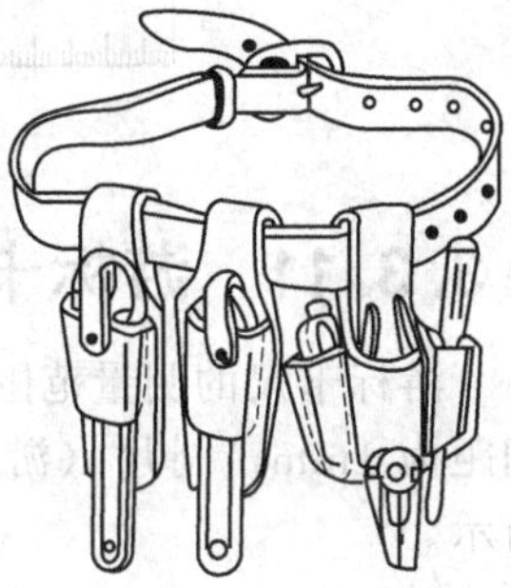

图 3-9　电工工具夹

## 3.3.8　手锯

手锯由锯弓和锯条两部分组成。通常的锯条规格为 300mm，其他还有 200mm、250mm 两种。锯条的锯齿有粗细之分，目前使用的齿距有 0.8mm、1.0mm、1.4mm、1.8mm 等几种。齿距小的细齿锯条适于加工硬材料和小尺寸工件以及薄壁钢管等。

手锯是在向前推进时进行切削的。为此，锯条安装时必须使锯齿朝前如图 3-10 所示。锯条绷紧程度要适中。过紧时会因极小的倾斜或受阻而绷断；过松时锯条产生弯曲也易折断。装好的锯条应与锯弓保持在同一中心平面内，这对保证锯缝正直和防止锯条折断都是必要的。

## 3.3.9　压接钳

压接钳是将导线与连接管压接在一起的专用工具。常用压接钳如图 3-11。

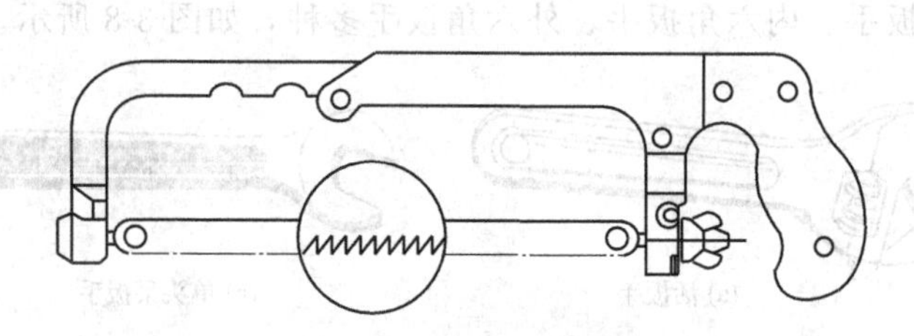

图 3-10　锯条的安装方向

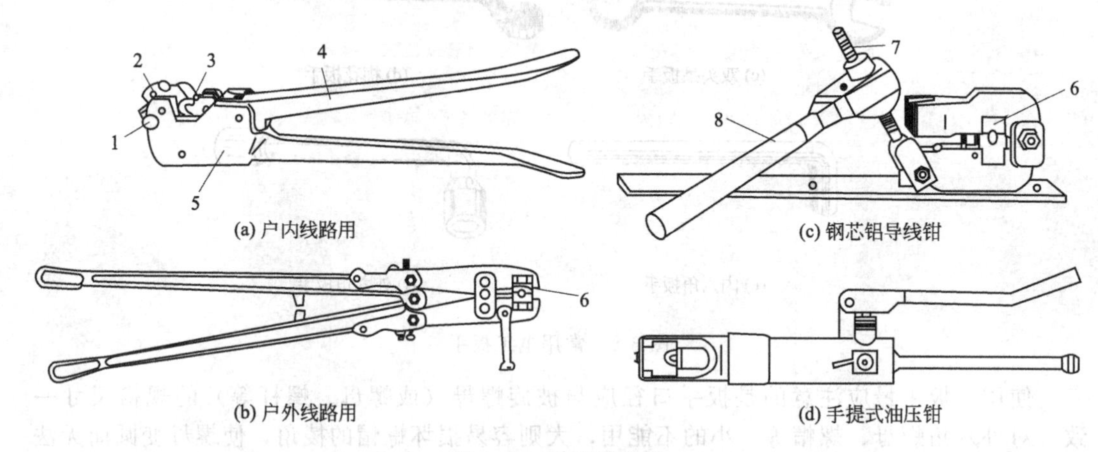


图 3-11　导线压接钳

1—定位螺钉；2—阴模；3—阳模；4—钳柄；5—钳头；6—压模；7—螺杆；8—摇柄

## 3.3.10　钢板尺

钢板尺有 150mm、300mm、500mm、1000mm 等规格，刻度为 1mm，如图 3-12 所示，用于测量精度要求不高的场合。

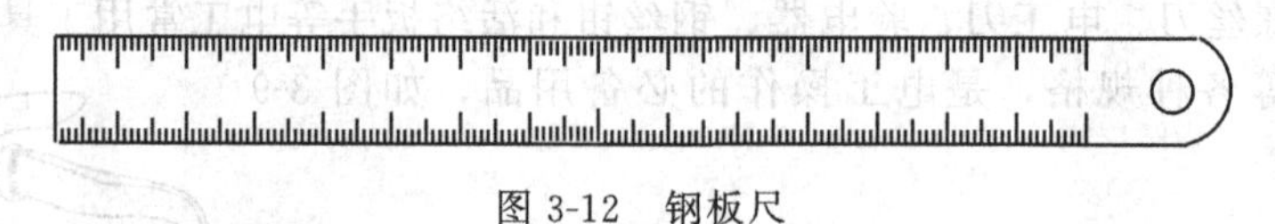

图 3-12　钢板尺

## 3.3.11　游标卡尺

游标卡尺的测量范围有 0～125mm、0～200mm、0～500mm 三种规格。主尺上刻度间距为 1mm，副尺（游标）有读数值为 0.1mm、0.05mm、0.02mm 三种，如图 3-13 所示。

## 3.3.12　其他常用工具

① 千分尺。

② 钳工常用工具还有台虎钳、手锤、各式钢锉、丝锥及板牙等。

③ 铁芯叠片工具。如铜锤、铜撞块、拨片刀等。

④ 绕线工具。如木锤、绕线模（见图 3-14)、立绕模具、导线拉紧器等。

⑤ 特殊专用工具。如电焊机在修理或制造过程中，某些特殊的工序的加工或装卸工具等。

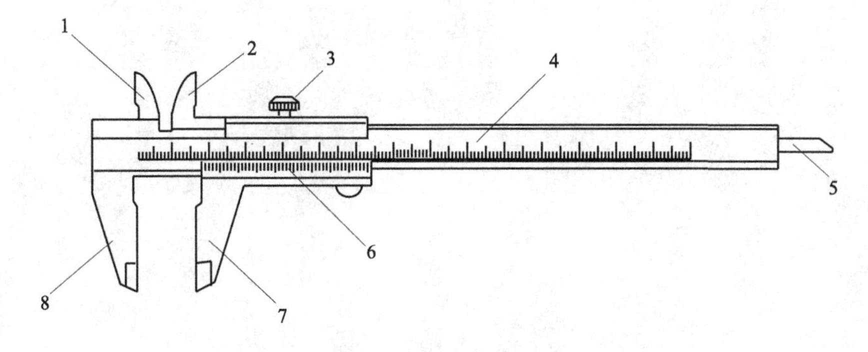


图 3-13 游标卡尺

1—固定量爪 2；2—活动量爪 2；3—紧固螺钉；4—主尺；
5—深度尺；6—副尺；7—活动量爪 1；8—固定量爪 1

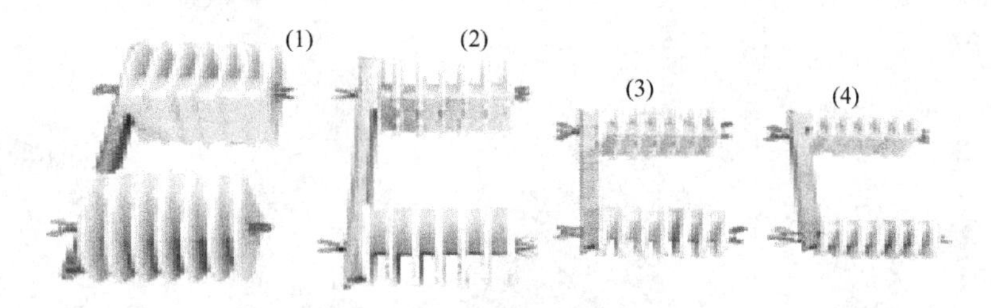


图 3-14 新型三相绕线模

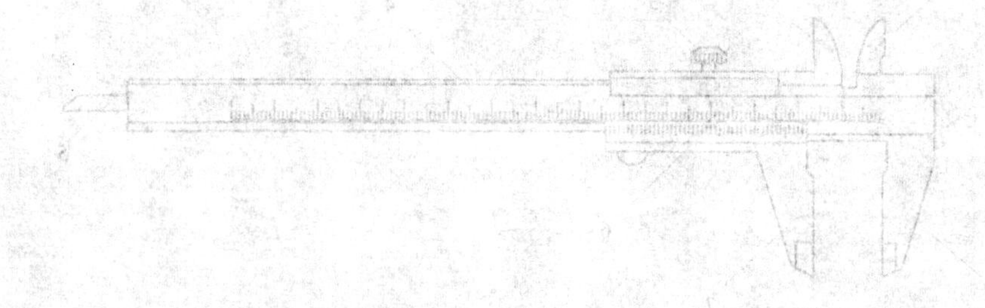

Chapter 4

# 第4章 交流电焊机的维修

手把手教你修电焊机

徒弟 师傅，第一次接到一台故障交流电焊机应如何动手进行维修？在维修电焊机前还需要做些什么准备工作？

师傅 当我们要维修一台故障焊机时，都会想应如何下手去维修？先要做什么？在维修电焊机时，首先要了解电焊机的（故障电焊机）使用环境、使用方法（即操作过程）、电气工作原理、面板上的各个指示（电压表、电流表、指示灯等）、焊材和附件的影响等问题。还有故障电焊机的原始资料的记录要完整 、准确。这些情况必须要先了解。下面就先了解一下维修电焊机前需要知道的几方面知识。

## 4.1 电焊机的使用环境影响

先来谈一下电焊机使用环境影响。一名好的电焊机维修人员在接到用户的故障报修后，除了要了解电焊机型号、规格、出厂编号以及故障现象外，还要做好维修前的记录，这对今后维修该类型的电焊机有很大帮助的，而且一定要对电焊机使用环境进行了解。

电焊机的使用环境包括地点、温度、湿度、粉尘、有害气体、是否经常移动、供电系统、有无大型用电设备或大型高频设备、是否有多台焊机一起工作、操作者的技术水平、本地维修人员的技术水平、现场管理情况等。

环境好坏会直接影响电焊机的正常使用，也是造成电焊机故障的重要因素。以使用地点来说，野外施工的条件要比在车间和厂房内恶劣得多。此时要考虑到电焊机是否被雨淋过；是否被烈日暴晒过。这两种情况都会引起电焊机中的电子元器件损坏，也会造成电焊机过热或绝缘性能下降。这一点电焊机维修人员要加以注意。在分析故障原因时，一定要考虑到这一点。

在维修多台电焊机的过程中经常发现，一台工作时间不长的电焊机，在打开外壳时里面积了厚厚的一层灰，这就是使用场所有较大的粉尘。如果这些粉尘中含有金属成分，就极容易造成电焊机内部的短路，局部打火，最后造成大的故障。这些灰尘如果不及时清理，环境湿度再大，情况就更严重。

这就要求维修人员不能只停留在修好焊机就表示完成任务，一定要将这些属于隐患的现象（环境因素）告诉用户，以免再次发生类似故障。特别是电子电路电焊机（控制板），经常发生无规律电流失控或电流不稳现象，经检查也发现不了电焊机有什么问题。在这种情况下，如果附近有高频设备在运行，就要考虑这方面的原因了，有的大功率高频设备会对近距离的电网产生污染，使输出电路中会夹带有相当大的高频电流，高频电流会破坏电焊机同步电路的正常工作，就会产生上述故障现象。电焊机的电路中虽然采取了抗干扰措施，但对于强大的干扰有时也无能为力。所以在如此恶劣的环境下要尽可能地远离该场所或采取相应保护措施，来避免干扰。

在一处施工现场（加工件都是钢结构的工程）工程量很大，使用不同的电焊机作业，即多台电焊机一起工作，此时在焊接过程中发生过断弧和飞溅问题，影响了施工质量和进度。当时不知是什么原因，后来在相关资料中看到：共用一根地线的情况会产生相互干扰，尤其是不同极性接法的几台电焊机共用一地线时会产生断弧或飞溅现象。所以在多台电焊机工作时一定要考虑此问题。

在焊接施工时，供电电源的影响，包括网压的高低、容量，这两个概念常常被混淆，焊接工人觉得电焊机电流达不到额定值，熔深不够，有断弧现象。问起来总是说："电压够高，都 390V 了"，但电焊机一工作，用万用表测量输入电源，电压只有 320V 左右。这就叫容量不够，电压高不等于容量大。造成容量不够的原因有：工作现场本来装机容量就低，输入或输出电缆截面过小，使用电缆太长，用电设备太多等。有的施工工地是使用发电机供电的，这就更应该多加考虑，一般发电机的容量都不是很大，最容易发生容量不足的现象。工地上小发电机的电压和频率都不稳定，还会对电焊机造成损害。

操作者的素质也是维护人员要了解的，电焊机不能光会使用，还要进行维护保养。有的焊工用二氧化碳焊机时，工作几十个小时也不换一个导电嘴。移动送丝机或直接拽着控制电缆，像拉小车一样，有的焊工烧 1.2 的焊丝却用 1.6 的导电嘴，说这样焊接快。在焊接作业时，每一个焊工都有自己的工作习惯。有的焊工习惯长弧焊接操作；有的习惯短弧焊接，有的习惯手工焊条焊接，有的习惯 MIG/MAG 焊，他们对电焊机的评价标准不一样，对故障现象的叙述的情况也不一样，因此在维修工作中要分别对待，分析参考。

## 4.2 电焊机的电气原理方面的知识

以下再谈谈如何学习电焊机的电气原理方面的知识。要想做一个出色的焊工及维修工，特别是电焊机维修工，既要有在长期的工作中积累丰富的经验，又要具备电焊机的电气理论知识，“实践出真知”是有道理的，但这不等于不要理论，特别是基础理论。经验再丰富的维修人员，也不能掌握所有的电焊机故障。所以，要打下扎实的技术功底，必须要懂得电焊机的电气工作原理。

对电焊机电气原理的了解，并不是要对线路板上每个电子器件都了如指掌，而是对说明书的原理框图要能看懂，关键的地方要能记住。

首先要认识电气原理图上电气符号，常见的有电阻、电容、电感、二极管、三极管、稳压管、整流管、晶闸管、各类模块、主变压器、控制变压器、继电器、交流接触器（驱动线圈和触点）常开触点、常闭触点、风机、电磁阀、保险、指示灯等。另外还要对焊机的辅助设备要了解和会使用。

还要看得懂这些器件的连接线和动作的逻辑关系；其次，就是要对原理图有一个整体的概念，从电网电压输入到焊接电流的输出，中间经过的各种控制环节有一个连贯的印象，这对分析故障发生的原因，迅速找到故障发生的位置是很有帮助的。例如，一台电焊机没有空载电压，更没有输出电流。这时就要看一看指示灯、风机等是否工作正常，如果都没有工作，那就要找供电电源（包括保险）。如果工作正常，那就要查找一下控制电路和主电路，而不是一上来就无目标地拆开电焊机外壳。

再有就是要对电焊机内部相对独立的单元电路有所了解。这些电路包括主电路、控制电路、同步电路、高频电路、触发电路、保护电路等。例如，一提到主电路就要知道由主变压器和整流器等组成的焊接回路；一提到高频电路就知道是升压变压器、高频电容、火花放电器、高频耦合线圈和高频旁路电路。还要记住一些常用的重要的控制线的连接。

下面讲两个例子来说明一些常用的重要的控制线的连接线号，在维修中对起到快速维修电焊机有着重要的意义。

如 NB 系列二氧化碳电焊机控制电缆 1 号和 6 号线是连接送丝电机的；2 号和 6 号线是接电磁阀的；3 号线是启动电焊机的；4 号线是调电压和电流的；5 号线是公共端等。

再如，等离子切割机线路上的八根线，1 号和 2 号线是 18V 的交流电源；3 号和 4 号线是开关；5 号线是 220V 的公共端；6 号线是气阀；7 号线是交流接触器的线圈；8 号线则是升压变压器的初级线圈。还有一些其他重要的控制线，但比较多，在维修中可能不能记得那么清楚，就应当做一个卡片或小笔记本随身带在身上以备用。比如，埋弧焊机的为 14 芯线控制电缆，各个线号的定义很难一下记住，这个卡片或小笔记本就显得非常有用。

总之，了解电焊机的电气原理，不论是整体还是单元，对于分析故障的原因和排除故

障是有指导意义的，也是学好维修电焊机基本功的必要基础。

下面谈一下通过电焊机（焊机面板）提示功能如何判断故障。

电焊机本身有提示的功能。比如操作面板上的各种指示灯、电压表、电流表、保险等，这些器件都是分析故障的线索。像前面提到的无电流输出的现象，就可以观察一下故障指示灯的情况，也可以观察一下电压表和电流表或者将保险取出用万用表测量一下好坏。再比如像 ZD5 系列埋弧焊电源，它的两块线路板上有许多发光二极管，它会提示缺相、不平衡、控制电源异常等故障。这些都是维修工作过程中可以利用的条件。

现场如果有多台电焊机，也可以为我们提供利用的条件。例如，$CO_2$ 焊机不送丝，问题到底出在电源上还是出在送丝机本身，这时可以利用其他正常的电焊机把送丝机调换一下使用，来判别故障。

维修人员还要知道焊材和附件对焊接的影响，这也是故障中不可忽视的问题。

焊条潮湿、焊剂潮湿或颗粒不均，焊丝生锈或直径不匀会造成焊接过程中软故障，气压过高或过低，气体成分不合适，也会给设备使用带来麻烦。导电嘴或割炬的电极喷嘴损耗过大，从宏观上看也反映为焊机或切割机的故障。

还有工件的形状、厚度、焊缝的工艺、地线点的位置、工件的材质、新旧情况等，都对电焊机的正确使用提出要求，尤其一些“软故障”——偏弧、气孔、夹渣等，更要对电焊机的使用环境认真分析，不可忽略。

**徒弟** 师傅，我们前面学习了电焊机的一些基本知识和一些维修电焊机的基本常识以及使用工具、仪表等。现在具备了维修电焊机的最基本的知识和方法，是不是就可以真正接触电焊机的维修了？

**师傅** 是的，从现在开始我们就要接触电焊机的维修了。我们要对一台故障 BX6-120 交流弧焊机进行维修，你首先要知道如何去做，都要按哪些程序进行，就像前边所讲的要注意以下几点：

① 要了解该台电焊机的使用环境；

② 要了解故障原因和性质，并做好详细的原始记录；

③ 要对电焊机的结构及工作原理进行分析；

④ 准备好检修电焊机的专业工具；

⑤ 按照检修步骤进行维修工作。

在做好前两条工作后，就要针对故障（交流）电焊机进行分析。先了解交流弧焊机的维修基本结构及工作原理。

## 4.3 交流弧焊机的结构及工作原理

在工业生产中，交流弧焊机的应用仍占很重要的地位，其数量仍占首位。交流弧焊机能够长期而广泛地应用，其主要原因是制造简单，价格便宜，效率高，耗电相对少。一台交流弧焊机所有消耗的电能仅是相同功率直流弧焊发电机的 30%～40%。交流弧焊机的效率可达 0.83～0.93，而直流弧焊发电机则为 0.3～0.6。一般手工直流弧焊发电机的空载功率损耗为 2～3kW，而交流弧焊机为 0.2kW 左右。

### 4.3.1 一般交流弧焊变压器的基本原理

在介绍交流弧焊变压器工作原理之前，首先简单介绍一下一般的交流弧焊变压器基本工作原理。图 4-1 中，$W_1$ 是一次绕组，$W_2$ 是二次绕组。$W_1$ 和 $W_2$ 绕在同一铁芯上。一次绕组将电能传给铁芯，使铁芯中产生交变磁场，然后铁芯又把磁能传给二次绕组，使二次绕组产生感应电动势，这就是交流弧焊变压器的基本原理。

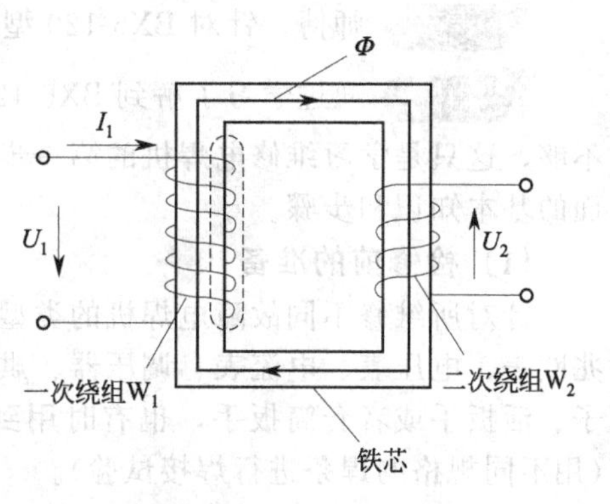

图 4-1 变压器示意图

变压器一、二次绕组感应的电动势之比等于其匝数之比，其公式为

$$\frac{E_1}{E_2}=\frac{N_1}{N_2}=K$$

式中 $K$——变压器的电压比。

$N_1$，$N_2$——一、二次绕组的匝数。

下面就以故障 BX6-120 型交流弧焊机为例进行维修和分析。先了解该电焊机的结构和工作原理。

## 4.3.2 BX6-120 型交流弧焊机的结构及工作原理

BX6-120 型交流弧焊变压器是一种结构简单、重量轻、便于移动，适合于维修工作使用的便携（手提）式电焊机。为了减轻重量，电焊机的电流调节采用抽头式有级调节方式，电焊机的负载持续率选定在10%～20%的低水平，可使铁芯、绕组用料最少。BX6-120 型交流弧焊变压器的结构、电路原理图见图 4-2 所示。

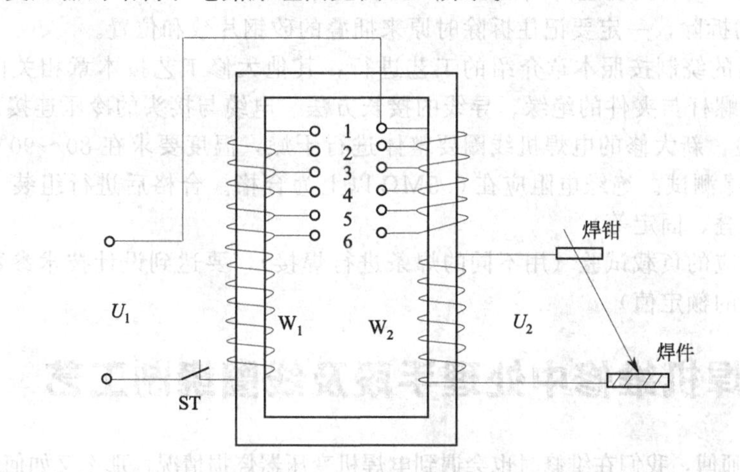

图 4-2 BX6-120 型弧焊变压器结构及电气原理图

$W_1$——一次绕组；$W_2$—二次绕组；ST—温度继电器；$U_1$——一次电压（电源 220/380V）；

$U_2$—空载电压（二次电压）；1～6—抽头调节开关的触点

由图可知，电焊机的一次绕组 $W_1$ 是由基本绕组和抽头绕组所组成的，所以，一次绕组在另一个铁芯柱上同样重复地绕制，以供抽头选择。一次绕组 $W_1$ 完整地绕在左侧铁芯柱上，约占 $W_1$ 的 2/3（设置六个抽头），而 $W_1$ 在右侧的另 1/3 部分也设置六个抽头，以便和左侧相匹配。

二次绕组 $W_2$ 绕在右侧铁芯柱上 $W_1$ 绕组外侧。

由图可见，该弧焊变压器在一次电路里串接了温度开关（温度继电器）ST，它放置在工作温度最高的地方（绕组处），当电焊机工作一段时间之后，绕组发热。当温度达到预定值时，温度开关 ST 的触点打开，切断了输入电路（电源）致使电焊机停止工作，从而防止绕组由于温升过高而烧坏，使电焊机得到保护。停一段时间，绕组热量散发之后，温度开关重新复位，又自动接通电焊机的一次电路（电源），电焊机又重新投入工作。

 师傅，针对 BX6-120 型弧焊变压器故障电焊机如何进行维修？

师傅 通过学习了解到 BX6-120 型弧焊变压器交流电焊机结构及工作原理，这还不够，这只是学习维修电焊机的第一步，要想接手维修一台电焊机还需要了解整个维修方面的基本知识和步骤。

**(1) 检修前的准备**

针对所维修不同故障电焊机的类型而准备相应的工具，仪器仪表，如电笔、万用表、兆欧表、电压表、电流表、调压器、烘干箱、试灯、绕线机、螺丝刀（十字、一字）、钳子、活扳手或者套筒扳手，也有时用到内六角扳手等。适当准备一些焊条作修后检测用(用不同规格的焊条进行焊接试验)。

**(2) 工艺制定**（检修方案）

交流电焊机在维修中是比较简单的一种。它分为两种情况。

① 一般故障（不需要大修的焊机） 如分接开关的损坏及电源开关、保险的损坏故障的查找等。此类故障比较简单只要及时更换和处理就可以了。

② 大修故障（部分绕组、全部绕组） 工艺步骤如下。

a. 做好维修前故障电焊机的原始记录，如铭牌数据、故障原因、时间地点、使用环境、分接开关（一定要做好原始的挡位标识，如一挡、二挡等分接开关位置，不能记混或记错的事情）及一、二次绕组的线径规格以及绕向等数据。

b. 矽钢片的拆除，一定要记住拆除时原来插叠的矽钢片数和位置。

c. 多匝绕组的绕制按照本章介绍的工艺进行，其他大修工艺按本章相关内容进行处理（如铁芯夹紧螺杆与夹件的绝缘、导线的接长方法、电缆与接头的冷压连接）。

d. 修后试验：新大修的电焊机线圈要整体进行干燥，温度要求在 80～90℃情况下干燥 24h。并做绝缘测试。绝缘电阻应在 0.5MΩ 以上为合格。合格后进行组装（装配包括矽钢片的恢复插叠、固定等)

装配后做相应的负载试验（用不同的焊条进行焊接），要达到设计技术参数要求（如输出电压、电流的额定值)。

## 4.4 电焊机维修中处理手段及线圈绕制工艺

徒弟 师傅，我们在维修时也会遇到电焊机变压器烧损情况，那么又如何绕制线圈？

师傅 现以电焊机的主要构件即降压变压器为例，简介电焊机修理工艺。

绕组是电焊机变压器的重要部件，也是常易损坏的部件，故绕组的固定必须牢靠。否则，绕组工作时受电场机械力及热的共同影响下，容易变形、绝缘击穿和短路。因此，在修理时必须保证绕组能长期地可靠工作；绕组的接头焊接，既要导电良好，又要连接牢固。如果接触电阻大，在大电流流过时就会发热，使接头烧毁。

综上所述，绕组的固定、绝缘质量、接头焊接质量等问题，在修理工作中要特别注意。

### 4.4.1 多匝绕组的绕制

一般电焊机变压器的一次绕组，都是多层密绕的结构形式，采用双玻璃丝包扁线绕成，如图 4-3 所示就是 BX3 系列动圈式弧焊变压器的一次绕组。其加工步骤如下。

**(1) 绕线模**

要使绕组绕制得规整，没有绕线模是不行的。绕线模的材料，可根据修理的绕组数量

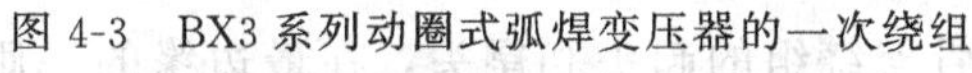

图 4-3　BX3 系列动圈式弧焊变压器的一次绕组
1—玻璃丝包扁铜线；2—撑条；3—引出线；
01——一次绕组的始端；02——一次绕组的抽头；
03——一次绕组的末端；$a$——一次绕组内孔长度；
$b$——一次绕组内孔宽度；$t$—撑条宽度；$h$—绕组高度

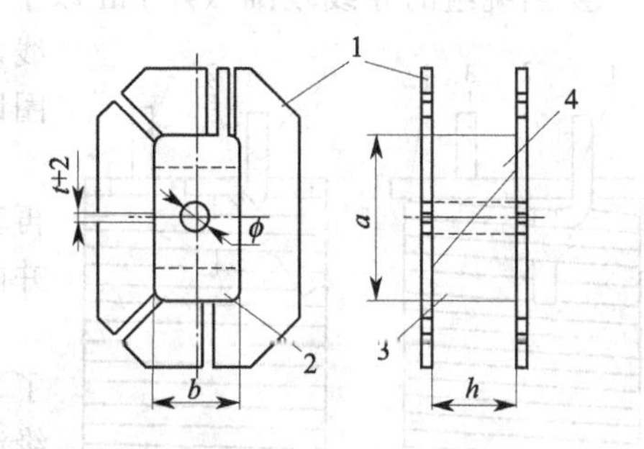

图 4-4　BX3 系列一次绕组绕线模结构示意图
1—模板；2—模芯；3—下半模芯；4—上半模芯；
$a$—模芯长度；$b$—模芯宽度；$t$—模芯宽度；
$h$—模芯高度；$\phi$—套绕线机转轴孔直径

来决定。若一次性地修理，可以用硬质的木材制作；经常使用的绕线模，应使用铝材、钢材或层压绝缘板制作。

绕线模的结构和尺寸应按绕组的图样尺寸要求来设计。它是由模芯和模板构成，见图 4-4。两块模板的间距 $h$（模芯的高度），它可以保证绕制的绕组高度，同时可挡住绕组两边的导线，使之平整。模板上根据绕组图样的要求设有若干开口和凹槽，是为了固定绕组的引出线、抽头和撑条使用。

为了卸模方便，模芯一般做成两个相同的楔形体半模芯，使用时两个半模芯对成一个整模芯（见图 4-4），要保持转轴孔（$\phi$）贯通和模芯的尺寸（$a$ 和 $h$）。

**(2) 绕组活络骨架的制作**

电焊机中的电源变压器、电抗器、磁饱和电抗器、输出变压器及控制变压器等部件都有绕组。大、中功率电焊机的绕组制作不用骨架，其与铁芯的绝缘是使用撑条。这样处理既保证了绕组与铁芯的绝缘，又有利于绕组散热。对中小功率电焊机（250A 以下）的绕组要使用骨架。电焊机厂批量生产的电焊机，其骨架都采用注塑件。在电焊机的修理或单机的试制工作中，如果注塑骨架找不到，可以自制矩形铁芯的活络骨架，制作方法如下。

① 材料可选用 0.5～2.0mm 厚的酚醛玻璃丝布板。

② 骨架的结构尺寸，是根据铁芯柱的截面积尺寸、窗口的尺寸、绕组的匝数和导线的规格来确定。

③ 骨架组件（片）的制作是先画线，再用锯和细板锉按图 4-5(a)～(c) 一一加工。

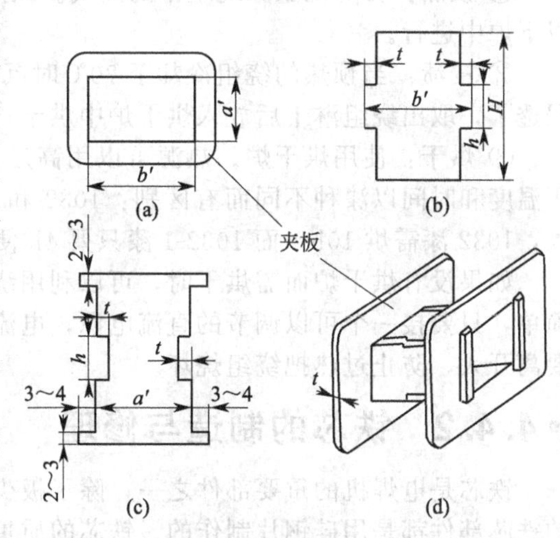


图 4-5　活络骨架的结构
$t$—夹板厚度

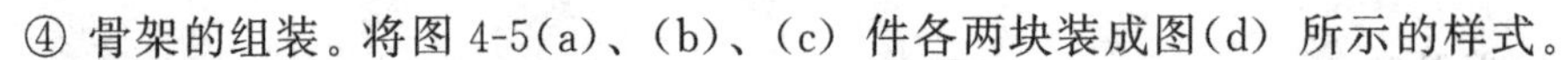

④ 骨架的组装。将图 4-5(a)、(b)、(c) 件各两块装成图(d) 所示的样式。

**(3) 绕组出线端的强固处理**

绕组的出线端头，因要接输入或输出线，接触电阻较大，温升高，又常受机械力扰动，极易产生故障。因而，绕组的引出线端常采用如下加强措施。

① 当绕组的导线较细（$\phi$2mm 以下）时，易折断，所以常用较粗的多股软线作引出线。引出线的长度要保证在绕组内的部分能占到半圈以上。导线与出线的接头可采用银钎焊。

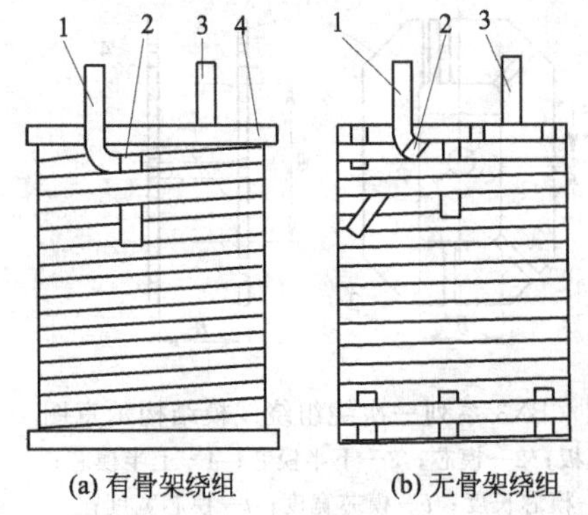


(a) 有骨架绕组　　(b) 无骨架绕组

图 4-6　扁线绕组引出线示意图

1—尾头；2—拉紧带；3—起头；4—骨架端板

② 引出线要加强绝缘，一般都采用在引出线外再套上绝缘漆管的方法。漆管的长度要大于引出线，并能把引出线与绕组导线的焊接接头也套入内。

③ 当绕组的导线较粗时，就不用另接引出线了，用绕组的导线直接引出。但是，同样应套上绝缘漆管。

④ 无骨架绕组的起头和尾头，在最边缘的一匝起点和终点折弯处，应采用从其邻近数匝线下面用绝缘布拉紧带固定，见图 4-6(b)。导线较粗时，可多设几处拉紧带固定点。

⑤ 有骨架的绕组，其起头和尾头的引出线不用固定，只在骨架一端的挡板上适当位置设穿线孔便可。有骨架绕组的引出线亦应套上绝缘漆管。

⑥ 无论有骨架或无骨架的绕组，加了绝缘漆管的引出线，将随绕组整体一并浸漆，以使绕组结构固化，绝缘加强。

**(4) 绕组的绝缘处理**

绕组绕制好以后进行绝缘漆的浸渍，使绕组有较高绝缘性能、机械强度和耐潮防腐蚀性能。

当前电焊机的绕组主要浸渍 1032 漆和 1032-1 漆，都属于 B 级绝缘。

绝缘处理的步骤为：预热、浸渍和烘干三个过程。

① 预热：目的是驱除绕组中的潮气。预热的温度应低于干燥的温度，一般应在 100℃以下炉中进行。

② 浸渍：当预热的绕组冷却至 70℃时沉浸到绝缘漆中，当漆槽液面不再有气泡时便浸透了，取出绕组淋干后放入烘干炉中烘干；再准备第二次浸漆、淋干、烘干。

③ 烘干：使用烘干炉。热源可以用高压蒸汽，或者电阻丝，或者红外线管都行。烘干温度和时间以漆种不同而有区别：1032 和 1032-1 漆，均可加热至 120℃；时间差别很大，1032 漆需烘 10h，而 1032-1 漆只要 4h 便可。

如果没有烘干炉而需烘干时，可以利用绕组自身的电阻，通电以电阻热烘干。此方法简单，只要接一个可以调节的直流电源，电流由小到大地试调，选择合适为止。加热时不要离开人，防止过热把绕组烧坏。

## 4.4.2　铁芯的制造与修理

铁芯是电焊机的重要部件之一，除了极少数的逆变器电焊机以外，绝大多数电焊机里的铁芯部件都是用硅钢片制作的。铁芯的质量主要取决于硅钢片的冲剪和叠装技术。

**(1) 剪切和冲压使用的设备**

剪切和冲压使用的设备有各种规格的剪板机，不同吨位的冲床等。使用的工具有千分尺、卡尺、钢直尺、卷尺和90°角尺等。

硅钢片的剪切方法简单，节省材料，而且可以使硅钢片的片长与轧制方向一致，这一点对冷轧有取向的硅钢片更为重要。

为了剪后的硅钢片尺寸准确、无毛刺、质量好，必须使剪床的上下刀刃的间隙合理，这一点可以用调整剪床上的调节螺栓来保证。工程上对硅钢片剪切毛刺的限制，要求小于0.05mm。

为了提高定位的精确度，一般在剪床的工作台上安装纵向或横向的定位板。为了提高剪切速度，横向的定位可以安装在活动刀架上。

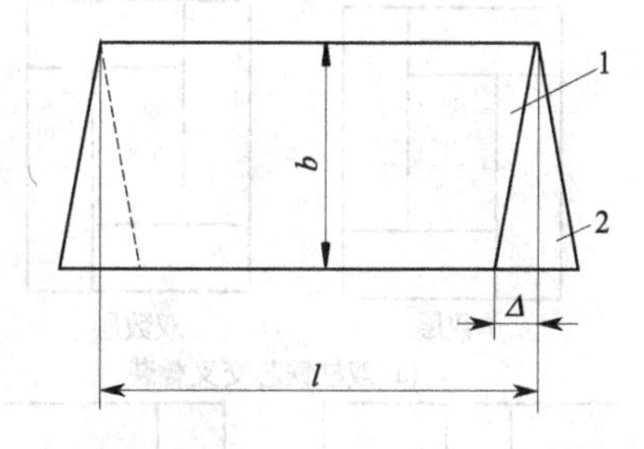

图4-7　硅钢片角度偏差示意图

1—硅钢片A；2—硅钢片B；$b$—硅钢片厚度；$l$—硅钢片长度；$\Delta$—硅钢片偏差数值

剪床剪切的首片硅钢片，要用卡尺测量角度。不符合要求时，要调整剪床的定位板或刀刃间隙，直到达到要求为止。硅钢片的长度与宽度，可以用卡尺或专用工具测量。

硅钢片的角度偏差，可取两片同样的硅钢片反向对叠比较法测量。如图4-7所示，测得的$\Delta$值越小，角度偏差越小，质量越好。

冲床冲压的硅钢片，尺寸准确、生产率高。毛刺的大小，也应控制在0.05mm以内。

**(2) 铁芯的叠装**

① 铁芯的叠装技术要求

a. 硅钢片边缘不得有毛刺。

b. 每一叠层的硅钢片片数要相等。

c. 夹件与硅钢片之间要绝缘。

d. 夹件与夹紧螺栓间要绝缘。

e. 铁芯硅钢片与夹紧螺栓间要绝缘。

f. 铁芯硅钢片的叠厚不得倾斜，应时刻检查，可以用一片硅钢片进行检查，见图4-8。

g. 要控制叠片接缝间隙在1mm以内，间隙太大会使空载电流增加。

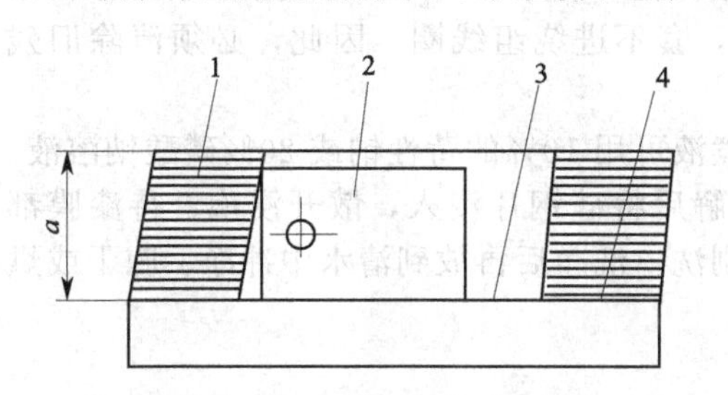

图4-8　硅钢片叠厚倾斜度

$a$—叠片厚度；1—叠起的硅钢片；2—单片硅钢片（检尺）；3—夹件绝缘板；4—夹件

② 硅钢片的叠片系数$\xi$　铁芯的硅钢片的片数是根据图样的尺寸、硅钢片厚度和叠片系数计算的，硅钢片的叠片系数与硅钢片表面绝缘层（漆膜）厚度、硅钢片的波浪性、切片质量及夹紧程度有关。叠片系数越大，一定厚度的叠片数就越多。电焊机电源变压器、电抗器铁芯硅钢片的叠片系数，可按表4-1选取。

**表4-1　电焊机用硅钢片叠片系数$\xi$**

| 序号 | 硅钢片种类及表面状况 | 硅钢片厚度/mm | 叠片系数$\xi$ |
|---|---|---|---|
| 1 | 冷轧硅钢片，表面不涂漆 | 0.35 | 0.94 |
| 2 | 热轧硅钢片，表面不涂漆 | 0.35 | 0.91 |
| 3 | 冷轧、热轧硅钢片，表面不涂漆 | 0.5 | 0.95 |
| 4 | 冷轧、热轧硅钢片，表面涂漆 | 0.5 | 0.93 |

③ 铁芯叠片方式　电焊机里的变压器、电抗器的铁芯大多数采用双柱或三柱铁芯结构。铁芯的叠装方式见图4-9。

④ 叠片工艺要点　叠片打底时可以使用一面的夹件，将夹件平放里面向上，外面向下使之垫平，如图4-8中夹件4所示。然后夹件4上面垫上一层绝缘垫片，其后绝缘垫片上面按图4-9所示的形式，一层一层地叠片。每层硅钢片的片数可取3片或4片，按着硅钢片叠装要求进行。当铁芯的片数达到要求后进行整形，装绝缘垫片，装另一面夹件，在

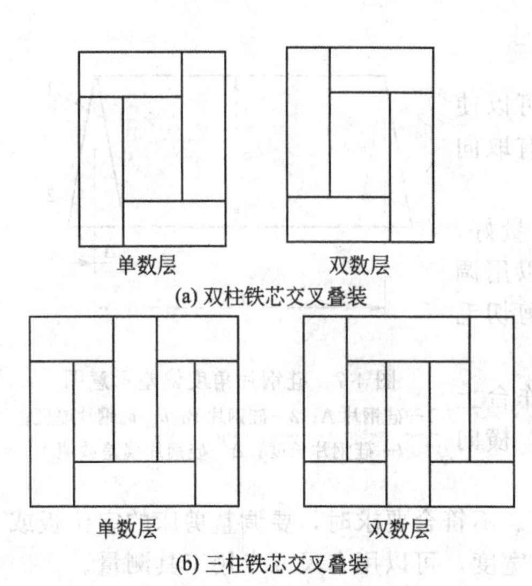


图 4-9　铁芯交叉叠片的两种形式示意图

夹件紧固过程中进行最后整形。

叠片过程中要始终注意三点。

a. 使铁芯的形状和尺寸要达到要求。

b. 使硅钢片相对缝隙要小而且均匀，不得相互叠压。

c. 铁芯组装的最后工序是防锈处理，即对铁芯硅钢片侧面的剪切口均涂防锈漆。也可以在以后绕组套装铁芯后，将变压器或电抗器整体浸漆一次，对提高电焊机的绝缘强度和防锈能力都会有所加强。

组装后的铁芯在吊运过程中，要注意防止铁芯变形。

**(3) 硅钢片上残存废绝缘漆膜的清除**

电焊机变压器硅钢片上的绝缘漆膜破坏时，必将引起铁芯涡流损耗增大，使铁芯发热。铁芯修理时，硅钢片上必须清除残漆膜，重新涂漆。若不清除硅钢片上的残漆膜就另涂新漆会使硅钢片厚度增加，叠成铁芯必然尺寸扩张，套不进绕组线圈。因此，必须清除旧残漆膜。

清除硅钢片残漆膜可采用"浸煮"法。浸煮液可用10%的苛性钠或20%磷酸钠溶液。待浸煮液加热到50℃，当其中的苛性钠全部溶解后将硅钢片浸入，散开浸泡，待漆膜都膨胀起来并开始脱落时可将硅钢片移到热水中刷洗，洗净后再放到清水中冲净、晾干或烘干，最后再涂新漆。

**(4) 硅钢片的涂漆**

修理所用硅钢片，若片数不多可用手涂刷或喷涂法，但手涂刷漆膜厚度难以控制。若需涂漆的硅钢片片数较多时，可以自制一台专用的手摇硅钢片涂漆机。硅钢片的涂漆工艺及技术要求列于表 4-2。

**表 4-2　硅钢片的涂漆工艺及要求**

| 漆标号 / 工艺要求 | 1611 号 | 1030 号 |
|---|---|---|
| 稀释剂 | 松节油 | 苯或纯净汽油 |
| 黏度 | 用 4 号黏度计，于 20℃±1℃时为 50～70Pa·s | 用 4 号黏度计，于 20℃±1℃时为 0～50Pa·s |
| 干燥温度 | 200℃ | ±105℃ |
| 干燥时间 | 12～15min | 2h |
| 漆膜厚度 | 两面厚度之和为 0.01～0.15mm | 两面厚度之和为 0.01～0.15mm |
| 技术要求 | ①漆中不应有杂质和不溶解的粒子<br>②漆膜干燥后应光滑、平整，有光泽，无皱纹、烤焦点、空白点、漆包、气泡等 | |

## 4.4.3　铁芯夹紧螺杆与夹件的绝缘

变压器或电焊机的铁芯，是由夹件、绝缘板、硅钢片等用螺栓夹紧的。螺栓的螺杆与铁芯、铁芯与夹件、夹件与螺栓之间都互相绝缘，不然，在变压器工作时螺杆中会产生涡流而发热，时间长了能将螺杆烧红，影响变压器或电焊机的质量。

## 4.4.4　导线的接长方法

绕组的绕制过程中导线的长度不够时，需用同规格的导线与其接起来，其连接手段因导线材质不同可选用不同焊接方法。

**(1) 铜导线的焊接方法**

铜导线的焊接方法很多，可根据条件选择。

① 氧乙炔焰气焊法　该方法简便，应用普遍，设备投资少，焊接接头质量好。

设备及工具：氧气瓶一个，乙炔气瓶一个，气焊炬一把，氧气表一个，乙炔表一个。

焊丝及焊剂：焊丝可选购 HSCu 纯铜焊丝，或使用铜导线的一段，用 CJ301 铜气焊熔剂，或直接使用脱水硼砂。

接头形式应选用对接接头，使用中性火焰。因为纯铜导热性好，焊接必须使用较大的焊炬和喷嘴，用较大的火焰功率。焊后应将接头锉光滑，进行绝缘包扎。

② 钎焊法　钎焊也是一种简便的焊接方法，焊接接头良好，设备投资少。

钎料和钎剂；铜导线的连接常用的钎料有两种：银钎料可使用 BAg72Cu，这是导电性最好的一种；配用 QJ-102 钎剂。铜磷钎料可选 HLAgCu70-5，这也是此类钎料中导电性能最好的一种，可以配用硼砂钎剂。

热源：热源较为广泛，可以使用氧乙炔中性焰、氧液化气焰、煤油喷灯或电阻接触加热。

接头形式：钎焊是非熔化焊接，所以接头要采用搭接。

导线钎焊后，应将接头锉光滑，包扎绝缘。

③ 电阻对焊法　电阻对焊法也是铜导线连接常用的一种方法。焊接时，将待焊的导线两端除去绝缘层，使导线露出裸铜，端面要锉平。然后将欲焊导线分别装夹在电焊机的两个夹具上，端面接触对正。调好电焊机的有关焊接参数，进行电阻对焊。

这种方法，操作简便，焊接速度快，接头质量好，不用填充材料和焊剂，成本低；但是需要有一台对电焊机（UN-10 型或 UN-16 型）。

焊后，卸下焊件，将接头边缘用锉修好，包扎绝缘便可。

④ 手工钨极直流氩弧焊　铜导线对接，使用手工钨极直流氩弧焊接是焊接质量最好的方法。

设备和工具：手工钨极直流氩弧电焊机（120A 或 200A）一台；工业用纯度为 99.9%的氩气一瓶；氩气减压阀流量计一个；头戴式电焊防护帽一个。

填充材料可用待焊导线的一段。根据导线截面的大小，调好电焊机的规范参数，将接头焊好，焊后接头稍作修整便可包扎绝缘应用。

**(2) 铝线的焊接方法**

铝线因熔点低较铜线难焊，但也有几种成功的方法供选用。

① 氧乙炔焰气焊法　火焰使用氧乙炔中性焰。

填充材料可使用待焊铝导线上的一段，或用 $\phi2 \sim 5mm$ 的纯铝线。可选购 CJ401 铝气焊熔剂。也可以用氯化钾 50%、氯化钠（食盐）28%、氯化锂 14%、氯化钠 8%的材料自己配制。

焊前应先将填充焊丝在 5%的氢氧化钠水溶液（70～80℃）中浸泡 20min，以去除其表面的氧化膜，然后用冷水冲净、晾干、备用，最好当天用完。

② 手工交流钨极氩弧焊　铝导线的手工交流钨极氩弧焊是焊接接头质量最好的一种焊接方法。

设备及工艺：NSA-120 手工钨极交流氩弧电焊机一台；工业用纯度为 99.9%的氩气一瓶；流量和压力一体式减压阀一个；头戴式电焊防护帽一个。

填充材料：$\phi2 \sim 4mm$ 纯铝线或使用被焊铝导线的一段。

焊接时，铝导线端部的绝缘物要去掉，裸铝线表面的氧化物要用 5%苛性钠溶液清洗。焊厚度 2mm 的导线参考工艺参数：钨极直径 $\phi$2mm；电流 80A 左右；喷嘴直径 6mm；氩气流量 10L/min。焊后对接头进行修整并包扎绝缘。

③ 钎焊法　铝导线的钎焊接头要用搭接形式。

钎料：用 99.99%的纯锌，取片状。

钎剂：用氯化锌 88%、氯化铵 10%、氟化钠 2%材料，以蒸馏水或酒精调和，呈白色糊状即可备用，要现用现调。

焊时要将锌片涂上钎剂放置在导线搭接处中间。通过电阻接触加热，加热到 420℃时钎料熔化、流动并填满搭接接触面，待钎料发亮光时立即切断电源。整个焊接过程不要超过 5min，时间长了不利于焊接。

焊后要对接头修整，清洗掉钎剂的残渣，包扎好绝缘便可。

### 4.4.5　大截面的铜导线缺损的焊补

大容量的交流弧焊变压器，二次绕组截面积较大，当绕组导线烧损出现缺肉（输出端易发生）时，可以进行焊补，把缺肉处焊满填平。可以选用以下的焊接方法焊补：

① 手工钨极直流氩弧焊；

② 氧乙炔焰气焊；

③ 银钎料钎焊。

### 4.4.6　电缆与接头的冷压连接

电焊机内部的连接电缆，电缆与端头或电缆与铜套的连接，均应采用机械压接结合。这种方法不用焊接，不使用焊剂，所以电缆不会受到腐蚀。加工完的连接电缆，干净整洁，故被广泛采用。

压接时，先将电缆的外部绝缘层剥除，使导线端部裸露出来，将接头的套筒套在其上，然后套筒放入钳口内对应模具的位置，加压使上下压模闭合，导线与接头套筒被压缩到模具的固定位置而连接起来，压实后卸去压力，使模具钳口张开，取出压好的导线接头，一个完好电缆接头就做好了。

**徒弟**　师傅，刚才通过一个电焊机的维修（大修）过程学到了以前没有学到的知识。会使用各种工具和学会制定维修方案，并且掌握了一些大修故障的（部分绕组、全部绕组）工艺步骤等。但是对不同的电焊机故障又如何进行维修呢？

**师傅**　是的，通过对电焊机的理论学习和对大修电焊机实际检修，你掌握了一定的维修方法和维修经验。但对电焊机不同的故障还需要通过大量的维修实例，才能够掌握更多的维修经验和知识。下面通过几个具体的电焊机故障来加深理解交流电焊机的理论和维修知识，这对今后的学习和处理故障有很大帮助。

## 4.5　交流电焊机的故障维修实例

**(1) 故障实例 1**

① 故障现象　有一台在用的交流电焊机没有及时在大雨天罩上防雨设施，使该交流弧焊变压器受大雨的淋湿（绕组）而不能正常使用，有什么方法可以使电焊机恢复正常使用？

② 故障分析及处理　交流弧焊变压器因受大雨的淋湿（绕组）可有以下几种方法进行干燥处理。

a. 自然干燥法：对于被淋湿但受潮不严重的电焊机可采用此方法。此方法简单、经济。将受潮的交流电焊机机壳打开，置于干燥通风处，晾晒2～3日就可以了。但是，在重新使用前一定要进行绝缘测试，合格后方可使用。

b. 炉中烘干法：将受潮交流电焊机放置在大型的烘炉中加温烘烤，在80～90℃温度下烘烤2～3h便可。但要注意烘烤前要将电焊机上的不耐温的电气元件拆下来，待电焊机烘烤完毕冷却后再装上去。也要在烘干后保证绝缘合格方可使用。

c. 烘干干燥法：对于被淋湿但受潮严重的电焊机。将电焊机置于板式电热器（1～2kW）焦炭炉上方200～300mm处烤3～5h（要注意看护被烘烤弧焊变压器），也可以用电热风机进行吹干，但此法需要边吹边检查电焊机的绝缘情况，隔一段时间进行一次绝缘测试，直至绝缘良好，便可使用。

d. 通电干燥法：可选用一台直流弧焊发电机作电源，将被干燥的交流电焊机作负载，将电源接入负载的二次输出端，合上电源开关，将直流弧焊发电机的电流调节在50～100A左右，电流由小到大缓慢增加，通电约1h便可。这是利用电流的热效应使交流电焊机自身发热干燥。

交流电焊机干燥以后，应使用500V的兆欧表检测电焊机的绝缘状况。一次绕组对地绝缘电阻不应低于5.0MΩ；二次绕组对地绝缘电阻不应低于2.5MΩ。

以上两项检查都合格后，该电焊机便可放心地使用了。如果检查绝缘不合格，说明电焊机干燥不彻底，绝缘物中仍有残留潮气，仍需继续干燥处理，直至绝缘检查合格为止。

**（2）故障实例2**

① 故障现象　为了加工设备赶任务，电焊机在连续使用不久就打不着火了，过一会儿又好用了，总是这样时好时坏的，影响了施工进度。

② 故障分析　根据抽头式交流弧焊变压器的结构和电气工作原理知道，在一次电路里串接了温度开关（温度继电器）ST，它是放置在工作温度最高的地方（绕组处），当电焊机工作一段时间之后，绕组发热，当温度达到预定值时，温度开关ST的触点打开，切断了输入电路，致使交流电焊机停止工作，从而防止绕组由于温升过高而烧坏，使电焊机得到保护。停一段时间，绕组热量散发之后，温度开关复位，又自行接通电焊机的一次电路，电焊机重新投入工作。

③ 处理方法　该故障并非交流弧焊机真有故障，它是抽头式交流电焊机工作过程中的正常现象，根据抽头式交流弧焊机的标准规定，电焊机厂家在设计中必须装设该热保护装置。在使用时该电焊机稍冷降温之后便可正常使用了。

**（3）故障实例3**

① 故障现象　有一台抽头式交流弧焊变压器，在施工现场使用中一次、二次绕组接线都没有问题，就是焊接时打不着火，只是有火花而不起弧，通过检测电焊机进线电源电压只有160～170V左右。

② 故障分析　在我国电焊机设计都考虑到了电网电压的波动，即电网波动在+5%～-10%范围内电焊机才能正常使用。现在电网电压向下波动，波动频率为

$$\frac{160-220}{220}\times 100\% = -27\%$$

$$\frac{170-220}{220}\times 100\% = -22.7\%$$

BX6-120型交流弧焊变压器的空载额定电压是50V，在电网-22.7%～-27%的波动下才有36.5～38.65V，这么低的空载电压显然是打不着电弧的，只能打火花。因此，上述交流电焊机本身无故障，打不着电弧是电网电压太低的缘故。

③ 处理方法

a. 躲过电网用电高峰期再使用。

b. 如果工作任务紧确需要时，可用一个调压器（或稳压器）来保证其施工进度。

**(4) 故障实例 4**

① 故障现象　抽头式交流弧焊变压器在焊接过程中冒烟烧了，但在开机检查后发现两个变压器芯柱中只有一个绕组烧了，而另一个绕组仍完好（绝缘良好），没有一点过热现象。

② 故障分析　由图 4-10 可知，焊机的一次绕组 $W_1$ 是由基本绕组和抽头绕组所组成的，所以，一次绕组在另一个铁芯柱上同样重复地绕制，以供抽头选择。一次绕组 $W_1$ 完整地绕在左侧铁芯柱上。约占 $W_1$ 的 2/3（设置六个抽头），而 $W_1$ 在右侧的另 1/3 部分也设置六个抽头，以便和左侧相匹配。

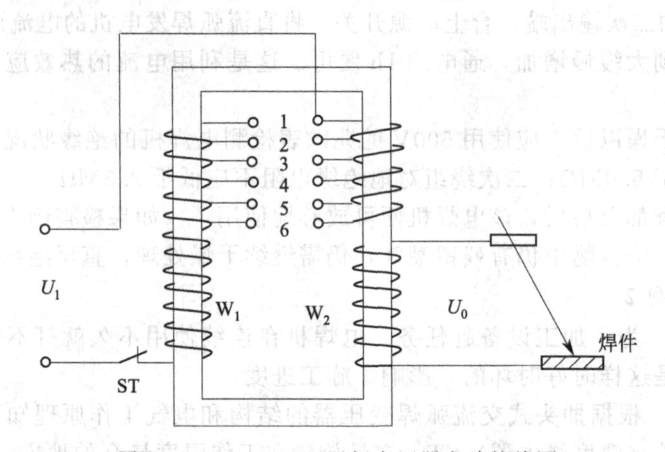


图 4-10　BX6-120 型弧焊变压器电路接线图

二次绕组 $W_2$ 绕在右侧芯柱上 $W_1$ 绕组外侧。

根据焊机烧毁的那组绕组是右侧芯柱上的一次、二次绕组绕在一起的。而左侧的一次绕组 $W_1$ 完好无损。所以，根据上述故障情况，要对右侧绕组进行大修。

③ 故障处理

a. 修复电焊机要作好原始记录（如绕向、匝数、导线的截面、规格）。

b. 计算铜导线的实际需要量进行备线。仿照原绕组，做胎具（按绕组的制作方法进行）进行绕制并干燥处理。维修工艺参照本书第二章相关内容进行处理。

c. 接线按该图进行。按原结构恢复（安装）好后并进行试验，符合绝缘标准（0.5MΩ 以上）。

**(5) 故障实例 5**

① 故障现象　某单位在施工现场使用的一台 BX3-300 型电焊机，因故障不能正常施工作业。所以从其他工地拉来一台新的 BX6-120 型弧焊变压器应急使用。当焊机接好后合上电源开关，此时作业过程中发现焊接电流特别大，同时焊机伴有焦味。现场人员就立即停掉电源，不敢使用。此时的问题可能为使用方法不当或接错线。

② 故障分析　我国生产的交流焊机一般一次输入电压为 380V，而使用便携式电焊机（BX6-120）的一次电源电压为 220V（380/220V 两用）。

此次故障明显是出在电源上。在使用前没有弄清楚便携式电焊机（BX6-120）的一次电源电压为 220V（380/220V 两用），就接电源通电。另外，电焊机如果不是本身存在内部短路故障的话，可以肯定电焊机一次电压为 220V 的（属于常规的 220V）接到了 380V

的电源上。此时，电焊机的空载电压、电流都提高了1.73倍，所以起弧电流很大，焊机过载而产生焦味，如果BX6-120内部的温度开关不灵敏的话，很快就会造成电焊机烧损事故。

③ 故障处理　打开机壳，检查绕组及绝缘状况，如果其绝缘电阻在0.5MΩ以上就可以再使用。经检查一次与二次绕组之间的绝缘电阻都在3.0MΩ以上，所以绝缘合格，可以再送电工作（施工）。

**（6）故障实例6**

① 故障现象　一个薄板加工单位，有几十台BX6-120型弧焊变压器，但在多年使用中发现该电焊机的故障多数出在分挡开关上，经常进行更换和维修。该焊机是使用不当还是设计有缺陷问题，如何才能减少和避免开关的故障？

② 故障分析　便携式的BX6-120型弧焊变压器，在设计上为了轻便和结构简单，采用了一次绕组为抽头电流调节方式，使用多级旋转拨动的分挡转换开关进行抽头选择。电焊机一般抽头最少为6挡设置。

现在，这种BX6-120型弧焊变压器应用比较广泛，在维修中该电焊机的分挡转换开关确实故障较多，这是因为设计虽然符合国家设计规范，但配套用的分挡开关质量并未完全过关，开关接头质量不高，使分挡开关过早损坏，另一方面是很多施工人员（焊工）缺乏经验，在使用这种焊机时以为和一般电焊机一样，可以“边焊接边调节电流”，对一般电焊机（抽头式除外）这样做是可以的，而对于分挡抽头式的小容量电焊机，这样边焊接边调节电流的有载调节是绝对不允许的。在有载调节时，分挡开关转换时转刀与刀夹之间便会立即产生电弧，因此，很容易将转换开关烧坏。

③ 故障处理

a. BX6-120型弧焊变压器的分挡开关烧坏了一般是不能修复的，要及时更换新的开关。不要明知有故障和问题还继续带“病”焊接。而且，要注意分接开关（每组接头）的各个线头标号。不要在更换时接错挡位。如果是转换开关接线螺丝扣松动造成打火而无法焊接时，若烧损不严重可以进行修复的，可以重新拧紧螺丝把线头拧紧即可。

b. 要想减少和避免开关的故障经常发生，就要规范焊接人员严格遵守贯彻执行使用操作规范及制度。严禁弧焊变压器在负载（焊接）时换挡调节电流。要有严格的规章制度规范员工，对不严格执行操作规范而损坏的要奖惩分明。

**（7）故障实例7**

① 故障现象　在三台故障电焊机中，其中一台BX6-120型弧焊变压器电焊机烧了，当开机检查时发现只是变压器的一、二次绕组绕在一起的那个绕组已烧毁，铁芯和另一个绕组仍完好无损。此时修理绕组匝数应如何估算？导线截面应如何选择？

② 故障分析　BX6-120型弧焊变压器的电路接线图如图4-11所示。由图可知，焊机的一次绕组$W_1$是由一次基本绕组$W_1'$和一次抽头绕组$W_1''$（$W_1''=W_a+W_b+W_c$）所组成，所以，一次绕组$W_1=W_1'+W_1''$；$W_1''$在另一个铁芯柱上同样重复地绕制，以供抽头选择。

一次绕组$W_1$（$W_1'+W_1''$）完整地绕在左侧铁芯柱上。$W_1''$约占$W_1$的2/3，而$W_1$的另1/3部分$W_1''$设置4个（或6个）抽头。在铁芯柱的右侧也绕有的$W_1''$，它与左侧铁芯柱上$W_1''$相对应，右侧的$W_1''$也有4个（或6个）抽头，以便与左侧相匹配。

二次绕组$W_2$绕在右侧铁芯柱上$W_1''$的外侧。

上述焊机烧毁的那个绕组是一、二次绕组绕在一起的，正是图3-4中右侧铁芯柱上的那个，即绕组$W_2$和其上的$W_1''$都烧毁了，而左侧的一次绕组完好。所以，稍有条件的单位完全可以自己进行处理。

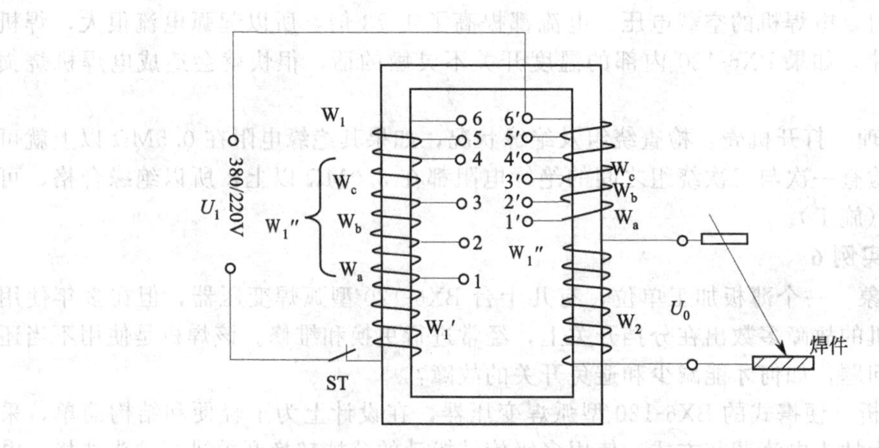


图 4-11 BX6-120 型弧焊变压器电路接线图

ST—温度继电器；$W_1'$—一次基本绕组；$W_1''$—抽头绕组总和；
$W_a$,$W_b$,$W_c$—抽头绕组；$W_2$—二次绕组；$W_1$—一次绕组

③ 故障排除方法　该焊机的修理过程大致需要三步。

首先，要计算该焊机右侧铁芯柱上的绕组：$W_1''$、$W_a$、$W_b$、$W_c$ 及 $W_2$ 的匝数和选择 $W_1''$、$W_2$ 的导线截面积；然后，根据右侧铁芯柱的截面和铁芯窗口设计右侧绕组的结构；最后，绕制右侧绕组包（$W_1''$和 $W_2$ 绕在一起的复合绕组）和组装焊机。

该焊机的绕组匝数可用试验一计算法得到。

a. 一次绕组加试验电压。将焊机的一次电压（220V）加至 6 与 4 两端，测绕组 $W_1'$、$W_a$、$W_b$、$W_c$ 上的电压，可得 $U_1'$、$U_a$、$U_b$、$U_c$。

b. 查 $W_c$ 绕组的实际匝数 $N_c$。$W_c$ 是 $W_1$ 的末级抽头，绕在左侧绕组的最外层，匝数很容易查清，记下数据。

c. 计算一次绕组 $W_1$ 各段的匝数：

$$N_1'=\frac{U_1'}{U_c}N_c\text{（匝）}$$

$$N_a=\frac{U_a}{U_c}N_c\text{（匝）}$$

$$N_b=\frac{U_b}{U_c}N_c\text{（匝）}$$

式中，$N_1'$、$N_a$、$N_b$ 分别为绕组 $W_1'$、$W_a$、$W_b$的匝数。

于是，被烧毁的右侧铁芯柱上的一次抽头绕组 $W_1''$匝数为：

$$N_1''=N_a+N_b+N_c$$

一次绕组的总匝数：

$$N_1=N_1'+N_1''$$

d. 计算二次绕组的匝数。按变压比的关系可计算出二次绕组的匝数：

$$N_2=\frac{U_0}{U_1}N_1\text{（匝）}$$

式中　$U_0$——焊机的空载电压（可以从焊机的标牌上或说明书中查到），V；

　　　$U_1$——焊机的一次额定电压，V。

修复焊机的其他工作如下。

a. 选择绕组导线的截面、规格。可以从已烧毁的绕组中测得 $W_1''$和 $W_2$ 导线的截面和确定其规格。

b. 计算铜导线的实际需要量。按 $N_1{}'$和 $N_2$ 绕组的匝数、截面和铁芯尺寸以及绕组结构，计算铜线的需要量，以便备线。

c. 绕组的结构。仿造原绕组，适当改进散热条件予以确定。

d. 绕组的制作方法。参考第 2 章有关内容。

e. 变压器安装。按原结构装好，接线按图 4-11 连接。

f. 测量。测绕组绝缘电阻、电焊机空载电压均符合要求时，修理完毕。

**(8) 故障实例 8**

① 故障现象　有一个设备加工厂，为了使用方便，想将一台 BX6-120 型弧焊变压器（一次电压是 220V，使用正常）改成 220/380V 两用式的，是否可以？应该怎样改制？

② 故障分析　BX6-120 型弧焊变压器，将其一次电压 220V 改为 220/380V 两用电压，从理论上看是完全可以的。但是，是否可行，还要从弧焊变压器实际结构上来看，铁芯的窗口是否有足够的空间间隙来容纳改后电焊机所需增加的一次绕组的匝数，还要看机壳内能否有空间容纳得下结构变大了的变压器，才能得到最后的确认。

假如上述电焊机变压器铁芯窗口和机壳均有足够的空间，则电焊机的改进便可进行。

由于 380V 电压是 220V 电压的$\sqrt{3}$（1.73）倍，所以，欲改造的焊机一次绕组匝数必须增大 1.73 倍，才能使焊机在 380V 时保持同样的电流和磁通密度，达到原来的工作状态。

③ 故障排除方法　焊机的改造方法可按以下步骤进行。

a. 用试验方法求出每匝绕组的伏数。打开焊机机壳，在变压器铁芯柱上用导线绕 10 匝（便于测量）作试验绕组（$W_s$）。焊机的输入端接上额定一次电压 220V，测 $W_s$ 的两端电压 $U_s$，取 $0.1U_s$（V/匝）即为该焊机变压器的每匝伏数。

实验过后拆除 $W_s$。

b. 计算一次绕组的匝数 $N_1$：

$$N_1=\frac{220}{0.1U_s}\text{（匝）}$$

c. 计算一次绕组改造时应增匝数 $N_1{}'$：

$$N_1{}'=\frac{380}{0.1U_s}-N_1\text{（匝）}$$

d. 增加的一次绕组导线截面积，可以选用与原一次绕组导线的等截面，或者取比其稍小一个线号的线。

e. 将变压器上部磁轭拆开，把左侧铁芯柱上的绕组取下来，在该绕组的外层对应铁芯窗口的空隙处绕上一次绕组的增加匝数 $N_1{}'$。绕组的绕法，参考第 2 章有关内容。

f. 绕完 $N_1{}'$匝数的绕组浸绝缘漆，进行干燥。

g. 增匝的一次绕组套在铁芯左芯柱上，按原铁芯插好磁轭的硅钢片，装好变压器。

h. 弧焊变压器按图 4-12 接好电路。

i. 测试调节在各抽头位置时两种电网电压（220V 和 380V）下的空载电压。

j. 焊机试焊合格后，改造完毕。

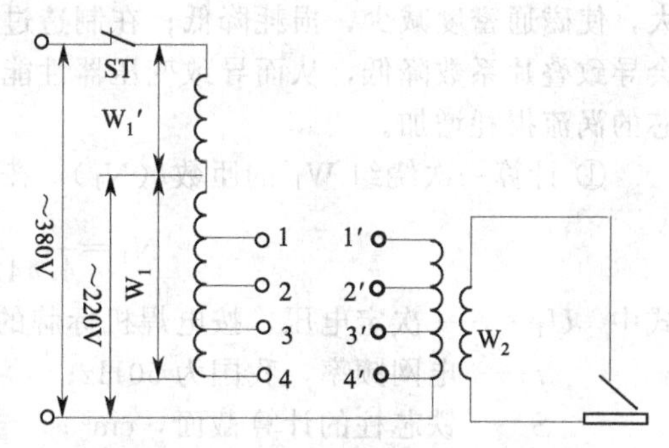

图 4-12　220V 的 BX6-120 型弧焊变压器改成 220/380V 两用电源的电路图

**(9) 故障实例 9**

① 故障现象　有一台 BX6-120 型弧焊变压器绕组烧坏了，经自修后测试，发现电焊机

的空载电压比原焊机铭牌上的电压低了4～5V，不知什么原因？应怎样处理？

② 故障分析　该电焊机经过大修，重新绕制绕组，修好后测试，电焊机空载电压比规定的低了4～5V，这说明电焊机变压器的一、二次绕组虽然仍按原来的布置，但绕组的匝数绕错了，使变压器变比改变所致。因为弧焊变压器也遵循一次、二次电压比等于它的一次、二次绕组匝数比这个基本规律。

该焊机的空载电压低了，可能的原因是：

a. 二次绕组匝数漏绕了。

b. 一次绕组匝数绕多了。

c. 上述两条原因兼而有之。

弧焊机空载电压的高低，直接影响着引弧和电弧燃烧的稳定及电流的大小。在电焊机大修后空载电压比标定值低了4～5V，这就更达不到小型电焊机的空载电压（50V）的水平。本来该种电焊机二次输出电压就很低，所以该电焊机引弧肯定达不到原先水平，焊接电流也将变小一些。如遇到电网电压向下波动时，此时引弧会更困难。

③ 故障排除方法　第一种方法：要想彻底根治，应对焊机重新调整变比。

a. 将一次绕组减去若干匝，要用电压表测试，边减匝数边测试，达到目的为止。

b. 将二次绕组增加几匝，也要试验增加。

比较两种方法，还是a法要容易些。

第二种方法：配备一台10kV·A的调压器，将电焊机的一次电压通过调压器提高，使电焊机的空载电压提高到额定值时再用。这种方法在已有调压器的单位较适用，若特意购置调压器将得不偿失。所以建议还是用第一种方法解决为好。

**（10）故障实例10**

故障现象：一台手提式弧焊机铭牌显示为BX6-120，此时弧焊变压器的铁芯完好无损，绕组的线圈已经无法确定其匝数了，想把该电焊机修复好，应怎样配上绕组？

手提式弧焊机（BX6-120）的绕组设计及焊机修复可按下列方法进行。

实测变压器铁芯柱的横截面积（$S'$），将铁芯夹件螺栓拧紧，使铁芯夹实，测量铁芯柱的宽度（$b$）、厚度（$L$），则

$$S'=bL$$

铁芯叠片厚度 是工程的实际尺寸，用于计算时，还要乘以硅钢片的叠片系数$\xi$（一般取98.0～98.7，是根据无取向硅钢产品的不同牌号、厚度确定的），将实测的厚度尺寸换算成净厚度尺寸用于计算，所以，铁芯柱的计算截面积$S$为

$$S=\xi S'=\xi bL$$

简单地说就是变压器叠片铁芯的有效面积系数，叠片系数越高，铁芯的有效面积越大，使磁通密度减少，损耗降低；在制造过程中，硅钢片搭片、错片、毛刺、弯曲等缺陷会导致叠片系数降低，从而导致变压器性能降低，严重的如过大的毛刺会使片间短路，铁芯的涡流损耗增加。

① 计算一次绕组$W_1$的匝数（$N_1$）　按变压器的电磁感应的基本公式进行，即

$$N_1=\frac{U_1}{4.44fSB_m\times10^{-4}}$$

式中　$U_1$——一次定电压，按电焊机标牌的标定取，或用该电焊机将要应用的电压，V；

$f$——电网频率，我国为50Hz；

$S$——铁芯柱的计算截面，$cm^2$；

$B_m$——铁芯硅钢片的磁感应强度的极大值（T），由硅钢片的质量而定，一般冷轧硅钢片，$B_m=1.5\sim1.7T$；热轧硅钢片，$B_m=1.2\sim1.4T$。

② 左侧铁芯柱的绕组分配　变压器（图 4-13）的左侧铁芯柱只设置一次绕组 $W_1$，$W_1$ 由两部构成，其中，无抽头的基本部分 $W_1'$ 占 2/3，其余 1/3 为有抽头部分 $W_1''$，可设 4～6 个头，于是绕组的匝数为

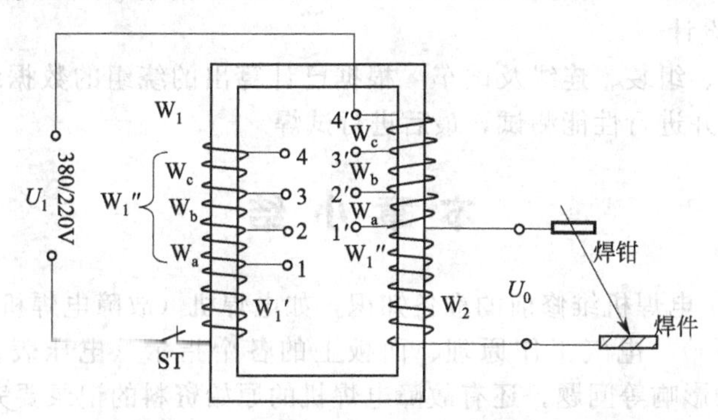


图 4-13　BX6-120 型弧焊变压器电路接线图

ST—温度继电器；$W_1'$—一次基本绕组；$W_1''$—抽头绕组总和；$W_a$，$W_b$，$W_c$—抽头绕组；$W_2$—二次绕组；$W_1$—一次绕组

$$N_1=N_1'+N_1''=N_1'+N_a+N_b+N_c$$

绕制时，$W_1'$绕在里层，而 $W_1''$绕在外层。

计算二次绕组 $W_2$ 的匝数（$N_2$）：

$$N_2=\frac{U_0}{U_1}N_1$$

式中，$U_0$ 为该焊机的空载电压（V），焊机标牌上有标注，一般轻便型焊机 $U_0$ 为 50V 左右。

③ 右侧铁芯柱的绕组分配　变压器右侧铁芯柱上，设置二次绕组 $W_2$ 和重复一次绕组的抽头部分 $W_1''$，这是为了使焊机保持必需的漏抗和调电流时空载电压没有大的变化。

绕制时，$W_1''$在里层，$W_2$ 在外层。

BX6-120 型弧焊变压器的额定输出电流为 120A，额定输入电流为 18A，额定负载持续率为 20％。选择电焊机绕组导线时，要把电焊机在 20％负载持续率状态下工作的电流，折算成负载持续率为 100％条件下的电流，然后，按折算电流选择导线。

焊机一次电流折算：

$$I_1=18\sqrt{\frac{20\%}{100\%}}=8.1\text{A}$$

二次电流折算：

$$I_2=120\sqrt{\frac{20\%}{100\%}}=54\text{A}$$

④ 焊机绕组导线的选择　首先，要计算绕组在折算电流和已选定电流密度条件下的导线应有截面积，即

$$S_{L1}=\frac{I_1}{J_1}\text{或}S_{L2}=\frac{I_2}{J_2}$$

式中　$S_{L1}$，$S_{L2}$——一、二次绕组导线计算截面积，$mm^2$；

$I_1$，$I_2$——一、二次绕组折算电流，A；

$J_1$，$J_2$——选下的一、二次绕组导线的电流密度（$A/mm^2$），一般小功率电焊机，B 级绝缘材料、空气自冷方式时，其绕组电流密度可选 $J=2.0\sim2.8A/mm^2$。

然后，计算截面 $S$，查电磁线材料表，选取合适的导线规格，并计算铜线重量。按此规格备线。

⑤ 绕组的结构设计　根据变压器铁芯尺寸和已选定的导线规格，按照图 4-13 的电路图进行绕组的结构设计。

⑥ 绕组的绕制、组装、连线及试车　根据已计算出的绕组的数据绕制线圈，然后按图 4-13 进行接线，并进行性能测试，最后进行试焊。

## 本章小结

本章主要讲解了电焊机维修前的准备知识，如电焊机（故障电焊机）的使用环境、使用方法（即操作过程）、电气工作原理、面板上的各个指示（电压表、电流表、指示灯等）、焊材和附件的影响等问题，还有故障电焊机的原始资料的记录要完整、准确等。

本章还介绍了 BX6-120 型弧焊变压器结构及原理，同时介绍了维修工艺过程和步骤。通过典型实例讲解不同故障下的故障原因和处理方法，为学习和维修其他类型交流电焊机打下了一个良好的开端和基础。

Chapter 5

# 第5章 $CO_2$半自动电焊机的维修

手把手教你修电焊机

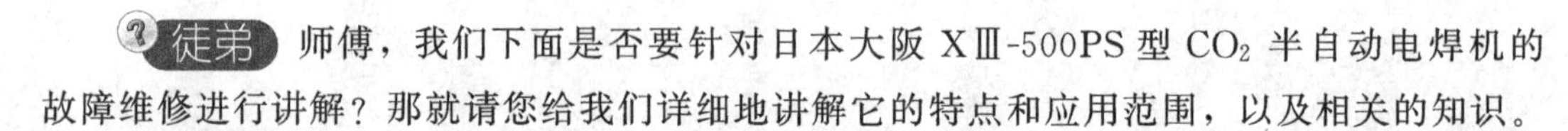

徒弟 师傅，我们下面是否要针对日本大阪 XⅢ-500PS 型 $CO_2$ 半自动电焊机的故障维修进行讲解？那就请您给我们详细地讲解它的特点和应用范围，以及相关的知识。

师傅 是的。这一节我们主要介绍日本大阪 XⅢ-500PS 型 $CO_2$ 半自动电焊机的故障维修。以该电焊机为例讲解 $CO_2$ 半自动电焊机的特点和应用范围以及相关的技术参数，同时针对其故障原因和故障的处理方法进行分析讲解，达到举一反三。为今后对该类型的 $CO_2$ 半自动电焊机的维修起到抛砖引玉的作用。为了学好该电焊机的维修，需要了解一些该电焊机的各方面知识。下面我们就对 $CO_2$ 电弧焊的特点和应用范围、焊接材料、焊接规范选择、基本操作技术等加以介绍。

## 5.1 $CO_2$电弧焊的特点和应用范围

$CO_2$（二氧化碳）电弧焊是一种高效率的焊接方法，以 $CO_2$ 气体作保护气体，依靠焊丝与焊件之间的电弧来熔化金属的气体保护焊的方法称 $CO_2$ 焊。这种焊接法都是采用焊丝自动送丝，敷化金属量大，生产效率高，质量稳定。因此，在我国以及国外获得广泛应用，与其他电弧焊相比有以下特点。

① 该焊接成本很低。$CO_2$ 焊的成本只有埋弧焊与手工电弧焊成本的 40%～50%左右。

② 生产效率高。$CO_2$ 电弧焊穿透力很强，熔深大，而且焊丝熔化率高，所以熔敷速度快，生产效率可比手工电弧焊高 3 倍。

③ 消耗能量比较低。$CO_2$ 电弧焊与药皮焊条相比，3mm 厚钢板对接焊缝，每米焊缝的用电降低 30%，25mm 钢板对接焊缝时用电降低 60% 。

④ 适用范围宽。不论在何种位置都可以进行焊接，薄板可焊到 1mm，最厚几乎不受限制（采用多层焊）。而且焊接速度快，变形小。

⑤ 抗锈能力强。焊缝含氢量低，抗裂性能强。

⑥ 焊后不需清渣，引弧操作便于监视和控制，有利于实现焊接过程机械化和自动化。

我国在 $CO_2$ 焊接设备、焊接材料、焊接工艺方面已取得了很大的成就。$CO_2$ 电弧焊接在我国的造船、机车、汽车制造、石油化工、工程机械、农业机械中获得广泛应用。所以掌握该类电焊机的知识和维修好故障电焊机有着重要意义。

## 5.2 焊接材料

**(1) $CO_2$ 保护气体**

$CO_2$ 有固态、液态、气态三种状态。瓶装液态 $CO_2$ 是 $CO_2$ 焊接的主要保护气源。液态 $CO_2$ 是无色液体，其密度随温度变化而变化。当温度低于－11℃时密度比水大，当温度高于－11℃时则密度比水小。由于 $CO_2$ 由液态变为气态的沸点很低，为－78℃，所以工业焊接用 $CO_2$ 都是液态，在常温下能自己汽化。$CO_2$ 气瓶漆成黑色，标有“$CO_2$”黄色字样，在使用中一定要注意钢瓶的标识。

**(2) 焊接材料**（焊丝）

$CO_2$ 气体保护焊对焊丝化学成分的要求如下。

① 焊丝的含碳量要低，一般要求小于 0.11%，这样可减少气孔和飞溅。

② 焊丝必须含有足够数量的脱氧元素以减少焊缝金属中的含氧量和防止产生气体。

③ 保证焊缝金属具有满意的力学性能和抗裂性能。

国内在生产中应用最广的焊丝为H08Mn2SiA焊丝，该焊丝有较好的工艺性能、力学性能及抗热裂纹能力，适用于焊接低碳钢、屈服极限小于500MPa的低合金钢和经焊后热处理抗拉强度小于1200MPa的低合金高强钢。而且焊丝表面的清洁程度影响到焊缝金属中含氢量。焊接重要结构应采用机械、化学或加热办法清除焊丝表面的水分和污染物。

**(3) 药芯焊丝**

① 由于药芯成分改变了纯$CO_2$电弧的物理化学性质，因而飞溅小且飞溅颗粒容易清除，又因熔池表面盖有熔渣，焊缝成型类似手工弧焊，焊缝较实芯焊丝电弧焊美观。

② 与手工焊相比，由于$CO_2$电弧耐热效率高，加上电流密度比手工弧焊大，生产效率可为手工弧焊的3～5倍。

③ 调整药芯成分就可焊不同的钢种，而不像冶炼实芯丝那样复杂。

④ 由于熔池受到$CO_2$气体和熔渣两方面的保护，所以抗气孔能力比实芯焊丝能力强。

## 5.3 焊接规范选择

**(1) 短路过渡焊接**

$CO_2$电弧焊中短路过渡应用最广泛，主要用于薄板及全位置焊接，规范参数为电弧电压、焊接电流、焊接速度、焊接回路电感、气体流量及焊丝伸出长度等。

① 电弧电压和焊接电流　对于一定的焊丝直径及焊接电流（即送丝速度），必须匹配合适的电弧电压，才能获得稳定的短路过渡过程，此时的飞溅最少，所以在作业时一定要选择合适的焊接参数。

不同直径焊丝的短路过渡参数见表5-1。

**表5-1　不同直径焊丝的短路过渡参数**

| 焊丝直径/mm | 0.8 | 1.2 | 1.6 |
|---|---|---|---|
| 电弧电压/V | 18 | 19 | 20 |
| 焊接电流/A | 100～110 | 120～135 | 140～180 |

② 焊接回路电感的作用

a. 调节短路电流增长速度$di/dt$。$di/dt$过小发生大颗粒飞溅以致焊丝大段爆断而使电弧熄灭，$di/dt$过大则产生大量小颗粒金属飞溅。

b. 调节电弧燃烧时间控制母材熔深。

③ 焊接速度　焊接速度过快会引起焊缝两侧吹边，焊接速度过慢容易发生烧穿和焊缝组织粗大等缺陷。

④ 气体流量大小取决于接头形式、板厚、焊接规范及作业条件等因素　通常细丝焊接时气流量为5～15L/min，粗丝焊接时为20～25L/min。

⑤ 焊丝伸长度　合适的焊丝伸出长度应为焊丝直径的10～20倍。焊接过程中，尽量保持在10～20mm范围内，伸出长度增加则焊接电流下降，母材熔深减小，反之则电流增大，熔深增加。电阻率越大的焊丝这种影响越明显。

⑥ 电源极性　$CO_2$电弧焊一般采用直流反极性时飞溅小，电弧稳定，母材熔深大、成型好，而且焊缝金属含氢量低。

**(2) 细颗粒过渡**

① 在$CO_2$气体中，对于一定的直径焊丝，当电流增大到一定数值后同时配以较高的电弧压，焊丝的熔化金属即以小颗粒自由飞落进入熔池，这种过渡形式为细颗粒过渡。

细颗粒过渡时电弧穿透力强，母材熔深大，适用于中厚板焊接结构。细颗粒过渡焊接时也采用直流反接法。

② 达到细颗粒过渡的电流和电压范围见表 5-2。

**表 5-2 达到细颗粒过渡的电流和电压范围**

| 焊丝直径/mm | 电流下限值/A | 电弧电压/V |
|---|---|---|
| 1.2 | 300 | 34～35 |
| 1.6 | 400 | 34～45 |
| 2.0 | 500 | 34～65 |

随着电流增大电弧电压必须提高，因为电弧对熔池金属有冲刷作用，造成焊缝成型恶化，适当提高电弧电压能避免这种现象。然而电弧电压太高飞溅会显著增大，在同样电流下，随焊丝直径增大电弧电压降低。$CO_2$ 细颗粒过渡和在氩弧焊中的喷射过渡有着实质性差别。氩弧焊中的喷射过渡是轴向的，而 $CO_2$ 中的细颗粒过渡是非轴向的，仍有一定金属飞溅。另外，氩弧焊中的喷射过渡界电流有明显交变特征（尤其是焊接不锈钢及黑色金属），而细颗粒过渡则没有。

**(3) 减少金属飞溅措施**

① 焊接电弧电压：在电弧中对于每种直径焊丝其飞溅率和焊接电流之间都存在着一定规律。在小电流区，短路过渡飞溅较小，进入大电流区（细颗粒过渡区）飞溅率也较小。

② 焊枪角度：焊枪垂直时飞溅量最少，倾向角度越大飞溅越大。焊枪前倾或后倾最好不超过 20°。

③ 焊丝伸出长度：焊丝伸出长度对飞溅影响也很大，焊丝伸出长度从 20mm 增至 30mm，飞溅量增加约 5%，因而伸出长度应尽可能缩短。

**(4) 保护气体种类不同其焊接方法有区别**

① 利用 $CO_2$ 气体为保护气的焊接方法为 $CO_2$ 电弧焊。在供气中要加装预热器。因为液态 $CO_2$ 在不断汽化时吸收大量热能，经减压器减压后气体体积膨胀也会使气体温度下降，为了防止 $CO_2$ 气体中水分在钢瓶出口及减压阀中结冰而堵塞气路，所以在钢瓶出口及减压阀之间将 $CO_2$ 气体经预热器进行加热。

② $CO_2$＋Ar 作为保护气的焊接方法 MAG 焊接法，称为物性气体保护。此种焊接方法适用于不锈钢焊接。

③ Ar 作为气体保护焊的 MIG 焊接方法，此种焊接方法适用于铝及铝合金焊接。

## 5.4 基本操作技术

**(1) 注意事项**

① 电源、气瓶、送丝机、焊枪等连接方式参阅说明书。

② 选择正确的持枪姿势。

a. 身体与焊枪处于自然状态，手腕能灵活带动焊枪平移或转动。

b. 焊接过程中软管电缆最小曲率半径应大于 300mm/m，焊接时可任意拖动焊枪。

c. 焊接过程中能维持焊枪倾角不变还能清楚方便观察熔池。

d. 保持焊枪匀速向前移动，可根据电流大小、熔池的形状、工件熔合情况调整焊枪前移速度，力争匀速前进。

**(2) 基本操作**

① 检查全部连接是否正确，水、电、气连接完毕合上电源，调整焊接规范参数。

② 引弧：$CO_2$ 气体保护焊采用碰撞引弧，引弧时不必抬起焊枪，只要保证焊枪与工件距离。

a. 引弧前先按遥控盒上的点动开关或焊枪上的控制开关，将焊丝送出枪嘴，保持伸出长度 10 ～15mm。

b. 将焊枪按要求放在引弧处，此时焊丝端部与工件未接触，枪嘴高度由焊接电流决定。

c. 按下焊枪上控制开关，电焊机自动提前送气，延时接通电源，保持高电压、慢送丝，当焊丝碰撞工件短路后自然引燃电弧。短路时，焊枪有自动顶起的倾向，故引弧时要稍用力下压焊枪，防止因焊枪抬起太高，电弧太长而熄灭。

**(3) 焊接**

引燃电弧后，通常采用左焊法，焊接过程中要保持焊枪适当的倾斜和枪嘴高度，使焊接尽可能地匀速移动。当坡口较宽时，为保证两侧熔合好，焊枪作横向摆动。焊接时，必须根据焊接实际效果判断焊接工艺参数是否合适。看清熔池情况、电弧稳定性、飞溅大小及焊缝成型的好坏来修正焊接工艺参数，直至满意为止。

**(4) 收弧**

焊接结束前必须收弧。若收弧不当容易产生弧坑并出现裂纹、气孔等缺陷。焊接结束前必须采取措施。

① 电焊机有收弧坑控制电路。焊枪在收弧处停止前进，同时接通此电路，焊接电流、电弧电压自动减小，待熔池填满。

② 若电焊机没有弧坑控制电路或因电流小没有使用弧坑控制电路，在收弧处焊枪停止前进，并在熔池未凝固时反复断弧、引弧几次，直至填满弧坑为止。操作要快，若熔池已凝固才引弧，则可能产生未熔合和气孔等缺陷。

**徒弟** 师傅，刚才您介绍了 $CO_2$ 电焊机的特点和应用范围、焊接材料、焊接规范选择、基本操作技术等内容。对学习该种电焊机有了一定的认识和了解。那么，我们对日本大阪 XⅢ-500PS 型 $CO_2$ 半自动电焊机的故障进行维修是否要先学习该焊机的结构和电气工作原理？

**师傅** 是的，我们要想对各类故障电焊机进行维修，必须要掌握以上的相关知识，这对我们维修故障电焊机有很大帮助和重要意义。电焊机设备的结构和电气工作原理以及各部分的辅助设备也是必须学好和理解的部分，只有掌握这些才能对电焊机故障进行维修（即做到分析故障准确、处理故障又快又准）。这一节，就一起来学习该焊机的构成和电气工作原理。

## 5.5 $CO_2$半自动电焊机的结构和工作原理

日本大阪 X 系列 $CO_2$ 半自动电焊机，有 XⅢ-200S、XⅢ-350PS、XⅢ-500PS 三种规格，其工作原理基本相同。现在生产的大阪新型电焊机，是在原来的基础上有所改进。由于目前原大阪型机的使用还比较广泛，其图纸资料也比较齐全，而改进后的电焊机，缺少相应的图纸资料，因此仍选原大阪机为例。下面以 XⅢ-500PS 型 $CO_2$ 半自动电焊机为例加以说明。

**(1) 设备主要技术参数**

① 额定容量：32kV·A。

② 额定输入相数、电压：三相 380V±10%。

③ 额定输出电流：500A。

④ 额定输出电压：45V。

⑤ 焊接电流范围：50～500A。

⑥ 焊接电压范围：15～45V。

⑦ 空载电压：50～70V（$RP_4$ 从 0 到最大时）。

⑧ 额定负载持续率：60%。

⑨ 焊丝直径：ϕ1.2、ϕ1.6（mm）。

**(2) 电焊机结构**

① 焊接电源：具有一定程度缓降的外特性，提供可调的焊接电压和电流。主要由主变压器、晶闸管（可控硅）整流器、平稳电抗器、滤波电抗器、接触器、风机、控制元器件所组成。印刷电路板都装在焊接电源内，其功能见表 5-3。

**表 5-3 印刷电路板的功能**

| 印刷电路板号 | 功能 | 印刷电路板号 | 功能 |
|---|---|---|---|
| P7539S | 触发电路 | P1589J | 触发主晶闸管的接线板 |
| P7539Q | 模拟控制电路;送丝机控制电路 | P7204J | 主接触器控制电路 |
| P7204P | ±15V 电源,同步脉冲电路,缺相保护电路 | O7541R | 焊接程序控制电路 |

② 送丝机：自动输送焊丝。

主要设备部件有：送丝电动机、电磁气阀、减速箱、送丝轮、矫正轮、加压手柄等。

③ 遥控盒：用来远距离调节电弧电压和焊接电流，手动控制送丝，装有电位器和按钮。

④ 焊枪：具有送气、送丝和输电的功能。

半自动 $CO_2$ 焊枪，一般采用鹅颈式焊枪，主要零件有导电嘴、喷嘴、绝缘体、连杆、鹅颈管、焊把、手把开关、三位一体（气管、弹簧软管、焊接电缆线及控制电线）的电缆、导管、导管套等。

⑤ 流量计：预热、减压和调节 $CO_2$ 气体流量。主要零件有加热装置，高、低压室，压力表，调压手柄，外表管，内表管，浮子，流量调节旋钮等。

以上电焊机结构的具体配件技术参数，请见本书第 11 章电焊机常用材料一节内容。

**(3) 各元件的作用**

① 交流接触器 KM，用来接通或断开主电路。

② 主变压器 $T_1$：主要功能是把三相 380V 的电网电压降低到整流电路所需的电压值，该电压经晶闸管整流后，得到适合于焊接的电压值。$T_1$ 的原边为三角形接法，副边有两个三相绕组，都接成星形，且同名端相反（即相位相反），故称双反星形。此外，$T_1$ 的副边还有两个绕组，即流量计加热器的电源（100V）、送丝机主回路和程序控制电路的电源（26V）。

③ 晶闸管 $VT_1$～$VT_6$：为可控整流元件，通过调节 $VT_1$～$VT_6$ 的导通角，来调节电焊机输出电压的大小。

④ 平衡电抗器 $L_1$：是一个带中心抽头的有铁芯的电感。

⑤ 滤波电抗器 $L_2$：用来作滤波，可减少飞溅，改善电焊机的动特性，使电弧燃烧更稳定些。

⑥ 续流电阻 $R_1$：为晶闸管的维持电流提供通路。

**(4) 主电路工作原理**

XⅢ-500PS 型 $CO_2$ 半自动电焊机主电路如图 5-1 中最上边部分电路所示。其组成主要有交流接触器KM、主变压器 $T_1$、可控晶闸管整流元件 $VT_1$～$VT_6$、平衡电抗器 $L_1$、滤波电抗器 $L_2$ 等。

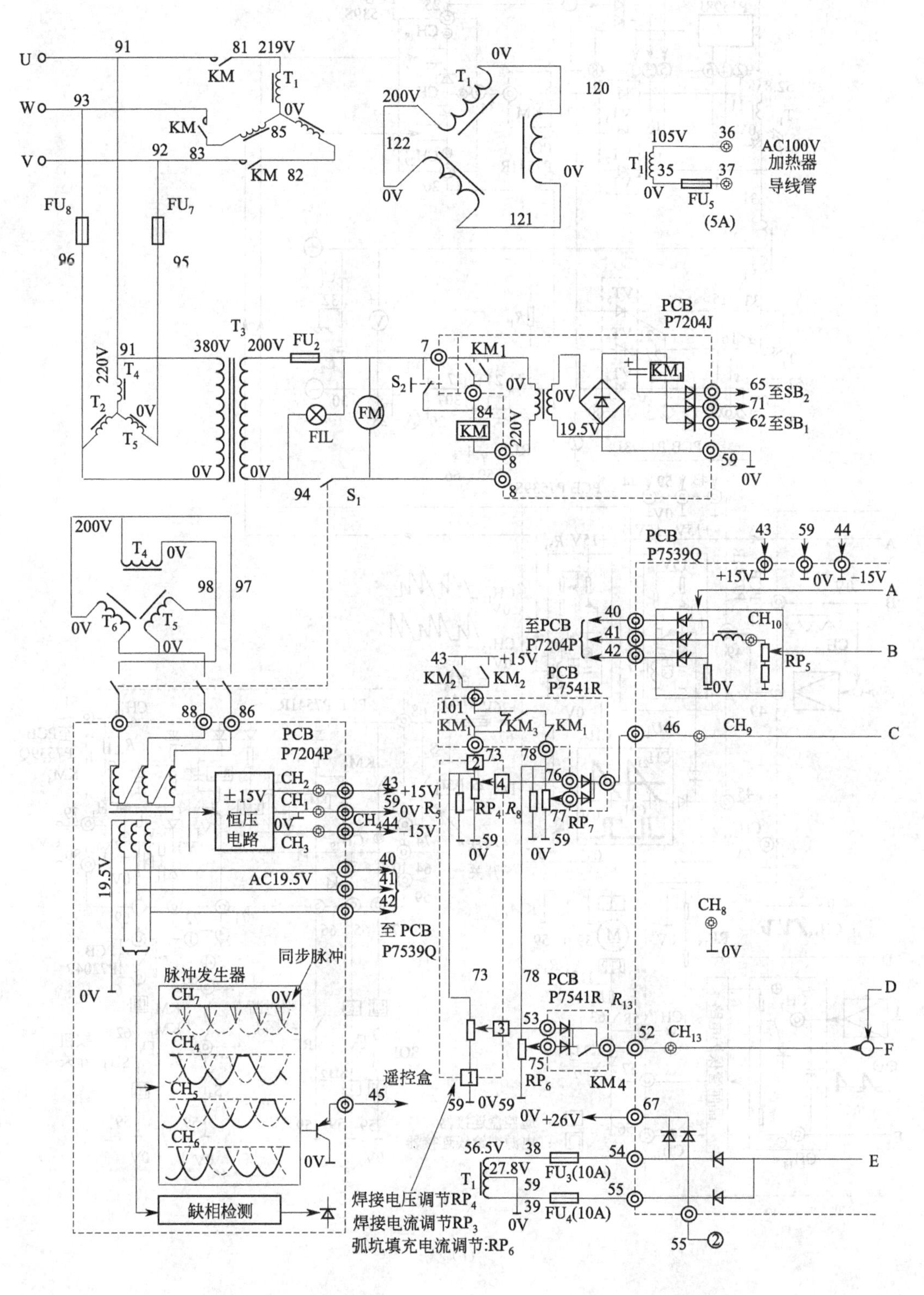


(a)

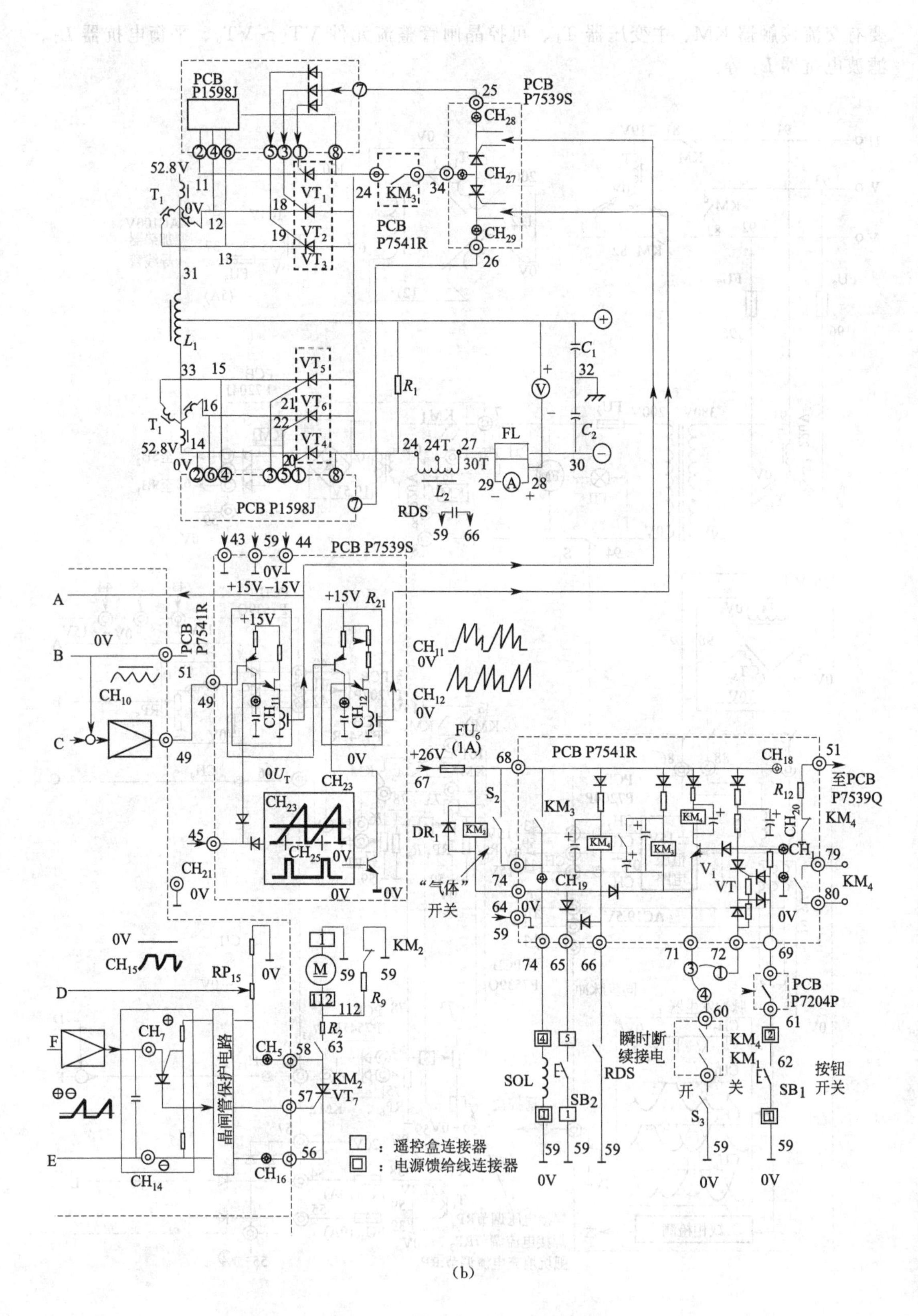


图 5-1 XⅢ-500PS 型电路原理图

焊接主回路采用了带平衡电抗器的双反星形整流电路，如图 5-2 所示。

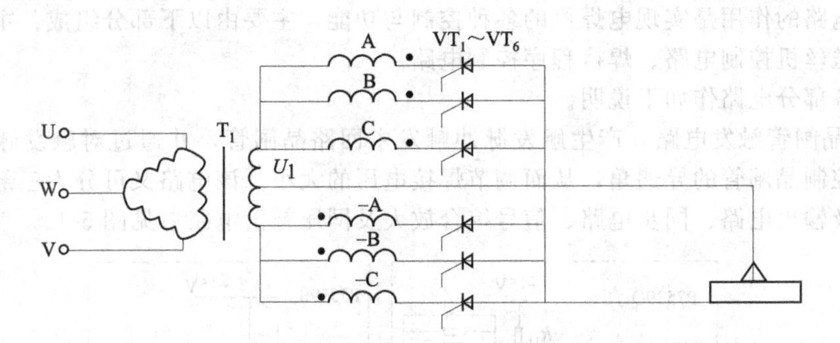


图 5-2 带平衡电抗器的反双星形整流电路

在这种电路中，两组整流电路的整流电压平均值相等，但两组输出电压波形的相位相差 60°，因此其瞬时值并不相等，参看图 5-3(a)、(b)。

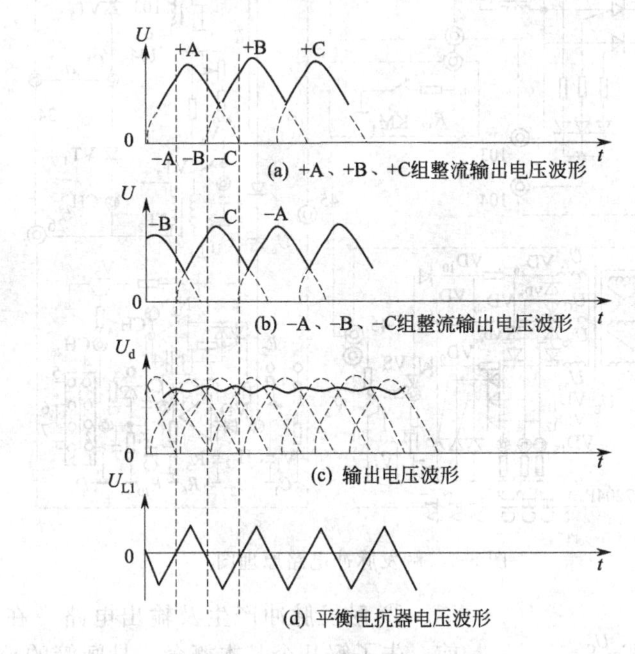


图 5-3 双反星形整流波形

如果不带平衡电抗器，那么双反星形整流电路就是一个六相半波整流电路，它的工作方式与三相半波电路相似，任意瞬间只有一管导通。其他管子都因承受反向电压而关断。此时，每只管的导通时间短（60°），电流峰值高，变压器的利用率低，因此很少采用。

采用平衡电抗器后，双反星形电路相当于两组三相半波整流电路并联。这是因为两组整流电路瞬时值之差，降落在平衡电抗器上［图 5-3(d)］，从平衡电抗器的中点引出导线作为整流输出的负端，其电位等于两端点电位的平均值，所以，两组半波整流电路能够互不干扰，在任一瞬间各有一管导通，导通时间均为 120°，电流峰值降低。因此加大了输出电流，提高了变压器的利用率。

带平衡电抗器双反星形整流电路的输出电压为两组整流输出电压的平均值 $U_d$，当全导通时，与变压器副边绕组相电压（$U_{相}$）的关系为

$$U_d = 1.17U_{相}$$

**(5) 控制电路原理**

控制电路的作用是实现电焊机的各种控制与功能，主要由以下部分组成：主晶闸管触发电路、送丝机控制电路、焊接程序控制电路。

现将各部分电路作如下说明。

① 主晶闸管触发电路　产生触发脉冲触发主回路晶闸管，并通过对触发脉冲相位的控制，来控制晶闸管的导通角，从而调节焊接电压的大小。该电路又可分为三部分：触发脉冲产生及输出电路、同步电路、信号综合放大及网压补偿电路参见图 5-4。

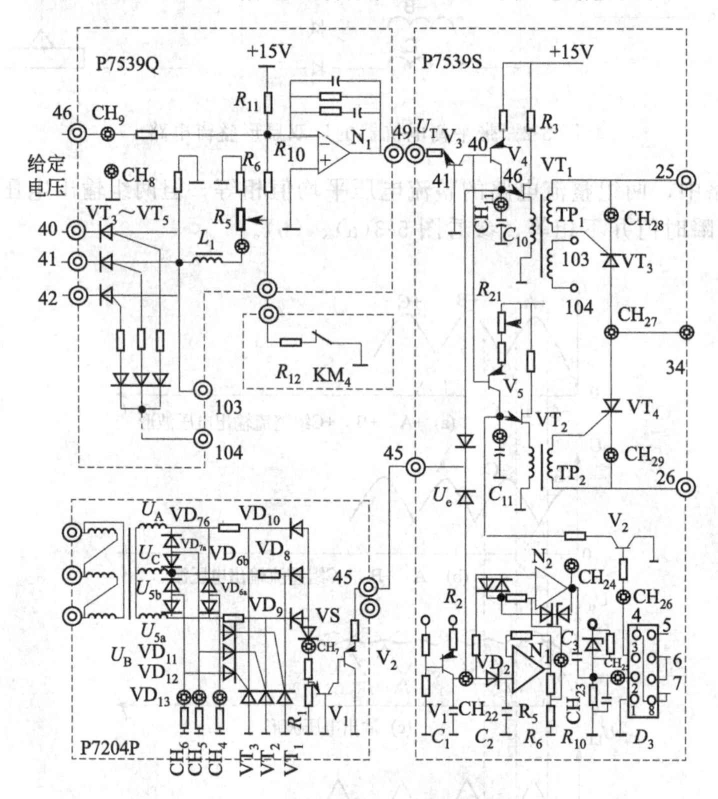


图 5-4　触发脉冲电路原理图

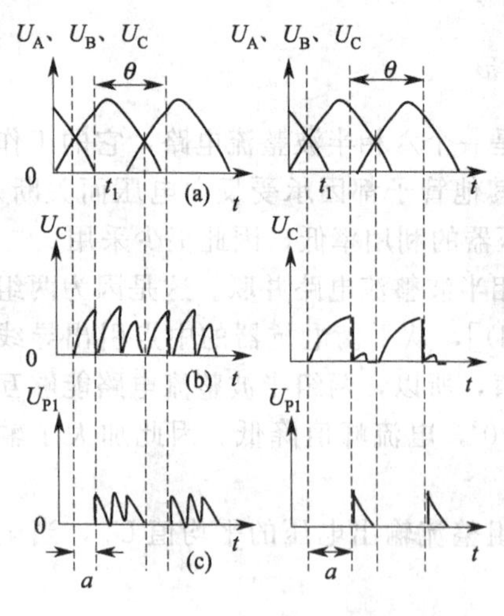


图 5-5　晶闸管触发脉冲的移相

② 触发脉冲产生及输出电路　在对电路说明之前，先了解几个基本概念，晶闸管的控制角、导通角及移相，参见图 5-5，图 (a) 为主电路中一组星形连接的半波整流电路的电压 $U_A$、$U_B U_C$ 的波形，图 (b) 是触发电路充电电容 $C_{10}$（或 $C_{11}$）的电压波形，图 (c) 是脉冲变压器 $TP_1$（或 $TP_2$）所产生的触发脉冲的波形。在晶闸管的一个导电周期中，晶闸管在正向电压下不导通的范围称为控制角，用 $\alpha$ 表示，而导通的范围则称为导通角，用 $\theta$ 表示。改变控制角 $\alpha$（或导通角 $\theta$）的大小，使触发脉冲向左或向右移动，则称为触发脉冲的移相。在单结晶体管触发电路中，晶闸管的控制角也就是电容（$C_{10}$、$C_{11}$）充电起始点到第一个脉冲电压出现的时间角。因此，改变对电容（$C_{10}$、$C_{11}$）的充电速度，就能达到对晶闸管触发脉

冲移相的目的。

本机采用单结晶体管触发电路。该电路主要由晶体三极管 $V_3$、$V_4$、$V_5$，电容 $C_{10}$、$C_{11}$，单结晶体管 $VT_1$、$VT_2$，脉冲变压器 $TP_1$、$TP_2$；小晶闸管 $VT_3$、$VT_4$等元件组成。从 49 号端来的信号电压 $U_T$经 $V_3$分成 2 路，分别控制 $V_4$、$V_5$的 $I_C$的大小。信号电压 $U_T$越负，则 $V_4$、$V_5$的 $I_C$越大，$C_{10}$、$C_{11}$的充电速度就越快，电容电压 $U_C$就能较快达到单结晶体管的峰值电压而使单结晶体管 $VT_1$、$VT_2$导通，$U_C$通过 $VT_1$、$VT_2$分别向脉冲变压器 $TP_1$、$TP_2$放电，$TP_1$、$TP_2$产生并输出脉冲。此时，触发脉冲前移，控制角 $\alpha$ 较小（导通角 $\theta$ 较大），主电路晶闸管输出电压升高，见图 5-5(a)。$U_T$的负值越大（即 $|U_T|$越小），则变化情况相反，见图 5-5(b)，使晶闸管输出电压降低。为保证触发可靠，$TP_1$、$TP_2$输出脉冲电压，又经过一级小晶闸管 $VT_3$、$VT_4$功率放大后，分别触发主电路 2 组晶闸管。

根据双反星形晶闸管整流电路的特点，为保证 6 只晶闸管的控制角相等，则要求触发电路与主电路同步，而且同组触发脉冲之间的相位相差应为 120°，而不同组的 2 组触发脉冲的相位相差应为 60°。由于 2 只单结晶体管的对称性难以保证，因此，还在其中 1 只单结晶体管电路中串入了半可调电位器 $R_{21}$，作为 2 组触发脉冲对称性（平衡）的细调。

③ 同步电路　在三相全波可控整流电路中，三相交流电压的各个交点（图 5-6 的 $P$、$Q$ 点）是控制角 $\alpha=0°$时，各晶闸管轮流导通的转换点，通称为自然换向点。

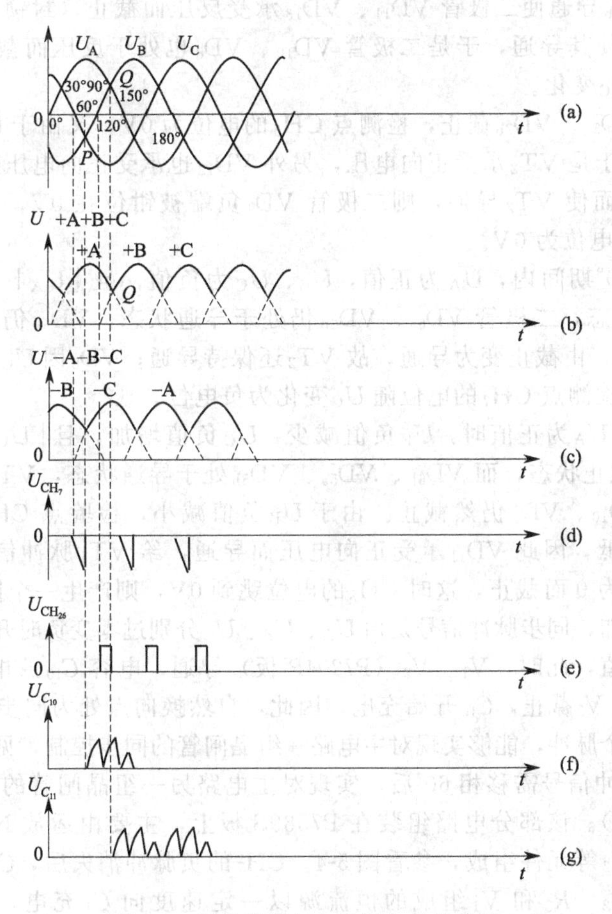


图 5-6　同步脉冲与自然换向点的关系

所谓同步，就是指当控制角 $\alpha=0°$时，晶闸管的触发脉冲与主电路电压自然换向点“同步”（即从自然换向点开始计算出脉冲的时间）。这是因为：为了得到稳定的脉冲直流电压，主电路各晶闸管在承受正向电压的半周内，得到的第一个触发脉冲的时间应该相同（第一个脉冲使晶闸管导通过后，后面的脉冲就失去了作用）。即各管的控制角 $\alpha$（或导通角 $\theta$）应该相等。调节 $\alpha$（或 $\theta$）时，也应有同样的变化。为此，在主电路的自然换向点，单结晶体管振荡电路中的电容 $C_{10}$、$C_{11}$ 必须把电放完（清零），而接着从零开始充电，当充电电压 $U_C$ 达到单结晶体管的峰值电压时而使其导通，$TP_1$、$TP_2$ 产生并输出触发脉冲。使触发脉冲具有这种与主电路电压自然换向点“步调一致”的功能的电路称为同步电路。

本机的同步电路由两部分组成，分别产生同步脉冲信号，实现对主电路两组晶闸管的同步控制。其中一部分电路组装在 P7204P 印刷电路板上，主要由晶闸管 $VT_1$～$VT_3$，二极管 $VD_5$～$VD_{13}$，稳压管 VS 及晶体管 $V_1$、$V_2$ 等元件组成，见图 5-4 P7204P 板，其同步脉冲信号的形成过程如下。

看图 5-6(a) 为主电路三相电源电压 $U_A$～$U_C$ 波形，设同步变压器二次绕组各相电压的相位关系也如图 5-6(a) 所示。

在 $0°<\omega t<30°$ 期间内，同步变压器的二次绕组 $U_A$、$U_C$ 为正值，$U_B$ 为负值，其中 $U_A$ 正值增大，$U_C$ 正值减小，$U_B$ 是从负峰值减小。这时二极管 $VD_{6a}$、$VD_{6b}$ 的阴极电位最负，因此，二极管 $VD_{6a}$、$VD_{6b}$ 均处于导通状态。二极管 $VD_{7a}$、$VD_{7b}$ 的阴极电位最高，因此，均处于截止状态。二极管 $VD_{5a}$、$VD_{5b}$ 的阴极电位比阳极高，所以也处于截止状态。由于二极管 $VD_{6a}$、$VD_{6b}$ 导通使二极管 $VD_{11}$、$VD_{13}$ 承受反压而截止，封锁了 $VT_1$、$VT_3$ 的门极触发信号而不能使其导通，于是二极管 $VD_{10}$、$VD_8$ 也处于反压而截止，$VT_1$、$VT_3$ 阴极的电位随 $U_A$、$U_C$ 变化。

由于二极管 $VD_{5a}$、$VD_{7b}$ 截止，检测点 $CH_5$ 的电位为 0V，又由于 $U_B$ 负值最大，$VT_2$ 阴极的电位最负，于是 $VT_2$ 承受正向电压，另外 $VD_{12}$ 也承受正向电压而导通，并向 $VT_2$ 施加控制脉冲信号而使 $VT_2$ 导通，则二极管 $VD_9$ 负端被钳位在 0V，$VD_9$ 也处于截止状态，检测点 $CH_7$ 的电位为 0V。

在 $30°<\omega t<60°$ 期间内，$U_A$ 为正值，$U_B$、$U_C$ 为负值，且 $|U_A|>|U_C|$，$VD_{7a}$、$VD_{7b}$ 仍处于截止状态，二极管 $VD_{6a}$、$VD_{6b}$ 仍处于导通状态，$VD_{5b}$ 仍处于截止状态，但 $VD_{5a}$ 承受正向电压，由截止变为导通，故 $VT_2$ 还保持导通；$VD_8$ 因 $U_C$ 过 0 变负承受正向电压而导通，因此检测点 $CH_7$ 的电位随 $U_C$ 变化为负电位。

在 $\omega t\geqslant 60°$ 时，$U_A$ 为正值时，$U_B$ 负值减少，$U_C$ 负值增加，且 $|U_C>|U_B|$，$VD_{7a}$、$VD_{7b}$、$VD_{6a}$ 处于截止状态，而 $VD_{6b}$、$VD_{5a}$、$VD_{5b}$ 处于导通状态，$VT_3$ 仍处于截止状态，$VT_2$ 仍然导通，$VD_{10}$、$VD_9$ 仍然截止。由于 $U_B$ 负值减小，检验点 $CH_4$ 电位在升高，而 $VT_1$ 的阴极电位最低，因此 $VD_{11}$ 承受正向电压而导通，给 $VT_1$ 脉冲信号，使 $VT_1$ 导通，$VD_8$ 阴极的电位变为 0 而截止，这时 $CH_7$ 的电位跳到 0V，则产生一个同步脉冲信号。

从上述分析可知，同步脉冲信号是由 $U_A$、$U_B$、$U_C$ 分别过零变负时开始，直到自然换向点为止，$CH_7$ 为负值，此时，$V_1$、$V_2$（P7204P 板）导通，电容 $C_{10}$ 放电清零。其余时刻，$CH_7$ 电位为 0，$V_1$、$V_2$ 截止，$C_{10}$ 开始充电，因此，自然换向点处为同步点。这一组同步信号每隔 120°产生一个脉冲，能够实现对主电路一组晶闸管的同步控制，见图 5-6(c)。

另一组同步脉冲信号需移相 60°后，实现对主电路另一组晶闸管的同步控制，参见图 5-6(a)、(e)、(g)、(b)。该部分电路组装在 P7539S 板上，主要由运放 $N_1$、$N_2$，集成电路 $D_3$，晶体管 $V_1$、$V_2$ 等元件组成，参看图 5-4。$CH_7$ 的负脉冲消失后，$C_1$ 与 $C_{10}$ 同时放电至 0V，于是由 $R_1$、$R_2$、$R_3$ 和 $V_1$ 组成的恒流源以一定速度向 $C_1$ 充电，检测点 $CH_{22}$ 呈锯齿波。

$C_2$也由恒流源充电，但由于$VD_2$的隔离作用，不会因$CH_7$的负脉冲而放电，一直保持在一定值上。$N_1$构成一个跟随器，其输出电压经过$R_5$、$R_6$的分压后，作为$N_2$组成的比较器的比较基准。当$CH_{22}$处电压高于$CH_{23}$的基准电压时，$CH_{24}$输出为负，反之为正，通过阻值匹配可以得到占空比为50%的矩形波，其下沿跳与$CH_7$的负脉冲相位相差60°。$CH_{24}$的矩形波，经$C_3$和$R_{10}$的微分作用，得到正、负尖脉冲，又能经$D_3$组成的单稳态触发器，输出一个很窄的正脉冲见图5-6(e)。这个正脉冲滞后$CH_7$点负脉冲60°，控制$V_2$的导通，从而控制$C_{11}$的清零及其电路触发脉冲的同步。

④ 信号综合放大及网压补偿电路　该部分电路主要由遥控盒内的电压调节电位器$RP_4$，组装在P7539Q印刷板上的运算放大器$N_1$，晶闸管$VT_3$～$VT_5$，电阻$R_5$、$R_6$、$R_{10}$、$R_{12}$，电感$L_1$等元件组成。

有三个信号电压加在运放$N_1$的反向输入端，经$N_1$综合放大后输出电压$U_T$，作为单结晶体管触发电路的控制信号电压。现着重对网压补偿的反馈信号电路进行分析。

所谓网压补偿，就是补偿电网电压的波动对电弧带来的影响。该机网压补偿的反馈信号不是直接取自负载，而是取自模拟负载。模拟电路直接由同步变压器供电，可控整流元件为三只晶闸管$VT_3$～$VT_5$，另外还有模拟电感$L_1$和模拟负载电阻$R_5$、$R_6$。程控管的触发信号取自脉冲变压器$TP_1$的另一个副绕组（两端为103～104）。这样，由$VT_3$～$VT_5$组成的半波整流电路，其电源与主电路三相电源同步，其触发信号与主电路的晶闸管触发信号同步，因此，模拟电路与主电路的导通情况相同，其输出电压与主电路的输出电压的变化规律也相同，这样，就可以实现模拟控制作用。

从模拟负载$R_5$上取出的负反馈信号电压经$R_{10}$加在运算器$N_1$的反相输入端，设为$U_f$。加在$N_1$反相输入端的信号还有：由遥控盒内电压调节电位器$RP_4$控制的、经46号端来的给定信号电压$U_g$，通过电阻$R_{12}$来的维持信号电压$U_V$。(当$RP_4$置0时，电焊机最低空载电压为50V左右，该电压是由$U_V$提供的)。这三个电压共同作用后，产生一个正的偏差信号电压，即$U_\lambda=(U_g+U_V-U_f)>0$，通过$N_1$的比例积分运算，输出一个负的电压值$U_T$。这个电压经45号端被送到P7539S板，经$V_3$分两路又分别经$V_4$、$V_5$控制电容$C_{10}$、$C_{11}$的充电速度，从而控制两组触发脉冲的移相。

该电路具有良好的补偿电网电压波动的能力。例如，当网压升高使电弧电压升高时，模拟电路程控管的输出电压同时也因网压的升高而升高，因此，$U_f$升高，加在$N_1$反相输入端的电压$U_\lambda=(U_g+U_V-U_f)$则降低，这样，$C_{10}$、$C_{11}$的充电速度减慢，主晶闸管触发脉冲后移（导通角减小），电弧电压降低。与此同时，程控管的触发脉冲也将后移，输出电压下降，$U_f$下降，$N_1$的输出$U_T$又回升，触发脉冲前移，$U_f$又上升，又使$U_T$减小，触发脉冲后移，如此反复，抑制了电压的升高，起到了稳定作用而使焊接参数不受电网波动的影响。

此外，加在$N_1$反相输入端的还有一个引弧信号电压，该电压经KM的常闭触点及电阻$R_{12}$、$R_{10}$加到$N_1$的反相输入端，使$N_1$输出较高的负电位，因此，电焊机输出较高的电压引弧。当电弧引燃后，继电器$KM_4$吸合，断开其常闭触点，该信号电压消失。这称为高压引弧，配合慢速送丝，可使引弧的成功率有较大提高。

⑤ 送丝电动机控制电路　该电路如图5-7所示，主要由以下元件组成：继电器$KM_2$，晶闸管$VT_7$以及装在P7539Q板上的晶闸管$VT_4$，晶体管$V_1$、$V_2$，电容$C_{16}$，遥控盒上的电流调节电位器$RP_3$等元件组成。

送丝电动机M由变压器$T_1$及二极管$VD_9$～$VD_{12}$组成的单相全波整流电路供电，该脉动电压还经稳压管$V_3$及电阻$R_{15}$、$R_{14}$分压，$V_3$的电压又经$R_{25}$、$R_{26}$再分压，给$VT_4$的控制极加一个负电压（对零点而言）。当遥控盒上电位器$RP_3$给定的正电压加到$V_1$和$V_2$组成的复合管后，$V_1$、$V_2$立即导通，输出电流$I_c$给电容$C_{16}$充电，$C_{16}$的电压随即升高，当电压升高到超过 $VT_4$ 的控制极电压后，$VT_4$ 导通，电容 $C_{16}$ 经 $VT_4$、电阻 $R_{18}$ 向 $VT_7$ 的控制极放电，$VT_7$ 触发导通。当放电过程结束，则 $VT_4$ 关断，$C_{16}$ 暂时保持低电位一直到 $VT_7$ 关断后才能重新充电。这是因为 $VT_7$ 导通时，从 $R_{15}$ 上引出的电压反馈值过高，而使复合管截止，则电容 $C_{16}$ 不能充电。这里，$VT_7$ 的关断过程如下。

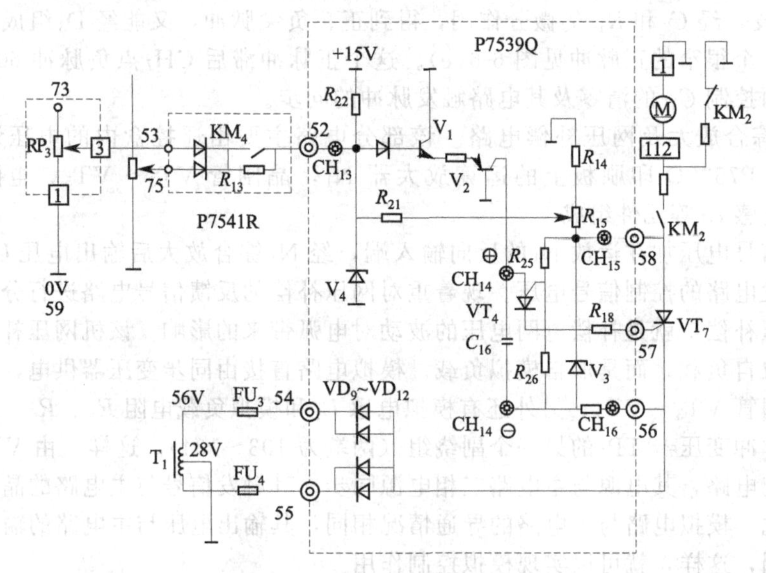


图 5-7　送丝机电气原理图

当整流输出的脉动电压低于送丝机电枢两端的反电势 $E$ 时见图 5-8(c)，使得 $VT_7$ 阴、阳极之间施加了反压而截止。

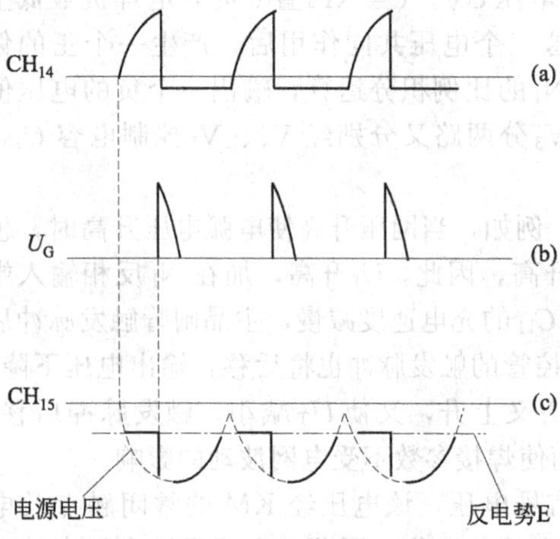

在 $VT_7$ 截止期间，电机仍按惯性转动而产生一定的反电势，该电势与转速成正比。本机的端电压由电阻 $R_{15}$ 和 $R_{14}$ 采样作为复合管的负反馈电压信号，经电阻 $R_{21}$ 与给定信号电压进行比较。在 $VT_7$ 截止期间，给定信号电压大于反馈信号电压时，复合管再次导通，输出电流，向 $C_{16}$ 充电，又使得 $VT_4$ 导通、$VT_7$ 导通，重复上述过程。向 $C_{16}$ 充电的速度，决定了 $VT_7$ 的导通角和送丝电动机的转速，调节遥控盒上的电位器 $RP_3$，则可调节 $VT_7$ 的导通角和送丝机的转速。

图 5-8　送丝电路监测点电压波形

例如，调节 $RP_3$ 使给定电压升高，于是复合管输出较大电流，使 $C_{16}$ 充电速度加快，$VT_4$、$VT_7$ 的触发脉冲前移，这样，就提高了送丝电动机的端电压和转速。反之，则情况相反。同时，还可以看出，负反馈信号电压可起到稳定送丝机端电压和转速的作用。

⑥ 程序控制电路　程序控制电路基本上集中在 P7541R 板上，另外还有一块小印刷板 P7204J 及继电器 $CR_2$ 等。本电焊机有两种控制方式，即“无火口填充”（“无”收弧）或“有火口填充”（“有”收弧）情况。

由变压器 $T_1$ 供电，经 P7541R 板上二极管整流后，由 67 号端输出 26V 电压，再经开关 $S_1$ 及保险丝 $FU_6$（1A）进入 P7541R 板控制电路。

a. “无火口填充”情况。将选择开关 $S_3$ 置于“无”，气体检测开关 $S_2$ 置于“焊接”，合上

焊接电源控制开关 $S_1$，则风机转，并接通同步变压器，如不缺相，则缺相检测继电器吸合。

焊接时，按下焊枪手把开关 $SB_1$，电流便从 $CH_{18}$（+26V）流经二极管、电阻、$CH_{20}$、69 号端、欠相检测继电器触头及 $SB_1$ 到 59 号 0V 地端，在 $CH_{20}$ 处产生一个大约 8V 的电压，三极管 $V_1$ 基极的稳压管导通，$V_1$ 导通，继电器 $KM_1$ 动作，其电流经 $V_1$、71、72、69 号端及 $SB_1$ 到地，同时，P7204J 板的继电器 $KM_1$ 因 62 号端经 $SB_1$ 接通地而吸合，因此，接触器 KM 动作，主变压器得电。此外，继电器 $KM_2$、$KM_3$ 也都因 $SB_1$ 的接通而动作。

$KM_1$ 触头的闭合为遥控盒的电位器 $RP_3$、$RP_4$ 的接通做准备，其常闭点断开 $RP_6$、$RP_7$（"有"收弧时分别作收弧时的电流、电压调节），在有/无火口填充开关 $S_3$ 的线路中 $KM_1$ 触点的闭合作为有火口填充的自锁（与 $KM_4$ 一起完成自锁）。$KM_2$ 触点的闭合接通电位器 $RP_3$ 和 $RP_4$，主晶闸管触发电路和送丝机控制电路工作，同时，送丝机 M 的电枢电路接通，M 慢速转动。$KM_3$ 闭合，电气阀 SOL 通电开启而送气，主晶闸管控制回路接通，因而主晶闸管导通，输出直流电压，于是，当焊丝碰到工件时引出电弧。电弧引燃后，焊接电流通过电感线圈 $L_2$ 时，使继电器 RDS 动作，其触头接通继电器 $KM_4$ 线路，$KM_4$ 动作。$KM_4$ 的一对触头短接电阻 $R_{13}$，使控制送丝电动机的给定信号电压升高，慢速送丝转换成焊接时的正常（快速）送丝。$KM_4$ 的另一对触头断开电阻 $R_{12}$，使高压引弧转入正常电弧电压焊接。

由上面各继电器的工作情况可以看出：除 $KM_4$ 外，通过其他各继电器（$KM_1$～$KM_3$）线圈的电流都经焊枪手把开关 $SB_1$ 到地。因此，在整个焊接过程中必须一直按着手把开关 $SB_1$。

焊接结束时，松开手把开关 $SB_1$，则 $KM_1$、$KM_2$、$KM_4$ 断电释放，遥控盒给定信号电压被切断，于是输出电压下降（维持电压），同时，送丝速度随 M 的惯性衰减，可起到焊丝去球作用和防止粘丝。接触器 KM 和继电器 $KM_3$ 都由于电容的延时作用而滞后断开，于是电流被切断，送气停止，焊接过程结束。

b. "有火口填充"情况。选择开关 $S_3$ 置于"有"，气体检测开关 $S_2$ 置于"焊接"，电源开关 $S_1$ 置于"通"。焊接时，第一次按下焊枪开关 $SB_1$，继电器 $KM_1$、$KM_2$、$KM_3$ 动作，主接触器动作，此时，通电各回路与"无火口填充"时的情况一样。所不同的是引弧以后，继电器 $KM_4$ 动作，其触点吸合自锁后，通过 $KM_1$、$KM_2$ 及 $KM_3$ 线圈的电流还可以经 71、60 号端、$KM_4$ 及 $KM_1$ 触点和开关 $S_3$ 到地。因此，这时松开 $SB_1$，各继电器仍照常吸合，可以正常施焊。

松开 $SB_1$，62 号端与地断开。69 号端的电位随着电容的充电作用而升高，通过二极管给晶闸管 VT 的控制极一个正电位，使 VT 导通。VT 导通后，其电流经过的线路中的电阻得到分压，足以维持三极管 $V_1$ 导通，所以，各继电器仍保持通电状态。

焊接结束时，第 2 次按下焊枪开关 $SB_1$，此时 69 号端变为 0 电位，经 VT 电流通路，变为从 69 端到地，$CH_{20}$ 被钳位在 2V 以下，因此，稳定管不能导通，故三极管 $V_1$ 截止，继电器 $KM_1$ 断电。但其他继电器仍保持通电状态。由于 $KM_1$ 断电，$KM_3$ 仍带电，因此，其相应的触点将切断遥控盒上的电位器 $RP_3$ 及 $RP_4$，而接通焊接电源面板上的电位器 $RP_6$ 及 $RP_7$，按其预先调定好的电压与电流进行"火口填充"的施焊处理。这就是所谓"有收弧"。

再次松开 $SB_1$，与"无火口填充"情况一样，结束焊接过程。

**徒弟** 师傅，我们对日本大阪 X 系列（XⅢ-500PS）$CO_2$ 半自动电焊机的电气原理（包括各个部分的单元）以及它的特点和应用范围、焊接材料、焊接规范选择、基本操作技术等知识已清楚了，掌握了以上知识是否对故障电焊机的维修就容易得多了，这也对下一步具体电焊机故障维修有很大帮助吧。

**师傅** 是的，但我们对 $CO_2$ 半自动电焊机的学习只是对该类电焊机一种电气原理图的认识和理解，还要在维修此类电焊机中多多积累维修经验和理论知识。

# 5.6 $CO_2$半自动电焊机维修

## 5.6.1 维修操作准备

工具选用电笔、万用表（有时用电压表、电流表）、兆欧表、示波器、调压器、试灯、内六角扳手、活扳手、套筒扳手、各类大小十字或一字螺丝刀等工具。有时还需要备动力电源线（要符合电焊机容量要求的动力电源）。

## 5.6.2 维修工艺制定

根据电焊机的故障原因和性质，制定维修工艺程序，完成故障点的查找。

## 5.6.3 维修故障工艺步骤

**(1) 通电前的检查**

① 验笔测试法　用验电笔检查电焊机的电源（三相或单相）是否正常。是初步判断故障的一种方式（在没有万用表的情况下），也可以进一步对焊机的熔断器（保险管）进行检查（把熔断器或保险管拆下来，一端对着已经确定有电的一相电源，另一端用验电笔触在熔断器另一端，观察验电笔是否亮，如果亮说明熔断器是完好的，相反就是坏的，要及时更换）。但是在做检测前一定要采取好安全措施，手一定不要触碰熔断器金属部分（或戴好手套）以免触电，伤及人身安全。

② 万用表法　用万用表检查输入电源（三相或单相）是否正常。如果正常就要进一步检查熔断器的好坏，拆下后用万用表的电阻挡检查其好坏。此时一定要在无电的情况下进行。

③ 观察法　前提必须通电进行。主要观察电焊机面板上各个仪表和指示灯等是否异常，来判断故障。

**(2) 拆机检查**

① 开关检查。内部的断路器（开关或是空气开关）、接触器、电磁阀、手动开关的检查。

② 变压器的检查。

③ 元器件的检查。

**(3) 修后验收**

检查电源和电焊机的接线以及辅助设备的情况。准备好后，就可以进行送电试电焊机。

## 5.6.4 故障维修实例

**徒弟**　师傅，刚才您已经介绍了维修电焊机的基本步骤，我们在此方面的经验很少，还是再请师傅介绍维修此类电焊机的案例吧。

**师傅**　那么，我们就一起来学习日本大阪 X 系列（XⅢ-500PS）$CO_2$半自动电焊机故障维修。它主要由主变压器、晶闸管（可控硅）整流器、平稳电抗器、滤波电抗器、接触器、风机、控制元器件所组成。所以要想修好一台电焊机，一定要搞清楚它的每一个环节的作用，搞清楚它的原理和作用。下面通过几个实例进行学习和增强维修知识。

**(1) 故障实例 1**

① 故障现象　当该机送电后，FIL 电源指示灯不亮，风机也没有转动，按启动 $SB_1$

时，KM接触器也不吸合。

② 故障原因

a. 主要是供电电源回路有问题。

b. 变压器 $T_2$ 损坏或供电回路熔断器（$FU_7$、$FU_8$）损坏。

c. 熔断器 $FU_2$ 损坏或者是PCB/P7204J主接触器控制（板）回路有故障。

d. 焊接电源控制开关 $S_1$ 有问题。

③ 排除方法

a. 检查供电回路，如是电源问题立即进行处理。

b. 对检查是变压器 $T_4$ 损坏或供电回路熔断器（$FU_7$、$FU_8$）损坏时就要对损坏的变压器进行修理或更换，对损坏的熔断器按原规格进行更换。

c. 对损坏的熔断器按原规格进行更换；检查并处理PCB/P7204J主接触器控制（板）回路。

d. 对焊接电源控制开关 $S_1$ 修理或更换。

**（2）故障实例2**

① 故障现象　该机送电后，FIL电源指示灯亮，焊接电源控制开关 $S_1$ 已合，但风机没有转动，按启动 $SB_1$ 后电焊机没有工作。

② 故障原因

a. 说明电源正常，风机有故障或损坏。

b. 焊接电源控制开关 $S_1$ 有问题。

③ 排除方法

a. 检查风机排除故障（断线、掉头、电机线圈损坏），需要大修时，一定要按标准进行大修。

b. 对焊接电源控制开关 $S_1$ 修理或更换。

**（3）故障实例3**

① 故障现象　在工作中电弧燃烧不稳故障。

② 故障原因

a. 电焊机中的导电嘴与导电杆螺丝接触不良。

b. 所用（选型）导电嘴孔径不对。

c. 使用时间比较长，导致导电嘴孔径磨损。

d. 焊丝干伸长太长。

e. 电焊机电缆损坏或与焊枪连接处接触不良。

f. 焊接规范（使用的标准）不合适。

g. 焊丝质量差，不符合要求。

h. 送丝速度不稳所致，或调节 $RP_3$ 电位器接触不良使给定电压升高，造成 $VT_4$、$VT_7$ 的触发脉冲前移，使送丝电动机的端电压和转速不稳等原因。

i. 送丝轮槽磨损太严重 。

j. 压紧轮压力太小或太大。

③ 排除方法

a. 更换新的导电嘴。

b. 更换合适孔径的导电嘴。

c. 检查清理后紧固。

d. 降低焊枪离工件的距离。

e. 修复、更换电缆线紧固件连接螺钉。

f. 调整焊接规范。
g. 更换合格的焊丝。
h. 调整送丝机，更换不良的$RP_3$电位器。
i. 更换新送丝轮。
j. 调整压力至适当。

**（4）故障实例 4**

① 故障现象　在设备焊接时飞溅太大。
② 故障原因
a. 焊接规范选择不当。
b. 焊丝直径的选择开关不对（不合适）。
c. 供电电压波动太大。
d. 焊件或焊丝灰尘、油污、水、锈等杂物过多。
e. 焊丝质量不好。
f. 电焊机内电路板有故障。
g. 电缆线正负极接反。
h. 焊枪太高，干伸长太长。
③ 排除方法
a. 调整规范（使焊接电流、电压、焊速搭配得当）。
b. 将开关扳到正确位置。
c. 控制电压波动：加稳压器；变压器单独供电；避开用电高峰。
d. 清理杂物。
e. 更换好的焊丝。
f. 修理或更换电路板，如果更换新的控制电路板一定要更换同型号、规格的。
g. 调整正负极电缆线。
h. 降低焊枪高度。

**（5）故障实例 5**

① 故障现象　焊件焊缝收弧不好。
② 故障原因
a. 收弧规范不当。
b. 收弧时间调节旋钮位置不对。
c. $CO_2$气流太大。
d. 焊枪位置太低。
e. 下坡量太大。
③ 排除方法
a. 仔细调整收弧规范。
b. 调节旋钮位置至合适处。
c. 减少$CO_2$气体流量。
d. 适当提升焊枪。
e. 减小下坡量。

**（6）故障实例 6**

① 故障现象　焊件的焊缝产生大量气孔。
② 故障原因

a. $CO_2$气体纯度不够。
b. 气体流量不足。
c. 气体压力低于1kgf/cm$^2$（1kgf/cm$^2$＝98.0665kPa）。
d. 焊丝伸出导电嘴太长。
e. 焊丝焊道有油锈水、飞溅剂等。
f. $CO_2$气阀损坏或堵塞。
g. 飞溅物堵塞焊枪出气网孔或喷嘴。
h. 电磁阀线圈无电。
i. $CO_2$橡皮管漏气。
j. 减压阀或气瓶出口被冻住（冬天常见）。
③ 排除方法
a. 使用纯度高于99.5%的$CO_2$气体。
b. 调好（加大）气体流量。
c. 换新气瓶。
d. 降低焊枪高度。
e. 清理焊道。
f. 更换或修理$CO_2$气阀。
g. 清理飞溅，使用防飞溅剂或换新焊枪。
h. 检查气阀电源及线路。
i. 更换或修理橡皮管。
j. 检修加热器，使用可靠性较高的加热管。

**(7) 故障实例7**

① 故障现象　送丝机不送丝，形不成焊逢。
② 故障原因
a. 送丝电源保险丝烧坏。
b. 遥控盒与电焊机连接电缆线断线或接触不良。
c. 送丝板工作不正常。
d. 程序控制板P7539Q损坏。
e. 送丝机变速机构损坏。
f. 送丝机电刷磨损严重。
g. 送丝机电枢烧坏。
h. 压紧轮压力太大。
i. 焊丝与导电嘴烧坏。
j. 未开电焊机。
③ 排除方法
a. 更换保险丝（管）。
b. 修复电缆，拧紧插头。
c. 修复或更换送丝板。
d. 修复或更换同型号、规格的控制板。
e. 修复、更换变速机构或送丝机。
f. 更换新电刷。
g. 更换新送丝机或重绕电枢。
h. 减少压力（松开及扣紧螺丝）。

i. 清理或更换导电嘴（减少返烧时间）。

j. 打开电源开关。

**(8) 故障实例 8**

① 故障现象　焊接时总焊偏。

② 故障原因

a. 焊枪位置不对。

b. 导电嘴孔径为椭圆。

c. 工件船形大小不合适。

d. 轮辐高度不一致。

③ 排除方法

a. 调整好焊枪位置。

b. 更换新导电嘴。

c. 调整工作台角度或焊枪角度。

d. 车削轮辐爪平面，向领导反映检查轮辐冲床或模具。

**(9) 故障实例 9**

① 故障现象　焊件焊缝咬边。

② 故障原因

a. 焊枪位置不当。

b. 焊接工作台角度不合适。

c. 焊枪角度不合适。

d. 焊接规范不对。

e. 工件放不到位。

f. 轮辐与胎具间隙太大。

g. 轮辐高度不一致。

③ 排除方法

a. 调整焊枪位置。

b. 调整工作台角度。

c. 调整焊枪倾斜机构。

d. 调整焊接工艺参数。

e. 固定胎具尺寸不合适；清理工作台面焊渣；轮辐大孔磨平毛刺。

f. 加大胎具尺寸；反映给轮辐制造者检修冲床或模（刀）具。

g. 车削辐爪平面；检修轮辐加工冲床。

**(10) 故障实例 10**

① 故障现象　焊件出现未焊透现象。

② 故障原因

a. 焊接规范参数选择太小。

b. 焊枪位置及倾角不对。

c. 电焊机容量小。

d. 电网电压低。

③ 排除方法

a. 加大规范参数（特别是电流）。

b. 调整焊枪位置及倾角。

c. 更换大容量电源。
d. 暂停焊接，待网压高时再焊。

**(11) 故障实例 11**

① 故障现象　出现引弧收弧处后移现象。
② 故障原因
a. 焊枪位置沿圆周周向移动。
b. 调速电机制动性能变差。
③ 排除方法
a. 调整焊枪位置。
b. 更换制动系统：修改控制程序，增加制动时间；提高刹车用气压。

**(12) 故障实例 12**

① 故障现象　焊件出现裂缝问题。
② 故障原因
a. 焊接速度太快。
b. 焊接电流太小。
c. 弧坑未填好。
d. 焊材含 S、P 杂质过多。
e. 轮辐轮辋装配间隙大。
③ 排除方法
a. 降低焊接速度。
b. 提高焊接电流。
c. 调整收弧规范。
d. 选用合适焊丝。
e. 告知装配工序，提高装配质量。

**(13) 故障实例 13**

① 故障现象　焊件出现焊缝凹陷现象。
② 故障原因　轮辐轮辋间隙大。
③ 排除方法
a. 减少间隙。
b. 先手工再自动焊。
c. 补焊至平焊。

**(14) 故障实例 14**

① 故障现象　工作时，时不时发生焊件焊穿。
② 故障原因
a. 转台转速太慢或不转。
b. 焊接规范参数太大（选择不对）。
c. 内焊枪偏到轮辋上，外焊枪偏到轮辐上。
③ 排除方法
a. 调速旋钮置于适当位置（不能置于零位），检修调速电机控制板 。
b. 减小焊接规范参数。
c. 调整焊枪位置。

**(15) 故障实例 15**

① 故障现象　在工作过程中焊件上出现引弧处成型不良现象。

② 故障原因

a. 引弧处有油锈等杂质。

b. 焊丝干伸长太长。

c. 工作台转速太快。

d. 电焊机工作不稳定。

③ 排除方法

a. 清理工件杂质。

b. 减小焊丝干伸长。

c. 降低工作台转速。

d. 检查Q7541R焊接控制程序电路，增加引弧控制程序。

**(16) 故障实例16**

① 故障现象　焊件的焊缝有金属溢出。

② 故障原因

a. 下坡量太大。

b. 焊枪偏向轮辐太多。

c. 焊速太慢。

③ 排除方法

a. 减小下坡量。

b. 调整焊枪位置。

c. 提高焊接速度。

# 第6章

# NSA4-300型和NSA-300型直流手工钨极氩弧整流焊机的维修

手把手教你修电焊机

Chapter 6

# 6.1 NSA4-300型和 NSA-300型直流手工钨极氩弧整流焊机的结构和工作原理

**徒弟** 师傅，我们应如何维修 NSA4-300 型和 NSA-300 型直流手工钨极氩弧整流焊机？在维修这类焊机时需要了解哪方面的知识？

**师傅** 这一节，我们针对 NSA4-300 型直流手工钨极氩弧整流焊机和 NSA-300 型直流手工钨极氩弧整流焊机的使用和原理进行分析和学习，为做到举一反三来维修类似电焊机打下良好的基础和经验。我们以 NSA4-300 型直流手工钨极氩弧焊机为例来学习该类焊机的结构和工作原理。

图 6-1 为 NSA4-300 型直流手工钨极氩弧焊机控制原理图。它包括：供氩控制电路、高频振荡器、切断高频电路及长、短弧焊控制电路等。它与 ZXG7-300-1 型整流弧焊机共同作用下进行焊接工作。

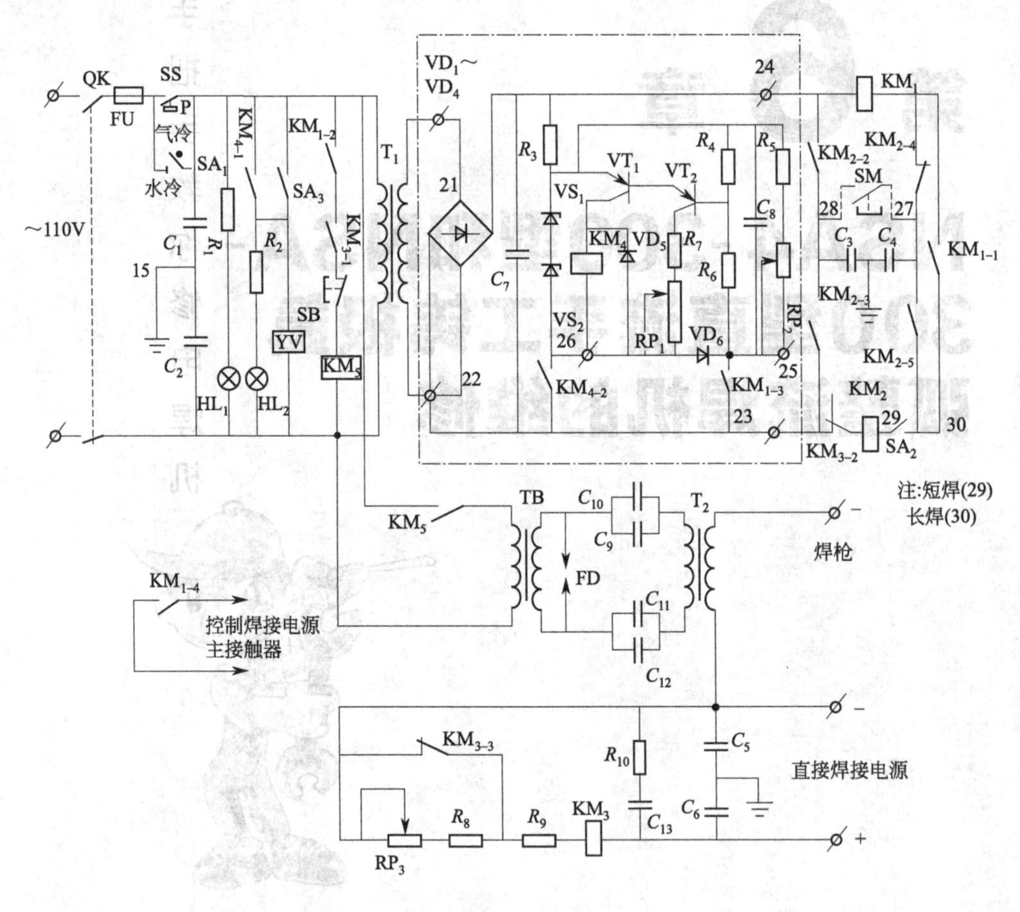


图 6-1 NSA4-300 型直流手工钨极氩弧焊机控制原理图

NSA4-300 型直流手工钨极氩弧焊机是由以下几方面构成的。

**(1) 供氩控制电路**

电磁气阀 YV 是控制氩气送气的元件，而电磁气阀 YV 受继电器 $KM_4$ 控制，电焊机停焊时氩气延时关闭时间长短，是由 $KM_4$ 线圈控制电路里的延时电路来实现，延时长短

决定于 $C_8$ 经 $R_5$ 和 $RP_2$ 的放电时间，$RP_2$ 电位器是调节放电时间长短的。

**（2）高频振荡器电路**

TB是高频升压变压器，FD是火花放电器，它是由钨（或钼）等高熔点金属制成的丝，钨丝后面带散热器，火花放电器的两极间的间隙可以调节。为了使火花放电器间隙达到最佳，该值为1～3mm。如果间隙过大，会使升压变压器最高电压时也击穿不了，振荡器中电容 $C$ 不可能与电感 $L$ 构成振荡电路，无法启振。如果间隙过小，升压变压器二次电压会使FD连续击穿，近乎短路状态，会使电容 $C$ 得不到充电的机会，因此也就无法启振。与此同时，变压器TB会因长时间短路而毁坏，甚至烧毁。当间隙较小时（如小于0.5mm），FD过早地被击穿，电容 $C$ 的充电电压不高，振荡的幅度也会很小，导致引弧效果不理想。$T_2$ 是耦合变压器，耦合变压器的铁芯是铁氧体磁环（有O型、双Ⅱ型和双E型），使用时要保证磁环的横截面最小值、一次绕组和二次绕组的匝数。耦合变压器的一次绕组实际上是振荡电感，一般使用普通2～3mm$^2$ 的多股软塑料线在铁氧体磁环上绕3～5匝即可。耦合变压器的二次绕组为耦合线圈，当振荡器与电弧串联应用时，要使用与焊接电流相适应的电缆线来绕制，需在铁氧体磁环上绕4～12匝，使耦合变压器呈升压状态，有利于加强高频信号，便于引弧。耦合变压器的匝数比可以调整，促使振荡器启振或达到击穿电弧间隙。高频引弧后自动切除，由电弧继电器 $KM_3$ 和高频电路控制继电器 $KM_5$ 共同完成。弧焊电源没有电弧时，电源输出的电弧电压是较低的，这是由电源的下降外特性所决定的。因此，电弧未引燃时，空载电压使电弧继电器 $KM_3$ 吸合，$KM_3$ 接通了 $KM_5$，$KM_5$ 又接通了高频电路，使火花放电器FD产生了高频火花，在有电源电压和氩气供应的条件下便可引燃电弧。电弧引燃之后电弧电压降低，从而使电弧继电器 $KM_3$ 达不到继电器吸合的动作电压而释放，继电器 $KM_5$ 也释放，切断了高频电路，完成了高频引弧后的自动切除过程。串联在电弧继电器 $KM_3$ 电路里的电位器 $RP_3$，是用来调整加在继电器 $KM_3$ 线圈两端电压，使在长、短弧焊时均能自动切除高频火花。

**（3）切断高频电路及长、短弧焊控制电路**

长、短弧焊是用开关 $SA_2$ 控制的。当 $SA_2$ 切换到“短焊”位置时，按下焊接手把上的微动开关SM，触头28和27接通，继电器 $KM_1$ 吸合，接通了继电器 $KM_4$，电磁气阀线圈YV通电，开始供氩，指示灯 $HL_2$ 亮，同时接通焊接电源主接触器（ZXG7-300型整流弧焊机），继电器 $KM_3$ 吸合，使继电器 $KM_5$ 工作，接通了高频振荡器，使工件与电极击穿，建立电弧之后，$KM_3$ 因电弧电压降低释放，并切断了触点 $KM_5$，使高频振荡器停止工作。此时整流弧焊机仍在运行，弧焊正常进行。

焊接将近结束时，松开手把上的微动开关SM，$KM_1$ 释放，整流弧焊机的输出电流逐步衰减，直至电弧熄灭。此时，$KM_4$ 由于电容 $C_8$ 的放电而仍然吸合，继续供氩保护工件，直至 $KM_4$ 释放，气阀关闭，供氩停止。

当 $SA_2$ 切换到“长焊”位置时，触头29和30接通。按下焊接手把的微动开关SM，触头27和28接通，$KM_1$ 与 $KM_2$ 串联且均吸合，电焊机进入长弧焊工作状态。焊接将近结束时，再次按下焊接手把的微动开关时，将 $KM_1$ 线圈短路，使 $KM_1$ 释放，电焊机进入电流衰减状态。以上为NSA4-300型直流手工钨极氩弧焊机控制原理过程。

NSA-300型直流手工钨极氩弧焊机的整流电路及弧焊控制电路如图6-2、图6-3所示。

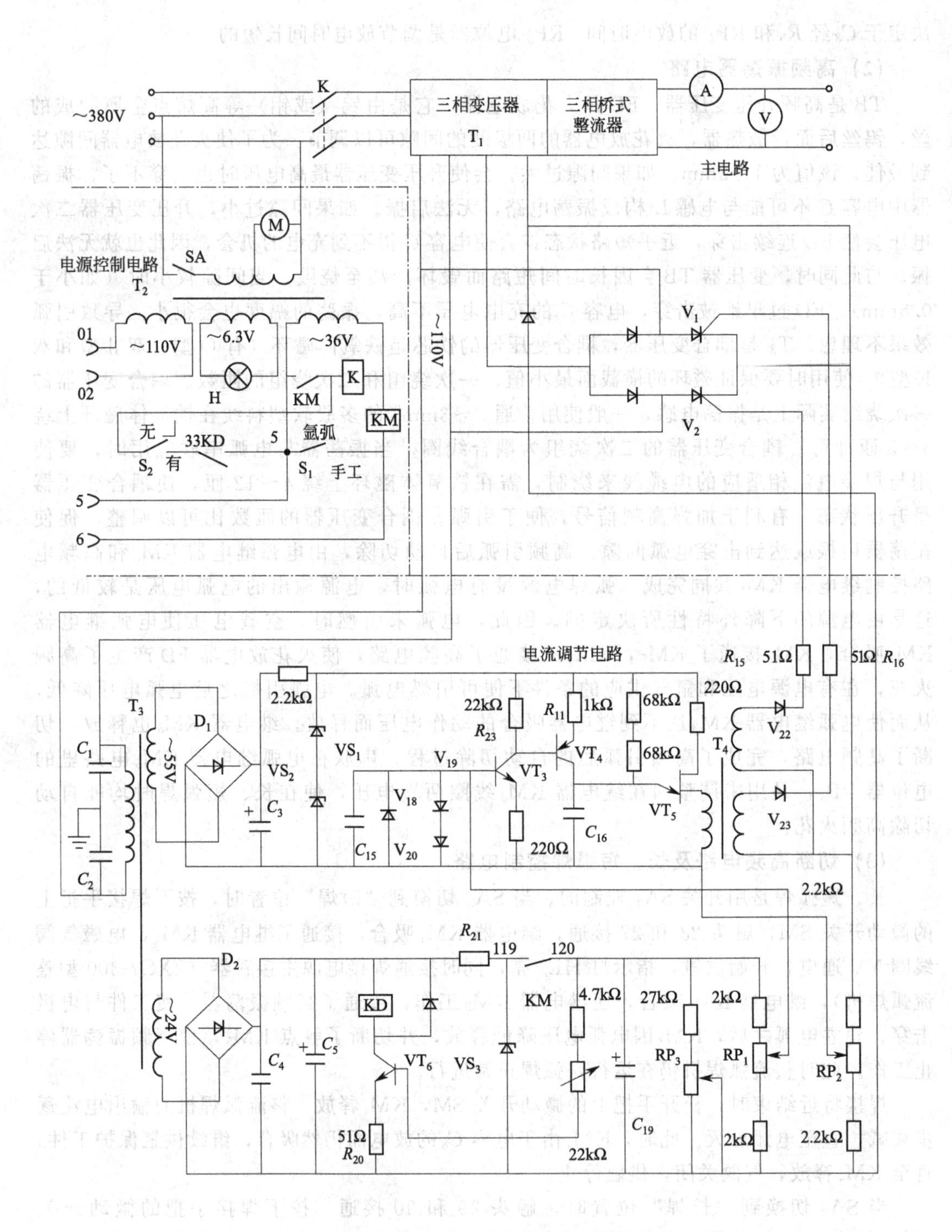


图 6-2 NSA-300 直流手工钨极氩弧整流电路

$V_1$,$V_2$—3CT-200A；$V_{18}$,$V_{19}$,$V_{20}$,$V_{22}$,$V_{23}$—2CP11

$C_3$—1000pF；$C_4$—0.22μF；$C_5$—50μF/50V；$C_{15}$=100μF；

$C_{16}$—0.47μF；$C_{19}$—200μF；$VS_1$,$VS_2$—2CW4；$VS_3$—2CW21J；

$VT_6$—3DG12；$VT_3$—3DG6D；$VT_4$—3AX31B；$VT_5$—BT-33E；

$RP_1$—22kΩ；$RP_2$—4.4kΩ；A—直流电流表；V—直流电压表；M—风机

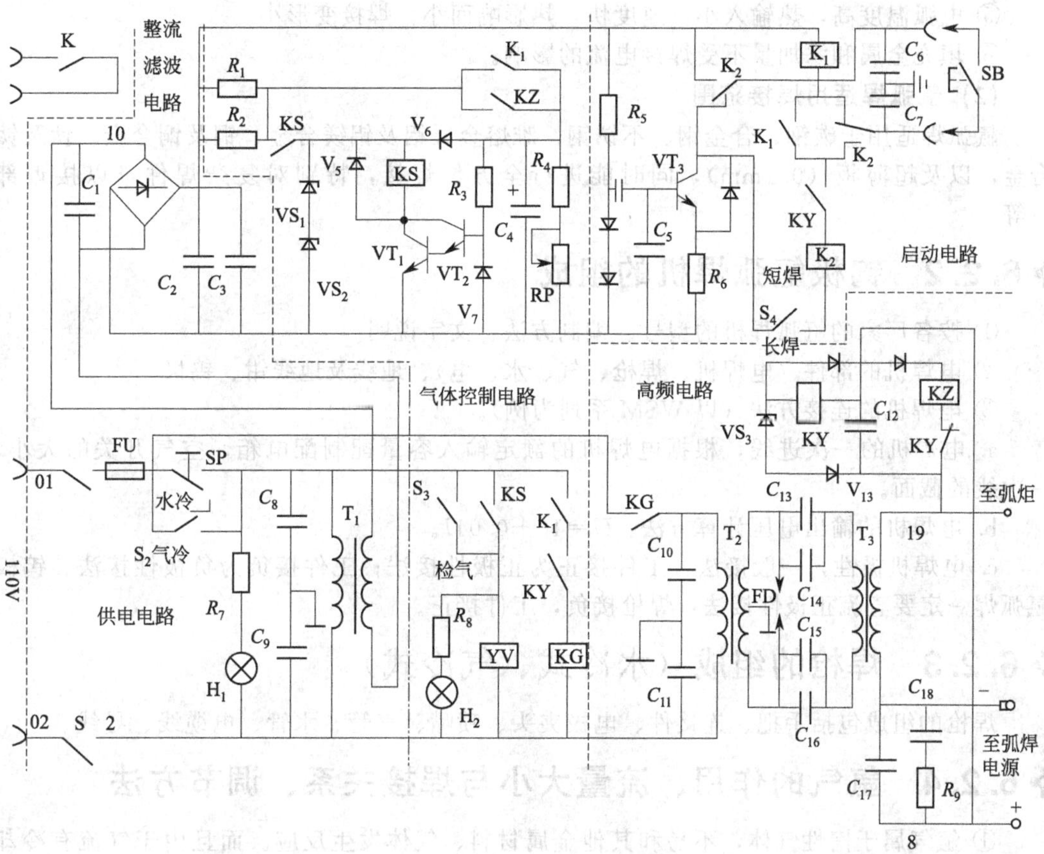

图 6-3　弧焊控制电路

$C_1$—0.01μF；$C_2$—50μF/50V；$C_3$—0.01μF；$C_4$—47μF/25；$C_5$，$C_6$，$C_7$—0.01μF/250V；
$C_8$，$C_9$—0.01μF/250V；$C_{10}$，$C_{11}$—0.01μF/250V；$C_{12}$—0.47μF；$C_{13}$，$C_{14}$，$C_{15}$，$C_{16}$—3300pF/2500V；
$C_{17}$—0.01μF/250V；$C_{18}$—2μF/250V；$R_1$，$R_2$—1kΩ；$R_3$—100kΩ；$R_4$—22kΩ；$R_5$—10kΩ；
$R_6$—18Ω；$R_7$—100kΩ；$R_8$—100kΩ；$R_9$—1Ω；$VT_1$—3DG12；$VT_2$—3DG6；$VT_3$—DD01B；
$VS_1$，$VS_2$—2CW110；$VS_3$—2CW115；YV—线圈；KG，KS，KY，KZ，$K_1$，$K_2$—继电器；
FD—放电保护；$T_1$—电源变压器；$T_2$—高频变压器

# 6.2　钨极氩弧焊的使用及维护保养

## 6.2.1　概述

钨极氩弧焊就是以氩气作为保护气体，钨极作为不熔化极，借助钨电极与焊件之间产生的电弧，加热熔化母材（同时添加焊丝也被熔化）实现焊接的方法。氩气用于保护焊缝金属和钨电极熔池，在电弧加热区域不被空气氧化。

**(1) 氩弧焊的优点**

① 能焊接除熔点非常低的铝锡外的绝大多数的金属和合金。

② 交流氩弧焊能焊接化学性质比较活泼和易形成氧化膜的铝及铝镁合金。

③ 焊接时无焊渣、无飞溅。

④ 能进行全方位焊接，用脉冲氩弧焊可减小热输入，适宜焊 0.1mm 不锈钢。

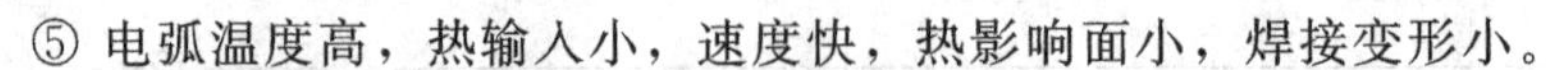

⑤ 电弧温度高，热输入小，速度快，热影响面小，焊接变形小。

⑥ 填充金属和添加量不受焊接电流的影响。

**(2) 氩弧焊适用焊接范围**

氩弧焊适用于碳钢、合金钢、不锈钢、难熔金属铝及铝镁合金、铜及铜合金、钛及钛合金，以及超薄板（0.1mm），同时能进行全方位焊接，特别对复杂焊件难以接近部位等。

## 6.2.2 钨极氩弧焊机的组成

① 按各厂家的氩弧焊机的型号、编制方法、文字说明。

② 电焊机的部件（电焊机、焊枪、气、水、电）、地线及地线钳、钨极。

③ 电焊机的连接方法（以 WSM 系列为例）。

a. 电焊机的一次进线，根据电焊机的额定输入容量配制配电箱，空气开关的大小，一次线的截面。

b. 电焊机的输出电压计算方法：$U=10+0.04I$。

c. 电焊机极性，一般接法：工件接正为正极性接法；工件接负为负极性接法。钨极氩弧焊一定要直流正极性接法：焊枪接负，工件接正。

## 6.2.3 焊枪的组成（水冷式、气冷式）

焊枪的组成包括手把、连接件、电极夹头、喷嘴、气管、水管、电缆线、导线。

## 6.2.4 氩气的作用、流量大小与焊接关系、调节方法

① 氩气属于惰性气体，不易和其他金属材料、气体发生反应。而且由于气流有冷却作用，焊缝热影响区小，焊件变形小，是钨极氩弧焊最理想的保护气体。

② 氩气主要是对熔池进行有效的保护，在焊接过程中防止空气对熔池侵蚀而引起氧化，同时对焊缝区域进行有效隔离空气，使焊缝区域得到保护，提高焊接性能。

③ 调节方法是根据被焊金属材料及电流大小及焊接方法来决定的。电流越大，保护气流量越大。活泼元素材料，保护气要加强加大流量。具体见表 6-1。

**表 6-1 各种材料的保护气流量**

| 板厚/mm | 电流大小/A | 气体流量/($m^3$/h) | | | |
|---|---|---|---|---|---|
| | | 不锈钢 | 铝 | 铜 | 钛 |
| 0.3～0.5 | 10～40 | 4 | 6 | 6 | 6 |
| 0.5～1.0 | 20～40 | 4 | 6 | 6 | 6 |
| 1.0～2.0 | 40～70 | 4～6 | 8～10 | 8～10 | 6～8 |
| 2.0～3.0 | 80～130 | 8～10 | 10～12 | 10～12 | 8～10 |
| 3.0～4.0 | 120～170 | 10～12 | 10～15 | 10～15 | 10～12 |
| ＞4.0 | 160～200 | 10～14 | 12～18 | 12～18 | 12～14 |

氩气流量太小，保护效果差，被焊金属有严重氧化现象。氩气流量太大，由于气流量大而产生紊流，使空气被紊流气卷入熔池，产生熔池保护效果差，焊缝金属被氧化现象。所以流量一定要根据板厚、电流大小、焊缝位置、接头形式来定。具体以焊缝保护效果来决定，以被焊金属不出现氧化为标准。

## 6.2.5 钨极

① 钨极是高熔点材料，熔点为 3400℃，在高温时有强烈的电子发射能力，并且钨极

有很大的电流载流能力。钨极载流能力见表6-2。

**表6-2 钨极载流能力**

| 电 极 | 直流正接法时 | 电 极 | 直流正接法时 |
|---|---|---|---|
| ϕ1.0 | 20～80A | ϕ4.0 | 300～400A |
| ϕ1.6 | 50～160A | ϕ5.0 | 420～520A |
| ϕ2.0 | 100～200A | ϕ6.0 | 450～550A |
| ϕ3.0 | 200～300A | | |

② 钨极表面要光滑，端部要有一定磨尖，同心度要好，这样焊接时高频引弧好，电弧稳定性好，熔深深，熔池能保持一定，焊缝成型好，焊接质量好。

③ 如果钨极表面烧坏或表面有污物、裂纹、缩孔等缺陷时，这样焊接时高频引弧困难，电弧不稳定，电弧有漂移现象，熔池分散，表面扩大，熔深浅，焊缝成型差，焊接质量差。

④ 钨极直径大小是根据材料厚度、材料性质、电流大小、接头形式来决定的，见表6-3。

**表6-3 钨极直径选择**

| 板厚/mm | 钨极直径/mm | 焊接电流/A | 板厚/mm | 钨极直径/mm | 焊接电流/A |
|---|---|---|---|---|---|
| 0.5 | ϕ1.0 | 35～40 | 1.5 | ϕ1.6 | 50～85 |
| 0.8 | ϕ1.0 | 35～50 | 2.0 | ϕ2.0～2.5 | 50～130 |
| 1.0 | ϕ1.6 | 40～70 | 3.0 | ϕ2.5～3.0 | 120～150 |

## 6.2.6 焊丝

焊丝选择要根据被焊材料来决定，一般以母材的成分性质相同为准。焊接重要结构时，由于高温要烧损合金元素，所以选择焊丝一定要高于母材，把焊丝熔入熔池来补充合金元素烧损。

钨极氩弧焊，一种方法可以不添丝自熔，熔化被焊母材；另一种要添加焊丝，电极熔化金属，同时焊丝熔入熔池，冷却后形成焊缝。

不锈钢焊接时，焊丝与板厚和电流大小的关系见表6-4。

**表6-4 不锈钢焊接时，焊丝与板厚和电流大小的关系**

| 板厚/mm | 电流/A | 焊丝直径/mm | 板厚/mm | 电流/A | 焊丝直径/mm |
|---|---|---|---|---|---|
| 0.5 | 30～50 | ϕ1.0 | 1.5 | 45～80 | ϕ1.6 |
| 0.8 | 30～50 | ϕ1.0 | 2.0 | 75～120 | ϕ2.0 |
| 1.0 | 35～60 | ϕ1.6 | 3.0 | 110～140 | ϕ2.0 |

可见，随着板厚增加，电流增大，焊丝直径增粗。

铝及铝合金焊接时，焊丝与板厚、电流大小关系见表6-5。

**表6-5 铝及铝合金焊接时，焊丝与板厚、电流大小关系**

| 板厚/mm | 电流/A | 钨极直径/mm | 焊丝直径/mm | 气体流量/($m^3$/h) |
|---|---|---|---|---|
| 1 | 60～90/110～140 | ϕ1.0～1.6 | | 4～6/6～8 |
| 1.5 | 70～100/130～160 | ϕ2.0 | | |
| 2 | 90～120/150～180 | ϕ2.0～3.0 | ϕ2.0 | 6～8/8～10 |
| 3 | 120～180/170～220 | ϕ3.0～4.0 | | 8～12 |
| 4 | 140～200/190～260 | ϕ3.0～4.0 | ϕ2.5 | 8～12/10～14 |
| 6 | 160～220/200～300 | ϕ4.0～5.0 | ϕ3.0 | 10～18/12～20 |

## 6.2.7 直流氩弧焊与脉冲氩弧焊的区别

① 直流氩弧焊，即在直流正极性接法下以氩气为保护气，借助电极与焊件之间的电弧在一定的要求下（焊接电流），加热熔化母材，添加焊丝时焊丝也一同熔入熔池，冷却形成焊缝。

② 脉冲氩弧焊，除直流钨极氩弧焊的规范外，还可独立地调节峰值电流、基值电流、脉冲宽度、脉冲周期或频率等规范参数，它与直流氩弧焊相比优点如下。

a. 增大焊缝的深宽比。在不锈钢焊接时可将熔深宽增大到 2：1。

b. 防止烧穿。在薄板焊接或厚板打底焊时，借助峰值电流通过时间，将焊件焊透，在熔池明显下陷之前即转到基值电流，使金属凝固。而且有小电流维持电弧直至下一次峰值电流循环。

c. 减小热影响区。焊接热敏感材料时，减小脉冲电流通过时间和基值电流值，能把热影响区范围降低到最小值，这样焊接变形小。

d. 增加熔池的搅拌作用。在相同的平均电流值时，脉冲电流的峰值电流比恒定电流大，因此电弧力大，搅拌作用强，这样有助于减少接头底部可能产生气孔和不熔合现象。在小电流焊接时，较大的脉冲电流的峰值电流增强了电弧挺度，消除了电弧漂移现象。

## 6.2.8 焊前准备和焊前清洗

① 检查电焊机的接线是否符合要求。

② 水、电、气是否接通，并按要求全部连接好，不能松动。

③ 对母材进行焊前检查并清洗表面。

④ 用工具清洗，即用刷子或砂纸彻底清除母材表面水、油、氧化物等。

⑤ 重要结构用化学清洗法，清洗表面的水、油、高熔点氧化膜、氧化物污染。简单用丙酮清洗，或用烧碱、硫酸等方法清洗。

⑥ 工作场所的清理，不能有易燃、易爆物，采取避风措施等。

## 6.2.9 焊接规范参数

钨极氩弧焊参数主要是电流、氩气流量、钨极直径、板的厚度、接头形式等。不锈钢氩弧规范参数见表 6-6；交流铝合金规范参数见表 6-7。

**表 6-6 不锈钢氩弧规范参数**

| 板材厚度/mm | 钨极直径/mm | 焊丝直径/mm | 接头形式 | 焊接电流/A | 气体流量/($m^3$/h) |
|---|---|---|---|---|---|
| 0.5 | 1.0 | 1.0 | 平对接 | 35～40 | 4～6 |
| 0.8 | 1.0 | 1.0 | 添加丝 | 35～45 | 4～6 |
| 1.0 | 1.6 | 1.6 | | 40～70 | 5～8 |
| 1.5 | 1.6 | 1.6 | | 50～85 | 6～8 |
| 2.0 | 2～2.5 | 2.0 | | 80～130 | 8～10 |
| 3.0 | 2.5～3 | 2.25 | | 120～150 | 10～12 |

**表 6-7 交流铝合金规范参数**

| 板材厚度/mm | 钨极直径/mm | 焊丝直径/mm | 接头形式 | 焊接电流/A | 气体流量/($m^3$/h) |
|---|---|---|---|---|---|
| <1.0 | 1.0～1.5 | 1.0～2.0 | 平对接 | 60～90 | 4～6 |
| 1.5 | 2.0～2.5 | 2.0 | 添加丝 | 70～100 | 6～8 |
| 2.0 | 2.0～3.0 | 2.0～2.5 | | 90～120 | 8～10 |
| 3.0 | 3.0～4.0 | 2.5～3.0 | | 120～180 | 10～12 |
| 4.0 | 3.0～4.0 | 2.5～3.0 | | 140～200 | 12～14 |
| 6.0 | 4.0～5.0 | 3.0～4.0 | | 160～220 | 14～16 |

## 6.2.10 焊接操作

**(1) 焊前**

检查设备、水、气、电路是否正常，焊件和焊枪接法是否符合要求，规范参数是否调试妥当。全部正常后，接通电源、水源、气源。

**(2) 焊接**

把焊枪的钨极端部对准焊缝起焊点，钨极与工件之间距离为1～3mm。按下焊接开关，提前送气，高频放电引弧，焊枪保持70°～80°倾角，焊丝倾角为11°～20°焊枪作直线匀速移动，并在移动过程中观察熔池，焊丝的送进速度与焊接速度要匹配，焊丝不能与钨极接触，以免烧坏钨极、焊枪。同时根据焊缝金属颜色，来判定氩气保护效果的好坏。

**(3) 收弧的方法**

① 焊接结束时，焊缝终端要多添加些焊丝金属来填满弧坑。熄灭电弧后，在熄弧处多停留一段时间，使焊缝终端得到充分氩气保护，防止氧化。

② 利用电焊机的电流衰减装置，在焊缝终端结束前关闭控制按钮，此时电弧继续燃烧，焊接继续，直至电弧熄灭，使焊缝端部不至于烧穿，保证了焊缝质量。

③ 重要结构的焊接件，焊缝的两端要加装引弧板和熄弧板。焊接引弧在引弧板上进行，熄弧在熄弧板上进行，保证了焊缝前点和终端的质量。

## 6.2.11 手工钨极氩弧焊机的维护保养

**(1) 高频振荡器的正确使用和维护**

① 高频振荡器使用时，其输入端接交流电源（380V或220V），输出端与焊接电路有两种接法：串联和并联。其中串联接法引弧较为可靠，应用较多。

② 由于高频电流的集肤效应，高频电路的连接导线不应使用单股细线，应使用加长截面稍大一些的多股铜绞线，以减少线路电阻压降。

对于购置的氩弧焊机或氩弧焊控制箱，高频振荡器的输入、输出端均已接好，所以，①、②两项就不用单独改动接线了，只需按其说明书要求使用整机就行了，对于自己组装氩弧焊控制箱的，①、②两项确需注意。

③ 使用高频振荡器引弧的弧焊电源输出端应接保护电容$C_b$。而且在电焊机运行过程中应经常检查电容$C_b$，严防接线断头，否则会使电焊机内部元件被高频电压所击穿。

④ 经常维护火花放电器，一方面需保持尖端放电间隙，应在0.5～1.0mm之间。距离过大，间隙不易被击穿，没有火花产生，则产生不了振荡，便没有高频；电压输出距离太小，间隙击穿过早，电容充电电压太低，输出高频电压不高，引弧效果不好。另一方面，要经常清理被电火花烧毛了的放电器表面，要用细砂纸打磨光亮，保持清洁，否则不易产生火花放电。

⑤ 要经常检查电焊机外的高频电路绝缘状况，特别是电焊机的输出接线端子处、焊把的连接处和焊接电缆经常受摩擦处，这些地方极易产生高频电的窜漏，造成电源和控制箱电路元件的击穿，引起电焊机的故障。

⑥ 高频振荡器在控制箱内，其表面积灰与电焊机内部灰尘应一起清除。特别注意电容器两极间，若积尘过多，会因绝缘下降而造成火花放电。

**(2) 手工钨极氩弧焊枪的正确使用和保养**

① 手工钨极氩弧焊的焊枪，和电焊机一样有功率大小之分，焊枪的功率与电焊机的容量应相匹配，额定电流要一致。常用手工钨极氩弧焊枪有气冷却（QQ型）和水冷却（QS型）两种形式，要与电焊机相配套。一般在相同容量条件下，水冷式焊枪体积小，

重量轻，应用较多。常用手工钨极氩弧焊枪的技术规格见表 6-8。

表 6-8　常用手工钨极氩弧焊枪的技术规格

| 序号 | 型号规格 | 额定电流/A | 互换电极直径/mm | 喷嘴规格(螺纹×螺距×长度×口径)/mm | 冷却方式 |
|---|---|---|---|---|---|
| 1 | QQ-0°/10 | 10 | 1.0、1.6 | M10×1.0×45×$\phi$6、$\phi$8 | 气冷 |
| 2 | QQ-65°/63-C | 63 | 1.6、2、2.5 | M10×1.0×47×$\phi$6.3、$\phi$9.6 | |
| 3 | QQ-65°/75 | 75 | 1.2、1.6 | M12×1.25×17×$\phi$6、$\phi$9 | |
| 4 | QQ-85°/100 | 100 | 1.6、2、2.5 | M10×1.0×60×$\phi$8 | |
| 5 | QQ-65°/150 | 150 | 2.5、3 | M10×1.0×60×$\phi$8 | |
| 6 | QQ-65°/200 | 200 | 1.6、2.5、3 | M18×1.5×53×$\phi$9、$\phi$12 | |
| 7 | QS-85°/200 | 200 | 1.6、2、3 | M12×1.25×26×$\phi$6.5、$\phi$9.5 | 水冷 |
| 8 | QS-85°/250 | 250 | 2、3、4 | M18×1.5×46×$\phi$7、$\phi$8、$\phi$9 | |
| 9 | QS-65°/300 | 300 | 3、4、5 | M20×2.5×41×$\phi$9、$\phi$12 | |
| 10 | QS-75°/350 | 350 | 3、4、5 | M20×1.5×40×$\phi$9、$\phi$16 | |
| 11 | QS-85°/400 | 400 | 3、4、5 | M20×2.5×40×$\phi$9.5、$\phi$18 | |
| 12 | QS-75°/500 | 500 | 5、6、7 | M28×1.5×40×$\phi$16、$\phi$20 | |

② 使用焊枪时，钨极的直径要按焊接时实际电流和钨极的许用电流来选取。不同的钨极种类和直径的许用电流，见表 6-9。

表 6-9　钨极的许用电流范围

| 钨极直径/mm | 直流/A | | | 交流/A | |
|---|---|---|---|---|---|
| | 正　接 | | 反　接 | | |
| | 纯　钨 | 钍钨、铈钨 | 纯钨、钍钨、铈钨 | 纯　钨 | 钍钨、铈钨 |
| 0.5 | 2～20 | 2～20 | — | 2～15 | 2～15 |
| 1.0 | 10～75 | 10～75 | — | 15～55 | 15～70 |
| 1.6 | 40～130 | 60～150 | 10～20 | 45～90 | 60～125 |
| 2.0 | 75～180 | 100～200 | 15～25 | 65～125 | 85～160 |
| 2.5 | 130～230 | 170～250 | 17～30 | 80～140 | 120～210 |
| 3.2 | 160～310 | 225～330 | 20～35 | 150～190 | 150～250 |
| 4.0 | 275～450 | 350～480 | 35～50 | 180～260 | 240～350 |
| 5.0 | 400～625 | 500～670 | 50～70 | 240～350 | 330～460 |
| 6.3 | 550～675 | 650～950 | 65～100 | 300～450 | 430～575 |
| 8.0 | — | — | — | — | 650～830 |

③ 焊枪的喷嘴口径和氩气流量应与焊接电流相适应。

④ 焊枪使用过程中，严禁用钨极直接与工件短路引弧，因这样做既烧损钨极，又污染焊缝，而且还易使焊枪和电源过载。

⑤ 注意调节好水冷焊枪出水口的水流量和水温。水温应在 40～45℃为宜，水温过高时应加大水流量。

⑥ 使用中要注意钨极尖端的形状，发生改变时应停止焊接，重新打磨钨极尖端，并调整好钨极长度、夹紧钨极夹子，重新投入焊接。

⑦ 焊枪在使用过程中应轻拿轻放，防止电焊机或喷嘴撞裂、碰碎。

## 6.3 NSA4-300型及NSA-300型直流手工钨极氩弧整流焊机电路故障维修实例

徒弟　师傅，通过学习 NSA4-300 型及 NSA-300 型直流手工钨极氩弧整流焊机的原理以及它的使用方法，对该焊机的有了比较清楚地认识和了解。我们在维修这类焊机时还是没有经验，师傅，您是不是再给我们介绍几种故障案例，以便尽快学好（维修）该类焊机的维修技术。

师傅 是的，下面就以NSA4-300型及NSA-300型直流手工钨极氩弧整流焊机为例给大家举几个实际故障案例进行分析和学习。

实例1～实例11为NSA4-300型直流手工钨极氩弧整流焊机故障，按图6-1进行分析，实例12～实例19为NSA-300型直流手工钨极氩弧整流焊机故障，按图6-2、图6-3分析。

**（1）故障实例1**

① 故障现象　合上电源开关QK，电源指示灯$HL_1$不亮，按下焊把按钮SM，电焊机无任何动作。

② 故障分析

a. 有可能是没有电源电压。

b. 水系统开关SS失灵。

c. 冷却水量不足，如压力太小，水管中有水垢或堵塞，水管受挤压等。

d. 焊把上按钮SM接触不良或已损坏。

e. 焊把上控制电缆断线。

f. 检测$VD_1$～$VD_4$无整流电压。

③ 处理方法

a. 检查电源电压及熔断器FU。

b. 修理水流开关，必要时换以新的。

c. 加大冷却水流量，清除水管中有水垢或堵塞地方。

d. 检修或更换新的按钮。

e. 修复断线处，要仔细检查接好并接牢。

f. 用万用电表测量整流电压，更换损坏元件（要同型号、同规格）。

**（2）故障实例2**

① 故障现象　电焊机在工作中发现无氩气保护，钨极烧坏。

② 故障分析

a. 氩气钢瓶中存气不多，压力低。

b. 电磁气阀损坏或其连线断线。

c. 继电器$KM_1$、$KM_2$、$KM_4$的触头接触不良或其连线有断路。

d. 晶体管$VT_1$或$VT_2$损坏或管脚有虚焊。

③ 处理方法

a. 检查气压，必要时换一瓶氩气。

b. 检修电磁气阀及其连线或更换新的电磁阀。

c. 检查各继电器的动作状态及其触头的接触情况，检查各连接线，修理或更换。

d. 测量各晶体管各极的电压，如果该元器件损坏就要更换损坏元件（要同型号、同规格），必要时重新锡焊或换以新的。

**（3）故障实例3**

① 故障现象　在工作中发现无高频，不能引弧。

② 故障分析

a. 高频振荡器没有工作。

b. 有可能是继电器$KM_1$、$KM_2$、$KM_4$、$KM_5$的触头接触不良或其连线有断路。

c. 微动开关未接通或已损坏。

d. 在工作时整流弧焊机上的选择开关未切换到“氩弧焊”的位置。

③ 处理方法

a. 检查变压器 TB 及 $T_2$ 是否正常；检查电容器 $C_9$～$C_{12}$ 有无击穿；调节火花间隙。

b. 检查各继电器的动作状态及其触头的接触情况；检查各连接线并接好。

c. 检查微动开关或更换新的开关。

d. 检查该开关的情况。

**(4) 故障实例 4**

① 故障现象　在工作中有高频，但不能引弧。

② 故障分析

a. 整流弧焊机无输出电压。

b. 高频变压器 $T_2$ 的输出线有断路。

③ 处理方法

a. 检查电枢电压。

b. 检查焊丝输送机构。

**(5) 故障实例 5**

① 故障现象　引弧后，高频振荡不终止。

② 故障分析

a. 电弧继电器 $KM_3$ 未释放。

b. 高频控制继电器 $KM_5$ 未释放。

③ 处理方法

a. 测量其线圈电压是否较高。

b. 检查高频控制继电器 $KM_5$ 的工作情况，如果损坏更换新的同规格的继电器。

**(6) 故障实例 6**

① 故障现象　在焊接时氩气不延时关断，而是与弧焊同时中断。

② 故障分析

a. 放电电容器 $C_8$ 已损坏。

b. $C_8$ 的电路中有断路。

c. 继电器 $KM_4$ 故障。

③ 处理方法

a. 检查 $C_8$，必要时换以新的。

b. 检查 $C_8$ 与 $KM_4$ 电路有无断路，如果损坏更换新的。

c. 检查 $KM_4$ 的工作情况，如果发现损坏立即更换新的。

**(7) 故障实例 7**

① 故障现象　在弧焊结束后，氩气不能自动延时关闭。

② 故障分析

a. 晶体管 $VT_1$ 已击穿。

b. 继电器 $KM_4$ 故障。

③ 处理方法

a. 换以新的（要同型号、同规格）。

b. 检查 $KM_4$ 的工作情况。

**(8) 故障实例 8**

① 故障现象　在焊接时短焊正常，但长焊失灵。

② 故障分析

a. 继电器 $KM_1$、$KM_2$ 有故障。

b. 整流器 $VD_1$～$VD_4$ 有故障。

c. 选择开关 $SA_2$ 的触头损坏。

③ 处理方法

a. 检查 $KM_1$ 和 $KM_2$ 的工作情况。

b. 用直流电压表检查其输出电压。

c. 更换新的 $SA_2$ 开关。

**(9) 故障实例 9**

① 故障现象　弧焊接近结束时，电流不自动衰减。

② 故障分析

a. NSA4-300 型弧焊机的控制电路中电容器 $C_8$ 断路或脱焊。

b. NSA4-300 型弧焊机的控制电路中晶体管 $VT_1$、$VT_2$ 已损坏。

③ 处理方法

a. 检查该控制电路中电容器 $C_8$ 的情况，必要时更换。

b. 检查该控制电路 $VT_1$、$VT_2$ 的工作情况，必要时更换。

**(10) 故障实例 10**

① 故障现象　在施工中发现焊把严重发热。

② 故障分析

a. 焊接电流大，工作时间长。

b. 冷却水管内有水垢或杂物，或供水量不足。

c. 电极夹头未将钨极夹紧。

③ 处理方法

a. 换一个较大的焊把。

b. 清理水管内孔，增大冷却水的压力及流量。

c. 更换电极夹头或电极压帽。

**(11) 故障实例 11**

① 故障现象　按动焊枪按钮，焊机不工作。

② 故障分析与处理　焊机工作前，应根据焊枪的冷却方法，将控制器电路（见图6-3）中的水冷、气冷转换开关置于需要的位置。当置于气冷的流量超过 1L/mm 时，水流开关 SP 接通，水流指示灯 $H_1$ 亮，焊机才可以工作；当置于气冷位置时，指示灯 $H_1$ 在没有冷却水时也会亮，说明焊机也可以工作。

当按动焊枪按钮焊机不工作时，首先应观察 $H_1$ 灯是否亮。若不亮，则应检查冷却的水源或气源；若亮，则说明 SP 已闭合，110V 电压已加至变压器 $T_1$ 一次侧，故障点在启动电路或供电电路，可从以下几方面逐一检查。

a. 短接控制器箱上 SB 两插孔，如箱内仍无任何反应，则故障在箱内；如箱内元件动作正常，则故障为 SB 损坏或其连线松脱。

b. 若 $C_2$ 电压正常，在 50V 左右，则故障在 $KM_1$ 启动电路。测 $VT_3$ 的基极电压 $U_b$ 及 $K_1$ 两端电压，并据此作出判断，$U_b<0.7V$，则是 $R_5$ 开路或 $C_5$ 短路；$U_b=0.8V$ 且 $KM_1$ 两端电压为 50V 时，则为 $K_1$ 线圈断线；$U_b=1.4V$ 且 $K_1$ 两端电压较低时，则 $VT_3$ 或 $R_6$ 损坏。

c. 若 $C_2$ 电压较低，断开 10 号线，测量 $T_1$ 二次侧电压，如为 0V，则故障为 $T_1$ 一次

侧或二次侧绕组断线；否则故障在整流滤波电路。

此外，焊钳按钮连线松动，触头接触不良，或控制电缆插头插座未旋紧接触不良，也会造成故障的发生。若为前者，紧固好松动的连线，修磨打光动静触头，必要时更换新按钮；若为后者，则应检查控制器上的电缆插头、插座连接情况。

**（12）故障实例 12**

① 故障现象　焊枪有引弧脉冲但无氩气。

② 故障分析与处理　焊机工作前，应闭合控制器电路（见图 6-3 中电源开关 K，使整流滤波电路工作，并调整好气体滞后时间，即调节电位器 RP 的位置；此外，按通氩气开关 $S_3$ 电磁阀 YV 通电动作，调节需要的氩气流量，调节完毕后断开 $S_3$。焊机处于准备工作状态。

焊机工作后，焊枪有引弧脉冲无氩气，则说明供电、启动和高频电路正常，而焊机工作前应有的调整及调节未认真进行（或调整不良），未能发现气体控制电路的故障。

当发生焊枪有引弧脉冲无氩气故障时，可从以下方面逐一检查，并根据检查结果做相应的处理。

a. 合上 $S_3$，110V 电压直接加至电磁气阀 YV 两端，若气阀仍未打开，则必定是 YV 线圈断线；若气阀打开，则故障在气体控制电路。

b. 测 $C_4$ 两端电压，若为零，则有两种可能：一是 $K_1$ 触点接触不良，电压没有加至气体控制电路；二是 $C_4$ 短路。$C_4$ 两端电压若为 24V，说明电压已加至 $VS_1$ 和 $VS_2$（24V 是两稳压管的串联稳压值），故障只能是复合管 $VT_1$、$VT_2$ 或继电器 KS；若为 30V，则是稳压管开路，$C_4$ 电压由 $R_1$、$R_2$ 的并联值与继电器 KS 的直流电阻分压获得；若为 50V，则 $V_6$ 开路，$C_4$ 由 $R_1$、$R_2$ 的并联值分压获得。

c. 测 $V_7$ 反向电压，若为 0V，则是 $R_3$ 开路或 $V_7$ 短路；若为 1.4V，则复合管输入回路正常，再测 $VT_1$ 的集电极电压，电压值为 24V，则复合管 c、e 极间开路；若为 0V，则有 KS 线圈断线。

**（13）故障实例 13**

① 故障现象　机焊接正常，能熄弧，但氩气关不断

② 故障分析与处理　焊机焊接正常，能熄弧，说明启动及高频单元完好；氩气关不断，其故障点仍在气体控制电路，可从以下两方面着手检查。

a. 测 $C_4$ 两端电压，若为 24V，则是 KZ 接点粘连（能熄弧，则 $K_1$ 触点不可能粘连）或 $V_6$ 短路，电源经 KS 和 $V_6$ 向复合管提供偏值；若为 2～20V，则是 $R_4$ 或 RP 回路断线，$C_4$ 少一条放电回路，放电时间大为加长。

b. 若 $C_4$ 两端电压为 0V，复合管无偏置电压，应截止/此时测 $V_5$ 反压，若为 24V，则是复合管 c、e 极间击穿；若为 0V，则是 KS 触点粘连。

**（14）故障实例 14**

① 故障现象　焊机整流器无空载电压。

② 故障分析与处理　弧焊整流器无空载电压，说明三相变压器无电源输入，也就是接触器 KM 未吸合或其主触头接触不良。KM 未吸合的原因即可能在整流器的电源控制电路，也可能在控制器启动电路。可从以下两方面着手检查，并排出故障点。

a. 将整流器上开关 $S_1$ 置“手工”位置，整流器输出端如有空载电压，则故障在控制器内，此时按下焊枪按钮。如听到控制器箱内有继电器动作声及高频放电声，则说明 K 动作正常，仅仅是 K 触头接触不良或连线断线；若箱内无任何声响，则说明故障不在控制器内。

b. 若$S_1$置“手工”位置，仍无空载电压，则故障在整流器电源控制电路。测KM线圈电压，若为0V，则可能是$S_1$触头接触不良或36V电源线断；若KM电压为36V而没有吸合，则是KM线圈断线；若KM吸合而K没有吸合，则是KM触头接触不良或K线圈断线；如K也已吸合，则是K主触头接触不良。

**(15) 故障实例15**

① 故障现象　焊机无高频引弧脉冲。

② 故障分析与处理　按下焊枪按钮SB，整流器有空载电压。说明整流器及控制启动电路均正常，故障在高频电路。可打开控制器箱盖观察。检查放电间隙FD有无毛刺而形成短路，或放电电极氧化或烧毛。

若放电间隙FD有毛刺，则应清除。用砂纸（细）研磨电极，调整间隙；放电间隙FD有放电火花，则可能是整流器与控制器间的8号线没连接或焊枪电缆受潮、过长或绝缘损坏接地等原因使高频被旁路。

若放电间隙FD无放电火花，测$T_2$一次电压。若为110V，则是$T_2$匝间短路。因为$C_{13}$～$C_{16}$同时坏两只以上的可能性较小，而无论坏哪一只，不论是开路还是短路，总有好电容与$T_3$一次侧形成充放电回路而使FD产生火花；若为0V，再测继电器KG线圈电压，此电压为110V且KG已吸合，则是KG动合触点接触不良；若为110V且KG没有吸合，则是KG线圈断线；若KG线圈电压为0V，继续测KY线圈电压，若为48V且KY已吸合，则是其动合触点接触不良；若KY没吸合，则是KY线圈断线；若为0，则是$VS_3$或$V_{13}$开路、控制箱8号线或19号线开断等。

**(16) 故障实例16**

① 故障现象　焊机焊接电流大，调节旋钮失灵。

② 故障分析与处理　焊机能引弧焊接，说明控制器正常，故障点在电流调节电路。可见图6-2进行检查测试。

a. 将电容$C_{16}$短路，则$VT_5$的发射极对第一基极电压为0V，没有脉冲加至变压器$T_4$，$V_1$、$V_2$不能导通，焊接电流应最小。若焊接电流仍很大，只能是晶闸管失控，只要更换$V_1$、$V_2$，故障就可排除。

b. 若短接$C_{16}$后焊接电流已降至最小，再测$VT_3$的基极电压（$C_{15}$两端）。此电压是焊接电流的给定值与电流反馈量的差值，取决于$RP_1$及$RP_2$（反馈电压）调节端的位置。当$RP_1$调至最大时，电压应从0.12V升至0.8V。若始终大于0.7V，必是$RP_1$的下端电阻或$R_{24}$开路。

c. 若$C_{15}$电压正常再测$VT_3$的集电极电压。此电压受控于$VT_3$的基极电压，当$RP_1$从最小调至最大时，它应从19V降至17V。若此电压不变且在17V以下，可能是$VT_3$的c极与e极间已击穿或严重漏电，否则必是$VT_4$的c极与e极击穿。

**(17) 故障实例17**

① 故障现象　焊机焊接电流小，调节旋钮失灵。

② 故障分析与处理　本故障与上述故障症状相反，故障点却同在电流调节电路。可参见图6-2进行检查测试。

a. 测$C_{16}$两端电压。若电压波形为锯齿波，万用表直流挡测得的是锯齿波的平均值。当$RP_1$从最小调至最大时，应从0.12V升至6.5V，否则故障可能为：$T_4$二次侧线圈开路；二极管$V_{22}$、$V_{23}$、电阻$R_{15}$、$R_{16}$开路；晶闸管$V_1$、$V_2$控制极开路。若$C_{16}$电压值大于6.5V且变化范围很小，则故障为$VT_5$的e极与b极间开路或$T_4$一次侧开路。

b. 若$C_{16}$电压很低且变化范围又很小，可短接$VT_4$的c极与e极，即减少$C_{16}$的充电

时间常数，看焊接电流是否增至最大。如仍很小，则故障是$C_{16}$短路或$R_{11}$开路；若电流能增至最大，说明后级电路正常，往前查找。

c. 测$C_{15}$两端电压，当$RP_1$从最小调至最大时，应从0.12V升至0.8V。否则故障为$VT_3$的c、e极开路或$VT_4$的c、e极间开路；若$C_{15}$两端电压为零点几伏且不变化，则为$R_{23}$开路或$C_{15}$短路。更换相应的元件，故障即可排除。

**（18）故障实例18**

① 故障现象　焊机焊接电流无衰减。

② 故障分析与处理　焊机能正常焊接，说明控制器及整流器主回路均正常，仅电源控制电路和电流调节电路存在故障。可参见图6-2进行检查测试。

a. 当$S_2$置于有电流衰减位置时，焊接结束松开SB，整流器中KM由于控制器中KM触点5和6断开而释放，但由于$S_2$与继电器KD动合触点串联闭合了5和33，K继续吸合，整流器持续供电，同时由于整流器KM中触点119与120断开，KD的吸合及焊接电流的衰减控制依赖于$C_{19}$的放电。若电流无衰减过程，应先检查焊机正常施焊时KD是否吸合，若已吸合，则故障为：$S_2$和KD触点接触不良；$C_{19}$开路；$RP_3$在短路位置。

b. 若KD未吸合，测KD线圈电压，如约为28V，故障为KD线圈断路；如为0V或很低，再测$VT_6$和基极与发射极间电压$U_{be}=0$，则故障为$R_{20}$或$R_{21}$开路，此时$VT_6$无偏置电压而截止；如$U_{be}=0.7V$，则故障为$VT_6$集电极开路或管脚虚焊。

**（19）故障实例19**

① 故障现象　焊机能正常焊接但弧切不断。

② 故障分析与处理　焊机能正常焊接，说明故障范围不大，其故障点可能在控制器的启动电路，也可能在整流器的电源控制电路，可从以下方面着手检查测试。

(1) 检查图6-3启动电路中$S_4$是否在“长焊”位置。若在，则焊接结束松开SB时，$K_1$、$K_2$将同时吸合，电弧持续不断，此时只要再揿按一次SB，$K_1$由于被$K_2$两动合触点短路而释放，电弧将熄灭。松开SB，$K_2$断电释放。

(2) 若$S_4$在“短焊”位置，可再揿按一次SB，若箱内无断电器动作声，则为SB短路。因为松开SB时，$K_1$如已释放，再揿按SB时，$K_1$应再吸合，箱内应有继电器动作声，无动作声，说明松开SB时，控制器中$K_1$并未释放，因此只能是SB短路。

(3) 再按SB时，若箱内有继电器动作声，说明$K_1$动作正确。可拧下控制器与整流器间的连接电缆，此时若已停弧，故障为控制器中$K_1$触点短路。

(4) 若电弧仍未断，说明故障在整流器。将图6-2中$S_2$置于“无”电流衰减位置。如电弧已断，则KD未释放，只能是$VT_6$的c极与e极短路。此种情况下KD始终吸合，维持K一直吸合，因此断不了弧。

(5) 若电弧仍未断，再关掉整流器上电源开关SA，如弧断且无空载电压，则故障为$S_1$短路或KM触点短路；若电弧仍未断，但仍有空载电压，则为K主触点粘连。

Chapter 7



# 第7章 MZ-1000型交直流埋弧自动焊机的维修

# 7.1 MZ-1000型交直流埋弧自动焊机的结构和工作原理

徒弟 师傅，MZ-1000型交直流埋弧自动焊机的结构和工作原理我们如何进行分析？

师傅 我们从下面的MZ-1000型交直流埋弧自动焊机工作原理图进行分析和学习。MZ-1000型为弧压调整变速送丝、小车式通用自动埋弧焊机，用于焊接开坡口或不开坡口对接焊缝、角接焊缝。此种焊缝可位于平面或与平面成15℃角以内的斜面上，其结构由焊车、控制箱（焊接控制回路）、焊丝拖动电路、焊接小车拖动电路及焊接电源；整机电路由T（BX2-1000型交流弧焊变压器）等部分组成。

焊车上装有：机头与装焊剂的漏斗、焊丝盘、控制盘。

机头包括：送丝机构、焊丝矫直机构、供电机构、调整机构等部分。

送丝机构的主要作用是将直径为3～6mm焊丝自动输送到电弧焊接区。

送丝机构的电动机转速为2650r/min，转速可以均匀调节。电动机由齿轮、螺杆组成的减速器来带动焊接小车。

## 7.1.1 MZ-1000型交流埋弧自动焊机的工作原理

**(1) MZ-1000型交流埋弧自动焊机的工作原理分析**

① 焊接控制回路 埋弧电源由交流弧焊变压器（BX2-1000型）提供，调节（BX2-1000型）弧焊变压器的外特性即调节焊接电流，是通过电动机$M_5$减速后带电动电抗器$L$铁芯移动来实现的。继电器$KA_1$和$KA_2$控制电动机$M_5$的正反转，使焊接电流增大或减小。继电器$KA_1$和$KA_2$由安装在电源箱上的按钮$SB_3$和$SB_5$或者是安装在小车控制盒上的$SB_4$和$SB_6$来控制的。$SQ_1$和$SQ_2$为电抗器活动铁芯的限位开关。降压变压器$TC_1$为控制线路的电源。弧焊变压器（BX2-1000型）的一次绕组有两个抽头，故可得到69V和78V两种空载电压，根据电源电压大小可以调换。$M_4$为冷却风扇电动机。

当按下按钮$SB_5$或$SB_6$时，继电器$KA_1$动作，电动机$M_5$反转，带动电抗器活动铁芯内移，焊接电流减小。当铁芯移至最里位置时，撞开限位开关$SQ_1$，使$KA_1$回路断电，电动机$M_2$便停止转动。当按下按钮$SB_3$或$SB_4$时，继电器$KA_2$动作，电动机$M_5$正转，电抗器活动铁芯外移，焊接电流增大，$SQ_2$为最大电流的限位开关，作用与$SQ_1$相似。

② 送丝拖动电路 电路焊丝由发电机$G_1$-电动机$M_1$系统拖动，$G_1$有两个他励绕组$W_1$和$W_2$，两个串励绕组$W_3$和$W_3'$。$W_2$由电弧电压或控制变压器$TC_2$供给励磁电压，产生磁通。按下$SB_1$，$W_2$从整流桥$UR_2$获得励磁电压，产生磁通，使$G_1$输出的电压供给$M_1$使其反转，焊丝回抽。当$W_1$和$W_2$同时工作时，$M_1$的转速和转向由它们产生的合成磁通所决定。当电弧电压变化时，导致$M_1$的转速发生变化，因而改变了焊丝的送进速度，也就改变了电弧长度（电弧电压）。

调节$RP_2$便可改变$W_1$的励磁电压，以达到调节电弧电压的目的。当增加$W_1$的励磁电压时，电弧电压增大，反之则减小（即电弧电压是由电位器$RP_2$所决定的，此电位器接于$G_1$发电机的不变磁场绕组$W_1$内，降低此绕组的电压时，电弧电压即减小，相反，增加此绕组电压时，电弧电压即增加，因此调节电位器$RP_2$就能获得一定的电弧电压）；为扩大电弧电压的调节范围，在$W_2$的励磁电压回路中，接入电阻$R_1$，开关$SA_1$与它并联。$SA_1$闭合，$R_1$被短接，$W_2$的励磁电压增大，焊丝送进速度加快，电弧长度缩短，电弧电

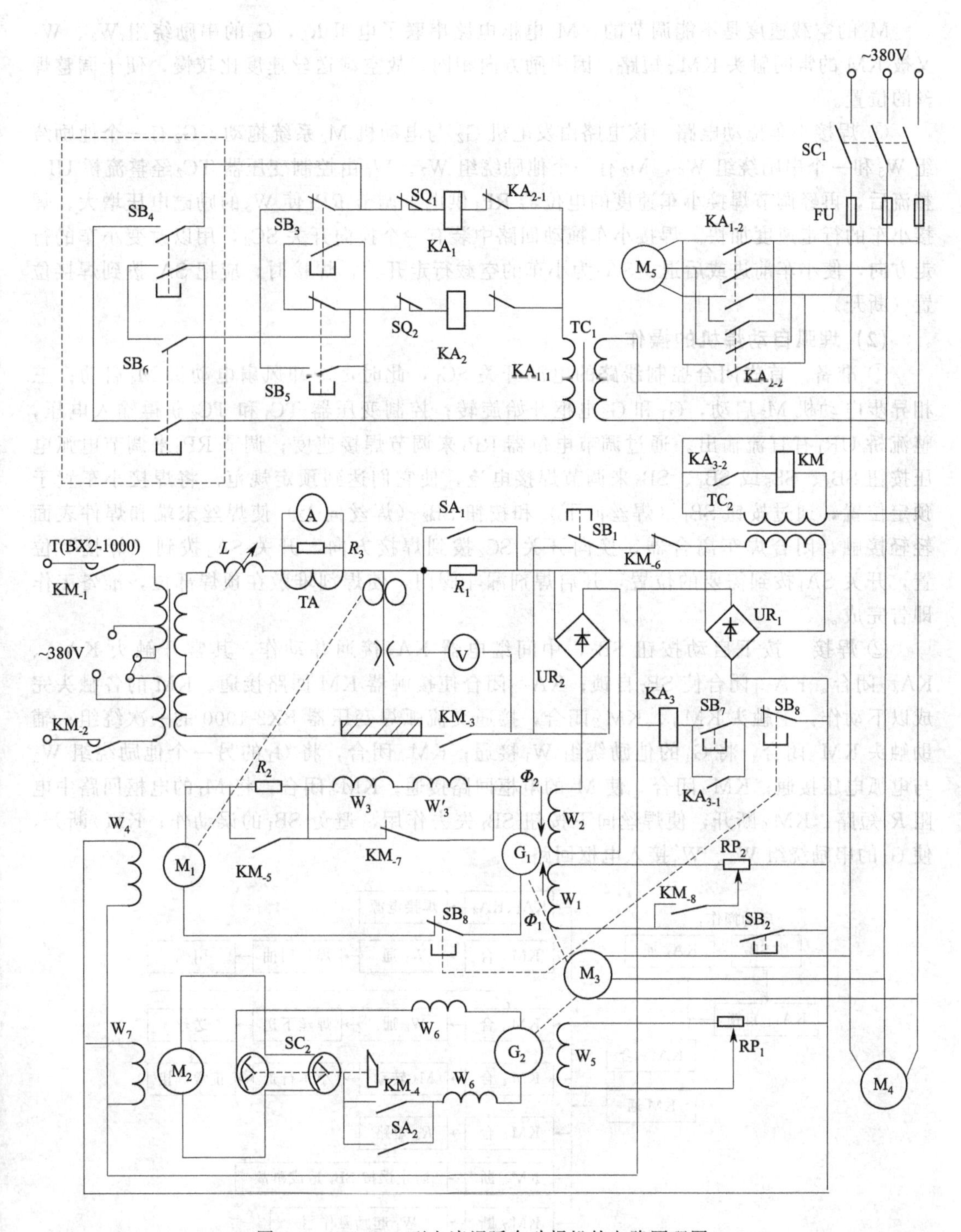


图 7-1　MZ-1000 型交流埋弧自动焊机的电路原理图

M1，M2—直流电动机；G1，G2—直流发电机；$M_3$～$M_5$—三相异步电动机；KM—交流接触器；$KA_1$，$KA_2$—交流继电器，$KA_3$—直流继电器；T—焊接变压器；$TC_1$，$TC_2$—控制变压器；$UR_1$，$UR_2$—单相整流桥；$SB_1$～$SB_8$—按钮开关；$SQ_1$，$SQ_2$—限位开关；$SC_1$，$SC_2$—转换开关；$SA_1$，$SA_2$—纽子开关；$RP_1$，$RP_2$—电位器；TA—电流互感器

压降低，适用于细焊丝焊接。$SA_1$ 断开，$R_1$ 串入回路，$W_2$ 的励磁电压降低，焊丝送进速度减慢，电弧电压升高，适用于粗焊丝焊接。

Chapter 1
Chapter 2
Chapter 3
Chapter 4
Chapter 5
Chapter 6
Chapter 7
Chapter 8
Chapter 9
Chapter 10
Chapter 11

$M_1$的空载速度是不能调节的。$M_1$电枢电路串联了电阻$R_2$，$G_1$的串励绕组$W_3$、$W_3'$又被KM的常闭触头$KM_{-7}$短路，因串励方向相同，故空载送丝速度比较慢，便于调整焊丝的位置。

③ 焊接小车拖动电路　该电路由发电机$G_2$与电动机$M_2$系统拖动，$G_2$有一个他励绕组$W_5$和一个串励绕组$W_6$，$M_2$有一个他励绕组$W_7$。$W_5$由控制变压器$TC_2$经整流桥$UR_1$整流后，再经调节焊接小车速度的电位器$RP_1$供电。调节$RP_1$使$W_5$的励磁电压增大，焊接小车的行走速度加快。焊接小车拖动回路中装有一个换向开关$SC_2$，用以改变小车的行走方向，使小车前进或后退。$SA_2$为小车的空载行走开关，焊接时，应把$SA_2$拨到焊接位置（断开）。

**（2）埋弧自动焊机的操作**

① 准备　首先闭合控制线路的电源开关$SC_1$，此时，冷却风扇电动机$M_4$启动；三相异步电动机$M_3$启动，$G_1$和$G_2$电枢开始旋转；控制变压器$TC_1$和$TC_2$获得输入电压，整流桥$UR_1$有直流输出。通过调节电位器$RP_1$来调节焊接速度；调节$RP_2$来调节电弧电压按钮$SB_3$、$SB_5$或$SB_4$、$SB_6$来调节焊接电流，使它们达到预定规范。将焊接小车置于预定位置，通过按钮$SB_1$（焊丝向下）和按钮$SB_2$（焊丝向上）使焊丝末端和焊件表面轻轻接触，闭合焊车离合器，换向开关$SC_2$拨到焊接方向，开关$SA_2$拨到“焊接”位置，开关$SA_1$拨到需要的位置，开启焊剂漏斗阀门，使焊剂堆敷在预焊部位，准备工作即告完成。

② 焊接　按下启动按钮$SB_7$，中间继电器$KA_3$接通并动作，其常开触头$KA_{3-1}$、$KA_{3-2}$闭合。$KA_{3-1}$闭合使$SB_7$自锁；$KA_{3-2}$闭合使接触器KM回路接通。KM的各触头完成以下动作：主触头$KM_{-1}$、$KM_{-2}$闭合，接通交流弧焊变压器BX2-1000的一次绕组；辅助触头$KM_{-8}$闭合，将$G_1$的他励绕组$W_1$接通；$KM_{-3}$闭合，将$G_1$的另一个他励绕组$W_2$与电弧电压接通；$KM_{-4}$闭合，使$M_2$的电枢回路接通；$KM_{-5}$闭合，将$M_1$的电枢回路中电阻$R_2$短路；$KM_{-6}$断开，使焊丝向下按钮$SB_1$失去作用，避免$SB_1$的误动作；$KM_{-7}$断开，使$G_1$的串励绕组$W_3$、$W_3'$接入电枢回路。

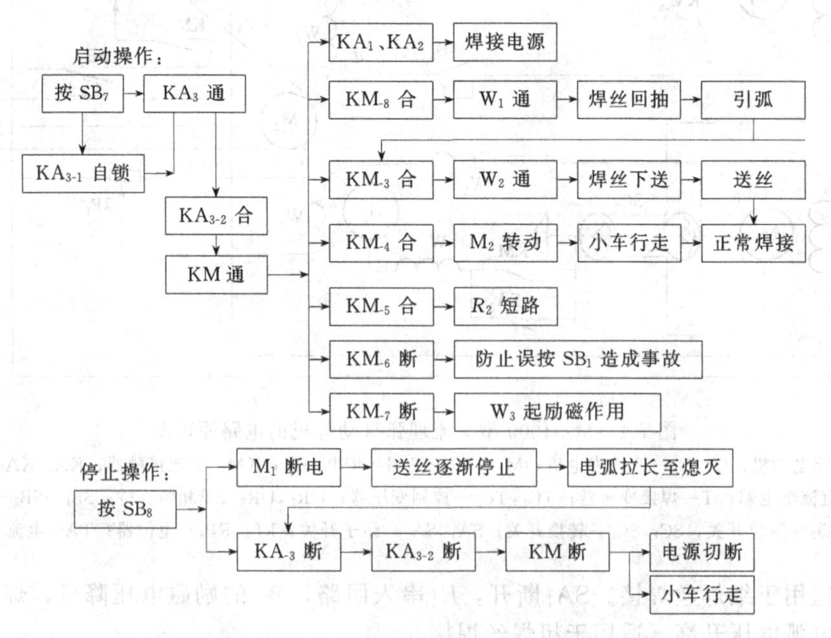


图 7-2　MZ-1000 型埋弧自动焊机动作程序方框图

在电焊机启动后的瞬间，由于焊丝先与工件接触而短路，故电弧电压为零，$W_2$两端电压为零，$W_2$不起作用。在$W_1$的作用下，使焊丝回抽，由于这时焊接主回路已被接通，在焊丝与工件之间便产生电弧。随着电弧的产生与拉长，电弧电压由零逐渐升高，使$W_2$产生的磁通也由零逐渐增加，$W_2$与$W_1$合成结果使焊丝回抽速度逐渐减慢，但这时仍由$W_1$起主导作用。当电弧电压增长到使$W_2$的励磁强度等于$W_1$的励磁强度时，合成磁通为零，$G_1$的输出电压为零，$M_1$停止转动，焊丝便停止回抽。但这时电弧仍继续燃烧，电弧电压在增加，也就是说$W_2$的磁通在继续加强，并已超过$W_1$的励磁强度，合成磁通的结果变为$W_2$起主导作用，$M_1$反向转动，焊丝开始送进。当送丝速度与焊丝熔化速度相等后，焊接过程进入稳定状态，与此同时，焊接小车也开始沿轨道移动，焊接便正常运行。

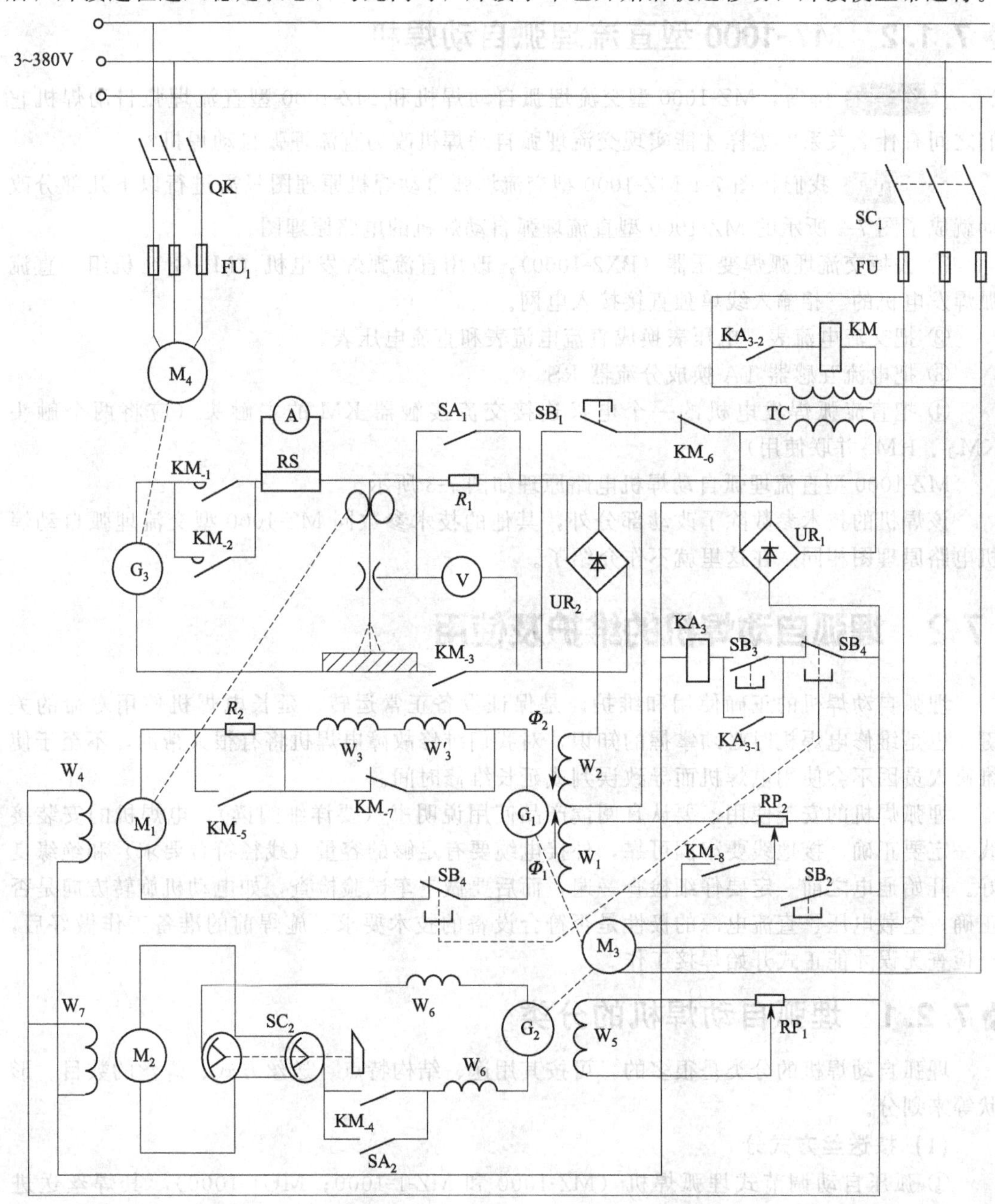


图 7-3　MZ-1000 型直流埋弧自动焊机电路原理图

③ 停止　按下 $SB_8$ 双程按钮。先按下第一程，$M_1$ 的电枢供电回路先被切断，焊丝只靠 $M_1$ 的转动惯性继续下送，但电弧还在燃烧并且拉长，使弧坑逐渐填满。电弧自然熄灭后，再按下第二程，也就是将 $SB_8$ 按到底，这时 $KA_3$ 回路才能切断，KM 回路也被切断，焊接电源切断，各继电器和接触器的触头恢复至原始状态，焊接过程全部停止，应注意 $SB_8$ 不能一次按到底，否则，焊丝送进与焊接电源同时停止和断开，但 $M_1$ 的机械惯性会使焊丝继续下送，插入尚未凝固的焊接熔池，使焊丝与工件发生“粘住”现象。

在焊接停止的同时，关闭焊剂漏斗阀门。

MZ-1000 型交流埋弧自动焊机动作程序见图 7-2。

### 7.1.2　MZ-1000 型直流埋弧自动焊机

**徒弟** 师傅，MZ-1000 型交流埋弧自动焊机和 MZ-1000 型直流埋弧自动焊机它们之间有什么关系？怎样才能实现交流埋弧自动焊机改为直流埋弧自动焊机？

**师傅** 我们将图 7-1 MZ-1000 型交流埋弧自动焊机原理图只需进行以下几部分改动就成了图 7-3 所示的 MZ-1000 型直流埋弧自动焊机的电路原理图。

① 去掉交流埋弧焊变压器（BX2-1000），改用直流弧焊发电机（$M_1$-$G_1$）机组，直流弧焊发电机的三相输入线单独直接接入电网。

② 把交流电流表、电压表换成直流电流表和直流电压表。

③ 把电流互感器 TA 换成分流器 RS。

④ 把直流弧焊发电机的一个电极连接交流接触器 KM 的主触头（应将两个触头 $KM_{-1}$、$KM_{-2}$ 并联使用）

MZ-1000 型直流埋弧自动焊机电路原理如图 7-3 所示。

该焊机的技术参数除了改动部分外，其他的技术参数同 MZ-1000 型交流埋弧自动焊机电路原理图相同。在这里就不作介绍了。

## 7.2　埋弧自动焊机的维护及使用

埋弧自动焊机的正确使用和维护，是保证设备正常运转、延长电焊机使用寿命的关键，也是维修电焊机时必须掌握的知识，对我们维修故障电焊机将有很大帮助，不至于使维修人员因不会使用电焊机而导致误判或延长维修时间。

埋弧焊机的安装使用，要认真阅读产品使用说明书（要详细阅读）。电焊机的安装接线一定要正确，接地线要牢固可靠，外接电缆要有足够的容量（线径符合要求）和绝缘良好。开始通电之前一定要仔细检查一遍，而后要做空车试验检查，如电动机旋转方向是否正确，空载电压、直流电源的极性是否符合设备的技术要求。施焊前的准备工作做好后，经检查无误才能正式开始焊接工作。

### 7.2.1　埋弧自动焊机的分类

埋弧自动焊机的分类是很多的，可按其用途、结构特点、送丝方式、焊丝的数目、形状等来划分。

**(1) 按送丝方式分**

① 弧压自动调节式埋弧焊机（MZ-1000 和 MZ-1-1000；MU1-1000）　其焊丝送进速度由电弧电压反馈控制，即依靠电弧电压对送丝速度的反馈调节和电流自身调节的

综合作用，保证弧长及燃烧的稳定性。此种焊机适用于粗丝低电流密度，使用的电源以陡降特性较好。可以用直流电源，能够焊接各种结构的对接、角接、环缝和纵缝等工作。

电弧电压自动调节系统的工作原理是当焊接系统受到外界干扰而使焊接规范偏离预定值时，能够对电弧电压进行自动调节，保持电弧电压不变，其工作原理图如图 7-4 所示。

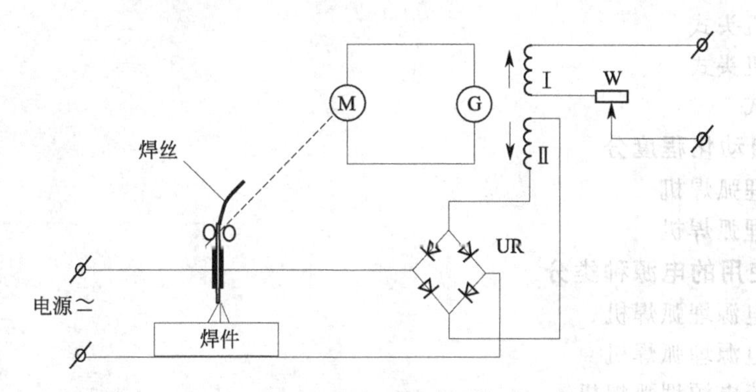


图 7-4　电弧电压自动调节系统原理图

送丝电动机 M 的励磁是由他励线圈提供，而电枢电流是由直流发电机 G 供给。G 由三相异步电动机拖动，具有两个磁通方向相反的励磁线圈，其中Ⅰ线圈由外界直流电源供给，它的作用是使焊丝送出；线圈Ⅱ由电弧电压供电，它的作用是使焊丝向焊件送进。

如果Ⅰ、Ⅱ两线圈的合成磁通使焊丝的送进速度等于焊丝的熔化速度，焊接过程稳定，自动调节不起作用。如果弧长突然变化，则使焊丝的送进速度变化。电弧电压增高，焊丝送进速度加快，电弧电压降低，则焊丝送进速度减慢，故电弧长度变化，即电弧电压变化，最终能恢复至预定值。

② 等速送丝式埋弧自动焊机（MZ1-1000）　此种焊机在选定送丝速度以后，在工作过程中送丝速度恒定不变。焊丝速度与熔化速度之间的平衡，依靠电弧自身的调节作用来保证弧长燃烧的稳定性。此种焊机的电源，用缓降的外特性较好。电源可以用交流，也可以用直流，适合细焊丝或高电流密度的情况。

电弧的自身调节过程可用图 7-5 来说明。

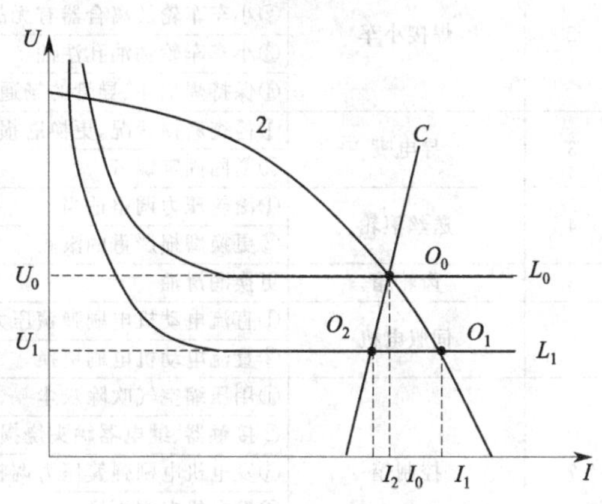


图 7-5　电弧自身调节过程原理图

原先电弧在 $O_0$ 点燃烧，$O_0$ 点是电弧静特性曲线 $L_0$、电源外特性曲线 2 和电弧自身调节系统静特性曲线 $C$ 三者的交点，电弧在这一点燃烧时，焊丝送进速度等于焊丝熔化速度，焊接过程稳定。如果由于外干扰，弧长从 $L_0$ 缩短到 $L_1$，这时电弧静特性 $L_1$ 与电源外特性曲线 2 交于 $O_1$ 点，电弧就在此点燃烧。电弧在其自身调节系统静特性曲线右边燃烧时，焊丝熔化速度大于焊丝送进速度，于是弧长增加，恢复至原先弧长而稳定燃烧。电弧能自动恢复到原点，是依靠弧长时引起的电弧电压和电弧电流的变化，从而引起焊丝熔化速度的变化来达到的，并没有外加的强迫作用，因此，这种调节作用称为自身调节作用。

**(2) 按用途分**

① 通用埋弧焊机 可以焊接各种结构件的对接、角接、环缝、纵缝等工作。

② 专用埋弧焊机 用于焊接特定的焊件或焊缝。

**(3) 按其结构特征分**

① 焊车式

② 自行机头式

③ 悬挂机头式

④ 悬臂式

**(4) 按自动化程度分**

① 单丝埋弧焊机

② 多丝埋弧焊机

**(5) 按使用的电源种类分**

① 交流电源埋弧焊机

② 直流电源埋弧焊机

③ 交直流电源埋弧焊机

## 7.2.2 埋弧自动焊机的维护保养及技术参数

埋弧自动焊机的维护保养及技术参数也是学好维修该焊机必须掌握的知识，这对维修好焊机、判断故障是有很大帮助的。

埋弧自动焊机日常应进行的维护保养工作内容及周期列于表 7-1 中。

**表 7-1 埋弧自动焊机的维护保养工作内容及周期**

| 序号 | 保养部位 | 维护保养工作内容 | 保养周期 |
|---|---|---|---|
| 1 | 整机 | ①擦拭外壳 | 每日一次 |
| | | ②空载运行 | 每月一次 |
| 2 | 焊接小车 | ①控制盘上各开关、按钮是否失灵 | 每日一次 |
| | | ②小车车轮及离合器有无故障 | 每日一次 |
| | | ③小车车轮轴油孔注油 | 每季一次 |
| | | ④保持焊剂斗、导管的畅通 | 每日一次 |
| 3 | 导电嘴 | ①检查磨损状况，更换磨损严重零件 | 每周一次 |
| | | ②紧固固定螺钉 | 每日一次 |
| 4 | 送丝滚轮 | ①滚轮压力调整适当 | 每周一次 |
| | | ②更换磨损严重的滚轮 | 每年一次 |
| 5 | 齿轮箱 | 更换润滑油 | 每年一次 |
| 6 | 伺服电机 | ①直流电动机电刷弹簧压力调整 | 每月一次 |
| | | ②直流电动机电刷更换 | 每年一次 |
| 7 | 控制箱 | ①用压缩空气吹除灰尘 | 每月一次 |
| | | ②接触器、继电器触头烧损状况 | 每年一次 |
| | | ③发电机电刷弹簧压力调整 | 每月一次 |
| | | ④发电机电刷更换 | 每年一次 |
| | | ⑤检查外部接线螺钉松动情况 | 每周一次 |
| 8 | 焊接电缆 | ①检查外皮是否破损 | 每日一次 |
| | | ②接头螺钉是否松动、发热 | 每周一次 |
| | | ③地线与工件接触是否良好 | 每日数次 |
| 9 | 控制电缆 | ①检查插件是否松动 | 每月一次 |
| | | ②外皮是否破损 | 每日一次 |
| | | ③电缆与插件接头是否有掉头开焊 | 每年一次 |

埋弧焊机使用规范参数见表7-2～表7-7。

**(1) 两面时对接参考规范（见表7-2）**

**表7-2 两面时对接参考规范**

| 焊丝直径/mm | 钢板厚度/mm | 对接焊缝间隙/mm | 电流/A | 电弧电压/V | 焊接速度/(m/h) | 焊丝速度/(m/h) |
|---|---|---|---|---|---|---|
| 3 | 3 | 0～1.5 | 350～380 | 28～30 | 71.0 | 73 |
| | 4 | 0～2.0 | 380～400 | 28～30 | 71.0 | 83 |
| | 5 | 0～2.5 | 420～450 | 30～32 | 62.0 | 95 |
| | 6 | 0～3.0 | 450～475 | 32～34 | 47.5 | 108 |
| | 8 | 0～3.0 | 475～500 | 32～34 | 41.5 | 123 |
| | 10 | 0～4.0 | 500～550 | 32～34 | 41.5 | 142 |
| | 12 | 0～4.0 | 550～600 | 32～34 | 41.5 | 164 |
| | 14 | 0～4.0 | 600～650 | 34～36 | 36.5 | 190 |
| | 16 | 0～4.0 | 650～700 | 34～36 | 32.0 | 190 |
| 4 | 4 | 0～2.0 | 450 | 28～30 | 54 | 64 |
| | 5 | 0～2.0 | 470 | 28～30 | 54 | 73 |
| | 6 | 0～2.5 | 540 | 30～32 | 47.5 | 73 |
| | 8 | 0～3.0 | 600 | 32～34 | 47.5 | 83 |
| | 10 | 0～4.0 | 600～650 | 34～36 | 41.5 | 95 |
| | 12 | 0～5.0 | 650～700 | 34～36 | 41.5 | 108 |
| | 14 | 0～5.0 | 700～750 | 36～38 | 36.5 | 123 |
| | 16 | 0～5.0 | 750～800 | 36～38 | 32 | 123 |
| | 18 | 0～5.0 | 850～900 | 38～40 | 28 | 142 |
| | 20 | 0～5.0 | 900～950 | 38～40 | 24.5 | 164 |
| 5 | 7 | 0～2.0 | 550～600 | 34～36 | 28 | 64 |
| | 8～9 | 0～3.0 | 600～700 | 34～36 | 24.5 | 64 |
| | 10 | 0～4 | 700～750 | 36～40 | 24.5 | 73 |
| | 12 | 0～5 | 750～800 | 36～40 | 24.5 | 83 |
| | 14 | 0～5 | 800～850 | 38～42 | 24.5 | 85 |
| | 16 | 0～5 | 850～950 | 38～42 | 18.5 | 95 |
| | 18 | 0～5 | 900～950 | 40～44 | 16 | 108 |
| | 20 | 0～5 | 975～1050 | 40～44 | 13.5 | 123 |
| | 14 | 3～4 | 700～750 | 34～36 | 28 | 64 |
| | 16 | 3～4 | 700～750 | 34～38 | 24.5 | 64 |
| | 18 | 4～5 | 750～800 | 36～40 | 24.5 | 73 |
| | 20 | 4～5 | 850～900 | 36～40 | 24.5 | 83 |
| | 24 | 4～5 | 900～950 | 38～42 | 24.5 | 95 |
| | 28 | 5～6 | 900～950 | 38～42 | 18.5 | 95 |
| | 30 | 6～7 | 950～1000 | 40～44 | 16 | 108 |
| | 40 | 8～9 | 1100～1200 | 40～44 | 13.5 | 123 |

**(2) 手工打底对接焊参考规范（见表7-3）**

**表7-3 手工打底对接焊参考规范**

| 焊丝直径/mm | 钢板厚度/mm | 坡口深度/mm | 坡口角度/(°) | 打底焊深厚/mm | 电流/A | 电弧电压/V | 焊接速度/(m/h) | 焊丝输送速度/(m/h) |
|---|---|---|---|---|---|---|---|---|
| 3 | 8 | — | 无 | 4 | 55～600 | 32～34 | 41.5 | 142 |
| | 10 | — | 无 | 4 | 600～650 | 32～34 | 36.5 | 164 |
| | 12 | — | 无 | 4 | 650～700 | 34～36 | 32 | 190 |
| | 14 | — | 无 | 5 | 725～775 | 36～38 | 28 | 225 |
| | 16 | 8 | 40 | 6 | 725～775 | 36～38 | 24.5 | 225 |

续表

| 焊丝直径/mm | 钢板厚度/mm | 坡口深度/mm | 坡口角度/(°) | 打底焊深厚/mm | 电流/A | 电弧电压/V | 焊接速度/(m/h) | 焊丝输送速度/(m/h) |
|---|---|---|---|---|---|---|---|---|
| 4 | 8 | | 无 | 4 | 600～650 | 34～36 | 41.5 | 95 |
| | 10 | | 无 | 4 | 650～700 | 34～35 | 36.5 | 108 |
| | 12 | | 无 | 4 | 700～750 | 36～38 | 32 | 123 |
| | 14 | | 无 | 5 | 700～750 | 36～38 | 28 | 123 |
| | 16 | 8 | 40 | 6 | 825～875 | 38～42 | 24.5 | 142 |
| | 18 | 10 | 40 | 6 | 900～950 | 38～42 | 24.5 | 164 |
| | 20 | 12 | 40 | 7 | 900～950 | 38～42 | 21.5 | 164 |
| | 8 | | 无 | 4 | 700～750 | 34～35 | 41.5 | 64 |
| | 10 | | 无 | 4 | 775～825 | 34～36 | 41.5 | 73 |
| | 12 | | 无 | 4 | 800～850 | 36～40 | 36.5 | 73 |
| | 14 | | 无 | 5 | 850～900 | 38～42 | 32 | 83 |
| | 16 | 9 | 40 | 6 | 900～950 | 38～42 | 24.5 | 95 |
| | 18 | 10 | 40 | 6 | 975～1050 | 38～42 | 21.5 | 108 |
| | 20 | 12 | 40 | 7 | 975～1050 | | 18.5 | 108 |

## (3)“船形”角焊缝焊接参考规范（见表7-4）

**表7-4 “船形”角焊缝焊接参考规范**

| 焊丝直径/mm | 焊角/mm | 电流/A | 电弧电压/V | 焊接速度/(m/h) | 焊丝输送速度/(m/h) |
|---|---|---|---|---|---|
| 3 | 4 | 350 | 28～30 | 54 | 73 |
| | 5 | 450 | 28～30 | 54 | 108 |
| | 6 | 500 | 30～32 | 47.5 | 123 |
| | 8 | 550～600 | 34～36 | 28 | 142 |
| | 10 | 600～650 | 34～36 | 21.5 | 164 |
| 4 | 5 | 450 | 34～36 | 62 | 64 |
| | 6 | 575 | 28～30 | 54 | 83 |
| | 7 | 675 | 30～32 | 47.5 | 108 |
| | 8 | 650～700 | 32～35 | 36.5 | 108 |
| | 10 | 650～700 | 34～36 | 24.5 | 108 |
| | 12 | 725～775 | 34～38 | 18.5 | 123 |
| 5 | 8 | 675～725 | 32～34 | 32 | 56 |
| | 10 | 725～775 | 32～35 | 24.5 | 64 |
| | 12 | 775～825 | 36～38 | 18.5 | 73 |

## (4)悬空双面对接焊参考规范（见表7-5）

**表7-5 悬空双面对接焊参考规范**

| 焊丝直径/mm | 焊件厚度/mm | 焊接顺序 | 焊接电流/A | 焊接电压/V | 焊接速度/(m/h) |
|---|---|---|---|---|---|
| 4 | 6 | 正 | 300～420 | 30 | 34.6 |
| | | 反 | 430～470 | 30 | 32.7 |
| 4 | 8 | 正 | 440～480 | 30 | 30 |
| | | 反 | 480～530 | 31 | 30 |
| 4 | 10 | 正 | 530～570 | 31 | 27.7 |
| | | 反 | 590～640 | 33 | 27.7 |
| 4 | 12 | 正 | 620～660 | 35 | 25 |
| | | 反 | 680～720 | 35 | 24.8 |
| 4 | 14 | 正 | 680～720 | 37 | 24.6 |
| | | 反 | 730～770 | 40 | 22.5 |

续表

| 焊丝直径/mm | 焊件厚度/mm | 焊接顺序 | 焊接电流/A | 焊接电压/V | 焊接速度/(m/h) |
|---|---|---|---|---|---|
| 5 | 15 | 正 | 800～850 | 34～36 | 38 |
| | | 反 | 850～900 | 36～38 | 26 |
| 5 | 17 | 正 | 850～900 | 35～37 | 36 |
| | | 反 | 900～950 | 37～39 | 26 |
| 5 | 18 | 正 | 850～900 | 36～38 | 36 |
| | | 反 | 900～950 | 38～40 | 24 |
| 5 | 20 | 正 | 850～900 | 36～38 | 35 |
| | | 反 | 900～1000 | 38～40 | 24 |
| 5 | 22 | 正 | 900～950 | 37～39 | 32 |
| | | 反 | 1000～1050 | 38～40 | 24 |

**(5) 无坡口铜板埋弧自动焊接对接焊规范**（见表 7-6）

**表 7-6 无坡口铜板埋弧自动焊接对接焊规范**

| 板厚/mm | 焊丝直径/mm | 焊接规范 | | |
|---|---|---|---|---|
| | | 电流/A | 电弧电压/V | 焊接速度/(m/h) |
| 2 | 1.6 | 140～160 | 32～35 | 25 |
| 3 | 2.0 | 190～210 | 32～35 | 20 |
| 4 | 2.0 | 250～280 | 30～35 | 25 |
| 5 | 2.0 | 300～340 | 30～35 | 25 |
| 6 | 2.0 | 330～350 | 30～35 | 20 |
| 8 | 3.0 | 400～440 | 33～38 | 16 |

**(6) 铝板对接焊参考规范**（见表 7-7）

**表 7-7 铝板对接焊参考规范**

| 板厚/mm | 焊丝直径/mm | 电流/A | 电弧电压/V | 焊接速度/(m/h) | 间隙/mm |
|---|---|---|---|---|---|
| 12 | 1.8 | 280～300 | 36～38 | 16 | 0～1.0 |
| 16 | 2.5 | 350～400 | 38～40 | 16 | 0～1.0 |
| 18 | 2.85 | 400～430 | 39～41 | 16 | 0～1.5 |
| 25 | 4.0 | 550～600 | 40～42 | 16 | 0～2 |

## 7.2.3 埋弧自动焊机的技术数据

**(1) 埋弧自动焊机的技术数据**（见表 7-8）

**表 7-8 埋弧自动焊机主要技术数据**

| 新型号 | MZA-1000 | MZ-1000 | MZ1-1000 | MZ2-1500 | MZ-1-1000 | MZ6-2×500 | MU-2×300 | MU1-1000 |
|---|---|---|---|---|---|---|---|---|
| 旧型号 | GM-1000 | EA-1000 | EK-1000 | EK-1500 | | EH-2×500 | EP-2×300 | |
| 送丝方式 | 弧压自动调节 | 弧压自动调节 | 等速送丝 | 等速送丝 | 弧压自动调节 | 等速送丝 | 等速送丝 | 弧压自动调节 |
| 电焊机结构特点 | 埋弧、明弧、两用小车式 | 小车式 | 小车式 | 悬挂小车式 | 小车式 | 小车式 | 堆焊专用 | 堆焊专用 |
| 焊接电流/A | 200～1200 | 400～1200 | 200～1000 | 400～1500 | 200～1000 | 200～600 | 160～300 | 400～1000 |
| 焊丝直径/mm | 3～5 | 3～6 | 1.6～5 | 3～6 | 3～6 | 1.6～2 | 1.6～2 | 焊带宽 30～80,厚 0.5～1 |
| 送丝速度/(m/h) | 30～360(弧压反馈控制) | 30～120(弧压 35V) | 52～403 | 28.5～225 | 30～120 | 150～600 | 96～324 | 15～60 |

续表

| 新型号 | MZA-1000 | MZ-1000 | MZ1-1000 | MZ2-1500 | MZ-1-1000 | MZ6-2×500 | MU-2×300 | MU1-1000 |
|---|---|---|---|---|---|---|---|---|
| 焊接速度/(m/h) | 2.1～78 | 15～70 | 16～126 | 13.4～112 | 15～70 | 8～60 | 19.5～35 | 7.5～35 |
| 焊接电流种类 | 直流 | 直流或交流 | 直流或交流 | 直流或交流 | 直流 | 交流 | 直流 | 直流 |
| 送丝速度调整方法 | 用电位器无级调速(用改变晶闸管导通角来改变直流电机转速) | 用电位器自动调整直流电机转速 | 调换齿轮 | 调换齿轮 | 用电位器无级调速(晶闸管系统) | 用自耦变压器无级调整直流电机转速 | 调换齿轮 | 用电位器无级调速调整直流电机转速 |

## (2) 埋弧半自动焊机的技术数据(表7-9～表7-26)

**表 7-9 MB-400 型半自动埋弧焊机技术数据**

| 项目 | 数据 | 项目 | 数据 |
|---|---|---|---|
| 电源电压/V | 220 | 焊丝盘可容纳焊丝质量/kg | 18 |
| 额定焊接电流/A | 400 | 焊剂漏斗可容纳焊剂质量/kg | 0.4 |
| 额定负载持续率/% | 100 | 外形尺寸(长×宽×高)/mm | 610×230×470 |
| 工作电压/V | 25～40 | SS-2 送丝机构质量/kg | 12 |
| 焊丝直径/mm | 1.6～2.0 | 焊把(连特殊软管电缆)质量/kg | 6.5 |

**表 7-10 MBL-1000 型半自动螺柱焊机技术数据**

| 项目 | 数据 | 项目 | | 数据 |
|---|---|---|---|---|
| 电源电压/V | 380(三相四线) | 焊接电流调节范围/A | | 300～1000 |
| 螺柱直径/mm | 4～16(低碳钢)<br>4～12(其他材料) | 外形尺寸 | 控制箱(长×宽×高)/mm | 450×440×240 |
| | | | 焊枪(高×枪体直径)/mm | 290×66 |
| 螺柱长度/mm | 20～65 | 质量 | 控制箱/kg | 22 |
| 焊件厚度 | 不小于螺柱直径 1/3 | | 焊枪/kg | 2.5 |

**表 7-11 MZ-2×1600 型双丝自动埋弧焊机技术数据**

| 项目 | 数据 | 项目 | 数据 |
|---|---|---|---|
| 电源电压/V | 三相 380 | 焊接速度/(m/h) | 13.5～82 |
| 频率/Hz | 50 | 送丝速度调节方法 | 等速均匀两用 |
| 额定焊接电流/A | 前丝 直流 1600<br>后丝 交流 1000 | 外形尺寸(长×宽×高)/mm | 1100×1000×800 |
| | | 质量/kg | 240 |
| 焊丝直径范围/mm | 3～5.5 | 配用电源型号 | 直流 ZXG-1600<br>交流 BX-1000 |
| 送丝速度/(m/h) | 30～180 | | |

**表 7-12 MZ-1000 型自动埋弧焊机技术数据**

| 项目 | 数据 | 项目 | 数据 |
|---|---|---|---|
| 控制箱电源电压/V | 380 | 焊丝盘可容纳焊丝质量/kg | 12 |
| 焊接电流/A | 400～1200 | 焊剂漏斗可容纳焊剂质量/kg | 12 |
| 焊接直径/mm | 3～6 | 自动焊小车外形尺寸(长×宽×高)/mm | 1010×344×662 |
| 焊接速度/(m/h) | 15～70 | 控制箱外形尺寸(长×宽×高)/mm | 980×585×705 |
| 送丝速度(弧压 35V)/(m/min) | 0.5～2.0 | | |
| 焊头位置可调节位移:<br>左右旋转角/(°)<br>向前倾斜角/(°)<br>侧面倾斜角/(°) | <br>90<br>45<br>±45 | 自动焊小车质量(不包括焊丝及焊剂)/kg | 65 |
| 垂直位移/mm<br>横向位移/mm | 85<br>±30 | 控制箱质量/kg | 160 |

**表 7-13　MZ-1-1000 型自动埋弧焊机技术数据**

| 控制箱电源电压/V | 380 | 送丝速度(弧压 35V)/(m/min) | 3 |
|---|---|---|---|
| 焊接电流/A | 220～1000 | 焊头位置可调节位移： | |
| 焊丝直径/mm | 3～6 | 左右旋转角/(°) | 90 |
| 焊接速度/(m/h) | 15～70 | 向前倾斜角/(°) | 45 |
| 侧面倾斜角/(°) | ±45 | 自动焊小车外形尺寸(长×宽×高)/mm | 1010×344×662 |
| 垂直位移/mm | 85 | | |
| 横向位移/mm | ±30 | 自动焊小车(不包括焊丝及焊剂)质量/kg | 65 |
| 焊丝盘可容纳焊丝质量/kg | 12 | | |
| 焊剂漏斗可容纳焊剂质量/kg | 12 | | |

**表 7-14　MZ1-1000 型自动埋弧焊机技术数据**

| 控制箱电源电压/V | 380 | 焊剂漏斗可容纳焊剂质量/kg | 6.5 |
|---|---|---|---|
| 焊接电流/A | 220～1000 | 自动焊焊车外形尺寸(长×宽×高)/mm | 716×346×540 |
| 焊丝直径/mm | 1.6～5 | | |
| 送丝速度/(m/h) | 52～403 | 自动焊焊车质量(不包括焊丝及焊剂)/kg | 45 |
| 焊接速度/(m/h) | 16～126 | | |
| 焊机头侧面倾斜角/(°) | 45 | 控制箱外形尺寸(长×宽×高)/mm | 750×500×540 |
| 焊丝盘可容纳焊丝质量/kg | 8 | 控制箱质量/kg | 65 |

**表 7-15　MZ2-1500 型自动埋弧焊机技术数据**

| 控制箱电源电压/V | 220 或 380 | 焊机头垂直升降距离/mm | 180 |
|---|---|---|---|
| 焊接电流/A | 400～1500 | 回收焊剂所需压缩空气压力/MPa | 0.4～0.5 |
| 焊丝直径/mm | 3～6 | 焊剂筒可容纳焊剂容量/L | 22 |
| 焊丝输送速度/(m/h) | 28.5～225 | 焊丝盘可容纳焊丝质量/kg | 12 |
| 焊接速度/(m/h) | 13.5～112 | 焊机头外形尺寸(长×宽×高)/mm | 760×710×1763 |
| 焊丝输送速度和焊接速度调节方式 | 调换变速齿轮 | 焊机头质量/kg | 160 |
| 焊机头沿焊缝横向的倾斜角/(°) | 达 60 | 配电箱外形尺寸(长×宽×高)/mm | 380×280×330 |
| 焊机头绕垂直中心线回转角/(°) | 180±45 | | |

**表 7-16　MZ8-1500 型螺旋焊管自动埋弧焊机技术数据**

| 电源电压/V | 380(三相四线) |
|---|---|
| 频率/Hz | 50 |
| 额定负载持续率/% | 100 |
| 额定焊接电流范围/A | 300～1500 |
| 焊接速度范围/(m/min) | 0.5～4 |
| 焊丝输送速度范围/(m/min) | 1～10 |
| 焊丝直径/mm | 2、2.5、3、4、5 |
| 焊接带钢钢种 | 碳素钢及低合金钢 |
| 焊接带钢壁厚/mm | 3.5～7 |
| 焊接钢管直径规格/mm | 168～529 |
| 焊头上下调整范围(在与焊点同一水平线上时)/mm | 上升 350 下降 50 |
| 焊头前后调整范围(立柱中心线到焊点中心距)/mm | 向前 1380<br>向后 900 |
| 外形尺寸(长×宽×高)/mm | 机头　2210×1040×1860<br>控制屏 1000×700×2300<br>操作台 500×500×1250 |

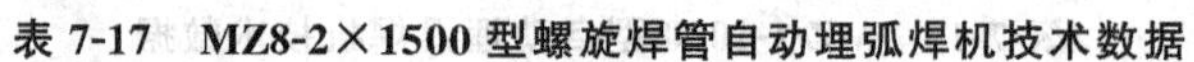

**表 7-17　MZ8-2×1500 型螺旋焊管自动埋弧焊机技术数据**

| 项目 | 数据 |
|---|---|
| 电源电压/V | 380 |
| 额定焊接电流(两个焊头均达)/A | 1500 |
| 焊丝直径/mm | 3～5 |
| 焊接速度(指带钢的递送速度)/(m/min) | 0.6～2.7 |
| 焊丝输送速度(电弧电压反馈)/(m/min) | 1～6 |
| 焊丝输送方式 | 电弧电压自动调节 |
| 负载持续率/% | 100 |
| 焊头悬臂水平移动范围/mm | ±200 |
| 悬臂绕立柱旋转角度/(°) | ±90 |
| 悬挂移动机构沿水平方向旋转角度/(°) | ±90 |
| 悬臂上、下移动范围/mm | 900 |
| 焊头沿焊缝横向调节角/(°) | ±30 |
| 焊头垂直移动距离/mm | 85 |
| 两焊丝间可调距离(允许双丝间倾斜±20°时)/mm | 20～80 |
| 焊头轴向电动移动速度/(mm/s) | 8 |
| 焊头轴向电动移动范围(焊点为中心)/mm | ±50 |
| 焊丝盘可容纳焊丝质量/kg | 50～100 |
| 焊剂斗可容纳焊剂质量/kg | 25 |
| 压缩空气压力/kPa | 400～600 |
| 外形尺寸(长×宽×高)/mm | 2800×950×3480 |
| 控制箱外形尺寸(长×宽×高)/mm | 585×435×455 |
| 质量/kg | 焊机 1200<br>控制箱 75 |

**表 7-18　MU1-1000-1 型带极自动埋弧焊机技术数据**

| 项目 | 数据 | 项目 | 数据 |
|---|---|---|---|
| 控制电源电压/V | 380 | 带极盘质量/kg | 20 |
| 带极厚度/mm | 0.5～1.0 | 熔剂漏斗可容纳熔剂质量/kg | 15 |
| 带极宽度/mm | 30～80 | 自动头子尺寸(长×宽×高)/mm | 1300×430×855 |
| 堆焊电流/A | 400～1000 | 控制箱尺寸(长×宽×高)/mm | 1000×515×748 |
| 堆焊速度/(m/h) | 6～28 | 自动头子质量/kg | 80 |
| 带极输送速度/(m/h) | 20～80 | 控制箱质量/kg | 123 |

**表 7-19　MU8-2×1500 型双丝自动埋弧焊机技术数据**

| 项目 | 数据 | 项目 | 数据 |
|---|---|---|---|
| 摇臂机构： | | 立柱移动速度/(mm/min) | 600 |
| 摇臂全长/mm | 2500 | 摇臂升降行程/mm | 1100 |
| 立柱中心至工件中心距离/mm | 1400 | 摇臂升降速度/(mm/min) | 1000 |
| 立柱移动行程/mm | 600 | 额定负载持续率/% | 100 |
| 跟踪执行机构： | | 焊接电流调节范围/A | 200～2000 |
| 运动行程/mm | ±50 | 次级空载电压/V | 80 |
| 运动速度/mm | 5～6 | 工作电压/V | 40 |
| 送丝机构： | | 交流电焊机型号 | BX1-1000 |
| 焊丝直径/mm | 3～6 | 电源电压/V | 380 |
| 送丝速度/(m/min) | 0.7～5 | 相数 | 3 |
| 焊枪水平调整/mm | ±35 | 频率/Hz | 50 |
| 焊枪垂直调整/mm | 80 | 额定焊接电流/A | 1000 |
| 焊枪前后调整/mm | 80 | 额定负载持续率/% | 100 |
| 焊枪转动调整/(°) | ±25 | 次级空载电压/V | 81 |
| 直流电源： | | 工作电压/V | 40 |
| 型号 | ZXG-1500 | 焊接电流调节范围/A | 300～1300 |
| 相数 | 3 相 | | |
| 频率/Hz | 50 | | |
| 额定焊接电流/A | 1500 | | |

**表 7-20　MZD8-2×1500 型螺旋管带钢对焊自动埋弧焊机技术数据**

| 电源电压/V | 380 | 焊丝盘可容纳焊丝质量/kg | 30～50 |
|---|---|---|---|
| 额定焊接电流(两个焊头均达)/A | 1500 | 焊剂斗可容纳焊剂质量/kg | 15 |
| 焊丝直径/mm | 3～5 | 压缩空气压力/kPa | 0.4～0.6 |
| 焊接速度(指割焊机机头速度)/(m/min) | 0.5～1.5 | 压缩空气流量/(L/min) | 100 |
| 焊丝输送速度(电弧电压反馈)/(m/min) | 1～6 | 外形尺寸：<br>控制箱(长×宽×高)/mm<br>操作箱(长×宽×高)/mm | <br>585×435×455<br>455×285×335 |
| 焊丝输送方式 | 电弧电压自动调节 | 质量： | |
| 负载持续率/% | 100 | 机头/kg | 70 |
| 两焊丝间可调距离(允许双丝间倾斜角±20°)/mm | 20～120 | 控制箱/kg | 62 |
| 焊头垂直位移/mm | 85 | 操作箱/kg | 10 |

**表 7-21　MZ9-1000 型悬臂式单头自动埋弧焊机技术数据**

| 电源电压/V | 380 |
|---|---|
| 额定输入容量/kV·A | 1000 |
| 电源频率/Hz | 50 |
| 额定负载持续率/% | 80 |
| 额定焊接电流/A | 1000 |
| 空载电压/V | 80/90 |
| 工作电压/V | 30～42 |
| 电流调节范围/A | 100～1000 |
| 焊丝直径/mm | 3～6 |
| 焊丝输送速度(当弧压反馈时 $U$ 弧=30～40V)/(m/h) | 30～120 |
| 焊接速度(横臂水平移动速度)/(m/h) | 6～48 |
| 横臂有效工作行程/mm | 垂直 5000,水平 5000 |
| 台车移动速度/(m/h) | 6～48 |
| 焊丝盘可容纳的焊丝质量/kg | 不小于 12 |
| 焊剂容器可容纳的焊剂容量/L | 不小于 10 |
| 立柱回转角度/(°) | 360 |
| 外形尺寸：<br>电焊机总高/mm<br>台车尺寸/mm<br>横臂总长/mm | <br>7500<br>2400×2400<br>(轨距为 2000)8200 |
| 质量/kg | 6500 |

**表 7-22　MZN8-2×1500 型螺旋管内焊自动埋弧焊机技术数据**

| 电源电压/V | 380 |
|---|---|
| 额定焊接电流(两个焊头均达)/A | 1500 |
| 焊丝直径/mm | 3～5 |
| 焊接速度(指带钢的递送速度)/(m/min) | 0.6～2.7 |
| 焊丝输送速度(电弧电压反馈)/(m/min) | 1～6 |
| 焊丝输送方式 | 电弧电压自动调节 |
| 负载持续率/% | 100 |
| 两焊丝间可调距离(允许双丝间倾斜角±15°)/mm | 15～60 |
| 两焊丝适应成型角的变化可调角/(°) | 50～75 |
| 两焊丝沿焊缝可调倾斜角/(°) | ±15 |
| 焊头沿钢管轴向可调距离/mm | 450 |

续表

| | |
|---|---|
| 焊头沿钢管径各可调距离/mm | 200 |
| 导电杆上、下可调范围/mm | ±50 |
| 焊头轴向电动移范围(以焊点为中心)/mm | 8 |
| 焊丝盘可容纳焊丝质量/kg | 50～100 |
| 焊剂斗可容焊剂质量/kg | 25 |
| 压缩空气压力/kPa | 4～6 |
| 冷却水流量/(L/h) | 6 |
| 冷却水压力/kPa | 1.5～2 |
| 外形尺寸：<br>机头(长×宽×高)/mm<br>控制箱(长×宽×高)/mm<br>操作箱(长×宽×高)/mm | <br>1600×500×800<br>585×435×455<br>455×285×335 |
| 质量：<br>机头/kg<br>控制箱/kg<br>操作箱/kg | <br>224<br>75<br>11 |

**表 7-23　MU-2×300 型双头自动埋弧堆焊机技术数据**

| | |
|---|---|
| 可焊车轮直径/mm | 760～2000 |
| 焊接电流/A | 160～300 |
| 焊接速度调节方式 | 调换齿轮 |
| 焊接速度/(m/h) | 19.5～35 |
| 焊丝输送速度调节方式 | 调换齿轮 |
| 焊丝输送速度/(m/ h) | 96～324 |
| 焊丝直径/mm | 1.6～2 |
| 控制箱电源电压/V | 380 |
| 控制箱所需容量/kV·A | 约 0.8 |
| 控制线路电压/V | 36 |
| 自动堆焊机头朝被焊车轮径向移动距离/mm | 80(不变更角度);30(变更角度) |
| 两焊嘴间可调节距离/mm | 10 |
| 自动焊机头在垂直方向上下移动距离/mm | 170 |
| 焊丝盘可容纳焊丝质量/kg | 每只 8 |
| 焊剂漏斗容纳焊剂质量/kg | 15 |
| 外形尺寸(长×宽×高)/mm<br>自动堆焊机头<br>控制箱 | <br>870×(1500～2400)×920<br>600×520×630 |
| 自动堆焊机头(不包括焊丝及焊剂)质量/kg | 100 |
| 控制箱质量/kg | 65 |

**表 7-24　MU2-1000 型悬臂式单头纵环缝带极自动埋弧堆焊机技术数据**

| | |
|---|---|
| 电源电压/V | 380 |
| 额定输入容量/kV·A | 100 |
| 电源频率/Hz | 50 |
| 额定负载持续率/% | 80 |
| 额定焊接电流/A | 1000 |
| 空载电压/V | 80/90 |
| 工作电压/V | 30～42 |

续表

| | |
|---|---|
| 电流调节范围/A | 300～1000 |
| 带极尺寸/mm | 厚0.4～0.6;宽20～60 |
| 带极输送速度(当弧压反馈时$U_{弧}$=30～42V)/(m/h) | 20～80 |
| 焊接速度(横臂水平移动速度)/(m/h) | 6～48 |
| 横臂垂直移动速度/(m/h) | 180 |
| 横臂有效工作行程/mm | 垂直5000,水平5000;6500 |
| 台车移动速度/(m/h) | 6～48 |
| 焊机头在垂直方向上的位移/mm | 不小于300 |
| 焊机头水平方向的调节距离/mm | 不小于±150 |
| 带极沿焊缝方向的前后倾角/(°) | 不小于±45 |
| 带极盘可容纳的带极质量/kg | 不小于12 |
| 焊剂容器可容纳的焊剂容量/L | 不小于10 |
| 带极经校正机构矫直后的允许弯曲度(在100mm内)/mm | 小于3.5 |
| 立柱回转角度/(°) | 360 |
| 轨道间距/mm | 2000 |
| 外形尺寸: | |
| 焊机总高/mm | 7500;9000 |
| 台车尺寸(长×宽)/mm | 2400×2400 |
| 横臂总长/mm | 8200(轨距为2000mm) |
| 质量/kg | 6500;6700 |

**表7-25　MU3-2×1000型悬臂式双关内环缝带极自动埋弧堆焊机技术数据**

| | |
|---|---|
| 电源电压/V | 380 |
| 额定输入容量/kV·A | 2×100 |
| 电源频率/Hz | 50 |
| 额定负载持续率/% | 80 |
| 额定焊接电流/A | 2×1000 |
| 空载电压/V | 80/90 |
| 工作电压/V | 2×(30～42) |
| 电流调节范围/A | 2×(300～1000) |
| 带极尺寸/mm | 厚0.4～0.6;宽20～60 |
| 带极输送速度(当弧压反馈时$U_{弧}$=30～42V)/(m/h) | 20～80 |
| 焊接速度(焊车水平移动速度)/(m/h) | 6～48 |
| 横臂垂直移动速度/(m/h) | 180 |
| 焊车水平有效工作行程/mm | 4500 |
| 焊车垂直有效工作行程/mm | 2200 |
| 台车移动速度/(m/h) | 6～48 |
| 焊头在垂直方向上的位移/mm | 不小于300 |
| 焊头水平方向的调节距离/mm | 不小于±150 |
| 带极沿焊缝方向的前后倾角/(°) | 不小于±45 |
| 带极盘可容纳的带极质量/kg | 不小于12 |
| 焊剂容器可容纳的焊剂容量/L | 不小于10 |
| 带极经校正机构矫直后的允许弯曲度(在100mm内)/mm | 小于3.5 |
| 轨道间距/mm | 2000 |
| 外形尺寸: | |
| 焊机总高/mm | 7500 |
| 台车尺寸(长×宽)/mm | 2400×2400,轨距为2000 |
| 横臂总长/mm | 9400 |
| 质量/kg | 8500 |

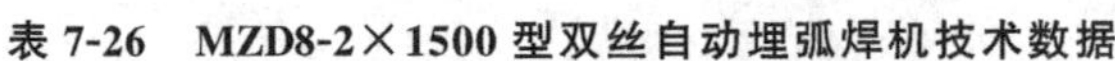
**表 7-26　MZD8-2×1500 型双丝自动埋弧焊机技术数据**

| 项目 | 数据 | 项目 | 数据 |
| --- | --- | --- | --- |
| 直流电源： | | 额定焊接电流/A | 1500 |
| 型号 | ZXG-1500 | 额定负载持续率/% | 100 |
| 电源电压/V | 380 | 焊接电流调节范围/A | 200～2000 |
| 相数 | 3 相 | 次级空载电压/V | 80 |
| 频率/Hz | 50 | 工作电压/V | 40 |
| 额定输入容量/kV·A | 163 | 送丝枪间距/mm | 0.7～5 |
| 交流电源： | | 两焊枪间距/mm | 140～235 |
| 型号 | BX1-1000 型 | 两焊枪头中心距(当两焊枪头夹角为20°时)/mm | ≥10 |
| 电源电压/V | 380 | | |
| 相数 | 单相 | 两焊枪横向移动： | |
| | | 左移/mm | 30 |
| 频率/Hz | 50 | 右移/mm | 20 |
| 额定焊接电流/A | 1000 | 两焊枪上下微调/mm | 35 |
| 额定负载持续率/% | 100 | 两焊枪自动跟踪：左、右移/mm | 各 20 |
| 次级空载电压/V | 81 | | |
| 工作电压/V | 40 | 跟踪速度/(mm/s) | 6 |
| 焊接电流调节范围/A | 300～1300 | 焊剂头可装焊剂质量/kg | 40 |
| 焊接小车速度/(m/min) | 0.3～1.5 | 焊丝盘可容纳焊丝质量/kg | 60 |

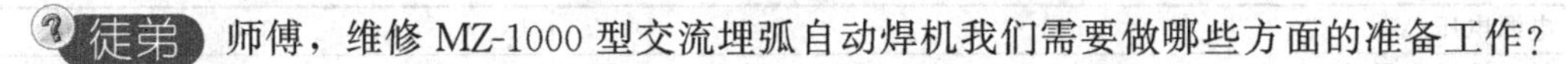
## 7.3 MZ-1000 型交流埋弧自动焊机的故障维修实例

**徒弟**　师傅，维修 MZ-1000 型交流埋弧自动焊机我们需要做哪些方面的准备工作？

**师傅**　这一章的内容我们只是以 MZ-1000 型交流埋弧自动焊机为典型案例进行分析和学习，以便为遇到该类焊机或其他类型焊机打下一个良好的维修基础和积累经验。

维修这类电焊机故障，首先要要对它的电气工作原理要认真地学习和理解，而且还要熟悉电焊机的使用方法和辅助设备的技术参数。要遵循一定的步骤和使用各种维修工具。对故障电焊机的故障性质和原因，一定要做好维修记录和原始记录的记载。下面通过几个典型的例子来加深对故障的理解和学习。

**(1) 故障实例 1**

① 故障现象　电焊机电源接通后，当按下启动按钮 $SB_7$，中间继电器、接触器 KM 不动作。

② 故障分析及处理　闭合电源 $SC_1$，风扇电动机 $M_4$ 或三相异步电动机 $M_3$ 运转正常，证明熔断器是良好的。否则，要检查熔断器。

按下 $SB_7$，观察中间继电器 $KA_3$ 是否动作，有以下三种情况。

a. 按下 $SB_7$，$KA_3$ 动作，触头合上，并且不掉下来。则故障就在接触器线圈本身或控制回路上。原因可能是 $KA_{3-2}$ 触头烧毛、不洁或有氧化层不导电，还可能是 KM 线圈松动，接触不良。

b. 按下 $SB_7$，$KA_3$ 动作，触头合上，但一松开 $SB_7$，$KA_3$ 就复原。说明自锁回路有故障。原因很可能是 $KA_3$ 触头不洁或有氧化层。

c. 按下 $SB_7$，$KA_3$ 不动作。该故障原因比较复杂，要仔细对照电焊机电路原理图逐一排查。

按下 $SB_1$ 送丝，再按下 $SB_2$ 抽丝。这说明控制变压器 $TC_2$ 以上的线路都是正常的，整流桥 $UR_1$ 和 $UR_2$ 的工作也是正常的。则故障就出在 $KA_3$ 线圈、$SB_7$ 以及 $SB_8$ 的回路上。这

时可按几下 $SB_8$ 之后再按 $SB_7$，如果 $KA_3$ 动作了，则说明故障就是 $SB_8$ 接触不良，应拆开检修。如果还无反应，可用绝缘棒压下 $KA_3$ 的活动部分，使 $KA_3$ 的两个常开触头闭合，此时可能出现下面两种情况。

ⅰ. KM 动作，这表明接触器是好的。但绝缘棒一拿走，中间继电器的活动部分又复原了，这表明故障仍在 $KA_3$ 线圈上、$SB_7$ 和 $SB_8$ 回路中，需停机或带电分段检查这一段线路，找出故障。

ⅱ. KM 动作，而且绝缘棒拿走以后，$KA_3$ 的活动部分不再复原，则说明 $KA_3$ 线圈已通电，触头 $KA_{3-1}$ 起自锁作用。故障出在 $SB_7$ 本身接触不良或 $SB_7$ 回路断开。故障的原因主要是小车上的插座、插头处接触不良，导致从控制箱中的 $KA_3$ 线圈上引到控制盘中按钮 $SB_7$ 的导线在插头处断路。

d. 按 $SB_1$ 送丝，按 $SB_2$ 焊丝不动。说明 $TC_2$ 以上的线路工作是正常的，故障出在 $TC_2$ 以下的线路部分。此时应停机或带电分段检查这一段线路和电器元件，直到找出故障为止。

e. 按 $SB_1$ 和 $SB_2$，焊丝均不动。这时故障很可能就出在包括 $TC_2$ 在内的以上线路部分。此时，同样可以将中间继电器活动部分强行合上，来检查故障所在部位。如果此时接触器 KM 能合上，表明 KM 线圈通电，则故障很可能就在 $TC_2$ 线路中或 $TC_2$ 本身。

在确定了故障范围，需进一步检查时，首先检查外部接线，仔细检查是否有断线、接头松动和烧坏的地方。还要注意到小车控制电缆插头接触是否可靠，控制箱中的导线接头是否松动等。

**(2) 故障实例 2**

① 故障现象　开始焊接时，按下焊丝向上或向下的按钮，而输送焊丝的电动机不转。

② 故障分析

a. 控制线路没有电压，例如熔体熔断，降压变压器损坏或整流器损坏。

b. 电动机电枢回路中有断路。例如停止按钮的常闭触头接触不良，电动机电刷脱落。

c. 控制电缆的芯线有断路或插头、插座接触不良。

d. 焊丝输送机构中机械部分有故障。

③ 处理方法

a. 认真逐级检查控制回路的各点参数（电压、电流）。

b. 检查电枢回路中可能发生断路的各点，并用直流电压表逐级检查直流电压。修复或更换新的电刷。

c. 检查电缆芯线及插头与插座之间的接触情况。

d. 检查焊丝输送机构。

**(3) 故障实例 3**

① 故障现象　在加工设备时，自动焊机一个小车轮的胶皮外缘被热的焊件烫坏，直接影响了工作。

② 故障分析　自动焊机小车的车轮有如下三个功能。

a. 支承焊接小车，滚动时拖动小车在轨道上匀速地移动。

b. 使小车与轨道相互绝缘，因为小车上连着导电嘴和焊丝，轨道放在工件上，这正是电弧的两极，就靠小车车轮外缘的胶皮绝缘。

c. 小车车轮外缘有导向槽，保证小车沿导轨走直线。

现在，该电焊机小车的一个车轮外缘的胶皮被热件（焊件）烫坏，车轮的绝缘就被破坏，这会造成焊机电源通过小车而与工件短路，使焊接难以进行。虽然小车车轮外缘尚有部分胶皮可起到绝缘作用，但小车行走时也不会平衡，将会影响电弧的稳定和焊接质量。由此可见，小车车轮外面的橡胶是很重要的。

③ 处理方法　更换因热件（焊件）烫坏的车轮。如没有备用车轮，可以用粗的电木棒加工一个尺寸相同的车轮换上，解决临时加工工作。一般情况下应需要多备几个小车的车轮（因在实际工作中小车轮的损坏比较常见）。

**(4) 故障实例 4**

① 故障现象　电焊小车不能向前或向后移动。

② 故障分析

a. 位于电焊小车控制盘中央的小开关的触头损坏。

b. 交流接触器与电焊机小车的接线有错误。

c. 小车进退换向开关损坏。

d. 控制电缆的芯线有断路或插头接触不良。

③ 处理方法

a. 可临时用一根导线将它短路，必要时换一个新的开关。

b. 检查辅助触头的接触情况。

c. 更换新的开关。

d. 检查电缆的芯线有断路或插头接触不良情况。

**(5) 故障实例 5**

① 故障现象　在工作时电焊小车行走速度不能调节。

② 故障分析

a. 调节速度的电位器 $RP_1$ 的滑动触头接触不良。

b. 多芯控制电缆芯有断路，或插头与插座接触不良。

③ 处理方法

a. 检查滑动触头，必要时换一个新的电位器（同规格、型号）。

b. 检查多芯控制电缆芯线和插头与插座之间接触不良情况。

**(6) 故障实例 6**

① 故障现象　一台 1000A 硅整流电源的埋弧自动焊机，在焊接电流用到 800A 时电源就过热且有焦煳味现象。

② 故障分析　电焊机的铭牌规定上标为 1000A，其最大电流可以供到 1000A，但这是在电焊机每工作 3min 之后就停止 2min，即负载持续率为 60%条件下电焊机电源可允许输出电流。60%的负载持续率是手工电弧焊接的条件，埋弧焊的负载持续率为 100%，所以，该电焊机作为埋弧焊使用时，电源最大工作电流应控制在 774A（$1000A\times\sqrt{60\%}=774A$）以内，电焊机才可连续工作。现在该电焊机施焊电流达到 800A，已经大于 774A，显然属于超载运行。电焊机超载运行短时间还可以，时间稍长电焊机绕组就要发热，温升增高，并有焦煳味产生，这是很危险的，不及时停机会使电源烧毁。

③ 处理方法

a. 因为电焊机使用 800A 电流是过载运行，所以应停机重新来调整焊接参数，将电流调在 774A 以下，使电焊机不超载。

b. 如果焊接工艺要求必须保证在 800A 电流的条件下施焊，可以采取以下措施来解决。

ⅰ. 为电源增大冷却风机的风量，可以打开机壳，外加风机，对电焊机的变压器、电抗器和硅元件提供冷却风，使之快速冷却。

ⅱ. 更换大电源，将 1000A 的整流电源换成 1500A 的，这样就可以在正常连续负载下运行。

ⅲ. 并联电源，再找一台同类型的1000A硅整流电源并联使用，或用三台500A的硅整流电源并联供电。

ⅳ. 用两台500A的旋转式直流弧焊发电机并联使用。虽然两台500A直流弧焊发电机的负载持续率仍为60%，提供800A电流仍属于超载，但因为旋转式电焊机承受过载能力较强，负担800A电流时仅超载3%，是可以承受的，不会出现烧毁电源问题。

**(7) 故障实例7**

① 故障现象　在焊接过程中焊丝输送停止，甚至抽回。

② 故障分析

a. 整流器 $UR_2$ 损坏，整流电压降低。

b. 交流接触器KM的辅助触头接触不良。

c. 多芯控制电缆芯线有断路，或插头与插座间接触不良。

③ 处理方法

a. 用直流电压表检查整流器的输出电压。如果损坏，按同规格、型号的进行更换。

b. 检查触头的接触情况。

c. 检查电缆芯线及插头与插座间的接触情况。

**(8) 故障实例8**

① 故障现象　大修后进行空载调节焊丝，当按动焊丝的“向上”或“向下”按钮时送丝动作恰好相反。

② 故障分析　正常情况应该是按动按钮 $SB_1$ 时，送丝发电机 $G_1$ 的他励绕组 $W_2$ 从整流器 $UR_2$ 获得励磁电压，则 $G_1$ 发电机输出电压供给送丝电动机 $M_1$ 的转子使其正向转动，焊丝向下送。按动 $SB_2$ 时，送丝发电机 $G_1$ 的另一个他励绕组 $W_1$ 从整流器 $UR_1$ 获得励磁电压，$G_1$ 发电机输出电压供给送丝电动机 $M_1$ 的电枢，使其反转，焊丝上抽。送丝发电机 $G_1$ 是由异步电动机 $M_1$ 带动旋转的。当异步电动机 $M_3$ 转向相反时，必然使 $G_1$ 极性变了，$M_1$ 也反向了，则使得送丝方向也相反。

现在，该电焊机空载调整时，出现按下焊丝“向上”或“向下”按钮而送丝颠倒的现象，是由于异步电动机 $M_3$ 的控制箱三相电源进线相序不恰当，导致异步电动机 $M_3$ 按设计反转所致。

③ 处理方法　调换异步电动机 $M_3$ 的电源进线相序，即将三相电源进线的任意两根线换接一下，$M_3$ 电动机的转向变更，使送丝发电机 $G_1$ 极性变更，于是带动焊丝的直流电动机 $M_1$ 方向就变了。

**(9) 故障实例9**

① 故障现象　在焊接过程中，焊丝输送不均匀，甚至使电弧中断，但电动机工作正常。

② 故障分析

a. 输送焊丝的压紧滚轮对焊丝的压力不足，或滚轮已严重磨损。

b. 焊丝在焊嘴或焊丝盘内被卡住。

c. 焊丝输送机构未调整好。

③ 处理方法

a. 调整滚轮对焊丝的压力或换以新的滚轮。

b. 清理焊嘴或将焊丝整理好。

c. 仔细调整焊丝输送机构。

**(10) 故障实例10**

① 故障现象　在空载调整时，按焊丝“向上”按钮时焊丝机构不转动。

② 故障分析及处理　在一般情况下按焊丝“向上”按钮 $SB_2$ 时，送丝发电机 $G_1$ 的他励绕组 $W_1$ 得到直流电压，发电机 $G_1$ 发电，给送丝电动机 $M_1$ 供电，则 $M_1$ 旋转带动送丝机构传动系统工作，这时使焊丝向上反抽。

现在，该电焊机出现故障，其原因可能是送丝机构系统出了问题，也可能是电气系统出了问题。

首先按焊丝“向下”按钮 $SB_1$ 试验一下，若焊丝能正常下送，说明送丝发电机、电动机及送丝机械传动系统均无问题，应该检查送丝发电机 $G_1$ 的焊丝“向上”的他励绕组 $W_1$ 系统。

用直流电压挡检查整流器 $UR_2$ 是否有正常的直流电压输出，如果没有正常的直流电压输出，则认为是整流器损坏了或者是其接线掉头，若有正常的直流电压，应再进行下步逐一检查和排除。

按动按钮 $SB_2$，用万用表检查他励绕组 $W_1$ 是否有电压。如果没有电压，就要先检查 $SB_2$ 是否有故障，如果有故障应更换新的；在检查按钮 $SB_2$ 无问题后，再用万用表检查他励绕组 $W_1$ 是否断路，或与其连线是否接触不良，应予以修复。

如果在按焊丝“向下”按钮 $SB_1$ 时，焊丝还不动作，还要进行下面的检查。

首先检查带动送丝发电机的异步电动机 $M_3$ 是否转动。如果不转动，应检修 $M_3$，若 $M_3$ 转动，送丝发电机 $G_1$ 不转动，应检修联轴器是否损坏，连接键是否损坏，如果损坏就要进行处理。

下一步再用万用表检查发电机 $G_1$ 是否有直流输出，若有直流输出，说明 $G_1$ 没有问题，若无正常直流输出，应调整电刷，使其与换向器良好接触。

检查送丝电动机 $M_1$ 是否正常运转，若运转正常，就是送丝的机械系统出了故障；若 $M_1$ 不转时，应用万用表检查送丝电动机 $M_1$ 的他励绕组 $W_4$ 是否有直流电压，若 $W_4$ 没有直流电压，就是绕组 $W_4$ 有断路，找到断头处，接好线并包扎绝缘。

送丝系统的机械故障可用下列方法处理。

a. 检查机头上部的焊丝给送减速机构，看齿轮和蜗轮、蜗杆是否严重磨损与啮合不良，如有应该予以更换。

b. 如果焊丝给送滚轮调节不当，压紧力不够，应该予以调整。送丝滚轮若磨损严重，应更换新的滚轮。

**(11) 故障实例 11**

① 故障现象　当空载时正常，在按“焊接”按钮时却不能引弧，影响焊接工作。

② 故障分析及处理　正常情况下，按下“焊接”按钮 $SB_7$ 后，中间继电器 $KA_3$ 立即动作，交流接触器 KM 也动作，则焊接电源接通，此时小车发电机 $G_2$ 对电动机 $M_5$ 供电，小车开始行走，送丝发电机 $G_1$ 的他励绕组 $W_1$ 有电，焊丝反抽引弧。

由此可见，电焊机启动后不起弧的主要原因是，焊接回路未接通，电源电压太低或程控电路出故障等原因。

a. 使电焊机断电后，用万用表电阻挡检查：“启动”开关 $SB_7$，即按下“启动”开关后测量是否接触不良或有断路，如有故障，应检修或更换新按钮。

b. 检查中间继电器 $KA_3$ 是否有故障，若有故障应检修或更换新件。

c. 检查交流接触器 KM 是否有故障，若有故障应或更换新件。

d. 检查焊丝与工件是否预先“短路”接触不良，例如，工件锈蚀层太厚、焊丝与工件间有焊剂或脏物等，应该清除污物，使焊丝与工件间保持轻微的良好接触。

e. 检查地线焊接电缆与工件是否接触不良，应该使之接触牢靠。

f. 用万用表交流电压挡测量焊接变压器的一次绕组是否有电压输入，如果没有电压输入，就是供电线路有问题，或交流接触器 KM 接触不良，应该予以检修，如果一次绕组有电压输入，再测量二次绕组是否有电压输出，若无电压输出，说明焊接变压器已损坏，应检修焊接变压器。

**(12) 故障实例 12**

① 故障现象　电焊机启动后焊丝末端周期地与工件“粘住”或常常断弧。

② 故障分析

a.“粘住”是因为电弧电压太低、焊接电流太小或网络电压太低。

b. 常常断弧是因电弧电压太高、焊接电流太大或网络电压太高。

③ 处理方法

a. 检查电源电压，增大电弧电压或焊接电流。

b. 检查电源电压，减少电弧电压或焊接电流。

**(13) 故障实例 13**

① 故障现象　合上设备电源的开关，此时电源风扇电动机旋转，再送上小车行走开关后，此时小车电动机不转。

② 故障分析及处理　该设备在正常情况下，当合上设备电源开关时，异步电动机 $M_3$ 开始旋转，带动小车发电机 $G_2$ 的转子旋转。控制变压器 $TC_2$ 获得输入电压，对整流器 $UR_1$ 供电，整流器对小车直流电动机 $M_2$ 的励磁绕组 $W_7$ 供电，并且通过电位器 $RP_1$ 给予小车发电机 $G_2$ 的他励绕组 $W_5$ 供电，发电机 $G_2$ 得到励磁则发电。这时把单刀开关 $SA_2$ 投到空载位置，并合上小车离合器，拨转控制盒上的转换开关 $SA_1$ 向左或向右位置，小车便开始移动。电焊机出现小车电动机 $M_5$ 不旋转现象的原因可能是：

控制箱中异步电动机 $M_5$ 不旋转，合上刀开关后，电源风扇电动机旋转，说明供电回路没有问题。异步电动机不旋转是它本身或其接线出了问题，应该检查它的三相进线是否有断路或接触不良，否则，就是异步电动机绕组烧了，应该进行修理或更换。

若异步电动机 $M_3$ 旋转，小车发电机 $G_2$ 不发电，应该进行下列检查。

a. 检查异步电动机 $M_3$ 的输出轴与小车发电机 $G_2$ 连接的联轴器、轴及键是否损坏，有故障应进行修理。

b. 检查小车发电机 $G_2$ 他励绕组 $W_5$ 是否有电压，可用万用表的直流电压挡，检查 $W_5$ 是否有电压输入，若有输入，证明绕组 $W_5$ 正常。若无电压，检查电位器 $RP_1$ 是否有断线或接触不良。

c. 检查整流器 $UR_1$ 是否有交流输入及直流输出，若有输入，而没有正常的直流输出，证明整流器坏了。若没有输入，再向前检查线路，整流器有元件损坏，应更换同规格型号的新元件。

d. 检查控制变压器 $TC_2$ 是否正常工作，用电压表检查 $TC_2$ 是否有电压输入，若没有电压输入，证明 $TC_2$ 的进线接触不良或断线，若有输入而没有电压输出，证明变压器 $TC_2$ 已坏，应修理或更换。

e. 若是小车发电机 $G_2$ 正常，应进行下列检查：检查小车控制盒上的单刀开关 $SA_2$ 合上后是否接触良好，如有故障就更换；检查转换开关 $SA_1$ 是否损坏，如有损坏应换新件；检查小车电动机 $M_5$ 电枢是否断线，电刷与换向器是否接触不良，他励绕组 $W_7$ 是否断线或接触不良，若有故障，应及时检修。

**(14) 故障实例 14**

① 故障现象　MZ-1000 型交流埋弧自动电焊机，在电焊机送电后，发现焊接小车速度不能调节。

② 故障分析及处理　焊接小车拖动电路是由发电机 $G_2$ 与电动机 $M_2$ 组成的。发电机

$G_2$的电枢由异步电动机$M_3$带动旋转，有一个串励绕组$W_6$和他励绕组$W_5$，通过调节电位器$RP_1$改变$W_5$的励磁电压，从而改变发电机$G_2$的电压，调节小车电动机$M_2$的速度。

电焊机出现了小车速度不能调节的故障，原因就是电位器$RP_1$坏了。$RP_1$是线绕式电位器，出故障有两种情况：一是电阻丝断了，二是触点与绕线接触不良。如果是电阻丝断了，应换新的电阻丝，如果是接触不良，是触点与绕线接触太松或不接触，应紧固螺钉，如果仍接触不良，应把活动滑块的压板弹簧用钳子弯一下，使其接触良好或者更换新的电位器。

**(15) 故障实例 15**

① 故障现象　在使用过程中，按“焊接”按钮后小车不动作。

② 故障分析及处理　在正常情况下，把控制盒上的单刀开关$SA_2$打到焊接位置，把转换开关$SA_1$指向小车前进方向，挂上离合器，按“焊接”按钮$SB_7$，中间继电器$KA_3$的绕组得电，触点动作，此时，电动机$M_2$得电后转动，小车开始运行。此时，按“焊接”按钮后小车不动作，则说明故障在按动“焊接”按钮后的继电器$KA_3$和接触器KM电路里，应逐步进行仔细检查确定故障位置。

在检修（试验）时按着“焊接”按钮$SB_7$不放，看一下中间继电器$KA_3$是否动作。若不动作，首先检查按钮$SB_7$和$SB_8$是否接触不良或接线断路，再检查多芯控制电缆及接插件是否断线或接触不良，此处有故障应先排除，若无故障应继续检查。

若中间继电器$KA_3$动作，则先检查交流接触器KM是否动作。若KM也动作，但小车仍不走，则是因为KM的常开触点$KM_{-4}$闭合不良所致，应该断电打磨该触点，使之接触良好。若KM不动作，先检查中间继电器$KA_3$的常开头$KA_{3-1}$和$KA_{3-2}$是否接触不良或接线断开，若是应予以修复，修复不好的应更换新的。

**(16) 故障实例 16**

① 故障现象　MZ-1000型交流埋弧焊机，能否改成直流埋弧焊机。

② 故障分析及处理　直流埋弧焊机和交流埋弧焊机只是使用的弧焊电源的电流种类不同，在电焊机的焊接程序控制上没有差别，所以交流埋弧焊机稍加改制就可以变为直流埋弧焊机。按图5-2可将原交流埋弧焊机进行以下部分改制。

去掉交流弧焊变压器，改用直流弧焊发电机组，直流弧焊发电机的三相输入单独直接接电网；把交流电流表、电压表换成直流的电流表和电压表；把电流互感器换成分流器；更换的器件一定要同交流弧焊机时的技术参数相同，不可随意进行更换。把直流弧焊发电机的一个电极连接交流接触器的触点。完成以上的改动后，可进行供电的空载调试，合格后应进行试焊，完全达到合格（要求）后再投入正常使用。如果使用的电流较大，超过一台直流弧焊发电机的负荷时，应使用两台直流弧焊发电机并联应用。

**(17) 故障实例 17**

① 故障现象　导电嘴末端随焊丝一起熔化。

② 故障分析

a. 电弧太长或焊丝伸出长度太短。

b. 焊丝送进和焊接小车皆已停止，电弧仍在燃烧。

c. 焊接电流太大。

③ 故障处理

a. 增加焊丝供给速度或焊丝伸出长度。

b. 检查焊丝和焊车停止的原因。

c. 减小焊接电流。

# 第8章 ZXG-300型硅整流式弧焊机的维修

Chapter 8

手把手教你修电焊机

# 8.1 ZXG-300型硅整流式弧焊机的工作原理及结构

徒弟 师傅，ZXG-300 型整流弧焊机的工作原理如何？请您给我们讲解一下。

师傅 是的，我们下面就讲一讲 ZXG-300 型弧焊机的工作过程和原理。

该种焊机属于下降特性的磁放大器式弧焊整流器。此种下降特性的磁放大器式弧焊整流器产品很多，这里就以图 8-1 是 ZXG-300 型硅弧焊整流器原理图进行分析和学习。它是由三相降压变压器、磁放大器、硅整流器组、输出电抗器、控制绕组、稳压装置、通风机组、过电压保护装置、接触器和底架与箱壳等组成。

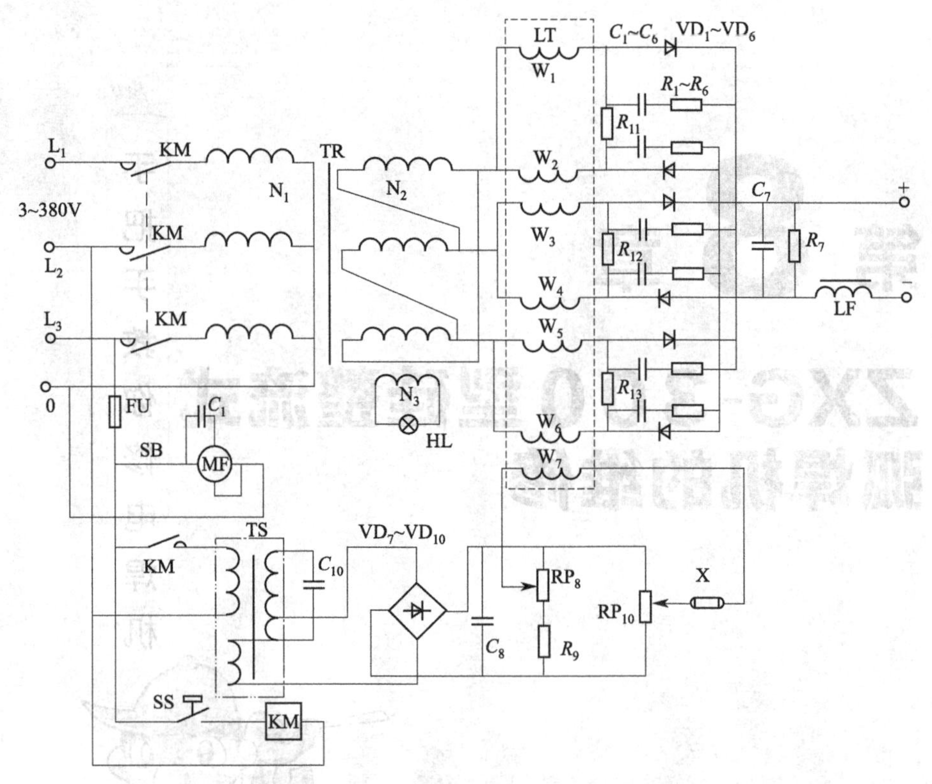


图 8-1 ZXG-300 型硅弧焊机电路原理图

在整流变压器和硅整流器之间加入饱和电抗器（磁放大器），用来获得所需的外特性。ZXG-300 型等类焊机，就是这类磁放大器式弧焊整流器电焊机，其电路原理图如图 8-1 所示。

三相变压器的绕组一般采用Y/△连接，即一次绕组接成星形，其相电压是线电压的 $1/\sqrt{3}$。三相绕组的匝数可以减少，绝缘要求可以降低，二次绕组的电流比较大，采用三角形连接时只是线电流的 $1/\sqrt{3}$，可以减少绕组导线的截面积。

三相磁放大器是控制焊接时所需的下降外特性，调节焊接时所需电流的大小。磁放大器全称叫内桥内反馈六元件三相磁放大器，它由六只饱和电抗器与六只硅整流管组成。每只交流绕组分别串接一只硅整流管，每相上的两只交流绕组之间由电阻 $R_{11}$、$R_{12}$、$R_{13}$ 连接，起内负反馈作用，故它属于部分内反馈磁放大器。每相上的两个交流绕组接成反向串联，使内反馈电流所产生的磁通与直流控制绕组产生的磁通在直流控制绕组内产生的感应电势的总和等于零。直流绕组仅一个。这种电焊机的下降外特性是靠内桥的负反馈作用获得的，内桥电阻越小，负反馈的削弱作用就越显著，外特性曲线就越陡，也有用绕组而不用 $R$ 的内桥，如图 8-2 所示。这种内桥有 $R$ 或绕组的称部分内反馈磁放大器。若 $R=\infty$ 即断开，则称为全部内反馈磁放大器，其外特性是平的，放大倍数较大；若 $R=0$，则为无反馈磁放大器，其特性是垂直下降外特性和调节焊接电流，放大倍数较小。在这里，磁放大器的作用是使弧焊整流器获得下降外特性的调节焊接电流。

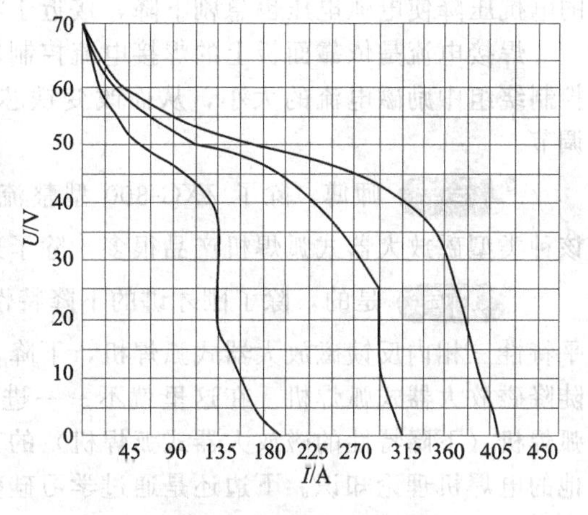


图 8-2 ZXG-300 型外特性曲线

磁放大器的饱和电抗器有很大的电感，空载时，在电焊机输出端可以获得很高的空载电压，焊接交流电流在饱和电抗器上将产生很大的电压降，电流越大，电压下降越多，而得到下降外特性。改变控制绕组中电流的大小而改变饱和电抗器的饱和程度，即改变其电感值，从而使焊接电流得到调节。

输出电抗器是一个串接在焊接回路内的有气隙的铁芯电抗器。有滤波作用，主要作用是改善输出电流的脉动程度，使电焊机的动特性得到改善，电弧能稳定燃烧，抑制冲击电流的产生，减少焊条金属的飞溅和弧飘现象。

输出电抗器是一个带铁芯的电抗绕组，电抗器的磁路在工作时不应饱和。从磁路欧姆定律 $\Phi=\dfrac{NI}{\sum R_{\mu}}$ 可知，当电抗器的绕组匝数 $N$ 及电流 $I$ 一定时，增大磁路总磁阻可以减小磁路中的磁通 $\Phi$，一般在输出电抗器的铁芯中都开有空气隙。此时 $\sum R_{\mu}=$ 铁芯中的磁阻 + 空气气隙磁阻，$\sum R_{\mu}\uparrow$，$\Phi\downarrow$，则铁芯截面 $S$ 可以减小，$S=\dfrac{\Phi}{B}$（电抗 $L$ 的计算公式为 $L=\dfrac{\mu N^2 S}{L}$，$\mu$ 为铁芯磁导率，$\mu=\Delta B/\Delta H$，$N$ 为电感匝数，$S$ 为铁芯截面，$L$ 为磁路平均长度，$B$ 为磁感应强度）。

稳压器 TS，有截面不等的两个铁芯柱见图 8-1，工作时，一个饱和另一个不饱和。在不饱和铁芯柱上绕有二次绕组和附加绕组。当电源电压变化时，饱和铁芯柱上的磁通变化小，因而二次绕组两端电压变化很小，而且这个很小的电压变化又被补偿绕组的反向电压所补偿，因而输出电压很稳定。因此，稳压器可以用来稳定控制绕组电压，使之不受电网波动的影响。附加绕组与二次绕组和电容 $C_{10}$ 构成并联谐振回路，可以降低稳压器的空载电流，提高功率因数和效率。附加绕组的作用在于减小 $C_8$ 的电容量。

其他部件如通风机组用来冷却各部件及元件，主回路并联电阻、电容是滤波整流元件保护装置，$RP_{10}$、$RP_8$ 为励磁电流调节元件。

为减少网络电压波动对焊接电流的影响，采用铁磁谐振式稳压器，确保控制电路的稳定，从而保证了焊接电流的通过，磁放大器 LT 的电抗压降等于零，故空载电压为三相整流后的整流变压器的二次电压，电压较高，便于引弧。

焊接工作时，由于磁放大器 LT 内桥电阻的存在，工作绕组中有交流分量通过，使它得到较大的电抗压降，随焊接电流的不断增加，电抗压降也随着不断增加，因此获得下降外特性。

焊机短路时，由于短路电流很大，磁放大器通过的交流分量急剧增加，工作绕组产生的电抗压降使电弧电压也急剧下降，接近于零，限制了短路电流。

焊接电流是依靠面板上的焊接电流控制器 $RP_{10}$ 来调节的，调节 $RP_{10}$ 可改变磁放大器控制绕组中励磁电流的大小，从而改变铁芯中磁饱和程度及电抗压降，使焊接电流得到调节。

徒弟 师傅，除了 ZXG-300 型整流弧焊机属于下降特性的磁放大器式弧焊机，该种类型磁放大器式弧焊机产品很多，除了这种类型还有其他类型焊机吗?

师傅 是的，除了刚才讲的下降特性的磁放大器式弧焊机外，还有其他几种。如平特性三相内反馈磁放大器式弧焊机，下降、水平两种特性的磁放大器式弧焊机以及垂直陡降磁放大器式弧焊机。在这里就不一一进行学习和讲解了。希望通过 ZXG-300 型整流弧焊机（下降特性的磁放大器式弧焊机）的工作原理，在今后的维修和学习中再去学习其他的电焊机理论知识。下边还是通过学习硅整流弧焊机使用和日常的维护知识来理解掌握 ZXG-300 型硅整流式弧焊机检修知识。

## 8.2 硅整流弧焊机的使用与维护

### 8.2.1 手工硅弧焊整流器的一般检查试验

**(1) 一般检查**

首先检查外观，看紧固件是否牢固，风扇、电流调节装置、滚轮转动是否灵活。

**(2) 绝缘电阻测定**（用 500V 摇表摇测）

一次绕组对外壳：1.0MΩ。

二次绕组对外壳：0.5MΩ。

控制回路对外壳：0.5MΩ。

一次与二次绕组之间：1.0MΩ。

**(3) 绝缘介电强度**

一次绕组对外壳：2000V。

二次绕组对外壳：1000V。

一、二次绕组之间：2000V。

控制回路对外壳：控制回路 $<50$V 时为 500V；

控制回路 $>50$V 时为 2000V。

**(4) 匝间绝缘以 130%一次电压额定值，历时 5min 试验**

**(5) 空载电流**

主变压器空载电流不大于额定一次电流的 10%。

**(6) 电流调节范围**

最小焊接电流应不大于额定焊接电流的 20%，最大焊接电流应不小于额定焊接电流。相应的工作电压为

$$U=20+0.04I$$

式中 $U$——工作电压，V；

$I$——焊接电流，A。

**(7) 一次电流不平衡率**

测量额定焊接电流的 20%及 100%两点，其不平衡率应小于各相平均值的 10%。

**(8) 冲击过电压**

不大于整流元件所允许的最高反向电压，在空载情况下，一次绕组接入 420V 电压，连续通断 30 次以上即可。

**(9) 过载能力**

以额定焊接电流时的稳态短路电流，通 2s，断 7s，10s 一周期做 2min 即可。

## 8.2.2 整流弧焊机的安装

整流弧焊机安装之前应选择合适的地方，如海拔不超过 1000m，周围介质温度不超过 40℃，空气相对湿度不超过 85%，整流弧焊机背面离墙壁距离不小于 300mm。

在安装之后、使用之前，应进行外观检查和绝缘电阻测定。所应注意的是应先用导线，将弧焊机的输出回路短接，或把硅整流元件短接，以防止元件因过电压击穿。如果电表指针为零，即该回路短路，可能是碰机壳。如果绝缘电阻较低，可能是绝缘受潮，应设法对绕组进行烘干，使绝缘电阻恢复到正常后方能使用。

弧焊机外壳应可靠接地，不与其他焊机接地线串接而应并接。

在装运和安装过程中，切忌振动，以免影响工作性能。

整流弧焊机一般都装有风扇，使用前应注意风扇的转向是否正确。

在安装晶闸管式弧焊机时，还应注意主回路晶闸管元件的电源极性与触发信号极性的配合，使之相序配合。

安装时还应注意网路电源功率是否够用，开关、熔断器和电缆选择是否合适。

整流弧焊机在作为其他设备的电源使用时，其质量检查应先单独检查，而后配套检查，设备运行是否正常，空载电压、工作电压、电流是否正确。

安全注意事项：使用整流弧焊机的安全注意事项和使用交直流弧焊机时基本相同。特别要注意的是弧焊机外壳一定要牢靠接地，切忌用手去触摸带电物体。导线绝缘可靠，防止触电事故，保证人身的安全。

## 8.2.3 整流弧焊机的使用

对整流弧焊机能正确地使用，不仅可使其在良好的状态下正常工作，而且可以延长其使用寿命。

当使用新焊机或长期未用的焊机时，使用前必须进行外观检查和绝缘电阻检查，如不符合使用要求，一定要设法使焊机达到使用要求后方可使用。

焊接前要仔细检查各部分的接线是否正确，电缆接头是否拧紧。

在移动弧焊电源时，一定要切断网路电源，切不可在工作时任意移动。

空载时要检查空载电压、风扇运转及替他部分是否正常。

工作过程中不得任意打开外壳顶盖。

要注意整流弧焊机所在位置的环境卫生。

工作时的负载，必须按照相应电焊机的负载持续率。

如使用一台弧焊机，电流小不够用，可以用两台陡降的外特性相同的电源并联运用。由于有整流元件彼此起阻断作用，所以不致因空载电压不同而产生均衡电流，但不同的整流弧焊机在并联运用时，仍要注意电流合理协调分配。

垂直陡降和下降的外特性整流弧焊机适用于手工电弧焊和 TIG 焊或等离子弧焊接和切割电源。薄板的焊接宜应用垂直陡降的外特性整流弧焊。平特性电源适用于 MIG 和 MAG 的焊接配套电源。

### 8.2.4 整流弧焊机电源线选用

整流弧焊机的电源引入线可采用BXR型橡皮绝缘铜芯软电线或YHC型三相四芯移动式橡皮套软电缆，导线的截面积可按表8-1选择。

**表8-1 整流弧焊机电源线截面积的选用**

| 焊机额定容量/kV·A | 5以下 | 6～10 | 11～20 | 21～40 |
|---|---|---|---|---|
| 相数及电压/V | 3相380 | 3相380 | 3相380 | 3相380 |
| 根数×导线截面积/mm² | 3×4+1×2.5 | 3×6+1×4 | 3×10+1×4 | 3×25+1×10 |

## 8.3 整流弧焊机常见故障维修实例

徒弟 师傅，我们前边学过的几种电焊机您都强调读懂、看懂各类电焊机的工作原理和电焊机的维修使用知识等。主要是能准确判断故障电焊机是在使用中的问题还是电焊机内部的故障，以及面板上的各个旋钮以及仪表的作用和现象，也都可以反映故障电焊机的问题。

师傅 是的，要想对每一台故障电焊机能准确地判断故障点所在，就需要我们首先熟悉各类电焊机的使用和维护方面的常识。下面通过几个具体的故障电焊机实例来了解和学习维修的方法和分析故障的能力。

**(1) 故障实例1**

① 故障现象 硅弧焊整流器接入电源后，在尚未按动焊机上的启动开关前，刚一合上电网电源开关就发生了"砰砰"声音（短路故障)。

② 故障分析 焊机接入电网后，在还没有启动电焊机之前，刚一合上电网的铁壳开关或断路器就发生了短路现象，可以肯定电焊机本身并没有故障，短路一定是发生在电焊机的输入端子接线处，或者在电网的铁壳开关内部或是断路器的电源侧。首先应检查电焊机输入端子板的三相接线螺栓间是否有短路的痕迹，因为有的电焊机输入端子板的三相电线的间隔太小，加上接线的线头处理不净而有铜毛刺相接触，必然发生短路故障。如果不是上述原因，再检查铁壳开关，熔丝容量太小，而电焊机的空载电流又较大，这也可以导致刚一合上铁壳开关后熔丝就烧断的现象。再则，若铁壳开关的相间绝缘发生损坏，也会在一合上开关就产生"放炮"的故障。除了上面的几种现象外，还有一种发生在施工现场的实际例子。一个小雨天后，施工现场需要加工工件，在接好电焊机后，当送电源的铁壳开关时，就发生了短路现象，保险丝就熔断。经过查找（分段进行检查）发现从电源开关到电焊机的电源线问题（原因是该电焊机的电源线短，中间有接头，用黑包布缠绕，而且三相又包在一起，电源线放时正好赶到一个水坑中，谁也没有在意)。就是这么一个不经意的事，竟让电工查找了好长时间。才把故障处理好。

③ 故障处理 首先将电焊机接电网的三相电源导线的连接接头焊上线鼻子，并将周围的线头铜丝毛刺清理干净，然后包上绝缘胶布；电焊机输入端子板上接电源的螺栓如果距离太近（两相之间低于80mm)，应设法更换端子板将三相螺栓之间适当放大。如果不便，也应采取绝缘措施；检查铁壳开关，发现熔丝容量不够，应按电焊机容量要求更换相应的熔丝；如果开关相间绝缘不够而又无法修复时，则应更换铁壳开关。

**(2) 故障实例 2**

① 故障现象　硅弧焊整流器，电网电源开关正常，在按动电焊机启动按钮后，冷却风扇刚一转动，电源开关就断开（严重短路现象）。

② 故障分析　电焊机在启动时发生短路故障，也就是在接触器接通焊接变压器主电路时产生的。因此，应仔细检查主电路中的三相焊接变压器、三相电抗器、三相整流桥和滤波电抗器等元器件。这种严重短路故障必有烧伤的痕迹，很容易发现。产生这类故障的主要位置有两处：

a. 三相整流桥的硅元件因过载或过压产生阻断层烧穿引起电路短路；

b. 三相焊接变压器或三相电抗器的绕组绝缘损坏而产生相间短路。

③ 故障处理　如果是三相整流桥的硅损坏，应更换硅整流元件；如果是变压器或电抗器绕组绝缘损坏，应将绕组的短路处用绝缘胶带包扎处理。

**(3) 故障实例 3**

① 故障现象　饱和电抗器式硅弧焊整流器，接入电网铁壳开关正常，启动后风机正常转动，电焊机的空载电压偏低（46V）。

② 故障分析　饱和电抗器式硅弧焊整流器主电路的三相全波整流桥是由六只二极管组成的全相整流电路，其正常工作时，整流电压波形见图 8-3(a)。上图为整流变压器二次线电压 $U_1$、$U_2$、$U_3$；下图是整流后的直流电压，即电焊机的空载电压 $U_0$。

该类电焊机如果输入交流电压缺少一相，其波形见图 8-3(b)。因三相交流输入变为两相输入，其整流电压减少 1/3。电焊机的空载电压正常情况下是 70V，因缺相减少 1/3 后就变成了 46V 左右。由此分析可得出结论，此种故障是由输入电压缺相造成的。

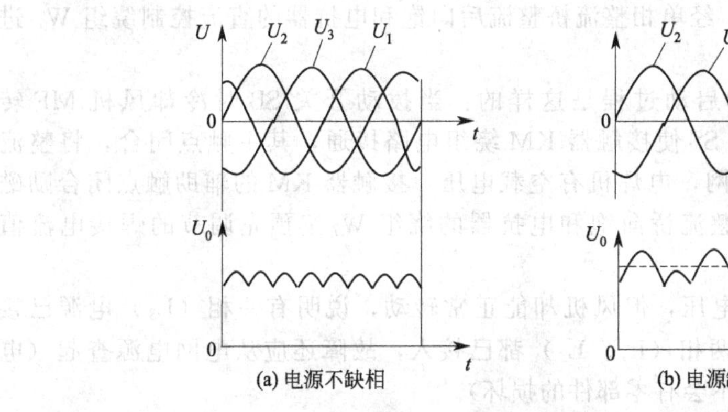


图 8-3　三相桥式全波整流电压波形图

造成电焊机整流输入缺相的可能原因是：

电网或铁壳开关中缺相，如某一相熔丝烧断；

整流变压器的某一相绕组内有断线，或连接导线接头开焊、线鼻子掉头、螺钉松脱等均会使该相电源无输出；

接触器某一相主触点烧化，使接触器吸合时该相触点未闭合，致使整流变压器某相未接入电网电源。

③ 故障处理　逐一检查以上各项，如果是熔丝烧断，应更换容量合适的熔丝；如果是整流变压器有问题，应检修变压器绕组，或将不导电的导线接头修好，并焊牢；如果是接触器有问题，应更换接触器的触点，或者更换同规格型号的接触器。

**(4) 故障实例 4**

① 故障现象　一台 ZXG-300 型硅弧焊整流器，当正常使用电焊机时，启动后风扇转动正常，空载电压正常，可是焊接电流小且不能调节。

② 故障分析　此类电焊机承担焊接电流调节作用的元件是饱和电抗器的励磁电路，它是由电抗器的直流控制绕组和向它供电的带稳压器整流电源，以及调节该电流大小的电位器三部分构成。

该电焊机的故障现象是焊接电流很小且不能调节。这说明在电焊机饱和电抗器的直流控制绕组中并无励磁电流，致使饱和电抗器的阻抗最大而又不能调节，所以电焊机的输出电流就很小且不可调节。

电焊机产生无励磁电流的可能原因有：稳压整流电源中整流元件的损坏或元件连接断路；直流控制绕组中有断头；滑动触点电位器的电阻丝烧断或滑动接触点松动；连接各元件的导线断头、接点掉头、假焊或螺栓松动等。

③ 故障处理　要对电焊机及线路做到仔细（逐件）查找，确定故障发生的部位，对查找的故障要及时修理或更换损坏的元件，重新接通电路，故障一定可以排除。

**(5) 故障实例 5**

① 故障现象　有一台使用不久的 ZXG-300 型硅弧焊整流器，在启动后风机旋转正常，但是该电焊机无空载电压，不能进行焊接作业。

② 故障分析　ZXG-300 型是饱和电抗器（亦称磁放大器）式硅弧焊整流器，图 8-1 是饱和电抗器类型弧焊整流器中常用的一种典型电路原理图。该电焊机的输入电源是电网的三相四线制，电焊机由三相变压器 TR 将电网高压降至空载电压所需值后，采用三相饱和电抗器 LT 的降压作用获得下降外特性，三相全波整流桥 $VD_1 \sim VD_6$ 将交流电变成直流，最后经阻容（$C_7$-$R_7$）和滤波电抗器 LF 的双重滤波而输出。该电焊机的焊接电流调节是由稳压器 TS 提供的交流，经单相整流桥整流后向饱和电抗器的直流控制绕组 $W_7$ 进行励磁供电。

ZXG-300 型弧焊整流器的启动过程是这样的：当拨动开关 SB 时冷却风机 MF 转动，冷却风吹动风力微动开关 SS 使接触器 KM 绕组电路接通，其主触点闭合，将整流变压器 TR 的一次绕组接入电网，电焊机有空载电压；接触器 KM 的辅助触点闭合励磁电路，稳压器 TS 有电，单相整流桥向饱和电抗器的绕组 $W_7$ 按预先调节的焊接电流值输出供电。

上述电焊机启动后无空载电压，但风机却能正常转动，说明有一相（$L_3$）电源已接入电焊机，但这不代表替其他两相（$L_1$、$L_2$）都已接入，故障还应从电网电源查起（电焊机是新购而使用不久，一般不会有零部件的损坏）。

经检查电网电压正常，发现铁壳开关内的 $L_2$ 相熔丝烧断了，所以电源仅 $L_1$、$L_3$、0 相有电，见原理图。冷却风机是单相 220V，由 $L_3$-0 供电，可是由于 $L_2$ 相无电，接触器 KM 并未动作，整流变压器 TR 并未接入电源，这就是电焊机无空载电压的原因。

③ 故障处理　遇到此类故障时，要冷静处理，一定要更换适当规格的（拧紧）熔断丝。

**(6) 故障实例 6**

① 故障现象　ZXG-300 型饱和电抗器式硅弧焊整流器，电源电压正常。启动时风机转动正常，而且电焊机的指示灯未亮，也没有空载电压。

② 故障分析　由图 8-1 可知，该电焊机的启动过程是：拨动启动开关 SB→风机 MF

转动→风力微动开关 SS 闭合→接触器 KM 吸合→接通整流器 TR→指示灯 HL 亮→有空载电压。由此可见，故障是在接触器的绕组电路中，具体说有以下三种可能：

a. 风力微动开关 SS 是否完好；

b. 接触器 KM 的绕组是否完好；

c. 连接接触器绕组电路的导线是否有断头，导线接头连接处螺钉是否松动。

以上三处中，只要有一处有故障或未达到要求，电焊机启动时接触器绕组电路就不会通，接触器也就不能吸合，电焊机当然就启动不起来。

按上述三种可能产生的原因，进行分别确定。

a. 风力微动开关的检查，即拨动迎风叶片时看开关动合点是否接通，可用万用表的电阻挡测量开关的动合两点，如果万用表显示电阻为零，那么证明该开关接通无损坏。同时还应对风力微动开关作如下检查：当电焊机的风机转动后，风力是否能吹动叶片而接通开关，若吹不动时，应加大迎风叶片的尺寸。

b. 接触器绕组的检查：最简单的方法是给接触器绕组接上额定的工作电压（该电焊机为 380V），看接触器是否吸合，工作是否正常。

c. 连接导线和接线点的检查，应逐点逐段用万用表测量，或带电时用试电笔检测。

③ 故障处理　对损坏器件应更换（原规格、型号）新的元件，对连接点没有接好应重新焊牢，对接触器绕组损坏的应进行更换或处理。

**（7）故障实例 7**

① 故障现象　ZXG-300 型弧焊整流器，当启动后风机转动，空载电压正常，只是当焊接时电流很小且不能有效调节。

② 故障分析　该电焊机的故障原因出在焊接电流调节回路。该系统承担焊接电流调节用的元件是饱和电抗器的励磁电路，它是由电抗器 LT 的直流控制绕组 $W_7$ 和向它供电的带稳压器 TS 整流电源，以及调节该电路的电流大小的电位器 $RP_8$ 三部分构成。

该电焊机的故障现象是焊接电流很小且不能调节。这说明在电焊机饱和电抗器的直流控制绕组 $W_7$ 中并无励磁电流（$I_g=0$），致使饱和电抗器的阻抗最大而又不能调节，当然电焊机的输出电流就很小且不能调节。

根据上述分析，该电焊机无励磁电流的原因有以下几点。

a. 直流控制绕组 $W_7$ 中有断头或接触不良。

b. 稳压整流电源中整流元件损坏或元件连接断路虚接（虚焊）等。

c. 滑动触点电位器（俗称磁盘电阻器）$RP_8$ 的阻丝烧断或松动。

③ 故障处理　根据上述故障的分析确认，检查（查找）确定故障部位，修理或更换损坏的元器件，故障就可以解决。

**（8）故障实例 8**

① 故障现象　有一台使用很久的饱和电抗器式硅弧焊整流器，在使用时空载电压正常，但电流调节范围小，焊接电流最大还调不到 190A。

② 故障分析　硅弧焊整流器的焊接电流的大小是由直流控制绕组中的励磁电流决定，一般是成正比的，电焊机厂家在出厂时已调好。励磁电流最大时，则焊接电流最大（该电焊机的最大电流为 360A）可是因故障使电焊机的最大电流变为不足 190A，这样就可以肯定该电焊机的故障是在励磁电流系统的整流电源上，该电源就是单相整流桥。当整流桥的二极管损坏时，全桥整流就变成半波整流了，单相半波整流的输出电压为全波整流电压的一半，这样，原来是全波整流桥供电的励磁电流因整流桥的半臂损坏而减小了一半，使电焊机本应该输出 360A 的电流降为 180A 左右，这就是故障产生的原因。

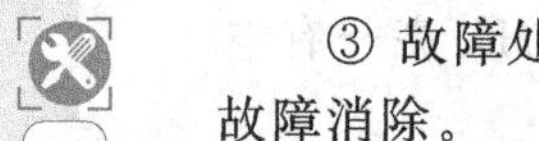



③ 故障处理　更换检测出损坏的整流桥或二极管元件（同型号、同规格的元器件），故障消除。

**(9) 故障实例 9**

① 故障现象　ZXG-300 型弧焊整流器，在使用时发现该电焊机焊接时不好用，经检查发现励磁电路整流桥被击穿，按原型号（规格）更换后，在试机时发现焊接电流调节失灵，而且电流比较小，不能工作。

② 故障分析　该电焊机的励磁电路整流桥（硅堆）被击穿（即短路），这种故障常常伴随着整流桥输入侧的交流稳压器 TS 的二次绕组短路，见原理图 8-1。这种短路持续久了还会使稳压器的一次绕组烧毁。因此，该电焊机在更换整流桥（块）的同时，应检查稳压器是否完好。如果该稳压器因短路而烧毁，其二次电压为零，换上新的整流桥（块）后仍然没有电流输出，即励磁电流为零，所以使电焊机焊接电流最小，且不可调节。

③ 故障处理　将烧毁的稳压器拆下来，按照原型号规格更换上，故障即可排除。另外，也可以将烧毁的稳压器的绕组拆开，仿照原绕组的绕法重新绕制一个，按规定浸漆并烘干。装配好后进行调试。

**(10) 故障实例 10**

① 故障现象　ZXG7-300-1 型饱和电抗器电阻内桥式硅弧焊整流器，在使用过程时，焊接电流偏小。拆机检查（测试）发现直流励磁电流都达到了 5A，而电焊机的输出电流才 200A 左右。

② 故障分析　该电焊机是电阻内桥接法的饱和电抗器，如图 8-4 所示，是 ZXG 型硅弧焊整流器的电流调节元件。电焊机输出电流的大小，调节范围应在达到 300A 的电焊机最大输出时才 200A 左右，这显然是电焊机的饱和电抗器的标准电抗值偏大所致。这种状况可以用改变内桥电阻阻值 $R_n$ 的办法，即调整内桥的内反馈作用来解决。

③ 故障处理　将三相饱和电抗器的三个内桥电阻 $R_n$ 同时更换成阻值更大的电阻（三个阻值要相等）；或者在三个内桥电阻电路内同时再串入一个相等的电阻，达到使内桥电阻阻值增大的目的，这样电焊机外特性曲线的短路电流值便增大，曲线的陡度变小，电焊机的输出电流会增大（见图 8-4）。这时测电焊机的输出电流，若大小可达到要求，调整便算成功。如果仍嫌电流增大的不够，那么继续增大内桥电阻 $R_n$，直至达到所需电流。电焊机内桥电阻值 $R_n$ 的增大和外特性曲线的变化趋势如图所示。其中图 8-4(b) 是 $R_n$ 增至无穷大（内桥电路开路）时，外特性曲线由陡变平，这是极限状态。

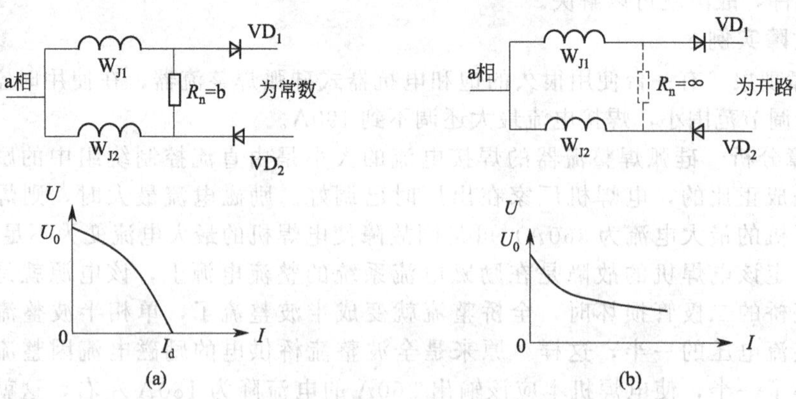


图 8-4　饱和电抗器的电阻内桥接法及电焊机外特性曲线

**（11）故障实例 11**

① 故障原因　ZXG 型饱和电抗器电阻内桥式硅弧焊整流器，电焊机的启动、引弧、焊接都正常，但使用时电流偏大。

② 故障分析　电阻内桥接法的饱和电抗器，是 ZXG 型硅弧焊整流器的电流调节元件。电焊机的输出电流的大小、电流调节范围，都通过调整饱和电抗器的参数来达到。

③ 故障处理　电焊机的输出电流偏大是电焊机的饱和电抗器的基础电抗值偏小所致，此时，应改变内桥电阻 $R_n$，使其减小阻值，具体方法是：将三相电抗器的三个内桥电阻 $R_n$ 的阻丝同时均等地切一段，然后接通电路，测电焊机的输出电流，看电流值下降的幅度是否达到要求。如达到所需电流，则调整完成；若达不到要求，应继续将内桥电阻的阻丝减短，直到获得所需电流为止。

Chapter 9



# 第9章 ZX5-400型晶闸管整流弧焊机的维修

# 9.1 ZX5-400 型晶闸管式弧焊机工作原理及结构

徒弟 师傅，ZX5-400 型晶闸管整流弧焊机里所用的元器件是不是用可控硅元器件所组成的（电焊机）？我们需要在这一章中如何进行学习和认识？

师傅 这一节，我们要通过对 ZX5-400 型晶闸管整流弧焊机的学习，来进一步理解和认识可控硅（晶闸管）的知识和它在电气设备中的重要作用。下面针对它的工作原理和结构进行分析和学习。

晶闸管弧焊电源有直流、交流两种。直流晶闸管弧焊电源实质上是弧焊机的另一种形式，也称晶闸管弧焊机。利用晶闸管桥来整流，可获得所需的外特性以及调节电压和电流，而且完全用电子电路来实现控制功能，因而它是电子控制的弧焊电源的一种，而且是在当前使用比较广泛的一种焊接设备。下面就以经常使用的 ZX 系列晶闸管式弧焊机为例介绍给大家。

## 9.1.1 概述

ZX5 系列晶闸管式弧焊机有 ZX5-250、ZX5-315、ZX5-400、ZX5-500、ZX5-630 等规格，使用于各种牌号药皮焊条的直流电弧焊，也可以用于钨极氩弧焊。

图 9-1 是 ZX5 系列晶闸管式弧焊机的结构原理图，图 9-2 为其电气原理图。

该弧焊电源的主电路由主变压器、晶闸管整流器、平衡电抗器（相间变压器）和滤波电抗器组成；控制电路主要包括晶闸管触发脉冲电路、信号控制电路和稳压电源等。该电源采用了电流负反馈控制。输出下降外特性；采用了引弧电路和推力电路，使引弧容易，动态性能良好。

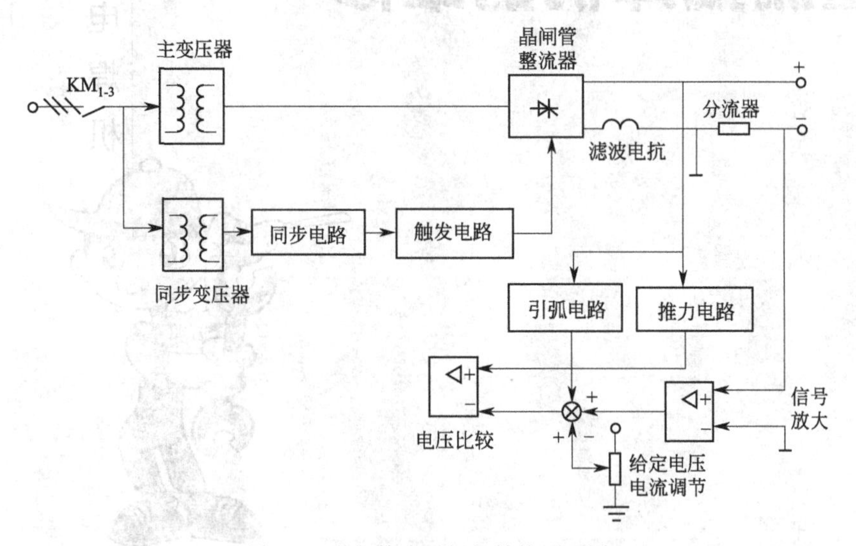


图 9-1 晶闸管式弧焊机结构原理图

## 9.1.2 主电路

弧焊电源的主电路采用了带平衡电抗器的双星形可控整流电路形式，由主接触器 KM、三相主变压器 $T_1$，晶闸管 $VH_1$～$VH_6$、平衡电抗器（相间变压器）$L_1$、滤波电抗器 $L_2$、分流器 RS 等组成，如图 9-2 所示。

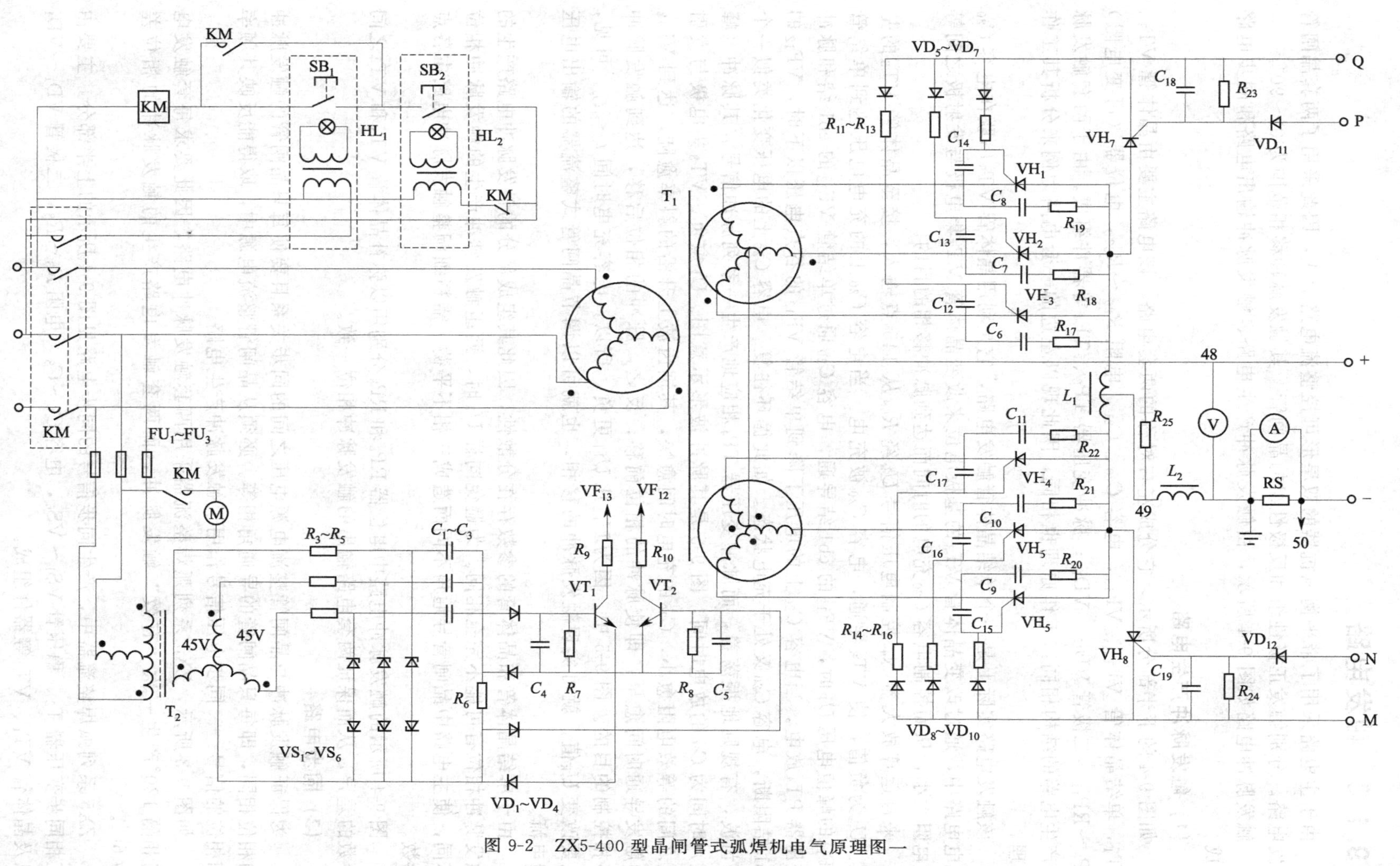


图 9-2 ZX5-400 型晶闸管式弧焊机电气原理图一

## 9.1.3 触发电路

由于主电路采用了带平衡电抗器的双星形可控整流电路形式，因此采用了两套晶闸管触发电路。分别触发正极性组和反极性组的晶闸管。其触发脉冲移相范围为0°～90°。

触发脉冲电路如图9-4所示，由触发脉冲产生电路、触发脉冲输出电路和同步电路组成。

**(1) 触发脉冲产生电路**

如图9-4的下半部分所示，它分成左右对称的两套电路。该电路主要由晶体管$VT_3$、$VT_4$，单结晶体管$VF_{12}$、$VF_{13}$，电容$C_{20}$、$C_{21}$，电阻$R_{26}$～$R_{32}$，电位器（可变电阻）$RP_8$～$RP_{11}$，二极管$VD_{15}$、$VD_{16}$；脉冲变压器$TP_3$、$TP_4$等器件组成。由于两套触发脉冲产生电路的结构相同，工作原理也相同，因此现以左边的一套电路为例来分析其工作原理。

该触发电路实际上是一个单结晶体管触发电路，它是利用晶体管$VT_3$串联在电容$C_{20}$充电电路中，通过改变晶体管$VT_3$的基极电位来改变晶体管$VT_3$集电极与发射极之间等效电阻大小，从而控制电容$C_{20}$充电的时间而达到脉冲移相的目的。

来自运算放大器$N_4$控制电压信号$U_k$经$R_{69}$从145点输入，接至晶体管$VT_3$的基极。$U_k$为负值，使$VT_3$导通，电容$C_{20}$被充电。当电容$C_{20}$上的充电电压达到单结管$VF_{12}$的峰值电压$U_P$时，$VF_{12}$的eb1结导通，电容$C_{20}$通过单结管$VF_{12}$的eb1结和脉冲变压器$PT_4$放电。当电容$C_{20}$上的电压下降到单结管$VF_{12}$的谷点电压以下时，$VF_{12}$的eb1结阻断，电容$C_{20}$又处于充电状态。如此循环往复，电容$C_{20}$上的电压变化类似一个锯齿波，有规则地振荡着，而脉冲变压器$TP_4$相应地产生一系列脉冲信号，其脉冲（峰值）时间为$C_{20}$的放电时间，图9-5是其脉冲波形示意图。$U_k$愈负，$VT_3$集电极与发射极之间的等效电阻愈小，$C_{20}$的充电时间愈快，其锯齿波上升沿的斜率愈陡，达到$VF_{12}$的触发导通时间愈早，即使脉冲的相位前移；反之，脉冲的相位后移，达到触发脉冲移相控制的目的。图9-5中，因为$U_{k2}$比$U_{k1}$更负，所以，电容充电时间$t_2 < t_1$。可见，只要改变$U_k$值，就可实现触发脉冲的移相，也就可以调节晶闸管式整流器的输出电压和电流。

由于单结晶体管和晶体管的参数存在分散性，因此其组成部分的触发脉冲电路产生的触发脉冲相位有可能不完全相同。为避免同样$U_k$时，两组触发脉冲产生的触发脉冲相位不同，使主电路中晶闸管导通角不同而造成三相不平衡，需精细调整触发脉冲电路中各点参数。

图9-4所示的触发脉冲电路中电位器$RP_8$和$RP_9$分别用以弥补晶体管$VT_3$和$VT_4$之间参数的差异，从而保证两套电路输出的触发脉冲相位一致。

**(2) 同步电路**

为保证触发脉冲与晶闸管整流电源电压之间的同步关系且要使每只晶闸管的触发脉冲的相位相同，即每只晶闸管的导通角相等。必须从晶闸管整流电源中，取得能反映其频率和相位的信号——同步电压信号作用于触发脉冲产生电路。

如图9-3所示，ZX5系列弧焊整流器采用两套触发脉冲电路，因此要求每套触发电路相隔120°产生一次“有效”触发脉冲，而两套触发电路产生的触发脉冲的相位差为60°。

ZX5系列弧焊整流器中，产生同步信号的同步电路见图9-4所示的上半部分，主要由三相同步变压器$T_2$、稳压管$VS_1$～$VS_6$，电容$C_1$～$C_3$，电阻$R_3$～$R_8$，二极管$VD_1$～$VD_4$以及晶体管$VT_1$、$VT_2$等器件组成。

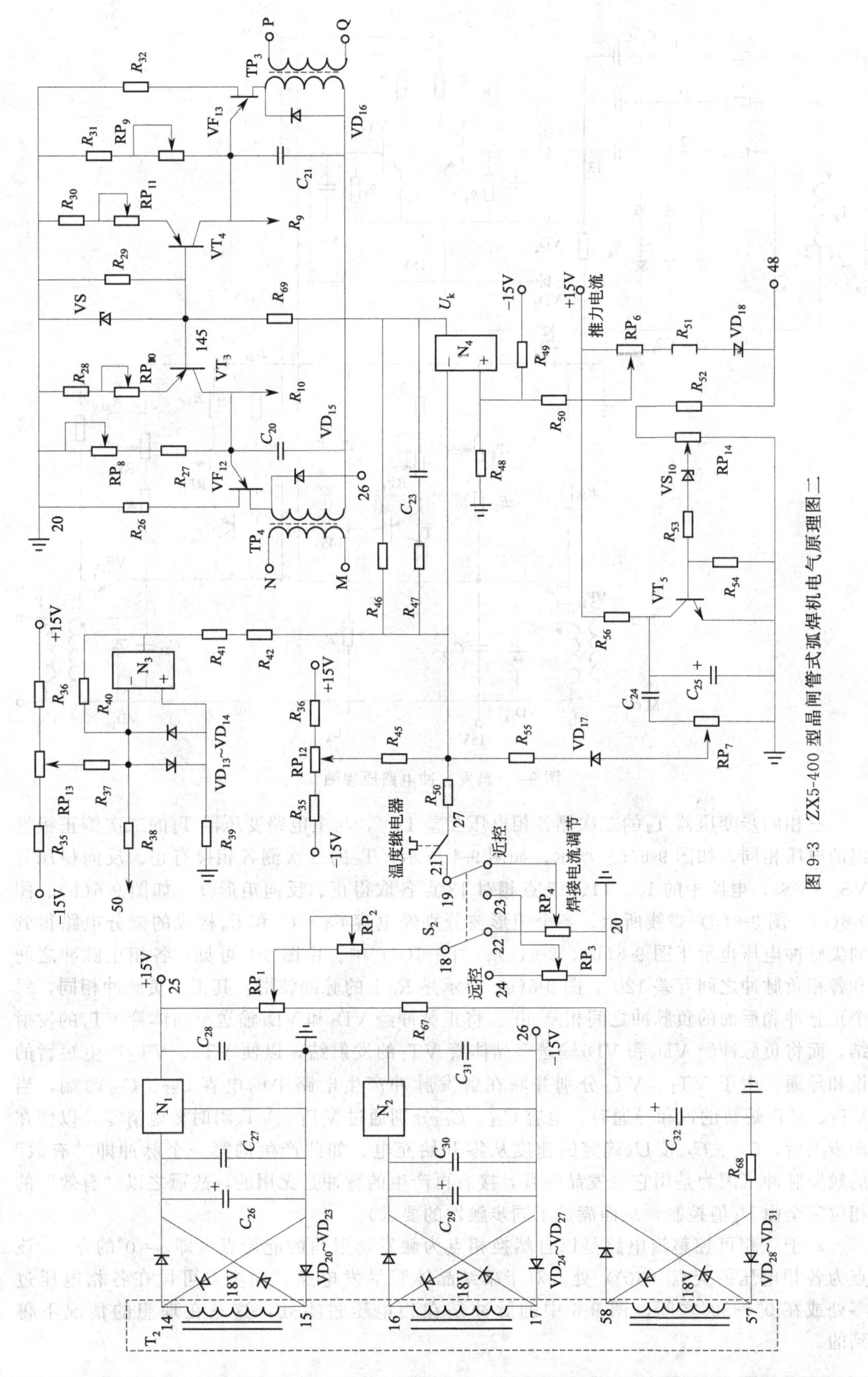


图 9-3 ZX5-400 型晶闸管式弧焊机电气原理图二

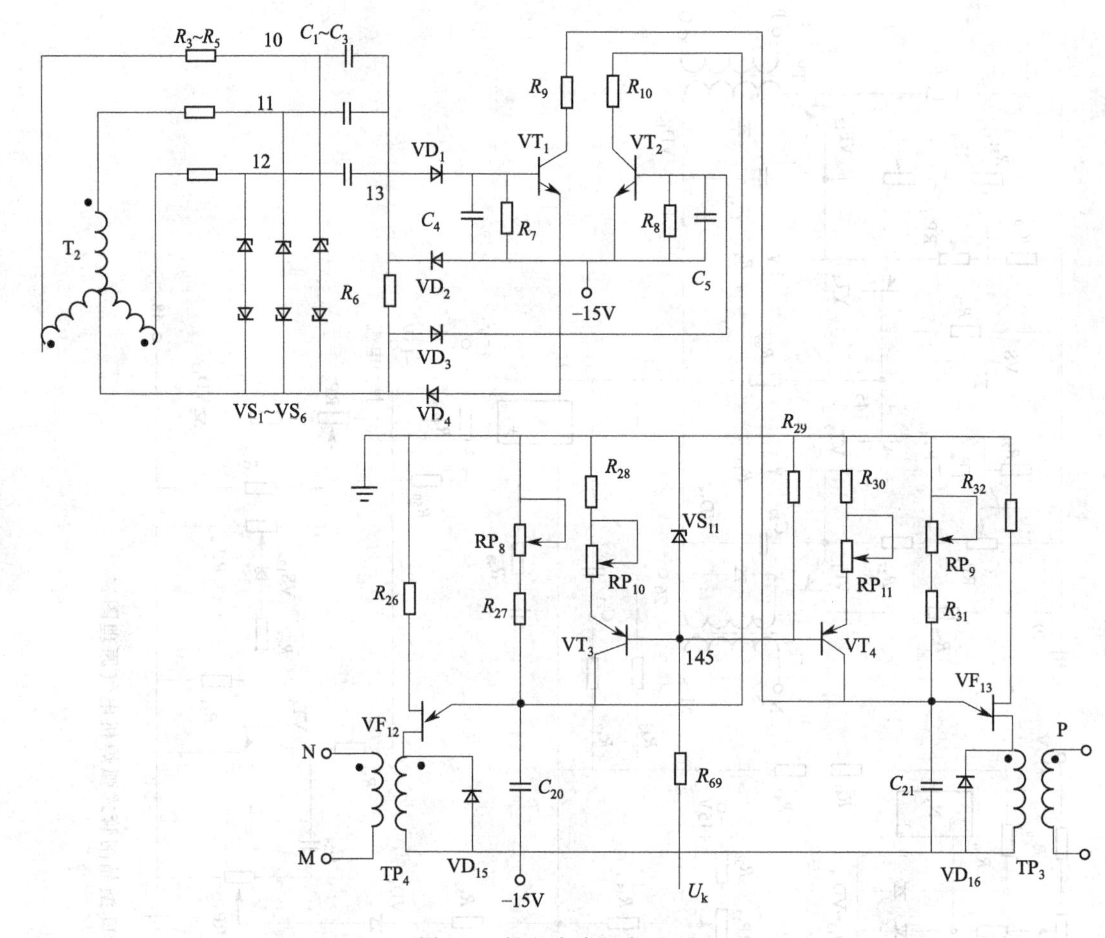

图 9-4　触发脉冲电路原理图

三相同步变压器 $T_2$的二次侧各相电压互差 120°，与主电路变压器 $T_1$的二次侧正极性组的电压相同，如图 9-6(a) 所示。如图 9-4 所示，$T_2$的二次侧各相接有正、反向稳压管 $VS_1$～$VS_6$，电路中的 10、11、12 点相对 13 点各取得正、反向矩形波，如图 9-6(b)、图 9-6(c)、图 9-6(d) 虚线所示。各个矩形波分别经电容 $C_1$～$C_3$和 $R_6$构成的微分电路得到的尖脉冲电压也示于图 9-6(b)、9-6(c)、图 9-6(d) 中。由图 9-6 可见，各相正脉冲之间和各相负脉冲之间互差 120°。图 9-6(e) 所示是 $R_6$上的脉冲波形，其正、负脉冲相同，每个正脉冲和后面的负脉冲之间相差 60°。将正脉冲经 $VD_1$和 $VD_4$输送至晶体管 $VT_1$的发射结，而将负脉冲经 $VD_3$和 $VD_2$输送至晶体管 $VT_2$的发射结，以便 $VT_1$、$VT_2$产生短暂的饱和导通。由于 $VT_1$、$VT_2$分别并联在触发脉冲产生电路中的电容 $C_{21}$、$C_{20}$两端，当 $VT_1$、$VT_2$短暂的饱和导通时，电容 $C_{21}$、$C_{20}$分别通过 $VT_1$、$VT_2$瞬时放电清零，以便在同步点后，$C_{21}$、$C_{20}$按 $U_k$确定的速度从零开始充电。如此产生的第一个脉冲即“有效”的触发脉冲（因为是用它触发晶闸管，接着再产生的脉冲是无用的，故冠之以“有效”的相位完全由 $U_k$值控制，从而满足了同步触发的要求）。

对于三相可控整流电路是以自然换相点为触发延迟角的起始点（即 $\alpha=0°$的点），该点为各相电压的交点（30°）处。对于单结晶体管触发电路，同步点可设在各相电压过零处或在 0°～30°之间。图 9-6 中的脉冲是在相电压过零处，这是在理想的情况下得到的。

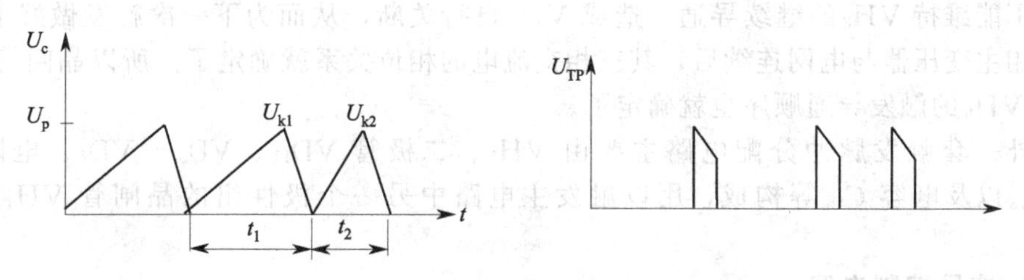

图 9-5　触发脉冲电路电压波形示意图

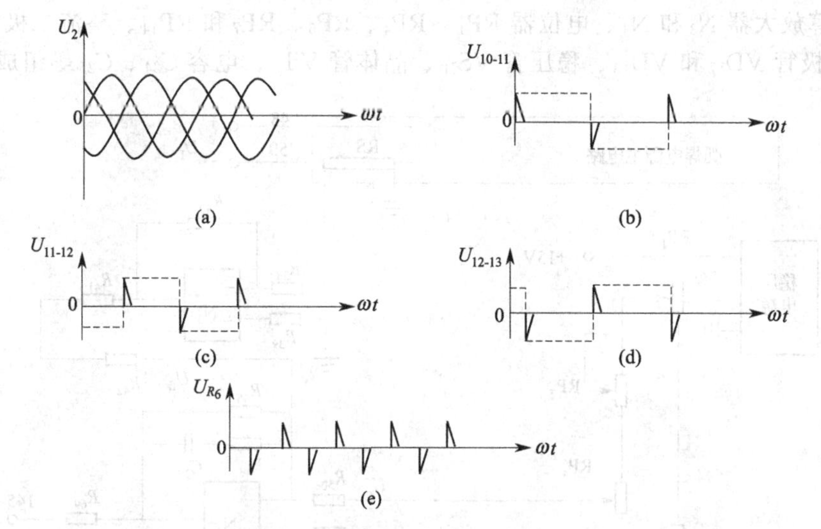

图 9-6　同步电路电压波形图

实际上，由于稳压管削波作用，得到的不是矩形波而是近似的梯形波，而且隔离二极管 $VD_1$～$VD_4$ 有正向压降，使 $VT_1$、$VT_2$ 产生短暂饱和导通的时刻（即同步点）是略滞后于各相电压过零的时刻。此后 $C_{20}$、$C_{21}$ 充电到单结晶体管 $VF_{12}$、$VF_{13}$ 的峰点电压还需要时间，所以第一个有效触发脉冲产生于自然换向点以后。采用该同步电路使同步点与主电路晶闸管电源电压过零点保持固定的相位关系，从而保证了脉冲与晶闸管整流电源电压之间的同步关系。

**(3) 触发脉冲分配电路**

ZX5 系列弧焊机中，采用两套触发脉冲电路，分别触发正极性组和反极性组的三只晶闸管。而每套触发脉冲电路产生的触发脉冲是利用触发脉冲分配电路分配给同极性组的三只晶闸管。现以一套触发脉冲分配电路为例，介绍其电路原理。

如图 9-2 所示电路原理图的右部分，晶闸管 $VH_8$、二极管 $VD_{12}$、$VD_8$～$VD_{10}$、电阻 $R_{24}$、$R_{14}$～$R_{16}$ 以及电容 $C_{19}$ 等构成一套触发脉冲分配电路。脉冲变压器 $TP_4$ 二次输出端 N、M 点输出的触发脉冲，经二极管 $VD_{12}$ 触发脉冲分配电路中的小晶闸管 $VH_8$, 使 $VH_8$ 导通，也就是对触发脉冲进行功率放大，再通过 $VD_8$ 和 $R_{14}$、$VD_9$ 和 $R_{15}$、$VD_{10}$ 和 $R_{16}$ 去触发主电路中同一极性组的晶闸管 $VH_4$、$VH_5$ 和 $VH_6$。由于三相交流电的周期相同而相位不同，因此不同时刻，晶闸管 $VH_4$、$VH_5$ 和 $VH_6$ 的阴极电位不同。当小晶闸管 $VH_8$ 触发导通后，只能触发晶闸管 $VH_4$、$VH_5$ 和 $VH_6$ 中阴极电位最低的那只晶闸管，该晶闸管一旦触发导通，则使 49 点（共阳极点）电位降低，等于该导通晶闸管的阴极电位（如果忽略晶闸管导通时的管压降），从而导致另外两只晶闸管承受反向电压而可能导通（即使有触发脉冲存在）。同时，由于 49 点的电位下降，也使小晶闸管 $VH_8$ 的阳极电位下降，

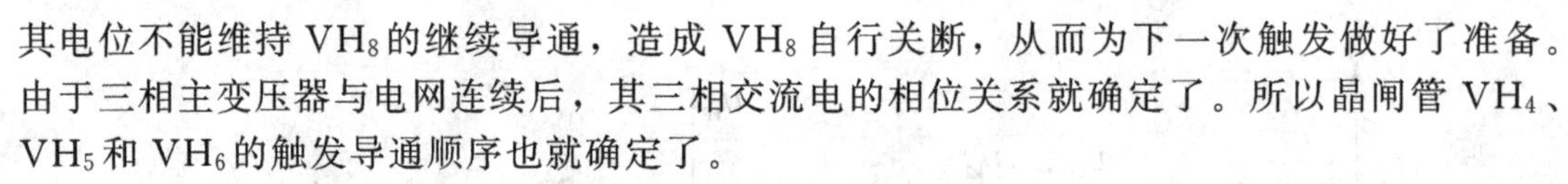

其电位不能维持 $VH_8$ 的继续导通，造成 $VH_8$ 自行关断，从而为下一次触发做好了准备。由于三相主变压器与电网连续后，其三相交流电的相位关系就确定了。所以晶闸管 $VH_4$、$VH_5$ 和 $VH_6$ 的触发导通顺序也就确定了。

另外一套触发脉冲分配电路主要由 $VH_7$、二极管 $VD_{11}$、$VD_5$～$VD_7$、电阻 $R_{23}$、$R_{11}$～$R_{13}$ 以及电容 $C_{18}$ 等构成，用以触发主电路中另一个极性组的晶闸管 $VH_1$、$VH_2$ 和 $VH_3$。

**(4) 信号控制电路**

信号控制电路见图 9-3 所示的中、下部分。图 9-7 是信号控制电路的简化图，该电路主要由运算放大器 $N_3$ 和 $N_4$、电位器 $RP_1$～$RP_4$、$RP_6$、$RP_7$ 和 $RP_{14}$、整流二极管 $VD_{28}$～$VD_{31}$、二极管 $VD_{17}$ 和 $VD_{18}$、稳压管 $VS_{10}$、晶体管 $VT_5$、电容 $C_{24}$、$C_{25}$ 等组成。

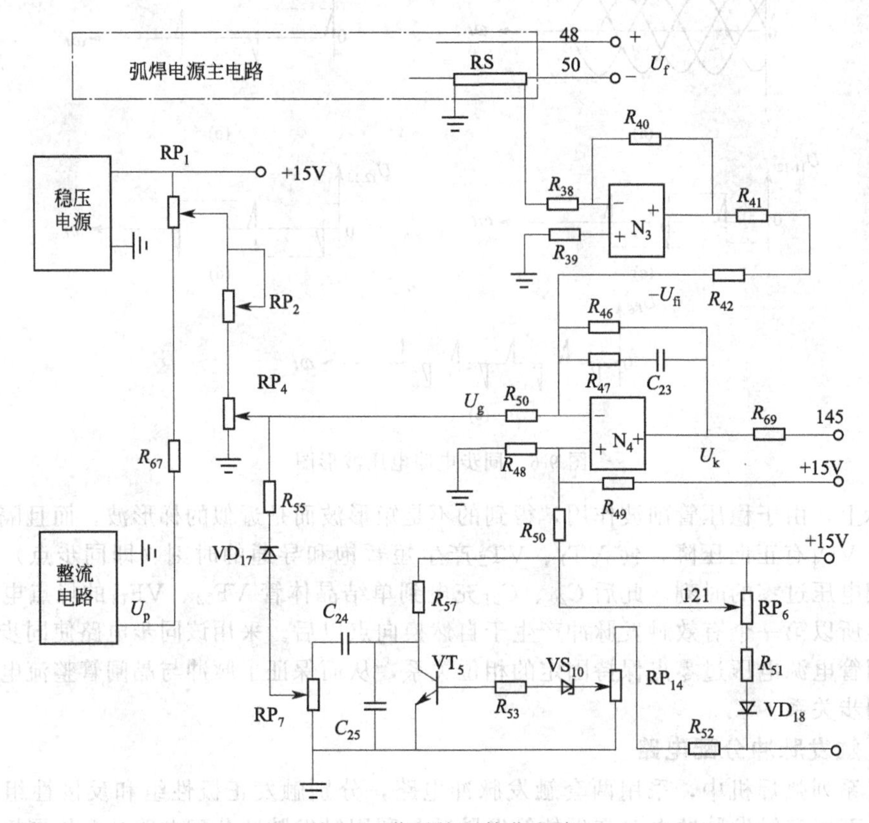


图 9-7 信号控制简化电路

① 给定电路 给定电路的作用是提供给定电压信号 $U_g$。给定电路如图 9-7 所示，主要由＋15V 稳压电源、电位器 $RP_4$ 或 $RP_3$（如图 9-3 所示，$RP_4$ 为弧焊电源焊接电流近控调节电位器，$RP_3$ 为远控调节电位器，$RP_4$ 与 $RP_3$ 通过转换开关 $S_2$ 进行转换）组成。通过电位器 $RP_4$ 或 $RP_3$ 调节给定电压信号 $U_g$ 送入运算放大器 $N_4$ 进行反相比例放大，得到控制电压信号 $U_k$（不考虑反馈信号）。$U_k$ 再通过 $R_{69}$ 连接到触发脉冲张弛振荡产生电路中的晶体管 $VT_3$ 和 $VT_4$（如图 9-3 所示）的基极。给定电压 $U_g$ 为正值，控制电压信号 $U_k$ 为负值，$U_g$ 正值越大，$U_k$ 负值也越大（绝对值越大），增大 $U_g$，$U_k$ 的负值也越大，$VT_3$ 和 $VT_4$ 集电极与发射极之间的电阻减小，电容 $C_{20}$、$C_{21}$ 的充电速度加快，触发脉冲相位前移，晶闸管的导通角增大，弧焊电源的输出电压、电流增大。

可见，调节 $RP_4$（近控）或 $RP_3$（远控），可以改变给定电压 $U_g$，从而改变控制电压

信号 $U_k$，导致晶闸管导通角的变化，达到调节弧焊电源输出电流的目的。电路中的电位器 $RP_1$、$RP_2$用来设定弧焊电源输出电流的范围，调整额定电流的大小。电焊机出厂前，已调整好 $RP_1$、$RP_2$，用户一般不需要再调整。

② 反馈电路　由电子控制弧焊电源的基本原理可知，采用不同的电参数反馈可以获得不同的弧焊电源的外特性。ZX5 系列弧焊电源主要用于焊条电弧焊，因此需要下降的外特性。该电源的下降外特性主要是依靠电流负反馈获得的（弧焊整流器中的滤波电抗器对下降外特性也有一定的贡献）。

如图 9-7 所示，运算放大器及其外围电路构成了电流反馈信号处理电路。从主电路分流器 RS 上采样得到正的电流反馈信号，经电阻 $R_{38}$进入 $N_3$构成的反相放大器放大。输出负的信号电压$-U_{fi}$。再将该信号连接到 $N_4$的反相端，与电位器 $RP_4$或 $RP_3$上取出的电流给定信号 $U_g$进行代数相加并放大，由 $N_4$输出控制电压 $U_k$：

$$U_k=-K(U_g-U_{fi})$$

$U_k$经 $R_{69}$加到触发脉冲电路中的晶体管 $VT_3$、$VT_4$的基极，控制 $VT_3$、$VT_4$的导通情况。当 $U_g$一定时，随着焊接电流 $I_f$的增加，相应的电流负反馈信号增加，$U_g-U_{fi}$值减小，$U_k$的绝对值减小。这使得 $VT_3$和 $VT_4$的集电极电流减小，$C_{20}$、$C_{21}$的充电速度减慢，触发脉冲相位后移，晶闸管导通角减小，弧焊电源输出的电压降低，从而得到下降的外特性。

需要说明的是：在触发脉冲电路的 145 点与接地点之间接有稳压管 $VS_{11}$（见图 9-4），使电流负反馈带有截止电流负反馈的性质，即当电流 $I_f$减小时，电流负反馈信号 $U_{fi}$减小，$|U_k|=|-K(U_g-U_{fi})|$增大。当$|U_k|$大于 $VS_{11}$稳压值时，这时加在 145 点与接地点之间的电位就是 $VS_{11}$的稳压值。该电压值成为触发脉冲的控制信号“$U_k$”，该控制信号的电压值与 $U_{fi}$无关，相当于电流负反馈被截止。只有当$|U_k|$小于 $VS_{11}$的稳压值时，145 点与接地点之间电压才是由给定电压 $U_g$和电流负反馈信号 $U_{fi}$所确定的控制信号 $U_k$，此时的 $U_k$与 $U_{fi}$有关，即电流负反馈起作用。

③ 引弧电路与推力电路　引弧和推力电路在图 9-7 所示电路的下半部分，由晶体管 $VT_5$，稳压管 $VS_{10}$，二极管 $VD_{17}$、$VD_{18}$，电容 $C_{24}$和 $C_{25}$，电位器 $RP_6$、$RP_7$、$RP_{14}$，电阻 $R_{49}$～$R_{55}$、$R_{57}$等组成。

在引弧电路中，将弧焊电源输出电压$U_f$加到控制线路的 48 端，经电阻 $R_{52}$和 $RP_{14}$分压电路，由电位器 $RP_{14}$取出电压反馈信号，经稳压管 $VS_{10}$及电阻 $R_{53}$输入到晶体管 $VT_5$的基极。在焊接电弧引燃前，弧焊电源输出空载电压，则 $RP_{14}$取出的电压反馈信号较高，足以使稳压管 $VS_{10}$击穿导通，并使晶体管 $VT_5$饱和导通，电容 $C_{24}$、$C_{25}$被短接，电位器 $RP_7$动点输出电位电压为“0”，二极管 $VD_{17}$承受反压截止，该路电压对弧焊电源的控制无影响。焊接引弧时，弧焊电源从空载变为短路，弧焊电源输出电压电位为“0”，则 48 点电位变为“0”，$RP_{14}$取出的电压反馈信号也为“0”，致使 $VS_{10}$阻断，$VT_5$截止，+15V稳压电源经 $R_{57}$向 $C_{24}$、$C_{25}$充电，电位器 $RP_7$的动点输出正的电压，并逐步增大，当该电压大于 $RP_4$给出的给定信号 $U_g$时，$VD_{17}$导通，$RP_7$给出的附加电压与 $RP_4$给出的给定信号相加，相当于调大 $U_g$，使 $N_4$输出的控制电压$|U_k|$增大，触发脉冲相位前移，晶闸管导通角增大，弧焊电源输出较大的引弧电流。当电弧引燃后，弧焊电源从短路状态变为负载状态，弧焊电源输出负载电压（即电弧电压），此时由 $RP_{14}$取出电压反馈信号也足以使 $VS_{10}$、$VT_5$再次导通，$C_{24}$、$C_{25}$被短接放电，$RP_7$输出的附加电压逐渐减小直到消失，$VD_{17}$截止，$U_g$恢复到正常值。这就是引弧电路的作用。调节 $RP_7$，可调节引弧电流的大小。

推力电路的作用主要是当焊接电压比较低时，也就是在接近焊接短路时，增大焊接电

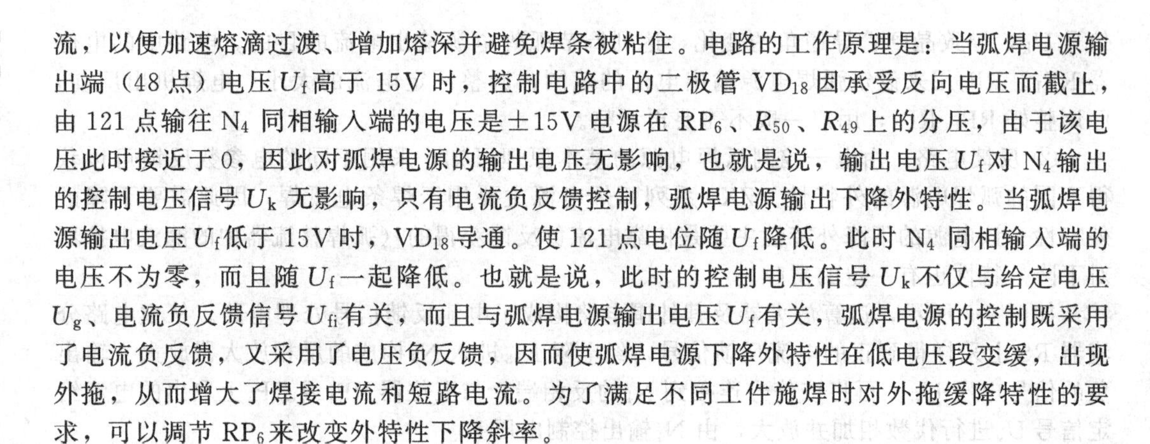

流，以便加速熔滴过渡、增加熔深并避免焊条被粘住。电路的工作原理是：当弧焊电源输出端（48点）电压$U_f$高于15V时，控制电路中的二极管$VD_{18}$因承受反向电压而截止，由121点输往$N_4$同相输入端的电压是±15V电源在$RP_6$、$R_{50}$、$R_{49}$上的分压，由于该电压此时接近于0，因此对弧焊电源的输出电压无影响，也就是说，输出电压$U_f$对$N_4$输出的控制电压信号$U_k$无影响，只有电流负反馈控制，弧焊电源输出下降外特性。当弧焊电源输出电压$U_f$低于15V时，$VD_{18}$导通。使121点电位随$U_f$降低。此时$N_4$同相输入端的电压不为零，而且随$U_f$一起降低。也就是说，此时的控制电压信号$U_k$不仅与给定电压$U_g$、电流负反馈信号$U_{fi}$有关，而且与弧焊电源输出电压$U_f$有关，弧焊电源的控制既采用了电流负反馈，又采用了电压负反馈，因而使弧焊电源下降外特性在低电压段变缓，出现外拖，从而增大了焊接电流和短路电流。为了满足不同工件施焊时对外拖缓降特性的要求，可以调节$RP_6$来改变外特性下降斜率。

④ 电网电压补偿电路　弧焊电源在实际应用时，如果电网电压发生波动，弧焊电源的输出也会发生波动。一般情况下，如果电网电压升高，弧焊电源输出电压（或电流）也随之升高。为了抑制电网电压波动对弧焊电源输出的影响，可以采用电网电压补偿电路。

ZX5系列弧焊电源的电网电压补偿电路在图9-7所示的左边。图9-7中的一般整流电源是指由二极管$VD_{28}$～$VD_{31}$构成的单相桥式整流电源（见图9-3），该整流电源输出的正端接“地”，负端电位为$U_p$，其输出电压$U_p$能反映电网电压的变化。$U_p$串联在由$R_{67}$、$RP_1$、+15V稳压电源组成的支路上。当电网电压上升时，+15V稳压电源输出的电压不变，而一般整流电源负端电位$U_p$将变得更负。受$U_p$动点的电位下降，使给定电压$U_p$以致控制电压$U_k$的绝对值减小，导致触发脉冲后移，晶闸管导通角减小，弧焊电源输出电压降低，从而抵消了电网电压升高对弧焊电源输出电压的影响。反之，当电网电压下降时，补偿情况相反。

⑤ 稳压电源电路　±15V稳压电源电路位于图9-3所示的左下角，采用单相桥式整流和三端稳压块W7185C组成稳压电源电路，它提供弧焊电源控制电路中所需要的±15V稳压电源。

## 9.2　ZX5-400型晶闸管弧焊机故障维修实例

**徒弟** 师傅，ZX5-400型晶闸管弧焊机在日常的使用中，应用比较广泛。刚才通过介绍，我们了解了电气原理图的工作过程，主要由两大部分组成：一是主电路；二是触发电路。而触发电路又由四个部分电路实现，即触发脉冲产生电路、同步电路、触发脉冲分配电路以及信号控制电路所组成。师傅，我们对该电焊机的故障维修还要掌握哪些知识和注意哪些事项？

**师傅** 是的，该电焊机在我们日常的使用中确实应用比较多。主要是因为该电焊机是一种新型焊机，线路采用的晶体管和晶闸管形式，具有重量轻、使用方便、技术性能可靠等优势。所以，对该故障电焊机维修来说需要维修人员具备一定电子理论方面的知识和经验。下面还是通过几个维修实例来提高我们的维修能力和水平。

**(1) 故障实例1**

① 故障现象　ZX5-400型晶闸管弧焊机在使用中空载电压很低，在施工焊接时电弧不稳，影响焊件的焊接质量。

② 故障分析及处理　该弧焊机在正常时空载电压一般为70V左右，如果在使用时空

载电压偏低，一般可以断定，这是弧焊整流器三相晶闸管整流电路中缺相造成的。应首先检查晶闸管是否有损坏的，如果检测晶闸管没损坏，就可以断定是弧焊整流器的控制板有问题（无法实现控制），没有触发输出信号，导致晶闸管不触发，可以换上生产厂家的一块 ZX5-400 型弧焊整流器的新控制板，将损坏的控制板替换下来，故障便可排除。如果有一定的维修经验和电子方面的理论知识，也可以对损坏的控制板进行故障查找并处理。

**（2）故障实例 2**

① 故障现象　ZX5-400 型晶闸管弧焊机，当焊接设备接入电源时运行正常，但在启动电焊机时发现风机没有转动，此时电源指示灯也不亮，也没有输出直流空载电压。

② 故障分析及处理　图 9-2 是 ZX5-400 型晶闸管弧焊机原理图。上述故障是属于晶闸管弧焊机没有工作，其原因是控制回路接触器 KM 没有吸合，导致该故障的原因有以下几点。

a. 启动按钮有故障。按动时动触点与静触点未接触，即按钮并未接通电路。

b. 接触器 KM 的绕组有断线处，所以电源接通也不会使接触器动作。

c. 该接触器至启动按钮的电路有导线断线处，或者接头螺钉松脱。

以上三点故障，只要有一种故障发生，该电焊机就不能启动，所以，也就没有空载电压输出（70V）。

这时就要对晶闸管弧焊整流器的控制电路进行检查，找出故障点，进行相应解决处理。故障 a、b 可采用修复或更换同型号、同规格的元件，便可排除故障；对故障 c，可更换新线，将接头接牢即可。

**（3）故障实例 3**

① 故障现象　ZX5-400 型晶闸管弧焊整流器，在焊接作业时发现焊接时电弧不稳，电压表显示的空载电压才有 45V 左右。从该故障现象认为某一相上的晶闸管烧坏，但经检查（拆下来测试）该晶闸管没有一个损坏。

② 故障分析及处理　该晶闸管弧焊整流器以前一直使用正常，正常使用的空载电压应在 68V 或 70V 左右（电焊机设备标准值）。现在空载电压仅为 45V 左右，相当于正常时的 2/3。根据该一般现象，这是弧焊整流器三相的晶闸管整流电路缺一相的缘故。可是在拆下来进行检查测试并没有一个损坏，这就可断定是弧焊整流器的控制板损坏了，其中有一相不输出触发信号，导致该相的晶闸管不触发造成的。经检查控制板发现其中一相的触发回路中去 $VT_1$ 的连接线开焊，导致触发信号失调。处理后（焊牢）一切正常。

**（4）故障实例 4**

① 故障现象　电焊机在开机后，电源指示灯 $HL_1$ 亮，风机运转正常，但电焊机输出电流（焊接电流）不稳，忽高忽低。

② 故障分析及处理　故障现象说明电源及整流部分正常，只有两个方面可以造成上述故障的发生：一是弧焊整流器的控制板有软故障发生（如晶闸管的触发控制回路的电气元件时好时坏）；二是焊接电流调节电位器（$RP_3$、$RP_4$）接触不良造成的。根据上述故障对晶闸管的触发控制回路进行测试（触发信号）来确定其故障点，或用替换法对该控制板进行更换；对焊接电流调节电位器（$RP_3$、$RP_4$）进行更换或处理。

**（5）故障实例 5**

① 故障现象　电焊机工作时突然发现电流中断不能工作。

② 故障分析及处理　ZX5-400 型晶闸管式弧焊机的主电路如图 9-2 所示。由原理图可

知，主电路是由六相整流变压器 $T_1$、带平衡电抗器的双反星形全波全控整流电路 $VH_1$~$VH_6$、滤波电抗器 $L_1$ 组成。它的触发电路装在印制电路板上，当脉冲变压器产生触发信号 $U_{ab}$、$U_{cd}$时，它们分别触发小功率晶闸 $VH_7$和 $VH_8$，在它们导通时即强迫触发主晶闸管 $VH_1$~$VH_3$与 $VH_4$~$VH_6$导通，此时电焊机便能正常工作。

现在，电焊机在正常工作中突然电流中断，说明已在工作的晶闸管 $VH_1$~ $VH_6$突然停止导通不工作了。其原因可能有以下方面。

a. 电网电源突然停电，首先，可以从周围的电器上判断出停电原因。也可以用电笔检测一下总电源上端是否有电，一般这种情况极易判断。

b. 也可能是接电源的铁壳开关的三相熔丝全部熔断，因熔丝选择的容量太小了（考虑负载时没有充分选择好设备容量大小）。

c. 接铁壳开关的电源输入线太细，连接接线端子处螺栓又未拧紧，使输入端接触电阻过大，弧焊整流器使用时间较长而将接输入端子的导线烧断。

d. 触发控制电路 $T_2$变压器烧坏或短路，使触发器突然停止工作，没有了触发信号，所以 $VH_1$~ $VH_6$停止工作。

e. 印制电路板（个别元器件损坏）出现故障，使触发器无触发信号输出。

f. 在 VH 元件上装有温度继电器的弧焊整流器，可能因 VH 元件温升达到限定温度而起保护作用切断触发电路，或者温度继电器的误动作所致。

故障处理方法如下。

原因 a 时，只待电网恢复供电，弧焊整流器便可正常工作。

原因 b 时，应更换合格的熔丝便可。

原因 c 时，应更换适当的电源输入线，输入端子应接好接牢。

原因 d 时，更换同型号规格的变压器或在有条件的情况下进行大修（重绕绕组）

原因 e 时，应购新电路板（在明显的元器件损坏的情况下也可以进行自己维修）。

原因 f 时，应检查温度继电器，确属其保护动作，应待弧焊整流器冷却后再用。如果温升并不高，而是温度继电器的误动作所致，则应更换新的温度继电器，故障即可排除。

**(6) 故障实例 6**

① 故障现象　电焊机在使用过程发现空载电压很低，引弧困难，无法正常焊接。

② 故障分析及处理　ZX5-400 型晶闸管弧焊整流器的主电路图如图 9-2 所示。致使产生空载电压过低的原因可能是：

a. 电网电源电压过低；

b. 电源的铁壳开关中有一相熔丝烧断；

c. 整流变压器 $T_1$二次绕组有一个绕组匝间短路，使该相电压较低；

d. 整流变压器 $T_1$有的相二次绕组中间有断头，使该电焊机此相没有二次电压输出；

e. 在二极管 $VD_5$～$VD_{10}$中有一个或几个管子损坏，致使它所提供的触发信号中断，使晶闸管不触发；

f. 晶闸管 $VH_1$~ $VH_6$中有一个或几个不触发；

g. 触发控制电路的熔断器有一相熔丝烧断，使部分晶闸管不触发；

h. 电焊机一次输入接线端有一相开路（掉头或螺钉松脱）。

故障处理方法如下。

原因 a. 故障不属其本身故障，应等待躲过电网高峰期再用，或装置容量与电焊机相当的调压器保证电压；

原因 b、g 的情况时，则应更换适当的熔丝；

原因 c 或 d 的情况时，则应拆修整流变压器的二次绕组；

原因 e 或 f 的情况时，应更换晶闸管或检修触发电路，或更换印制电路板；

原因 h 情况时，应更换输入导线或重新将导线接牢。

**(7) 故障实例 7**

① 故障现象　该台电焊机设备是一台使用较久的电焊机，此次在作业时发现短时间使用一切正常，但使用时间稍长便有焦煳味。

② 故障分析　弧焊整流器在额定的负载持续率下是可以连续作业的。如果弧焊机连续施焊时间稍长便出焦味，说明电焊机有故障。电焊机过热是由于电焊机发出的热量大于散失的热量，产生了热量积累，致使绕组绝缘物开始发生化学变化，而扩散出有机物烧焦的味道（铁芯松动或线圈绝缘、线路板等问题）。

电焊机内产生过热的原因有以下几点。

a. 电焊机整流变压器 $T_1$ 的二次绕组有部分匝间短路，短路电流加速了变压器的发热，使温升过高所致。

b. 电焊机风扇不转或风扇虽转，但扇叶变形或有灰尘等，风力不够，使电焊机冷却条件变坏，使电焊机发热量不能快速地散发掉。

c. 电焊机的晶闸管被击穿而导致主电路短路，会瞬间使电焊机产生强大的短路电流，将电焊机绕组绝缘烧焦，产生浓的焦煳味并会着火，致使电焊机烧毁，同时引起电网铁壳开关“放炮”。

③ 故障处理　如果发现电焊机有焦煳之后，应立即停止使用。拉开电源开关，切掉电焊机电源，打开电焊机机壳彻底地进行检查。

如果是上述故障 c 时，一看便知，此时应对电焊机进行大修，重绕烧坏的绕组。重新组装晶闸管整流桥时，除了要保证管子耐压值和额定电流值一致外，还要注意 $VH_1$～$VH_3$ 和 $VH_4$～$VH_6$ 每组中的三个晶闸管的正、反向电阻参数符合标准，尽量使其参数一致，因为这样能保证三相整流输出波形相近。

若为上述故障 b 时，可用风扇电动机试验法检验：不转的电动机应检修，修不好时要及时更换新电动机；对叶片变形的应仔细校正，难以校正的应更换新叶片或更换新风扇；对有灰尘（挂得比较厚）的要清理掉，保证风叶良好。

若为上述故障 a 时，一是可以用变压器空载电压测试法找出匝间短路的绕组；二是可以把该电焊机空载接上电源送电观察一段时间，在拉开电源后立即用手触摸二次绕组，有匝间短路的绕组表面温度会明显地增高。

匝间短路的绕组要视具体情况而定修复方式，对容易修复的可以进行小修处理；不容易修复就要拆变压器进行中修解决了。

Chapter 10

手把手教你修电焊机

# 第10章 IGBT-ZX7系列逆变式电焊机的维修

# 10.1 逆变式电焊机基本原理及结构

徒弟 师傅，经过一段的学习，已经掌握交流焊机、$CO_2$ 气体焊机、钨极焊机、氩弧焊机、晶体管整流焊机、晶闸管整流焊机等维修知识和经验。还有一种我们经常使用的，而且也是焊接今后发展方向的新型焊机，即 IGBT 逆变式电焊机，接下来我们是否也要了解和学习呢？

师傅 是的，IGBT 逆变式弧焊机是我国近几年发展起来的新型焊机，ZX7 系列可控硅逆变弧焊整流器是一种新型的高效节能直流焊接电源，推广使用这种换代产品已普遍受到的重视，这种焊机无论作为手工焊还是自动焊电源，都具有极高的综合指标。

ZX7-315S/400S 使用于直径 5.0mm 以下的各种焊条进行手工焊接，ZX7-315ST/400ST 为手工焊条电弧焊和手工焊两用焊机，其中氩弧焊时采取划擦起弧，电子路线保证了良好的起弧性能。受弧时焊接电流自动衰减，延时断气。

这种焊机体积小，重量轻，既适用于钻井平台、船坞、铁路、桥梁、矿山、建筑施工及设备维修等需要频繁移动焊机的场合，也适用于批量产品及大型结构等需要高负载持续率的加工制造。由于采用了先进的线路原理和控制方式，使焊机具有优异的焊接性能，为锅炉、高压容器、军工等要求高质量焊接的行业提供了可靠的保证。它的基本原理及结构通过下面的实例就可以了解。首先来分析 ZX7 系列焊机原理框图，这也是为学好 ZX7 系列可控硅逆变弧焊机原理图有一个比较清晰的思路的过程，是必须要掌握的知识。

**(1) 技术参数**（见表 10-1）

**表 10-1 主要技术参数**

| 型 号 | ZX7-500S/ST | ZX7-400S/ST | ZX7-315S/ST | ZX7-200S/ST |
|---|---|---|---|---|
| 电 源 | 三相(四线制)～380V,50/60Hz | | | |
| 额定输入功率/kV·A | 30 | 21 | 17.5 | 8.75 |
| 额定输入电流/A | 45.6 | 32 | 26.6 | 13.3 |
| 额定输出电流(DC)/A | 500 | 400 | 315 | 200 |
| 额定负载持续率/% | 60 | 60 | 60 | 60 |
| 最高空载电压/V | 80 | 80 | 80 | 80 |
| 电流调节范围<br>(挡内无级调节)/A | Ⅰ挡 50～175<br>Ⅱ挡 140～500 | Ⅰ挡 40～140<br>Ⅱ挡 115～400 | Ⅰ挡 30～105<br>Ⅱ挡 100～315 | 20～200 |
| 效率/% | 82 | 83 | 83 | 83 |
| 质量/kg | 82 | 66 | 59 | 55 |
| 外形尺寸/mm | 750×355×540 | 700×355×540 | 700×355×510 | 700×355×540 |

**(2) 特点**

① 高质量的直流手弧焊机/直流氩弧焊机。

② 动态响应快，焊接性能稳定，效率高，空载损耗小，比传统焊机节电 1/3 以上，可大幅度降低生产成本，是理想的节能设备。

③ 体积小，重量轻，携带、移动方便，减少运输费用。

④ 积木式电源，可直接多台并联供埋弧焊、电弧气刨、电弧螺柱焊使用；也可多台串联，作为切割电源。

⑤ 起弧容易且可控，电流稳定，焊缝成型美观。

⑥ 飞溅小，噪声低，可大大改善操作者的工作环境。

⑦ 操作方便，容易掌握，节省焊工培训时间。

⑧ 各项指标均符合国际、国内有关标准。

**(3) ZX7 系列电焊机的原理**（见图 10-1）

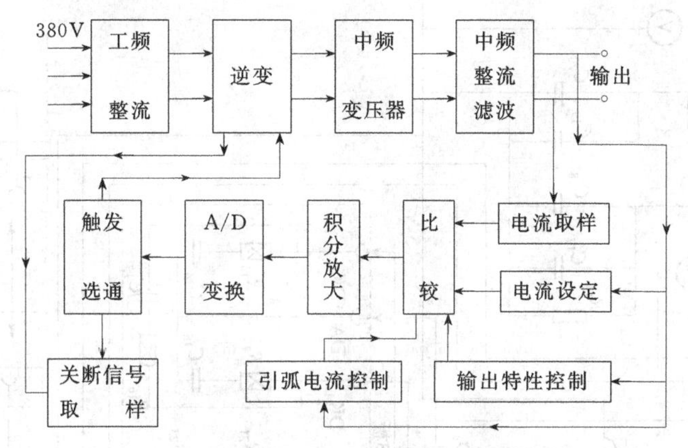


图 10-1 ZX7 系列电焊机原理框图

首先将输入的三相交流电 380V/50Hz 进行工频整流后，经过供给晶闸管逆变器进行变频（逆变），然后由中频变压器降压再整流、滤波输出直流。

输出电流经分流器取样后与焊接电流设定值进行比较。为使焊接电源具有良好的抗电网波动能力和极小的冷、热态输出电流变化率，该电焊机的前向通道中设置了一级比例积分器，以提高系统的精度。比较产生的误差信号送给积分放大器处理后经 A/D 变换为一系列脉冲，这一系列脉冲经过触发选通电路处理后，送去触发逆变器的两只快速晶闸管轮流导通。关断信号取样电路在快速晶闸管关断 30$\mu$s 后，输出一个信号控制触发选通电路改变输出通道，以保证逆变器的可靠工作。为了避免焊接过程中焊条与工件粘在一起，设置了输出特性控制电路，当输出电压低于 15V 时该电路工作，使输出电流按一定规律增大，输出电压越低，输出电流就越大。为了帮助引弧，ZX7 系列晶闸管逆变弧焊整流器特设了引弧电流控制电路，使电焊机在起弧过程中加大焊接电流。

## 10.1.1 ZX7 系列逆变式电焊机电路结构

参见原理图（见图 10-2），主回路由限流、限压电路、原边整流滤波电路、限压电路板 PCB1、电气控制板 PCB2、保护电路板 PCB3、逆变器及副边整流滤波电路等组成。下面针对各个电路进行简要的叙述。

① 限流及限压电路　由自动空气开关 $QS_1$、压敏电阻 $R_1$、电容器 $C_2$、绕线电阻 $R_2$ 组成。$QS_1$ 是一种有复式脱扣机构的自动空气开关，当电焊机长时间超载运行时，其热脱扣机构动作，断开电焊机电源；若电焊机故障或遇外界强烈干扰，使电焊机主回路原边出现大于 300A 的电流时，$QS_1$ 的电磁脱扣机构会在 10ms 内动作，断开电焊机电源。压敏电阻 $R_1$、电容器 $C_2$ 用于吸收来自电网的尖峰电压，以保护快速晶闸管等半导体器件。当电焊机故障或遇外界强烈干扰造成“逆变失败”（或称“直通”，即 $VTH_3$、$VTH_4$ 同时导通，下同），使电焊机主回路原边出现大电流时，$R_2$ 将使电流的最大值不超过 2000A。

② 原边整流滤波电路　由 $QL_1$、$C_4$～$C_7$、$L_1$、$L_2$ 等元器件组成。$QL_1$ 是一个三相整流桥，其作用是将三相交流电变为纹波较小的直流电。$C_4$～$C_7$、$L_1$、$L_2$ 等元器件主要起中频滤波的作用，$C_4$～$C_7$ 是逆变电焊机专用的中频电解电容器，维修时不要随便找代用品替换。

③ 限压电路板 PCB1　用于限制快速晶闸管 $VTH_3$、$VTH_4$、$C_3$、$C_8$～$C_{11}$ 等元器件

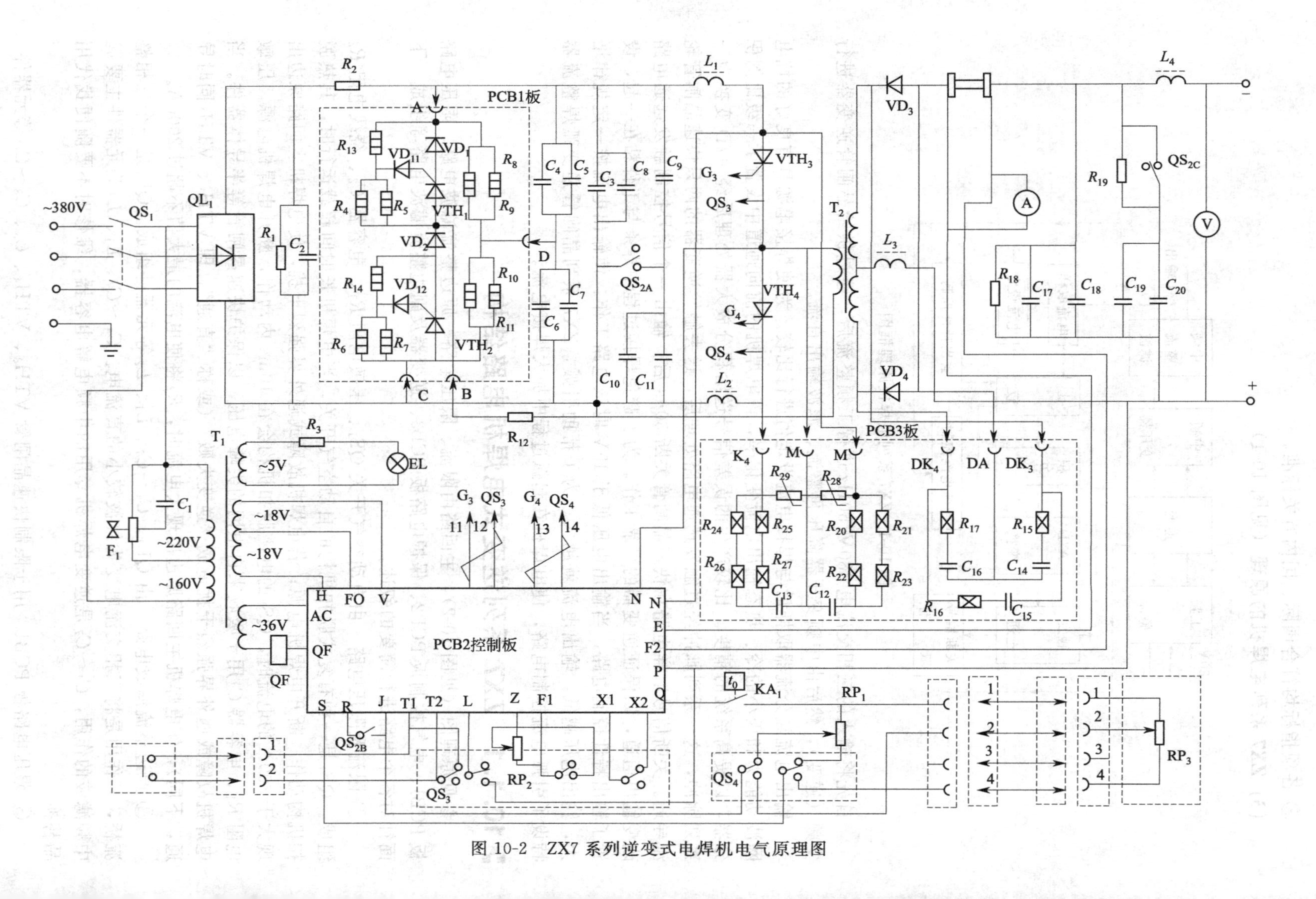


图 10-2 ZX7 系列逆变式电焊机电气原理图

两端的电压，当B点电位高于A点250V时$VTH_1$导通，当C点电位高于B点250V时$VTH_2$导通。

④ 逆变器　由快速晶闸管$VTH_3$、$VTH_4$，换向电容器$C_3$、$C_8$～$C_{11}$，中频变压器$T_2$等元器件组成。逆变器正常工作时$VTH_3$、$VTH_4$轮流导通，改变流经$T_2$的电流方向，把直流电变成中频交流电。ZX7-400S/ST电焊机逆变器是一种变频系统，其工作频率为0.5Hz～4kHz，其工作频率与电焊机输出功率成正比，即逆变器工作频率越高，则电焊机输出功率就越大，反之亦然。

⑤ 副边整流滤波电路　由快恢复整流管$VD_3$、$VD_4$，电抗器$L_3$、$L_4$，中频电解电容器$C_{17}$～$C_{20}$等元器件组成。经中频变压器降压后的中频交流电，由$VD_3$、$VD_4$整流再变为直流电，再经电抗器$L_3$、$L_4$，电解电容器$C_{17}$～$C_{20}$等元器件滤波后，变为适用于焊接的直流电流。

### 10.1.2 ZX7系列逆变式电焊机工作原理

为便于分析逆变器工作原理，把主电路简化为图10-3所示的电路。简化电路中原边“整流滤波电路”用电源$E$（约520V）代替，限压电路板PCB1用$VD_1$、$VD_2$、$RY_1$（压敏电阻）组成的等效电路代替，换向电容器$C_3$、$C_8$～$C_{11}$简化为$C_1$、$C_2$，快速晶闸管$VTH_3$、$VTH_4$不变，主变压器以电感$L$代替。因为$R_1$、$R_2$、$C_1$、$L_1$、$L_2$、$QS_2$、PCB3板分析原理时，其作用可忽略不计，故省去。

设快速晶闸管$VTH_3$在$t_1$时刻被触发而开始导通，$VTH_3$导通后的简化电路见图10-4（为分析方便，省去了电阻$R$）。$VTH_3$导通后电流$i$通过$L$向$C_2$充电。如果限压电路不起作用，电路从$t_1$开始的过渡过程与普通的串联$LCR$电路的过渡过程相似。

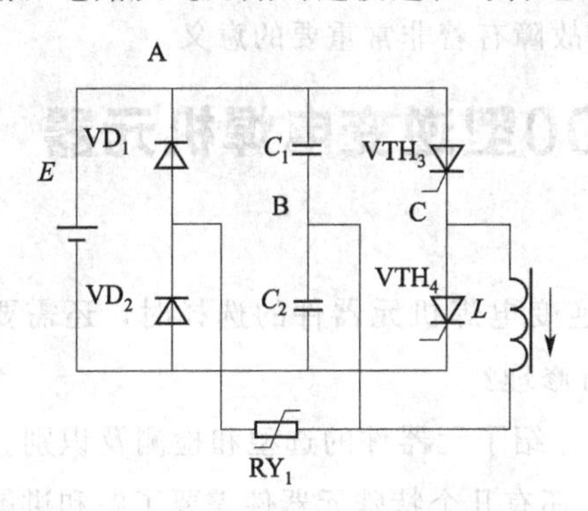

图10-3　主电路原理简化图

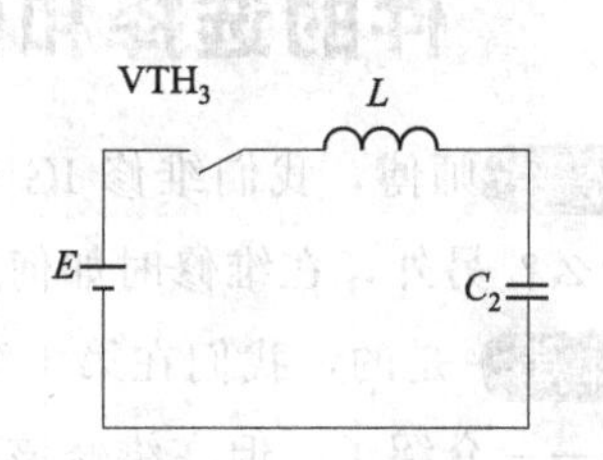

图10-4　晶闸管$VTH_3$导通后的简化图

电流$i$的流向是：

$E$（+）→$VTH_3$→$L$（从上至下）→$C_2$→$E$（－）。

当$t=t_1$时，由于电容器上的电压不能突变，所以$U_L=E$，又由于电感中的电流不能突变，所以在$t_1$时刻$i=0$。

在$t_1$～$t_2$期间，$i$按正弦规律上升，由于随着$i$的上升$di/dt$逐渐下降，所以$U_L$也逐渐降低，而$U_{C_2}$在此期间按正弦规律上升。

当$t=t_2$时，$di/dt=0$，所以$U_L=0$。因为

$U_L+U_{C_2}=E$（参见图10-5），所以此时$U_{C_2}=E$。

在$t_2$～$t_3$期间，$i$按正弦规律下降，由于$di/dt<0$，所以$U_L$按正弦规律下降。因为$U_L+U_{C_2}=E$，所以$U_{C_2}$在此期间继续按正弦规律上升。

当$t=t_3$时，$U_{C_2}$上升到$E+250V$，B点电位就比A点高250V，此时压敏电阻$RY_1$被击穿而导通，$RY_1$导通瞬间相当于$C_2$被旁路，使$U_{C_2}$不再上升，此时的电路结构类似于

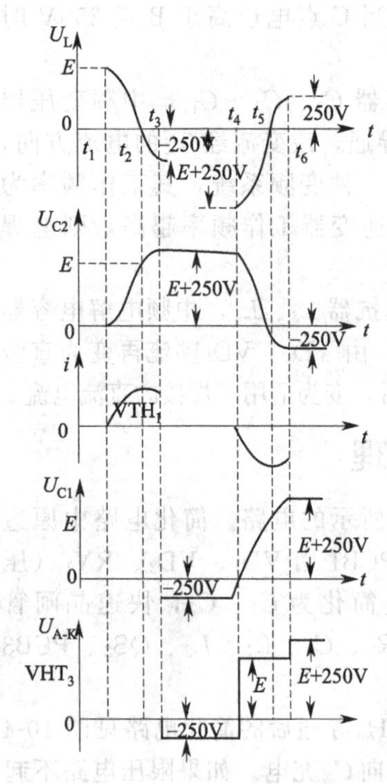


图 10-5　工作过程的主要波形

一阶 $LR$ 电路，由于 $C_2$ 不起作用，电路时间常数比原来的 $LCR$ 电路小得多，所以使 $i$ 迅速下降到零，从而使 $VTH_3$ 关断。快速晶闸管 $VTH_4$ 导通时的工作过程与 $VTH_3$ 导通的工作过程相似。其电流流向是：

$E$（+）→$C_1$→$L$（从下至上）→$VTH_4$→$E$（−）。

逆变器工作过程的主要波形如图 10-5 所示。

由图 10-5 可见，快速晶闸管 $VTH_3$ 关断后其阳极与阴极之间承受了−250V 的电压。

采用的这种串联半式逆变器电路的结构比较特殊，它是介于自然换向式电路与全逆导式电路之间的一种电路，可称其为半逆导串联半桥式逆变器。

这种半逆导式电路相对于其他电路有以下优点：

① 对换向电容器的耐压要求低；

② 对快速晶闸管的耐压要求低；

③ 可利用晶闸管关断后所承受的反向电压作为关断信号，信号取样简单可靠。

以上波形在维修过程中（使用示波器观察其波形时要结合上述波形进行参考）可以作为标准去加以比较和鉴别。特别是 PCB2 控制板中 11、12、13、14 输出（控制极）点的波形在测试中一定要仔细观察其波形的大小和异常情况，这对诊断故障有着非常重要的意义。

## 10.2　维修IGBT-ZX7-400型逆变电焊机元器件的选择和修理

徒弟　师傅，我们维修 IGBT-ZX7-400 型逆变电焊机元器件的选择时，还需要注意一些什么？另外，在维修时如何对其元器件进行修理？

师傅　是的，我们在第 1 章中已经详细地介绍了元器件的选型和检测及识别。在这里就不一一介绍了。但在维修该类型电焊机时，还有几个特殊元器件需要了解和讲解一下。对这几个特殊元器件还要注意以下几点。

元器件的检测及选择是电气维修（电焊机）的一项基本功，如何准确有效地检测元器件的相关参数，判断元器件是否正常，不是一件千篇一律的事，必须根据不同的元器件采用不同的方法，从而判断元器件的正常与否。特别对初学者来说，熟练掌握常用元器件的检测方法和积累经验很有必要。

① 一般更换原则：特殊的元器件一定要按原设计参数进行更换（如晶体二极管、三极管、晶闸管和 IGBT 管）或原厂家出厂的产品进行处理。

② 特殊情况下更换原则：有时在维修中一时找不到合适（原设计或原厂家）元器件时，一定要注意选择合适的、符合一定的技术参数的元器件或相近技术参数的元器件进行更换和处理，绝不能随意进行替换，这样会造成没有修好反而使故障更加扩大和更坏的后果。

### 10.2.1　常用电子元器件检测方法

除了已介绍过的元器件外，在该类电焊机维修中还要对下面的几个元器件进行正确选择和识别。

**(1) 快速识别色环电阻器**

带有四个色环的，其中第一、二环分别代表阻值的前两位数；第三环代表倍率；第四环代表误差。快速识别的关键在于根据第三环的颜色把阻值确定在某一数量级范围内，例如是几点几千欧、还是几十几千欧的，再将前两环读出的数“代”进去，这样就可很快读出数来。下面就介绍掌握该方法的几个要点。

① 熟记第一、二环每种颜色所代表的数。可这样记忆：棕 1，红 2，橙 3，黄 4，绿 5，蓝 6，紫 7，灰 8，白 9，黑 0。这样连起来读，多复诵几遍便可记住。

记准记牢第三环颜色所代表的阻值范围，这一点是快识的关键。具体是：

金色：几点几欧

黑色：几十几欧

棕色：几百几十欧

红色：几点几千欧

橙色：几十几千欧

黄色：几百几十千欧

绿色：几点几兆欧

蓝色：几十几兆欧

从数量级来看，在总体上可把它们划分为三个大的等级，即：金、黑、棕色是欧姆级的；红、橙、黄色是千欧级的；绿、蓝色则是兆欧级的。这样划分一下是为了便于记忆。

② 当第二环是黑色时，第三环颜色所代表的则是整数，即几、几十、几百千欧等，这是读数时的特殊情况，要注意。例如第三环是红色，则其阻值即是整几千欧的。

③ 记住第四环颜色所代表的误差，即：金色为 5%；银色为 10%；无色为 20%。

下面举例说明。

例如，当四个色环依次是黄、橙、红、金色时，因第三环为红色，阻值范围是几点几千欧的，按照黄、橙两色分别代表的数“4”和“3”代入，则其读数为 4.3 千欧。第四环是金色，表示误差为 5%。

又例，当四个色环依次是棕、黑、橙、金色时，因第三环为橙色，第二环又是黑色，阻值应是整几十千欧的，按棕色代表的数“1”代入，读数为 10kΩ。第四环是金色，其误差为 5%。

**(2) 电解电容器的检测与识别**

详见第 1 章内容。

**(3) 高频电解电容器结构特点及作用**

在工频整流电路中，通常采用普通电解电容器作滤波。因为频率比较低，所以为了获得较小的脉动系数，必须采用大容量的电容器，其电容量往往高达数十万微法。因此，在评价电解电容器的性能时，生产厂家往往用电容量、损耗角正切值及漏电流等参数来考核产品的质量。在开关电源中，作为输出滤波的电解电容器，其上锯齿波电压的频率高达数十千赫兹，其阻抗很小，所以电容器的电容量并不是主要指标，而电容器的阻抗、等效电阻、等效电感等则是衡量其质量优劣的主要参数。特别是为了确保变换器在高频和大电流条件下可靠工作，电容器必须具有低的等效阻抗和良好的阻抗-频率特性。同时，要求电容器对于电源内部由于半导体器件开关工作所产生的高频尖峰噪声，亦能有良好的滤波作用。

电解电容器的等效电路如图 10-6(a) 所示。图中，$R_C$表示电解质和引线的等效串联电阻；$L_C$表示引线、极板及外壳的等效串联电感；$G$ 表示电容器直流漏电流的电导，及介质极化引起的等效并联电阻；$C$ 表示纯电容。对于质量比较好的电解电容器来说，$G$ 值是个很小的量，当忽略不计时，它可简化为常见的等效电路，如图 10-6(b) 所示。

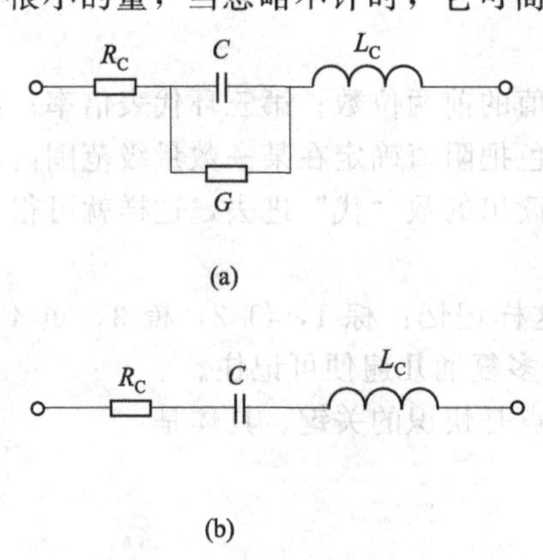


图 10-6 电容器等效电路

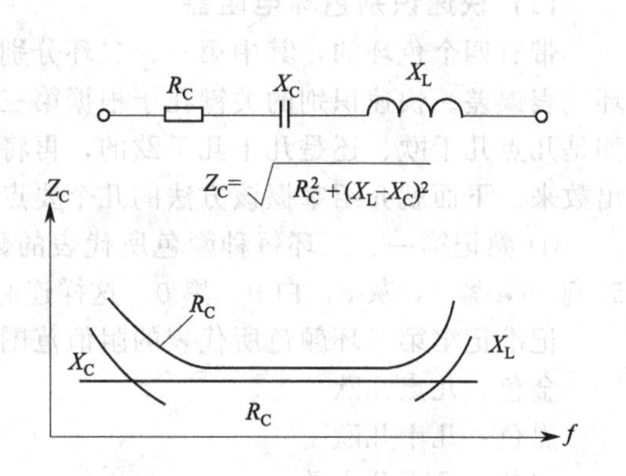


图 10-7 电容器阻抗-频率特性示意图

电解电容器的等效阻抗 $Z_C$可表示为

$$Z_C=R_C+j(\omega L-1/\omega C) \tag{1-1}$$

由式(1-1) 可见，在实际使用中，电解电容器阻抗的性质将随电路工作频率的不同而异。在低频段，电感的作用甚微，容抗的作用大于串联等效电阻 $R_C$，阻抗呈现容性；在中间某一区域，频率达到一定程度，容抗与感抗接近而呈现所谓“谐振段”，其阻抗主要由 $R_C$决定，故呈现电阻性。图 10-7 所示是电解电容器的“阻抗-频率”特性示意图。一般低频用普通电解电容器频率在 10kHz 左右，其阻抗便开始呈现容性，无法满足开关电源的要求。变换器开关电源使用的电解电容器要求尽可能小的等效阻抗。四端高频电解电容器、大型高频电解电容器、叠层式无感电容器和高频无极性聚丙烯介质电容器，具有较低的等效阻抗，适合用作变换器稳压电源滤波电容。下面简单介绍它们的结构特点及使用情况。

① 四端电解电容器　四端电解电容器是高频铝电解电容器，它有四个端子，正极铝片的两端分别引出作为电容器的正极，负极铝片的两端分别引出作为电容器的负极，在电路中的连接与表示方法如图 10-8(a) 所示，其等效电路如图 10-8(b) 所示，直流电源的电流从四端电容器的一个正端流入，经过电容器内部，再从另一个正端流向电源负载。由负载返回的电流从电容器的一个负端流入，经过电容器内部，再从另一个负端流向电源负极。从图 10-8(b) 等效电路可看出，四端电容器还有较好的隔离和去耦作用。输入端的噪声干扰不能进入负载，负载反射的噪声也不能进入输入电路，因此外引线和电容器的等效电阻、等效电感组成滤波电路，其滤波作用随频率的增加而加强。

由于普通两端电解电容器正、负极的引线对于电源回路和负载回路是公用的，因此，两者之间将互相干扰。显然，四端电容器克服了普通两端电容器输入与输出相互干扰的

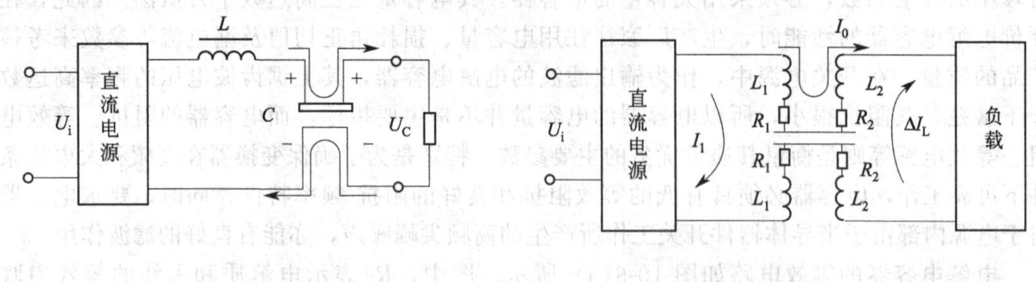


图 10-8 四端电解电容器接线方法及等效电路

缺点。

四端电容器具有良好的高频特性，其阻抗-频率特性一般在 1kHz 左右才开始呈现感性，低频区的范围很大。因此，四端电容器提高了滤波效果和抑制开关尖峰噪声的能力。它的缺点是负载电流通过电容器的内部，在铝片电阻上产生 $I^2R$ 数量的损耗，使电容器发热。因此，通过电容器的电流应加以限制。我国目前生产的 CD8 型四端电解电容器，其电流应不超过 10A。

② 大型高频电解电容器　大型高频电解电容器采用一般电解电容器的外壳形式，使用焊片或螺丝作为引出端子。但内部采用了多芯结构即多根引出片的连接方式，它是将铝箔分成较短的若干小段，用多对引出片连接以降低串联等效电阻 $R_C$，同时采用低电阻率的材料和工艺，使电容器具有承受大电流的能力，并取得更好的阻抗-频率特性。

表 10-2 为高频电解电容器与一般类型电解电容器的性能对比，图 10-9 为高频电解电容器与一般类型电解电容器阻抗-频率特性对比。显然，高频电解电容器的性能优于普通电解电容器，可以满足开关电源作滤波电容器的需要。

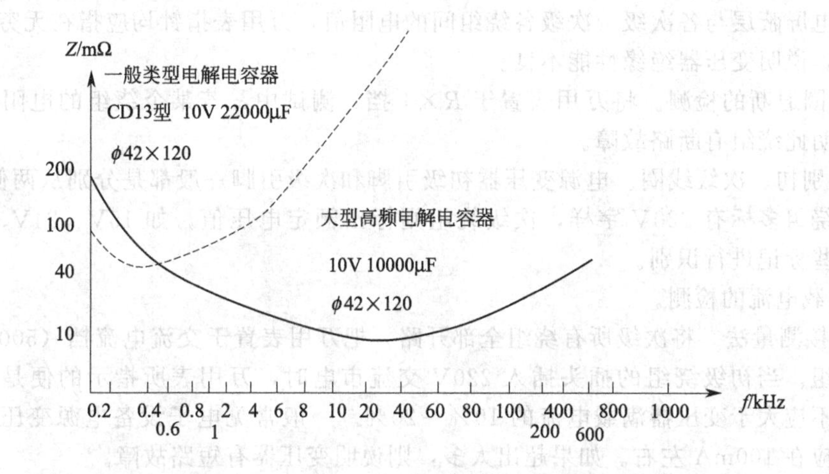


图 10-9　高频与一般类型电解电容器阻抗-频率特性对比

**表 10-2　一般类型电解电容器与高频滤波电解电容器的性能对比**

| 产品 | 电容器的等效串联电感<br>(在 1MHz 时测量) | 电容器的阻抗<br>(在 10～40kHz 时) |
|---|---|---|
| 一般类型产品<br>CD13 型 10V 22000μF ϕ42×120 | 1570nH | 155～650mΩ |
| 大型高频滤波电解电容器<br>10V 10000μF ϕ42×120 | 15.1～16.9nH | ≤10mΩ |

③ 叠片式无感电容器　它是高频电解电容器的又一种形式，其内部结构为，将正、负极二铝片位置相互重合，并将正、负极二引片在极片位置上相互对合。在这种情况下，由于两个极片通过电流产生的磁通大小相等，方向相反，互相抵消，因而降低了电容器等效电感 $L_C$ 之值，具有更为优良的高频特性。由于这种电容器等效电感值非常小，故亦称无感电容。这种电容器一般做成方形，便于安装固定。

此外，还有一种小型高频电解电容器，采用一般的单向铜丝引出接线端子的方式，即单端引线结构，它具有插入安装的特点，在接线板上占用很小的面积即可。

大型高频电解电容器具有较低阻抗，四端子电容器在频率超过 100kHz 时，具有平坦的阻抗特性。

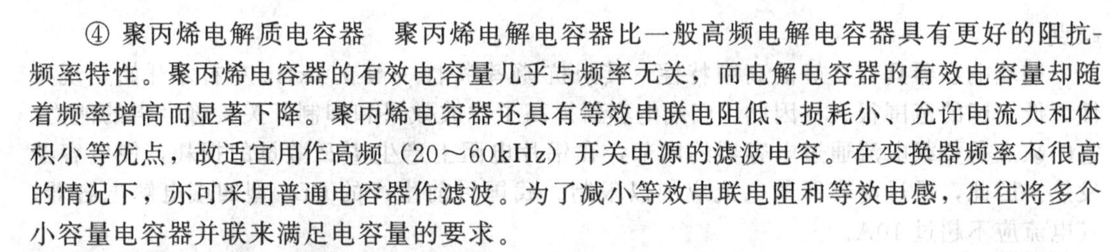

④ 聚丙烯电解质电容器　聚丙烯电解电容器比一般高频电解电容器具有更好的阻抗-频率特性。聚丙烯电容器的有效电容量几乎与频率无关，而电解电容器的有效电容量却随着频率增高而显著下降。聚丙烯电容器还具有等效串联电阻低、损耗小、允许电流大和体积小等优点，故适宜用作高频（20～60kHz）开关电源的滤波电容。在变换器频率不很高的情况下，亦可采用普通电容器作滤波。为了减小等效串联电阻和等效电感，往往将多个小容量电容器并联来满足电容量的要求。

**(4) 高频电解电容器的检测与识别**

可参照第1章内容电解电容器的检测与识别方法进行。

**(5) 电源变压器的检测和识别**

① 通过观察变压器的外貌来检查其是否有明显异常现象。如线圈引线是否断裂、脱焊，绝缘材料是否有烧焦痕迹，铁芯紧固螺杆是否有松动，硅钢片有无锈蚀，绕组线圈是否外露等。

② 绝缘性测试。用万用表 $R\times10k$ 挡分别测量铁芯与初级、初级与各次级、铁芯与各次级、静电屏蔽层与各次级、次级各绕组间的电阻值，万用表指针均应指在无穷大位置不动。否则，说明变压器绝缘性能不良。

③ 线圈通断的检测。将万用表置于 $R\times1$ 挡，测试中，若某个绕组的电阻值为无穷大，则说明此绕组有断路故障。

④ 判别初、次级线圈。电源变压器初级引脚和次级引脚一般都是分别从两侧引出的，并且初级绕组多标有220V字样，次级绕组则标出额定电压值，如15V、24V、35V等。再根据这些标记进行识别。

⑤ 空载电流的检测。

a. 直接测量法。将次级所有绕组全部开路，把万用表置于交流电流挡（500mA），串入初级绕组。当初级绕组的插头插入220V交流市电时，万用表所指示的便是空载电流值。此值不应大于变压器满载电流的10%～20%。一般常见电子设备电源变压器的正常空载电流应在100mA左右。如果超出太多，则说明变压器有短路故障。

b. 间接测量法。在变压器的初级绕组中串联一个10/5W的电阻，次级仍全部空载。把万用表拨至交流电压挡。加电后，用两表笔测出电阻 $r$ 两端的电压降 $u$，然后用欧姆定律算出空载电流 $i_{空}$，即 $i_{空}=u/r$。

⑥ 空载电压的检测。将电源变压器的初级接220V市电，用万用表交流电压挡依次测出各绕组的空载电压值（$u_{21}$、$u_{22}$、$u_{23}$、$u_{24}$）应符合要求值，允许误差范围一般为：高压绕组≤±10%，低压绕组≤±5%，带中心抽头的两组对称绕组的电压差应≤±2%。

⑦ 一般小功率电源变压器允许温升为40～50℃，如果所用绝缘材料质量较好，允许温升还可提高。

⑧ 检测判别各绕组的同名端。在使用电源变压器时，有时为了得到所需的次级电压，可将两个或多个次级绕组串联起来使用。采用串联法使用电源变压器时，参加串联的各绕组的同名端必须正确连接，不能搞错。否则，变压器不能正常工作。

⑨ 电源变压器短路故障的综合检测判别。电源变压器发生短路故障后的主要症状是发热严重和次级绕组输出电压失常。通常，线圈内部匝间短路点越多，短路电流就越大，而变压器发热就越严重。检测判断电源变压器是否有短路故障的简单方法是测量空载电流（测试方法前面已经介绍）。存在短路故障的变压器，其空载电流值将远大于满载电流的10%。当短路严重时，变压器在空载加电后几十秒之内便会迅速发热，用手触摸铁芯会有烫手的感觉。此时不用测量空载电流便可断定变压器有短路点存在。

## 10.2.2 IGBT管好坏的检测

IGBT管的好坏可用指针万用表的$R\times1k$挡来检测，或用数字万用表的“二极管”挡来测量PN结正向压降进行判断。检测前先将IGBT管三只引脚短路放电，避免影响检测的准确度；然后用指针万用表的两支表笔正反测G、e两极及G、c两极的电阻，对于正常的IGBT管，上述所测值均为无穷大；最后用指针万用表的红笔接c极，黑笔接e极，若所测值在3.5kΩ左右，则所测管为含阻尼二极管的IGBT管，若所测值在50kΩ左右，则所测IGBT管内不含阻尼二极管。对于数字万用表，正常情况下，IGBT管的c、e极间正向压降约为0.5V。

如果测得IGBT管三个引脚间电阻均很小，则说明该管已击穿损坏；若测得IGBT管三个引脚间电阻均为无穷大，说明该管已开路损坏。实际维修中IGBT管多为击穿损坏。

## 10.2.3 压敏电阻的检测

压敏电阻是一种以氧化锌为主要成分的金属氧化物半导体非线性电阻元件。电阻对电压较敏感，当电压达到一定数值时，电阻迅速导通。由于压敏电阻具有良好的非线性特性，通流量大，残压水平低，动作快和无续流等特点，被广泛应用于电子设备防雷。

**(1) 压敏电阻主要参数**

① 残压：压敏电阻在通过规定波形的大电流时其两端出现的最高峰值电压。

② 通流容量：按规定时间间隔与次数在压敏电阻上施加规定波形电流后，压敏电阻参考电压的变化率仍在规定范围内所能通过的最大电流幅值。

③ 泄漏电流：在参考电压的作用下，压敏电阻中流过的电流。

④ 额定工作电压：允许长期连续施加在压敏电阻两端的工频电压的有效值。而压敏电阻在吸收暂态过电压能量后自身温度升高，在此电压下能正常冷却，不会发热损坏。

压敏电阻在电气（高压、低压回路）系统中的应用比较广泛。为了较详细地了解和学习，这里简单地再作一下这方面的介绍。

**(2) 压敏电阻器的型号与命名**

压敏电阻器的型号与命名分为四部分，各部分的含义见表10-3。

**表10-3 压敏电阻器的型号命名及含义**

| 第一部分 主称 | | 第二部分 类别 | | 第三部分 用途或特征 | | 第四部分 序号说明 |
|---|---|---|---|---|---|---|
| 字母 | 含义 | 字母 | 含义 | 字母 | 含义 | |
| M | 敏感电阻器 | Y | 压敏电阻器 | 无 | 普通型 | 用数字表示序号，有的在序号的后面还标有标称电压、通流容量或电阻体直径、电压误差等。 |
| | | | | D | 通用 | |
| | | | | B | 补偿用 | |
| | | | | C | 消磁用 | |
| | | | | E | 消噪用 | |
| | | | | G | 过压保护用 | |
| | | | | H | 灭弧用 | |
| | | | | K | 高可靠用 | |
| | | | | L | 防雷用 | |
| | | | | M | 防静电用 | |
| | | | | N | 高能型 | |
| | | | | P | 高频用 | |
| | | | | S | 元器件保护用 | |
| | | | | T | 特殊型 | |
| | | | | W | 稳压用 | |
| | | | | Y | 环型 | |
| | | | | Z | 组合型 | |

第一部分用字母“M”表示主称为敏感电阻器。

第二部分用字母“Y”表示敏感电阻器为压敏电阻器。

第三部分用字母表示压敏电阻器的用途的特征。

第四部分用数字表示序号，有的在序号的后面还标有标称电压、通流容量或电阻体直径、电压误差等。

例如：

MYL1-1（防雷用压敏电阻器）

MY31-270/3（270V/3kA 普通压敏电阻器）

M——敏感电阻器

Y——压敏电阻器

L——防雷用

31——序号

1-1——序号

270——标称电压为270V

3——通流容量为3kA

**(3) 压敏电阻的符号**

压敏电阻的符号表示见图 10-10。

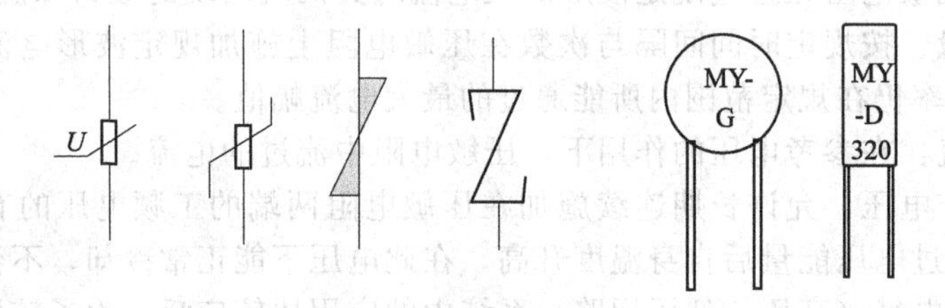


图 10-10 压敏电阻的符号

**(4) 压敏电阻的检测**

① 测量绝缘电阻 用万用表 $R\times 1$k 挡测量压敏电阻两引脚之间的正、反向绝缘电阻，均应为无穷大，否则说明漏电流大；若所测电阻值很小，说明压敏电阻已损坏，不能使用。

② 测量标称电压 测量标称电压电路如图 10-11 所示，利用兆欧表（摇表）提供测试电压，使用两块万用表，一块用直流电压挡读出标称电压值，另一块用直流电流挡读出标称电流，然后调换压敏电阻引脚位置，用同样的方法再读出标称电压和标称电流。然后对比两次测量值，应大约相等，否则说明对称性不好。

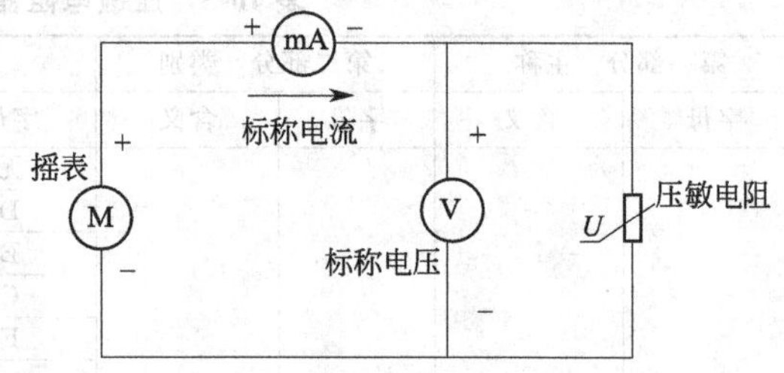


图 10-11 测量标称电压电路

③ 检测注意事项

a. 万用表在直流电压挡应视压敏电阻标称电压值来正确选择。例如，标称电源 470V，则宜选用大于 500V 以上挡。

b. 万用表直流电流挡一般选毫安挡。压敏电阻虽然能吸收很大的浪涌电能量，但不能承受毫安级以上的持续电流，在用作过电压保护时必须考虑到这一点。

## 10.2.4 各部分主要元器件的损坏及维修

**(1) 晶闸管的损坏及维修**

在维修过程中对每一个故障电焊机的主变压器的静态电感量进行多次测量发现，电感量从十几微亨到十几毫亨不定，这与磁芯材料有相当大的关系。同一磁芯生产厂家、同一批号的磁芯材料性能参数离散性很大，它将引起换流性能恶化，易造成晶闸管同时导通而将电源短路，导致晶闸管过流而损坏。当出现这种情况时，唯一的办法只有更换主变压器。有的磁芯材料则出现电感量很大，甚至大到十几毫亨，这种情况下，晶闸管虽不被立即损坏，但这种磁芯材料的铁损往往都很大，主变压器的温升高，当温度达到居里点后，同样会造成晶闸管的损坏，所以设计好的电路参数并在生产过程中严格控制和筛选主变压器的磁芯材料，搞好制作工艺是保证晶闸管不被损坏的关键措施。

通过以上的分析，我们一定要注意在处理晶闸管损坏的过程中，不要轻易去更换损坏的晶闸管（更换新的），要仔细而准确地进行分析和判断。否则容易造成更换后的晶闸管又被损坏，造成不必要的损失。

**(2) 高频电解电容的损坏及维修**

高频电解电容的损坏，也是电焊机的常见故障。在工频整流电路中，通常采用普通电解电容作滤波。因为频率比较低，为了获得较小脉动系数，必须采用大容量的电容器。因此，在评价电解电容器的性能时，生产厂家一般用电容量、损耗角正切值及漏电电流等参数来考核产品的质量。但在开关电源中，作为换流换相的电解电容器，其上锯齿波电压的频率高达数十千赫兹，其阻抗很小，所以电容器的电容量并不是主要指标，而电容器的阻抗、等效电阻、等效电感等则是衡量其质量优劣的主要参数。特别是为了确保变换器在高频和大电流调节下可靠工作，电容器必须具有低的等效阻抗和良好的阻抗-频率特性。同时，要求电容器对于电源内部由于半导体器件开关工作所产生的高频尖峰噪声，亦能有良好的滤波作用。所以选择性能优越的电解电容则是减少故障的保证。

在使用电解电容时要注意以下几点。

① 在确认使用及安装环境时，作为按产品样本设计说明书上所规定的额定性能范围内使用的电容器（包括电解电容和无极性电容），应在避免下述情况下使用：

a. 高温（温度超过最高使用温度）；

b. 过流（电流超过额定纹波电流）；

c. 过压（电压超过额定电压）；

d. 施加反向电压或交流电压；

e. 使用于反复多次急剧充放电的电路中。

另外，在电路设计时，应选用与机器寿命相当的电容器。

② 电容器外壳、辅助引出端子与正、负极以及电路板间必须完全隔离。

③ 当电容器套管的绝缘不能保证时，在有绝缘性能特定要求的地方不要使用。

④ 不要在下述环境下使用电容器：

a. 直接与水、盐水及油类相接触或结露的环境；

b. 充满有害气体的环境（硫化物、$H_2SO_3$、$HNO_2$、$Cl_2$、氨水等）；

c. 置于日照、紫外线及有放射性物质的环境；

d. 振动及冲击条件超过了样本及说明书的规定范围的恶劣环境。

⑤ 在电容器的安装时，必须确认下述内容：

a. 电解电容器正、负极间距必须与线路板孔距相吻合；

b. 保证电容器防爆阀上方留有一定的空间；

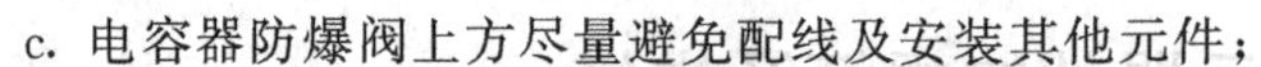

c. 电容器防爆阀上方尽量避免配线及安装其他元件；

d. 电路板上，电容器的安装位置不要有其他配线；

e. 电容器四周及电路板上尽量避免设计、安装发热元件。

⑥ 另外，在维修电路时，必须确认以下内容：

a. 温度及频率的变化不至于引起电性能变化；

b. 双面印刷板上安装电容器时，电容器的安装位置避免多余的基板孔和过孔；

c. 两只以上电容器并联连接时的电流均衡；

d. 两只以上电容器串联连接时的电压均衡。

⑦ 安装时，遵守以下几方面：

a. 为了对电容器进行点检，测定电气性能时，除了卸下的电容器，装入机器中通过电的电容器则不要再使用；

b. 当电容器产生再生电压时（使用过时），需通过约 1kΩ 左右的电阻进行充分放电；

c. 长期保存的电容器，需通过约 1kΩ 左右的电阻耐压（加压）处理，或者在使用前应做电气绝缘测试合格，方可使用；

d. 确认规格（静电容量及额定电压等）、技术参数符合使用范围以及极性后再安装；

e. 有漏油、变形的电容器不要安装；

f. 电容器正、负极间距与电路板孔距必须相吻合。

⑧ 焊接时，需确认下面内容：

a. 注意不要将焊锡附着在端子以外；

b. 焊接条件（温度、时间、次数）必须按规定说明执行；

c. 不要将电容器本身浸入到焊锡溶液中；

d. 焊接时，不要让其他产品倒下碰到电容器上。

⑨ 对经常在野外施工中的电焊机，对该电焊机内用的电容器，必须定期点检，定期点检项目包括外观检查及电性能的测试。

**(3) 低压断路器的损坏及维修**

低压断路器的过流保护作用体现在，当电焊机在高温环境中长时间使用或过载运行时，断路器会自动切断电焊机电源。用户应养成良好的电焊机使用、保养习惯。除了螺栓松动造成断路器接触不良外，没有很大影响的可以不用更换。一般情况下要对损坏的断路器进行更换新的来排除故障。

**(4) 主控板的损坏及维修**

PCB2 主控制板上有一个接插件，是连接晶闸管触发极的，虽然这个接插件有一个锁紧装置，一般是不会插错的，但有的用户和维修人员仍粗心地将其按反方向强行插错，这样则造成 520V 的高压直接经控制板短路放电，造成主控板严重损坏，有的控制板甚至 2/3 的面积被炭化，致使主控板完全报废。此时，就要进行更换新的控制板，一般选择厂家设计的原规格、原型号的控制板进行更换。在没有买到原厂家的控制板时可以由专业的公司开发制作同性能和技术要求的控制板，但一定要做相应的调试，并且调试合格方可使用。

有的用户（施工单位）为了节约或减少维修成本，要求维修人员尽可能地维修主板。此时要针对控制板的故障情况（损坏程度）进行分析。如果只有个别的元器件损坏，损坏程度很小或轻微，有维修价值时，要尽量去排除故障，把它维修好，这是维修人员学习和锻炼的机会。

## 10.3 IGBT-ZX7-400型逆变电焊机的故障维修实例

徒弟 师傅，我们通过学习已经掌握 IGBT-ZX7-400 型逆变电焊机的工作原理和相关的元器件的知识，是不是就可以动手维修该电焊机了？

师傅 是的，下面我们就举一些该类故障电焊机的实例，进行针对性的学习，来提高我们的维修水平。先来讲述对故障电焊机维修需要遵循的程序和方法。

### 10.3.1 维修的步骤

① 切断电压，测整流桥输出端（直流 1000V 挡），若有直流电压，说明滤波电容的放电电路断路，测量前，首先用电阻线放电。

② 闭合开关，测量电源线对交流接触器输入端应直通。

③ 断开主开关，测整流桥模块的输入端之间应断路，输入端与输出端之间呈二极管特性。

④ 测 IGBT 以输出端为公共点。分别测量输入端呈二极管特性（直通电阻为 0.35Ω 左右）。

⑤ 测二极管模块对散热片呈二极管特性。

⑥ 测温度继电器为断路。

⑦ 测驱动板的稳压管（kΩ 挡）。

⑧ 测正负极输出端电阻为 200Ω 左右。

⑨ 测量压敏电阻的绝缘电阻无损坏（符合技术要求）。

### 10.3.2 维修的检查

在开始维修以前，应先作以下检查。

① 三相电源的电压是否在 340～420V 范围内，有无缺相和使用的电源电缆是否符合该电焊机的使用容量。

② 电焊机电源：输入电缆连线是否正确可靠。

③ 电焊机地线连线是否可靠。

④ 电焊机输出电缆连线是否正确，接触是否良好，焊接电缆导线截面积应不小于 $70mm^2$。

### 10.3.3 常见故障及故障处理

**(1) 故障实例 1**

① 故障现象 该机一接上电源，空气开关就跳闸。

② 故障原因

a. 有可能是一次整流模块损坏。

b. 滤波电容器击穿损坏。

c. IGBT 模块损坏（烧断、短路）。

d. 电源变压器内部短路或接地。

e. 冷却风机损坏（短路、接地）。

③ 处理方法

a. 经检测确认后，更换新的整流模块。

b. 更换新的滤波电容器。

c. 更换新的 IGBT 模块。

d. 更换新的电源变压器或进行大修（一定要按原始技术参数进行）。

e. 更换新的风机或进行大修。

以上损坏器件一定要按原规格、型号进行更换，切不可随意更换。

**（2）故障实例 2**

① 故障现象　接通电源后开机风机正常运转，但面板上工作指示灯不亮，但电压表有 70～80V 指示，且电焊机能工作。

② 故障原因　指示灯接触不良或损坏。

③ 故障处理　更换指示灯（6.3V/0.15A）。

**（3）故障实例 3**

① 故障现象　开机后指示灯不亮，风机也不运转，但后面板上的空气开关仍处于向上位置。

② 故障原因

a. 缺相。

b. 空气开关损坏。

③ 故障处理

a. 检查电路。

b. 更换空气开关（C45N/40A）。

**（4）故障实例 4**

① 故障现象　电焊机在开机后能工作，但焊接电流小，且电压表指示不在 70～80V 之间。

② 故障原因

a. 可能是换向电容 $C_8$～$C_{11}$ 中某些失效。

b. 使用的焊把电缆截面太小。

c. 三相（380V）电源缺相。

d. 有可能是三相整流桥 $QL_1$ 损坏。

e. 控制电路板 PCB2 损坏（按原型号、规格）。

③ 故障处理

a. 更换破损的换向电容器（C8-8$\mu$F/500V）。

b. 更换焊接电缆（70mm$^2$）。

c. 检查用户配电板或配电柜。

d. 更换三相整流桥 $QL_1$（SQL19-100A/1000V）。

e. 更换控制电路板 PCB2。

以上要更换的元器件一定按原型号、规格进行更换。

**（5）故障实例 5**

① 故障现象　该电焊机在开机后，电焊机无空载电压输出（70～80V）。

② 故障原因

a. 可能是控制电路板 PCB2 损坏。

b. 快速晶闸管 $VTH_3$、$VTH_4$ 损坏。

③ 故障处理

a. 维修或更换控制电路板 PCB2。

b. 更换快速晶闸管 $VTH_3$、$VTH_4$（KK200A/1200V）。

以上要更换的元器件一定按原型号、规格进行更换。

**(6) 故障实例 6**

① 故障现象　当一接通电焊机电源，自动开关就立即自动断电。

② 故障原因

a. 快速晶闸管 $VTH_3$、$VTH_4$ 损坏。

b. 快恢复整流二极管 $VD_3$、$VD_4$ 损坏。

c. 三相整流桥 $QL_1$ 损坏。

d. 压敏电阻 $R_1$ 损坏。

e. 控制电路板 PCB2 故障。

f. 电解电容器 $C_4 \sim C_7$ 中某些失效。

③ 故障处理　出现这种情况时应先关掉配电板或配电柜上的电源开关，然后把合上电焊机上的 自动开关仍立即断电，则可按下几条进行（在更换新的器件时一定要按原来的型号、规格进行更换，绝不能随意用不符合原始技术参数的器件进行更换）。

a. 更换快速晶闸管 $VTH_3$、$VTH_4$（KK200A/1200V）。

b. 更换快恢复整流二极管 $VD_3$、$VD_4$（ZK300A/800V）。

c. 更换三相整流桥 $QL_1$（SQL19-100A/1000V）。

d. 更换压敏电阻 $R_1$（MY31-820V/3kA）。

e. 更换控制电路板 PCB2。

f. 更换失效的电容器（CD13A-F-350V/470μF）。

**(7) 故障实例 7**

① 故障现象　电焊机无论怎样调节焊接电流，焊接过程中均出现连续断弧。

② 故障原因　电抗器 $L_4$ 匝间绝缘不良，有匝间短路。

③ 故障处理　此故障短路不易查找，可以联系制造厂家购买新的电抗器（按原型号、规格）；也可以自行拆下来进行修理（要仔细记录原始数据以及相关的数据），绕好后要浸漆干燥，合格后方可安装。

**(8) 故障实例 8**

① 故障现象　ZX7-400 型逆变电焊机在使用中发现电焊机内有焦味，此时电流不稳，无法焊接。

② 故障分析及处理　当打开电焊机后，发现 PCB1 板的 10Ω/50W 电阻烧断，而且因该电阻的长时间过热造成该 PCB1 板烧焦，按实际尺寸和具体元器件（电阻、电容以及各个元器件）进行了复制，故障消除，其 PCB1 各个元器件的具体参数见图 10-12。

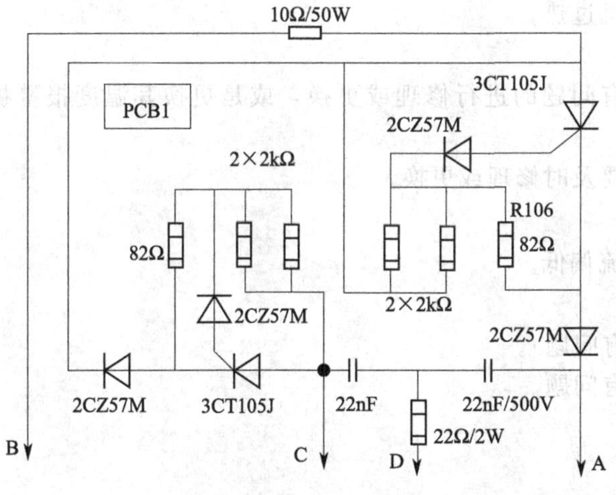


图 10-12　PCB2 电气控制板

**(9) 故障实例 9**

① 故障现象　ZX7-400 型逆变电焊机，在一送电焊机电源时，电焊机内就听到放电声，而且无焊接电压输出，同时电焊机内有焦味。

② 故障分析及处理　切掉电焊机电源开关，拆开电焊机进行检查，发现机内变压器及主板下方的中频电

解电容器 $C_{17}$ 电容虚焊；以及 $C_{18}$ 电容器对地放电（虚焊），造成 $C_{18}$ 电容器外壳损坏漏油而出现上述故障。经过修理（更换原规格、型号的电容器）故障消除。

**（10）故障实例 10**

① 故障现象　该电焊机电压异常，但指示灯亮。

② 故障原因

a. 电网电源电压欠压、过压或缺相造成的。

b. 由于开机动作过慢，开关接触不同步引起。

c. 供电电压缺相或输入电压过高或过低（大于 440V，或低于 320V），超出电焊机正常工作范围。

③ 故障处理

a. 检查确认电网电压是否正常，要仔细查找其欠压、过压或缺相的部位并进行处理。

b. 可关机后重新再开机。

c. 用万用表测量输入电压，查交流三相 380V 是否正常。

**（11）故障实例 11**

① 故障现象：电焊机的电流忽大忽小，但电源指示灯亮。

② 故障原因

a. 一般 IGBT 逆变电焊机长时间工作（过长）或是风机有故障（时有时无接地等）。

b. 过流报警环节太灵敏。

c. IGBT 模块损坏或主变压器损坏。

③ 故障处理

a. 此类故障发生时，停止工作一段时间（3～5min）即可，也要检查一下风机的好坏，当出现时有时无的接地故障时，要修理好该风机。

b. 进行检查确定后更换其过流报警板（或其中的损坏器件等）。

c. 更换新的 IGBT 模块（原规格、型号）或主变压器（有条件的可以自行修理）。

**（12）故障实例 12**

① 故障现象　电焊机在使用过程中发现，该机时不时地温度异常，指示灯亮。

② 故障原因

a. 该故障有可能是温度报警系统有问题，也有可能是 IGBT 模块长时间工作造成温度升高，使温度报警系统太灵敏所致。

b. 也有可能是风机停转造成电焊机过热。

③ 故障处理

a. 检查该温度报警系统器件，对有问题的进行修理或更换，或是更换其温度报警板和相关的元器件。

b. 检查风机的好坏，如果烧坏，要及时修理或更换。

**（13）故障实例 13**

① 故障现象　电焊机在空载时电流偏低。

② 故障原因

a. 电流表有问题（误差大或表头有问题）。

b. 电焊机的 IGBT 驱动板损坏或有问题。

c. 二次整流模块烧坏。

③ 故障处理

a. 检查电流表进行处理或是更换新的电流表。

b. 更换新的 IGBT 驱动板。

c. 更换新的整流模块。

以上更换的器件一定要原规格、型号进行更换，切不可随意更换。

**(14) 故障实例 14**

① 故障现象　风扇不转，同时电源指示灯亮，电压异常。

② 故障原因　供电电源缺相。

③ 故障处理　用万用表测量输入电压，查交流三相 380V 是否正常。

**(15) 故障实例 15**

① 故障现象　风扇不转，同时电源指示灯亮，温度异常。

② 故障原因　风扇损坏，引起 IGBT 模块发热。

③ 故障处理　打开机箱，更换风扇。

**(16) 故障实例 16**

① 故障现象　温度异常，控制板电源指示灯亮。

② 故障原因　超过额定负载率使用，IGBT 温度超出正常使用范围，自动报警。

③ 故障处理　可空载开机，让风机自动散热，IGBT 降温后即可恢复正常工作。为避免 IGBT 升温过高，请按说明书标注的额定负载率使用。

**(17) 故障实例 17**

① 故障现象　电流异常，控制板电源指示灯亮。

② 故障分析及处理

a. 如果是空载出现此现象，或焊接电流并不大却常常出现此现象，说明过流报警环节太灵敏，解决方法是换电路板。

b. 如果长时间工作于大电流状态，引起电流异常，指示灯亮。立即关机，待机内温度下降后再开机，如重新开机后仍不能恢复正常，说明电焊机内 IGBT 或主变压器已经损坏。

**(18) 故障实例 18**

① 故障现象　开机后电压表上空载电压指示值偏低（小于 65V）。

② 故障原因

a. 显示电压表指针有偏差。

b. 交流接触器不吸合。

c. 某一只 IGBT 开路

③ 故障处理

a. 用万用表直流电压挡测量（+）、（－）两快速接头端之间电压值，在 65～75V 之间，说明本机空载输出正常，换显示电压表头。

b. 查出原因，代换相应元器件。

c. 用万用表直流电压挡测量（+）、（－）两快速接头端之间电压值，在 30～45V。说明全桥方式的逆变电路中有一只 IGBT 管已经开路，查出损坏的模块，换新的模块。

**(19) 故障实例 19**

① 故障现象　空载时显示电压值为 0

② 故障原因

a. 电压表引线已断或显示表已坏。

b. 电路和板上元件损坏。

c. IGBT 已损坏。

③ 故障处理

a. 用万用表直流电压挡测量（+）、（−）两快速接头端之间电压值，在 65～75V 之间。说明本机空载输出正常。关机后用万用表电阻挡测量电压表两根引线分别到（+）、（−）两快速接头端是接通的，说明引线未断，则可能是电压表已坏，换表。

b. 查出损坏的电路板，换电路板。

c. 关机拆下 IGBT 管，判别 IGBT 管是否已经损坏，并换之。

**（20）故障实例 20**

① 故障现象　电流不稳或焊接效果不好

② 故障原因

a. 电焊机内某些零部件接触不良，例如，IGBT 引线端松动、电解电容两端平衡电阻脱落等。

b. 面板上“推力电流”、“引弧电流”旋钮调节得不合适。

c. WSM 型脉冲氩弧焊机在手工电弧焊时电流不稳。

③ 故障处理

a. 打开机箱，查找故障点，重新连接好。

b. 一般焊接时把“推力电流”、“引弧电流”旋钮调节到最小位置。

c. 查一下前面板上“直流”、“脉冲”开关，在手工电弧焊时应当指向“直流”，否则要发生振荡。

**（21）故障实例 21**

① 故障原因　有一台 ZX7-400A 型的逆变电焊机，在主电路中一个 150Ω/25W 的电阻损坏，造成了 1MBH60D-100 的管子烧损。

② 故障分析及处理　该电焊机是在使用过程中发现烧损的，开机后故障很明显（此时用万用表测量、检查），发现六个 1MBH60D-100 的管子全部烧损，都是硬件故障。其他元器件，经过仔细检查后没有发现损坏的。经更换后故障消除（但在更换元器件时一定要按原规格、型号和容量等参数更换，不能随意更换）。

## 10.3.4　其他 ZX7-400 型逆变式弧焊机故障维修经验总结

① IGBT 爆管。主板对地电阻变大导致电压升高后 IGBT 爆管，更换 IGBT 和改电阻，是设计缺陷，如此修理 2 台后使用 5 年未坏。

② 电流时有时无，电流调节不起作用。检查换向无极电容，更换正常，修理 3 台。

③ 电焊机无电流或很小，输出其他正常。检查面板遥控和机控开关是否坏，修理 4 台。

④ 无输出检查电焊机主板上 4 个 MOS 是否坏了，2 个，更换，修理 2 台。

⑤ 过热风机坏，故障很明显。

⑥ 从电焊机的使用情况来看，国产晶闸管式逆变焊机技术上没问题。但由于制造上的原因，不同厂家生产的电焊机，质量上的差别却很大。

如某厂买的 2 台皮克电源有限公司的逆变电焊机，使用两年多后，才出现小的故障。而上海某公司的 8 台电焊机，使用不久，就接连不断地出现故障。现举一例来说明如何修理这种逆变电焊机，并由此提几点建议。

① 故障现象及修理步骤　使用过程中，机上空气开关跳闸，机内向外冒烟。开机检查，发现输出滤波电容有不同程度的损坏。继续对电路作全面（元件及绝缘）检查，发现有一只快速晶闸管被击穿。更换元件后，合上电源开关，电焊机上的空气开关还是跳闸。再次检查机内各元件，未发现问题。于是，换上好的印刷电路板，空气开关不跳闸了。不过，电焊机空载电压不够稳定。试焊时引弧困难，电弧不稳，不能正常焊接。用示波器检查印刷板输出的触发脉冲，波形正常。于是，仔细地检查机内各电器及其线路，着重于接

触不良，发现近/远控选择开关内部触头接触不良。换了开关后，焊接正常了。

修好电焊机后，再来修理坏了的印刷板。用示波器对其进行检查，从最后一级，即触发脉冲的输出开始，逐级往前检查，当测 $G_4$-$K_4$ 之间的波形时，无脉冲输出，而测 $G_3$-$K_3$ 之间有脉冲输出。于是，检查 $V_2$ 三极管，已损坏。换上好的三极管后，印刷板工作正常了。

② 原因分析　前面谈到，4 个电容有不同程度的损坏。当电容被击穿时，输出短路，空气开关（有热脱扣和电磁脱扣保护）就会跳闸。当一只晶闸管被击穿时，输入整流器短路，也会引起空气开关跳闸。为什么元件易损坏呢？主要是元件的质量问题，生产厂家没有把好元件的质量关。

1996 年 5 月至 1997 年 8 月，某公司的 9 台 ZX7-400 型电焊机的维修，换过快速晶闸管 3 个，修理印刷板 11 次，换过三极管，集成块和稳压块，还有二极管、电阻等，此外，还坏过空气开关、控制变压器、风扇等。

③ 希望与建议

a. 把好电焊机制造中各个环节的质量关，生产出可靠性高的产品。

b. 对使用中出现的问题，抓住不放，尽快改进。例如，珠海某公司生产的 TC-400 型逆变电焊机，使用一年多后，才频繁出现热保护动作停机现象。如果该公司能够解决好这个问题，这种电焊机会更受用户欢迎的。

c. 有完整的图纸资料。不仅要有主电路原理图，还应有印刷板的电原理简图，提供主要测试点的电压或波形。

## 10.3.5　逆变电焊机的维护注意事项

逆变电焊机的维护应注意以下几个方面。

① 严格按电焊机标牌或说明书上规定的负载持续率及相应的电流值使用，防止电焊机过载。

② 避免焊条与焊件长时间短路，以免烧毁电焊机内部元器件。

③ 通风机停止运转时，不应进行焊接工作，安放电焊机的场所应有足够的空间，使电焊机通风良好。

④ 不宜在雨雪天室外及多尘场地使用电焊机。

⑤ 保持电焊机清洁与干燥，定期对电焊机进行清扫工作，并对接线端子进行清理和紧固。

⑥ 定期检查电焊机的绝缘电阻。当用兆欧表测量绝缘电阻前，应将硅整流元件的正、负极用导线短路。

⑦ 避免使电焊机剧烈地振动，更不允许对电焊机敲击，以免损坏元器件，使电焊机性能变坏，甚至不能使用。

⑧ 根据焊接的工艺要求，正确选择电焊机极性的接法。当使用直流正接法时，应将电焊机的正极接工件，负极接焊条；当使用直流反接时，应将电焊机的负极接工件，正极接焊条。否则，将产生电弧不稳定和飞溅大的现象。

⑨ 逆变电焊机的电源引入线可采用 BXR 型橡胶绝缘铜芯软电线或 YHC 型三相四芯移动式橡套软电缆，导线截面积可按表 10-4 来选用。

**表 10-4　逆变电焊机电源线截面积的选用**

| 电焊机额定容量/kV·A | 5 以下 | 6～10 | 11～20 | 21～40 |
| --- | --- | --- | --- | --- |
| 相数及电压/V | 3 相 380 | 3 相 380 | 3 相 380 | 3 相 380 |
| 根数×导线截面积/$mm^2$ | 3×4+1×2.5 | 3×6+1×4 | 3×10+1×4 | 3×25+1×10 |

# 第11章 电焊机维修常用材料及配件

Chapter 11

手把手教你修电焊机

# 11.1 电焊机维修常用材料

电焊机在使用过程中，或因电焊机质量不佳，或因使用不当，或因管理不善，或因保养不好等都可能产生故障，这就需要修理。

电焊机的修理工作，需要选择和使用电气材料，需要使用修理工具和仪表，有时还需要使用专用设备。有了这些条件，配合适当的焊接修理工艺，才能将电焊机的故障排除，恢复其应有的功能，将电焊机修好。为此，本章将扼要阐述电焊机修理所用材料、工具、仪表、设备和基本工艺。

## 11.1.1 电焊机用导电材料

### (1) 常用导电材料

铜及其合金是电焊机制造和修理中最常用的导电材料，电焊机对导电铜合金的性能要求、选用及应用中的注意事项见表11-1。导电铜合金的品种、性能和用途见表11-2。这些材料主要用来制作电焊机中的电极、夹具及绕组等。

导电用铜导线（电磁线）是用电解铜经轧制、拔丝等工艺制成的圆线或扁线。导线的规格是按裸线尺寸标定的，不包括导线外表的绝缘物尺寸。所以设计使用时，绝缘层的尺寸不能忽略。电焊机常用裸铜扁线的规格及截面积见表11-3，玻璃丝扁线绝缘物尺寸见表11-4，电焊机常用的电磁圆铜线的直径、截面积和绝缘物的外径见表11-5。

**表11-1 对导电铜合金的性能要求、选用及应用中注意事项**

| 名称 | 性能要求 | 选用的铜合金 | 应用中注意事项 |
| --- | --- | --- | --- |
| 电动机、发电机的整流子片和滑环 | 电导率：大于85%(S/m)<br>抗拉强度：大于300MPa<br>伸长率：大于2%<br>硬度：大于80HBS<br>软化温度超过工作温度，接触性好，耐磨性高 | 银铜、稀土铜、镉铜、锆铜和铬锆铜等 | 冷作铜虽导电性很好，但强度和耐热性低，通常用到80℃，高于150°就开始软化；稀土铜、银铜和镉铜适于作250℃以下的电机换向器片；锆铜(0.2%～0.4%Zr)适于作350℃以下的电机整流子片；铬锆铜(锆砷铜、锆铪铜)在500℃以下有足够高的强度、高的耐磨性、高的电导率，适于作350～500℃的高功率电机的换向器片 |
| 电焊机电极、电极支承座、电极臂和导电滑环 | 电极的作用是传导必要的焊接电流和传递必要的焊接压力。因被焊接的材料是多种多样的，要求材料性能也在很大范围内变化。<br>要求的主要特性为：<br>①具有比焊接材料更高的导电性和导热性，否则将发生电极和被焊接材料的熔焊现象，或电极表面合金化<br>②要求强度高，特别是高温硬度高，以保持电极形状的持久性<br>③与被焊材料不发生合金化和黏着<br>④抗氧化性好，使用中不生成氧化皮<br>电极支承座和电极臂要求有较高的电导率(以减少焊接回路阻抗)和强度。<br>导电滑环要求有高的电导率和耐磨性 | 根据被焊接材料的不同，使用电极可分四类：<br>①铝、镁轻合金和铜合金的焊接，电极可用银铜、镉铜、锆铜和弥散硬化铜<br>②低碳钢、镍合金和低合金钢的焊接，电极可用锆铜、银铬铜、铬铜、铬锡铜、铬铝镁铜和铬锆铜等<br>③不锈钢和耐热合金的焊接，电极可用高导电铍铜、钴硅铜、镍硅铜、镍钛铜和铬钛锡铜等<br>④铂(箔、带)、金饰和灯丝等的特殊焊接以及工件表面不允许有铜迹时(如银钨触头焊接于支座)，电极可用钨、钼、铜钨合金、弥散硬化铜和复合电极(铬铜镶钨或弥散硬化铜) | 选择电极材料时，在保证成良好焊接的情况下，应着重提高使用寿命。<br>①铝、镁轻合金的焊接，其特点是散热快，要求输入更大热量，即短时间通入大电流。同时，由于铝、镁熔点低，容易发生黏着现象，所以要求电极材料的电导率大于85%(S/m)和抗软化温度高<br>②低碳钢等的焊接，电极材料的电导率要求大于75%(S/m)<br>③耐热合金等的焊接，其特点是焊接温度高，时间长，焊接时所加压力大，要求电极材料具有高的强度、硬度和耐热性，电导率大于40%(S/m) |

### 表 11-2 导电铜合金的品种、性能和主要用途

| 类别 | 名称 | 室温性能 | | | | 高温性能 | | 主要用途 |
|---|---|---|---|---|---|---|---|---|
| | | 抗拉强度/×10MPa | 伸长率/% | 硬度/HBS | 电导率/%(S/m) | 软化温度/℃ | 高温强度/×10MPa | |
| 中强度、高导电铜合金(抗拉强度为350～600MPa,电导率为70%～98%) | 冷作铜 | 35～45 | 2～6 | 80～110 | 98 | 150 | 20～24(200℃) | 换向器片、架空导线、电线车 |
| | 银铜 | 35～45 | 2～4 | 95～110 | 96 | 280 | 25～27(290℃) | 换向器片、点焊电极、发电机转子绕组、引线、导线 |
| | 银铬铜 | 40～42 | 2～4 | 130 | 82 | 500 | | 点焊电极和缝焊轮 |
| | 稀土铜 | 35～45 | 2～4 | 95～110 | 96 | 280 | | 换向器片、导线 |
| | 镉铜 | 60 | 2～6 | 100～115 | 85 | 280 | | 点焊电极、缝焊轮、电焊机零件、高强度绝缘导线、滑接导线 |
| | 铬铜 | 45～50 | 15 | 110～130 | 80～85 | 500 | 31(400℃) | 点焊电极、缝焊轮、电极支承座、开关零件、电子管零件 |
| | 铬铝镁铜 | 40～45 | 18 | 110～130 | 70～75 | 510 | | 点焊电极和缝焊轮 |
| | 锆铜 | 40～45 | 10 | 120～130 | 90 | 500 | 35(400℃) | 换向器片、开关零件、导线、点焊电极 |
| | 锆铜 | 45～50 | 10 | 130～140 | 85 | 500 | 37(400℃) | |
| | 锆铜 | 50～55 | 9 | 135～160 | 80 | 500 | | 点焊电极、缝焊轮、铜线连续退火的电极轮 |
| | 铬锆铜 | 50～55 | 10 | 140～160 | 80～85 | 520 | | 换向器片、点焊电极、缝焊轮、开关零件、导线 |
| | 锆砷铜 | 50～55 | 10 | 150～170 | 90 | 520 | | 换向器片、点焊电极和缝焊轮 |
| | 锆铪铜 | 52～55 | 12 | 150～180 | 70～80 | 550 | 43(400℃) | |
| | 铜-氧化铝 | 48～54 | 12～18 | 130～140 | 85 | 900 | 20(800℃) | 焊电极、导电弹簧、高温导电零件 |
| | 铜-氧化铍 | 50～56 | 10～12 | 125～135 | 85 | 900 | 30(800℃) | |
| | 铅铜 | 30～35 | 12 | 80～85 | 97～99 | 150 | | 易切削导电连接件 |
| 高强度、中导电铜合金(抗拉强度为600～900MPa,电导率为30%～70%) | 铍钴铜 | 75～95 | 5～10 | 210～240 | 50～55 | 400 | 35(425℃) | 不锈钢和耐热合金的焊接电极、导电滑环 |
| | 镍铍铜 | 55～60 | 15 | 160～180 | 55～60 | 400 | | |
| | 铬铍铜 | 50～60 | | 140～160 | 60～70 | 400 | | |
| | 钴硅铜 | 75～80 | 6 | 240 | 45～55 | 550 | | |
| | 镍硅铜 | 60～70 | 6 | 150～180 | 40～45 | 540 | | 电焊机的导电部件、导电弹簧、导电滑环 |
| | 镍钛铜 | 60 | 10 | 150～180 | 50～60 | 600 | 40(500℃) | 电焊机电极、对焊模 |
| | 铬钛锡铜 | 65～80 | 7～12 | 210～250 | 42～50 | 450 | 39(425℃) | 电焊机电极、高强度导电零件 |
| 特高强度、低导电铜合金(抗拉强度大于900MPa,电导率为10%～30%) | 铍铜 | 130～147 | 1～2 | 350～420 | 22～25 | 520 | | 开关零件、熔断器和导电元件的接线夹、在周围介质温度150℃下使用的电刷弹簧 |
| | 钛铜 | 90～110 | 2 | 300～350 | 10 | 520 | | 同上,可代用铍铜 |
| | 钛铜 | 70～90 | 5～15 | 250～300 | 10～15 | 550 | | |
| | 铝铜 | 55～65 | 3～7 | 310～420 | 21～25 | | | 电焊机电极、自动焊机导电阻、各种耐磨耐蚀零件 |

**表 11-3　电焊机常用裸铜扁线的规格及截面积**

| 厚度 $a$/mm | 0.80 | 0.90 | 1.00 | 1.12 | 1.25 | 1.40 | 1.60 | 1.80 | 2.00 | 2.24 | 2.50 | 2.80 | 3.15 | 3.55 | 4.00 | 4.50 | 5.00 | 5.60 | 6.30 | 7.10 |
|---|---|---|---|---|---|---|---|---|---|---|---|---|---|---|---|---|---|---|---|---|
| 圆角半径 $r$/mm　宽度 $b$/mm | $r=a/2$ | | | $r=0.50$ | | | | $r=0.65$ | | | $r=0.80$ | | | | $r=1.00$ | | | | $r=1.20$ | |
| 2.00 | 1.463 | 1.626 | 1.785 | 2.025 | 2.285 | 2.585 | | | | | | | | | | | | | | |
| 2.24 | 1.655 | 1.842 | 2.025 | 2.294 | 2.585 | 2.921 | 3.369 | | | | | | | | | | | | | |
| 2.50 | 1.863 | 2.076 | 2.285 | 2.585 | 2.91 | 3.285 | 3.785 | 4.137 | | | | | | | | | | | | |
| 2.80 | 2.103 | 2.346 | 2.585 | 2.921 | 3.285 | 3.705 | 4.265 | 4.677 | 5.237 | | | | | | | | | | | |
| 3.15 | 2.383 | 2.661 | 2.936 | 3.313 | 3.723 | 4.195 | 4.825 | 5.307 | 5.937 | 6.693 | | | | | | | | | | |
| 3.55 | 2.703 | 3.021 | 3.335 | 3.761 | 4.223 | 4.755 | 5.465 | 6.027 | 6.737 | 7.589 | 8.326 | | | | | | | | | |
| 4.00 | 3.063 | 3.426 | 3.785 | 4.265 | 4.785 | 5.385 | 6.185 | 6.837 | 7.637 | 8.597 | 9.451 | 10.65 | | | | | | | | |
| 4.50 | 3.463 | 3.876 | 4.285 | 4.825 | 5.41 | 6.085 | 6.985 | 7.737 | 8.637 | 9.717 | 10.7 | 12.05 | 13.63 | | | | | | | |
| 5.00 | 3.863 | 4.326 | 4.785 | 5.385 | 6.035 | 6.785 | 7.785 | 8.637 | 9.637 | 10.84 | 11.95 | 13.45 | 15.2 | 17.2 | | | | | | |
| 5.60 | 4.343 | 4.866 | 5.385 | 6.057 | 6.785 | 7.625 | 8.745 | 9.717 | 10.84 | 12.18 | 13.45 | 15.13 | 17.09 | 19.33 | 21.54 | | | | | |
| 6.30 | 4.903 | 5.496 | 6.085 | 6.841 | 7.66 | 8.605 | 9.865 | 10.98 | 12.24 | 13.75 | 15.2 | 17.09 | 19.3 | 21.82 | 24.34 | 27.49 | | | | |
| 7.10 | | 6.216 | 6.885 | 7.737 | 8.66 | 9.725 | 11.15 | 12.42 | 13.84 | 15.54 | 17.2 | 19.33 | 21.82 | 24.66 | 27.54 | 31.09 | 34.64 | | | |
| 8.00 | | | 7.785 | 8.745 | 9.785 | 10.99 | 12.59 | 14.04 | 15.64 | 17.56 | 19.45 | 21.85 | 24.65 | 27.85 | 31.14 | 35.14 | 39.14 | 43.94 | | |
| 9.00 | | | | 9.865 | 11.04 | 12.39 | 14.19 | 15.84 | 17.64 | 19.8 | 21.95 | 24.65 | 27.8 | 31.4 | 35.14 | 39.64 | 44.14 | 49.54 | | |
| 10.00 | | | | | 12.29 | 13.79 | 15.79 | 17.64 | 19.64 | 22.04 | 24.45 | 27.45 | 30.95 | 34.95 | 39.14 | 44.14 | 49.14 | 56.14 | | |
| 11.20 | | | | | | 15.47 | 17.71 | 19.8 | 22.04 | 24.73 | 27.45 | 30.81 | 34.73 | 39.21 | 43.94 | 49.54 | 55.14 | 61.86 | | |
| 12.50 | | | | | | | 19.79 | 22.14 | 24.64 | 27.64 | 30.7 | 34.45 | 38.83 | 43.83 | 49.13 | 55.39 | 61.64 | 69.14 | 77.51 | 87.51 |
| 14.00 | | | | | | | | 24.84 | 27.64 | 31 | 34.45 | 38.65 | 43.55 | 49.15 | 55.14 | 62.14 | 69.14 | 77.54 | 86.96 | 98.16 |
| 16.00 | | | | | | | | | 31.64 | 35.48 | 39.45 | 44.25 | 49.85 | 56.25 | 63.14 | 71.14 | 79.14 | 88.74 | 99.56 | 112.4 |
| 18.00 | | | | | | | | | | | 44.45 | 49.85 | 56.15 | 63.35 | 71.14 | 80.14 | 89.14 | 99.94 | 112.2 | 126.6 |
| 20.00 | | | | | | | | | | | 49.45 | 55.45 | 62.45 | 70.45 | 79.14 | 89.14 | 99.14 | 111.1 | 124.8 | 140.8 |
| 22.40 | | | | | | | | | | | 55.45 | 62.17 | 70.01 | 78.97 | 88.74 | 99.94 | 111.1 | 124.6 | 129.9 | 157.8 |
| 25.00 | | | | | | | | | | | | 69.45 | 78.2 | 88.2 | 99.14 | 111.6 | 124.1 | 139.1 | 156.3 | 176.3 |
| 28.00 | | | | | | | | | | | | | | | 111.1 | 125.1 | 139.1 | 155.9 | 175.2 | 197.6 |
| 31.50 | | | | | | | | | | | | | | | 125.1 | 140.9 | 156.6 | 175.5 | | |
| 35.50 | | | | | | | | | | | | | | | 141.1 | 158.9 | 176.6 | 197.9 | | |

$r$　$S$　$a$　$b$

$S=ab-0.858r^2$ (mm²)

表 11-4　玻璃丝扁线绝缘物尺寸

| 图示 | 导线标称尺寸/mm | | 绝缘物厚度/mm | |
|---|---|---|---|---|
| | $a$ | $b$ | $A-a$ | $B-b$ |
| | 0.9～1.95 | 2～3.75 | 0.28～0.35 | 0.25 |
| | | 4～6 | 0.3～0.37 | |
| | | 6.3～8 | 0.31～0.39 | |
| | | 8.5～14.5 | 0.35～0.45 | |
| | 2～3.75 | 2.8～6 | 0.3～0.38 | 0.32 |
| | | 6.3～10 | 0.33～0.41 | |
| | | 10.6～14 | 0.35～0.44 | |
| | | 15～18 | 0.37～0.46 | |
| | 4～5.6 | 5.6～10 | 0.36～0.45 | 0.4 |
| | | 10.4～14 | 0.38～0.48 | |
| | | 15～18 | 0.42～0.52 | |

表 11-5　电焊机常用电磁圆铜线规格及线参数

| 直径/mm | 截面积/mm² | 每千米净重/kg | 每千米直流电阻(20℃)/Ω | 漆包线最大外径/mm | | 玻璃包线最大外径/mm | | 丝包线最大外径/mm | | | |
|---|---|---|---|---|---|---|---|---|---|---|---|
| | | | | 薄漆层 | 厚漆层 | 单线丝包线 | 双线包线 | 双丝包线 | 单丝漆包线 | 双丝漆包线 | 双丝聚酯漆包线 |
| 0.20 | 0.0314 | 0.279 | 560 | 0.23 | 0.24 | — | — | 0.32 | 0.30 | 0.35 | 0.36 |
| 0.31 | 0.0755 | 0.671 | 233 | 0.35 | 0.36 | — | — | 0.44 | 0.43 | 0.48 | 0.49 |
| 0.47 | 0.1735 | 1.54 | 101 | 0.51 | 0.53 | — | — | 0.61 | 0.60 | 0.65 | 0.67 |
| 0.62 | 0.302 | 2.71 | | 0.68 | 0.70 | 0.83 | 0.89 | 0.77 | 0.77 | 0.83 | 0.84 |
| 0.71 | 0.396 | 3.52 | | 0.76 | 0.79 | 0.93 | 0.98 | 0.86 | 0.86 | 0.91 | 0.94 |
| 0.90 | 0.636 | 5.66 | 27.50 | 0.96 | 0.99 | 1.12 | 1.17 | 1.06 | 1.06 | 1.12 | 1.15 |
| 1.00 | 0.785 | 6.98 | 22.30 | 1.07 | 1.11 | 1.25 | 1.29 | 1.17 | 1.18 | 1.24 | 1.28 |
| 1.12 | 0.985 | 8.75 | 17.80 | 1.20 | 1.23 | 1.37 | 1.41 | 1.29 | 1.31 | 1.37 | 1.40 |
| 1.25 | 1.227 | 10.91 | 14.30 | 1.33 | 1.36 | 1.50 | 1.54 | 1.42 | 1.44 | 1.50 | 1.53 |
| 1.40 | 1.539 | 13.69 | 11.40 | 1.48 | 1.51 | 1.65 | 1.69 | 1.57 | 1.59 | 1.65 | 1.68 |
| 1.60 | 2.06 | 17.87 | | 1.69 | 1.72 | 1.87 | 1.91 | 1.78 | 1.80 | 1.87 | 1.90 |
| 1.80 | 2.55 | 22.60 | — | 1.89 | 1.92 | 2.07 | 2.11 | 1.98 | 2.00 | 2.07 | 2.10 |
| 2.00 | 3.14 | 27.93 | — | 2.09 | 2.12 | 2.27 | 2.31 | 2.18 | 2.20 | 2.27 | 2.30 |
| 2.24 | 3.94 | 35.03 | — | 2.33 | 2.36 | 2.51 | 2.60 | 2.42 | 2.44 | 2.51 | 2.54 |
| 2.36 | 4.37 | 38.89 | — | 2.45 | 2.48 | 2.63 | 2.72 | 2.54 | 2.56 | 2.63 | 2.66 |
| 2.50 | 4.91 | 43.64 | — | 2.59 | 2.62 | 2.77 | 2.86 | 2.68 | 2.70 | 2.77 | 2.80 |

**(2) 电焊机用导线电流密度的选择**

电焊机的绕组，在设计时首先要确定该绕组的电流密度。在确定电流密度时，要考虑电焊机的容量等级、绝缘等级、该绕组的散热条件，以及绕组的具体结构。对于铜导线的绕组，可按表 11-6 选取。

表 11-6　电焊机绕组的电流密度

| 焊机容量/kV·A<br>电流密度/(A/mm²)<br>绝缘等级、冷却方式 | 1～10 | 10～100 | ＞100 |
|---|---|---|---|
| B级、自冷 | 2～2.8 | 1.8～2.6 | 1.6～2.4 |
| B级、风冷 | 3.5～5.5 | 3.5～4.5 | 3～3.5 |
| F级、风冷 | 4～6 | 3.5～5 | 3～4 |
| H级、风冷 | 5～7 | 4～5.5 | 3.5～5 |

绕组的结构设计不同时，电流密度的选取将不同，如单层裸导线或具有导风沟槽的绕组，其电流密度可按表 11-6 取数值的上限；而多层密绕的绕组又无风道时，则电流密度可取下限值，或更低一些。

对于铝导线的绕组，由于其电阻率高于铜，所以其电流密度的选取可按上述铜导线的选取条件和因素去考虑，将按表 11-6 选取的数值除以 1.7 便可。

## 11.1.2 电焊机用绝缘材料

绝缘材料由电阻率大于 $10^9\Omega\cdot cm$ 的物质所构成的材料，由于其电阻极大，对导电体来说有绝缘的作用，所以在电气工程中称此类材料为绝缘材料。绝缘材料主要被用于隔离带电物体和带电体之间的不同电位，从而使带电导体的电流能按一定方向流动。除此之外，绝缘材料还有许多辅助作用，诸如保护导体、冷却散热、承受载荷、支撑定位和防水防潮等作用。

绝缘材料从形态上有固体材料、液体材料和气体材料三种。在电焊机中应用的绝缘材料均为固体形态，其中有的是直接使用已成型的板、棒、管、布和带等固体材料；也有的是使用液体材料（如绝缘漆），在一定条件下固化成绝缘薄膜或绝缘体结构。

**(1) 电焊机所用绝缘材料的主要性能参数**

① 电阻率　绝缘材料并不是绝对不导电的。当对绝缘材料施加一定的直流电压之后，绝缘材料中也会流过极其微小的电流，并呈现随时间增长而减小的特点。稳定以后，此微小电流称为漏导电流。

固体绝缘材料的漏导电流，可由两部分组成，即表面漏导电流和体积漏导电流。不同的绝缘材料，其漏导电流值不同，为此，表示材料绝缘能力的电阻率也相应地有两部分，即表面电阻率，单位为 Ω，表示材料的表面绝缘性能；体积电阻率，单位为 $\Omega\cdot cm$，表示材料内部的绝缘特性，通常所称绝缘材料的电阻率，均指体积电阻率。一般固体绝缘材料的体积电阻率，通常在 $10^9\sim10^{21}\Omega\cdot cm$ 的范围。

② 击穿强度　固体绝缘材料于电场中，当施加其上的电场强度高于某临界值时，会使流过该绝缘材料的电流剧增，从而使绝缘材料破坏分解，完全丧失绝缘性能，这种现象叫绝缘击穿。绝缘材料发生绝缘击穿时的电压，称为击穿电压。发生击穿时的电场强度叫击穿强度。

③ 耐热等级　绝缘材料受热后，其绝缘能力会有所下降，随温度的升高，绝缘材料的电阻率呈指数形式急剧下降。为此，为保证绝缘材料能可靠地工作，对绝缘材料的耐热能力规定了一定的温度限制。所以，对于绝缘材料，按其在正常条件下所允许的最高工作温度进行的分级，叫耐热等级。常用绝缘材料的耐热等级共分七级，见表 11-7。

**表 11-7　绝缘材料的耐热等级及极限温度**

| 绝缘材料 | 级别 | 极限工作温度/℃ |
|---|---|---|
| 木材、棉花、纸、纤维等天然纺织品，以醋酸纤维和聚酰胺为基础的纺织品，以及易于热分解和熔化点较低的塑料(酚醛树脂) | Y | 90 |
| 工作于矿物油中的和用油树脂复合胶浸的 Y 级材料。漆包线、漆布、漆丝的绝缘及油性漆、沥青漆等 | A | 105 |
| 聚酯薄膜和 A 级材料复合、玻璃布、油性树脂漆、聚乙烯醇缩醛高强度漆包线、乙酸乙烯耐热漆包线 | E | 120 |
| 聚酯薄膜、经合适树脂黏合式浸渍涂覆的云母、玻璃纤维、石棉等，聚酯漆、聚酯漆包线 | B | 130 |
| 以有机纤维材料补强和石带补强的云母片制品、玻璃丝和石棉、玻璃漆布、以玻璃丝布和石棉纤维为基础的层压制品、以无机材料作补强和石带补强的云母粉制品、化学热稳定性较好的聚酯和醇酸类材料、复合硅有机聚酯漆 | F | 155 |
| 无补强或以无机材料为补强的云母制品、加厚的 F 级材料、复合云母、有机硅云母制品、硅有机漆、硅有机橡胶聚酰亚胺复合玻璃布、复合薄膜、聚酰亚胺漆等 | H | 180 |
| 不采用任何有机黏合剂及浸渍剂的无机物，如石英、石棉、云母、玻璃和电瓷材料等 | C | 180 以上 |

### (2) 电焊机中常用的各种绝缘材料

① 层压制品规格、性能及用途见表 11-8。

② 层压管的规格、性能及用途见表 11-9。

③ 纤维制品和薄膜的规格、性能及用途见表 11-10。

④ 漆管的规格、性能及用途见表 11-11。

**表 11-8 绝缘层压制品规格、性能及用途**

| 名称 | 型号 | 标称厚度/mm | 耐热等级 | 主要用途 |
|---|---|---|---|---|
| 酚醛层压纸板 | 3020 | 0.2～0.5(相隔 0.1mm) | A | 绝缘性能和耐油性较好,适合于电气设备中作绝缘结构零件,可在变压器油中使用,可用作电焊机电源绕组中的撑条板、绝缘垫圈、控制线路板等 |
| | 3021 | 0.6、0.8、1.0、1.2、1.5、1.8、2.0、2.5、3.0、4.0、4.5、5.5、6.0、6.5、7.0、7.5、8.0、9.0、10 | | |
| | 3022 | 11～40(相隔 0.1mm)<br>42～50(相隔 0.1mm)<br>52～60(相隔 0.1mm) | | |
| 酚醛层压布板 | 3025 | 0.3、0.5<br>0.8、1.0、…、10(相隔 2mm) | A | 具有高的力学性能和一定的绝缘性能,用途同酚醛层压纸板 A 级 |
| | 3027 | 65～80(相隔 5mm) | E | 具有高的绝缘性能,耐油性能好,用途同 A 级 |
| 苯胺酚醛玻璃布板 | 3231 | 0.5、0.6、0.8、1.0、1.2、1.5、1.8、2.0、2.5、3.0、3.5、4.0、4.5、5.0、5.5、6.0、6.5、7.0、7.5、8.0、9.0、10<br>11～40(相隔 1mm)<br>42～50(相隔 2mm) | B | 力学性能及绝缘性能比酚醛层压布板高,耐潮湿,广泛代替酚醛层压布板作绝缘结构零部件,并使用于湿热带地区。可作电焊机电源绕组撑条、夹件绝缘、端子板、绝缘垫圈等 |
| 环氧酚醛玻璃布板 | 3240 | 0.2、0.3<br>0.5、0.8 | F | 具有高的力学性能、绝缘性能和耐水性,用途同 B 级 |
| 有机硅玻璃布板 | 3250 | 1.0、1.2、1.5、1.8、2.0、2.5、3.0、3.5、4.0、4.5、5.0、5.5、6.0、6.5、7.0、8.0、9.0、10<br>11～30(相隔 1mm)<br>32～40(相隔 2mm)<br>42～50(相隔 2mm) | | 具有较高的耐热性能和绝缘性能,使用于耐热 180℃及热带电机、电器中作绝缘零部件使用,用途同 B 级 |
| | 3251 | 52～60(相隔 2mm)<br>65～80(相隔 5mm) | H | 具有高的耐热性和绝缘性能,但机械强度较差,用途同 F 级 |

**表 11-9 层压管规格、性能及用途**

| 品名 | 型号 | 组成 | | 垂直壁层耐压/kV | | | | 耐热等级 | 特性和用途 |
|---|---|---|---|---|---|---|---|---|---|
| | | 底材 | 胶黏剂 | 1mm | 1.5mm | 2.0mm | 3.0mm | | |
| 酚醛纸管 | 3520 | 卷绕纸 | 苯酚甲醛树脂 | 11 | 16 | 20 | 24 | E | 电气性能好,适于电机、电气绝缘,可在变压器油中使用 |
| | 3523 | | | — | 16 | 20 | 24 | E | 电气性能好,可用于电焊机变压器铁芯、夹件、螺杆的绝缘 |
| 酚醛布管 | 3526 | 煮透布 | | — | — | — | — | E | 有较高机械强度,一定的电气性能,用途同酚醛纸管 |
| 环氧酚醛玻璃布管 | 3640 | 无碱玻璃布 | 环氧酚醛树脂 | — | 12 | 14 | 18 | B-F | 有高的电气性能和力学性能,用途同酚醛布管,亦可在高电场强度、潮湿环境中使用 |
| 有机硅玻璃布管 | 3650 | | 改性有机硅树脂 | — | — | 10 | 15 | H | 具有高耐热性、耐潮湿性能好,适用于 H 级的电机、电气绝缘构件使用 |

注:垂直壁层耐压数据中:3650 是常态下数据,其余为变压器油中数据。

**表 11-10　常用绝缘纤维制品和薄膜的规格、性能及用途**

| 名称 | 型号 | 标称厚度/mm | 耐热等级 | 主要用途 |
|---|---|---|---|---|
| 醇酸玻璃漆布 | 2432 | 0.11,0.13,0.15,0.17,0.2,0.24 | E | 电焊绕组层间绝缘 |
| 环氧玻璃漆布 | 2433 | | B | |
| 有机硅玻璃漆布(带) | 2450 | | H | 用于温度 180℃的电机、电焊机、电器中线圈绝缘 |
| 聚酯薄膜 | 2820 | 0.015,0.02,0.025,0.03,0.04,0.05,0.07,0.1 | B | 电焊绕组层间绝缘 |
| 聚酰亚胺薄膜 | 6050 | 0.025～0.1 | H | 用于温度 180℃电机、电焊机层间绝缘及绝缘包扎之用 |
| 聚酰亚胺复合薄膜 | F46 | 0.08～0.3 | H | 主要用于 BX1 系列、盘形绕组的匝间绝缘 |
| 聚四氟乙烯薄膜 | SFM-1～SFM-4 | 0.005～0.5 | H | 电容器制造、导线的绝缘、电器仪表中绝缘、无线电电器的绝缘等 |

**表 11-11　漆管的规格、性能和用途**

| 名称 | 型号 | 组成 | | 耐热等级 | 击穿电压/kV | | 特性和用途 |
|---|---|---|---|---|---|---|---|
| | | 底材 | 绝缘漆 | | 常态 | 缠绕后 | |
| 油性漆管 | 2710 | 棉纱管 | 油性漆 | A | 5～7 | 2～6 | 具有良好的电气性能和弹性，但耐热性、耐潮性和耐霉性差。可作电机、电器和仪表等设备引出线和连接线绝缘 |
| 油性玻璃漆管 | 2714 | 无碱玻璃纱管 | | E | ＞5 | ＞2 | |
| 聚氨酯涤纶漆管 | — | 涤纶纱管 | 聚氨酯漆 | E | 3～5 | 2.5～3 | 具有优良的弹性和一定的电气性能和力学性能，适用于电机、电器、仪表等设备的引出线和连接线绝缘 |
| 醇酸玻璃漆管 | 2730 | 无碱玻璃丝管 | 醇酸漆 | B | 5～7 | 2～6 | 具有良好的电气性能和力学性能，耐油性和耐热性好，但弹性稍差，可代替油性漆管作电机、电器和仪表等设备引出线和连接线绝缘 |
| 聚氯乙烯玻璃漆管 | 2731 | | 改性聚氯乙烯树脂 | B | 5～7 | 4～6 | 具有优良的弹性和一定的电气性能、力学性能和耐化学性，适于作电机、电器和仪表等设备引出线和连接线绝缘 |
| 有机硅漆管 | 2750 | | 有机硅漆 | H | 4～7 | 1.5～4 | 具有较高的耐热性和耐潮性，良好的电气性能，适于作 H 级电机、电器等设备的引出线和连接线绝缘 |
| 硅橡胶玻璃丝管 | 2751 | | 硅橡胶 | H | 4～9 | — | 具有优良的弹性、耐热性和耐寒性，电性能和力学性能良好，适用于在−60～180℃工作的电机、电器和仪表等设备的引出线和连接线绝缘 |

⑤ 黏带的品种、性能及用途见表 11-12。

⑥ 绝缘漆的特性及用途见表 11-13。

**表 11-12　电工常用黏带的品种、性能和用途**

| 名称 | 常态击穿强度/(kV/mm) | 厚度/mm | 用　途 |
|---|---|---|---|
| 聚乙烯薄膜黏带 | ＞30 | 0.22～0.26 | 有一定的电气性能和力学性能，柔软性好，粘接力较强，但耐热性低于 Y 级，可用于一般电线接头包扎绝缘 |
| 聚乙烯薄膜纸黏带 | ＞10 | 0.10 | 包扎服贴，使用方便，可代替黑胶布带作电线接头包扎绝缘 |
| 聚氯乙烯薄膜黏带 | ＞10 | 0.14～0.19 | 有一定的电气性能和力学性能，较柔软，粘接力强，但耐热性低于 Y 级，供作电压为 500～6000V 电线接头包扎绝缘 |
| 聚酯薄膜黏带 | ＞100 | 0.055～0.17 | 耐热性较好，机械强度高，可用于半导体元件密封绝缘和电机线圈绝缘 |
| 环氧玻璃黏带 | ＞6① | 0.17 | 具有较高的电气性能和力学性能，可作变压器铁芯绑扎材料，属 B 级绝缘 |
| 有机硅玻璃黏带 | ＞0.6① | 0.15 | 有较高的耐热性、耐寒性和耐潮性，以及较好的电气性能和力学性能，可用于 H 级电机、电器线圈绝缘和导线连接绝缘 |
| 硅橡胶玻璃黏带 | 3～5① | — | 同有机硅玻璃黏带，但柔软性较好 |

① 击穿电压（kV）。

**表 11-13　常用绝缘漆的特性与用途**

| | 名称 | 型号 | 颜色 | 主要成分 | 溶剂 | 干燥类型 | 漆膜干燥条件 | | 耐热等级 | 特性及主要用途 |
|---|---|---|---|---|---|---|---|---|---|---|
| | | | | | | | 温度/℃ | 时间/h | | |
| 绝缘浸渍漆 | 耐油清漆 | 1012 | 黄、褐色 | 甘油、松香酯、干性植物油 | 200 号溶剂 | 烘干 | 105±2 | 2 | A | 干燥迅速，具有耐油性、耐潮湿性，漆膜平滑有光泽 适于浸渍电机绕组 |
| | 甲酚清漆 | 1014 | 黄、褐色 | 甲酚甲醛树脂、干性油、松香酯 | 有机溶剂 | 烘干 | 105±2 | 0.5 | A | 干燥快，具有耐油性，适于浸渍电机绕组，但由漆包线制成的绕组不能使用 |
| | 晾干醇酸清漆 | 1231 | 黄、褐色 | 植物油改性、季戊四醇树脂、苯二甲酸酐 | 200 号溶剂油、二甲苯 | 气干 | 20±2 | 20 | B | 干燥快，硬度大，有较好的弹性，耐温、耐气候性好，具有较高的介电性能，适于不宜高温烘焙的电器或绝缘零件表面覆盖 |
| | 醇酸清漆 | 1030 | 黄、褐色 | 甘油、苯二甲酸酐、干性植物油、松香酯 | 甲苯及二甲苯 | 烘干 | 105±2 | 2 | B | 性能较沥青漆及清烘漆好，具有较好的耐油性及耐电弧性，漆膜平滑有光泽，适于浸渍电机、电器线圈及作覆盖用 |
| | 丁基酚醛醇酸漆 | 1031 | 黄、褐色 | 油改性醇酸树脂漆与丁醇改性酚醛树脂漆复合而成 | 二甲苯和 200 号溶剂油 | 烘干 | 120±2 | 2 | B | 具有较好的流动性、干透性、耐热性和耐潮湿性，漆膜平滑有光泽，适用于湿热带电器线圈浸渍 |
| | 三聚氰胺醇酸树脂漆 | 1032 | 黄、褐色 | 油改性醇酸树脂漆与丁醇改性三聚氰胺树脂漆复合而成 | 甲苯等 | 烘干 | 105±2 | 2 | B | 具有较好的干透性、耐热性、耐油性、耐电弧性和附着力，漆膜平滑有光泽，适用于湿热带浸渍电机、电器线圈用 |
| | 环氧脂漆 | 1033 | 黄、褐色 | 亚麻油脂肪酸和环氧树脂经酯化聚合后与部分三聚氰胺树脂漆复合而成 | 二甲苯和丁醇等 | 烘干 | 120±2 | 2 | B | 具有较好的耐油性、耐热性、耐潮湿性，漆膜平滑有光泽，有弹性，适用于湿热带浸渍电机绕组或作电机、电器零部件的表面覆盖层 |
| | 晾干环氧脂漆 | 9120 | 黄、褐色 | 环氧树脂、氨基树脂、干性油 | 二甲苯 | 气干 | 25 | | B | 晾干或低温下干燥，其他性能和 1033 同，适用于不宜高温烘焙的湿热带电器绝缘零件表面覆盖 |
| | 氨基酚醛醇酸树脂漆 | — | 黄、褐色 | 酚醛改性醇酸树脂、氨基树脂 | 二甲苯及溶剂油 | 烘干 | 105±2 | 1 | B | 固化性好，对油性漆包线溶解性小，适用于浸渍电机、电器线圈 |
| | 无溶剂漆 | 515-1<br>515-2 | 黄、褐色 | 环氧聚酯和苯乙烯共聚物 | — | 烘干 | 130 | 1/6 | B | 固化快，耐潮性及介电性能好，不需用活性溶剂，适于浸渍电器线圈 |
| | 硅有机清漆 | 1050 | 淡黄色 | 硅有机树脂 | 甲苯 | 烘干 | — | 1/2 | H | 耐热性高，固化性良好，耐霉、耐油性及介电性能优良，适用于高温线圈浸渍及石棉水泥零件防潮处理 |
| | | 1051 | | | | | 200 | — | | 同 1050，但耐热性稍低，干燥快 |
| | | 1052 | | | | | 20 | 1/4 | | 性能与 1050 相似，但耐热性稍低，用于高温电器线圈浸渍及绝缘零件表面修补(低温干燥) |

⑦ 硅钢片漆的品种、特性及用途见表 11-14。

表 11-14　硅钢片漆的品种、特性和用途

| 名称 | 型号 | 主要成分 | 耐热等级 | 特性和用途 |
|---|---|---|---|---|
| 醇酸漆 | 9161<br>3564 | 油改性醇酸树脂、丁醇改性三聚氰胺树脂 | B | 在 300～350℃干燥快，耐热性好，可供一般电机、电器硅钢片用，但不宜涂覆磷酸盐处理的硅钢片 |
| 环氧酚醛漆 | H521<br>E-9114 | 环氧树脂、酚醛树脂 | F | 在 200～350℃下干燥快，附着力强，耐热性好，耐潮性好，供大型电机、电器硅钢片用，且宜涂覆磷酸盐处理的硅钢片 |
| 聚酰胺酰亚胺漆 | PAI-Q | 聚酰胺、酰亚胺树脂 | H | 干燥性好，附着力强，耐热性高，耐溶剂性优越，可供高温电机、电器的各种硅钢片用 |

**(3) 电焊机选用绝缘材料的原则**

电焊机初级输入电压是 380V（个别也有 220V），输出电压最高不超过 100V。所以，电焊机属低压电器。

电焊机里的绝缘材料，主要用在绕组与铁芯之间的绝缘、绕组与绕组之间的绝缘、绕组内线圈各层之间的绝缘、裸线绕组匝与匝之间的绝缘，这些地方绝缘不好，就会产生绕组短路、绕组烧毁以及使机壳带电，会导致操作者触电。

电焊机的输入、输出端子都在用层压板制成的端子板上，予以绝缘和固定。为了增强绝缘材料的绝缘和防潮能力，对绕制好了的绕组和直接应用的绝缘层压制品，还要进行浸绝缘漆处理。为了减少导磁材料硅钢片的涡流损失，对热轧硅钢片和表面没有绝缘层的冷轧硅钢片也都要浸绝缘漆。

电焊机在选用绝缘材料时，一般要考虑以下几点。

① 绝缘材料的击穿电压　绝缘材料的击穿电压必须足够大，以保证电焊机工作时绝缘可靠和使用的安全。

② 绝缘材料的耐热等级　绝缘材料的耐热等级，限制着电焊机工作时的最高温升，这对电焊机设计、结构、制造的经济性以及电焊机的使用价值都有极大的影响。

③ 电焊机的结构和重量　欲使电焊机结构紧凑和重量轻巧，可选用耐热等级高、击穿电压高的材料；反之，可选用耐热等级低、击穿电压低的材料。

④ 电焊机的成本和价格　绝缘材料的耐热等级越高，击穿电压越高，则材料的价格越高，而材料的配套件和加工制作的工艺要求也越高，因而电焊机的成本、价格将提高。

⑤ 材料的供应状况　不能选择那种资料介绍性能优越，而实际买不到的材料，或者价格昂贵的材料。

总之，选择绝缘材料必须综合以上各点要求，以达到保证电焊机性能、安全运行和经济耐用的目的。

## 11.1.3　电焊机用导磁材料

电焊机产品中应用的导磁材料主要是硅钢片，可用作变压器、电抗器的铁芯和发电机的磁极。

电气工程上所用的硅钢片，也叫电工硅钢片，用 D 表示。按其轧制方法和轧后硅钢片的晶粒取向（所谓晶粒取向，就是硅钢片经冷轧以后，由于晶粒排列方向的不同，沿着轧制方向其导磁性能特别好，而垂直于轧制方向的导磁性能较差，称冷轧硅钢片的这种导磁性能的差别为晶粒取向），可将硅钢片分成三类：

① 热轧硅钢片，代号为 DR；

② 冷轧无取向硅钢片，代号为 DW；

③ 冷轧有取向硅钢片，代号为DQ。

因此，使用冷轧有取向的硅钢片时，磁力线的方向必须和轧制方向相吻合。

电工硅钢片的品种性能代号的意义如下：

D△＊＊＊—□□

其中，D表示电工硅钢片；△ 表示硅钢片的轧制工艺的字母代号，即R热轧，Q冷轧有取向，W冷轧无取向；＊＊＊ 表示三位数字，表示该材料在50Hz的磁场强度作用下，每千克材料的铁损值的100倍；□□表示两位数字，表示硅钢片厚度的100倍。

例：DR315-50，表示为热轧硅钢片，钢片厚度为0.5mm，它在50Hz频率下磁感强度为1.5T时，每千克硅钢片铁损为3.15W。

电焊机中常用的硅钢片品种、规格和性能参数，见表11-15～表11-17。

**表 11-15 热轧硅钢片的电磁性能**（GB5212—85）

| 厚度/mm | 牌号 | 最小磁感/T | | 最大铁损/(W/kg) | | 密度/(g/cm³) | 旧牌号 |
|---|---|---|---|---|---|---|---|
| | | $B_{25}$ | $B_{50}$ | $P_{10/50}$ | $P_{15/50}$ | 酸洗钢板 | |
| 0.5 | DR530-50 | 1.61 | 1.61 | 2.20 | 5.30 | 7.75 | D22 |
| | DR510-50 | 1.54 | 1.54 | 2.10 | 5.10 | | D23 |
| | DR490-50 | 1.56 | 1.56 | 2.00 | 4.90 | | D24 |
| | DR450-50 | 1.54 | 1.54 | 1.85 | 4.50 | | — |
| | DR420-50 | 1.54 | 1.54 | 1.80 | 4.20 | | — |
| | DR400-50 | 1.54 | 1.54 | 1.65 | 4.00 | | — |
| | DR440-50 | 1.46 | 1.57 | 2.00 | 4.40 | 7.65 | D31 |
| | DR405-50 | 1.50 | 1.61 | 1.80 | 4.05 | | D32 |
| | DR360-50 | 1.45 | 1.56 | 1.60 | 3.60 | 7.55 | D41 |
| | DR315-50 | 1.45 | 1.56 | 1.35 | 3.15 | | D42 |
| | DR265-50 | 1.44 | 1.55 | 1.10 | 2.65 | | D44 |
| 0.35 | DR360-35 | 1.46 | 1.57 | 1.60 | 3.60 | 7.65 | D31 |
| | DR320-35 | 1.45 | 1.56 | 1.35 | 3.20 | 7.55 | D41 |
| | DR280-35 | 1.45 | 1.56 | 1.15 | 2.80 | | D42 |
| | DR255-35 | 1.44 | 1.54 | 1.05 | 2.55 | | D43 |
| | DR225-35 | 1.44 | 1.54 | 0.90 | 2.25 | | D44 |

**表 11-16 冷轧无取向硅钢片的电磁性能**（GB2521—88）

| 厚度/mm | 牌号 | 最小磁感/T | 最大铁损/(W/kg) | 密度/(g/cm³) | 武钢牌号 |
|---|---|---|---|---|---|
| | | $B_{50}$ | $P_{15/50}$ | | |
| 0.35 | DW240-35 | 1.58 | 2.40 | 7.65 | — |
| | DW265-35 | 1.59 | 2.65 | | W10 |
| | DW310-35 | 1.60 | 3.10 | | W12 |
| | DW360-35 | 1.61 | 3.60 | | W14 |
| | DW440-35 | 1.64 | 4.40 | | W18 |
| 0.35 | DW500-35 | 1.65 | 5.00 | 7.75 | W20 |
| | DW550-35 | 1.66 | 5.50 | | W23 |
| 0.50 | DW270-50 | 1.58 | 2.70 | 7.65 | — |
| | DW290-50 | 1.58 | 2.90 | | — |
| | DW310-50 | 1.59 | 3.10 | | W10 |
| | DW360-50 | 1.60 | 3.60 | | W12 |
| | DW400-50 | 1.61 | 4.00 | | W14 |
| | DW470-50 | 1.64 | 4.70 | | W18 |
| | DW540-50 | 1.65 | 5.40 | 7.75 | W20 |
| | DW620-50 | 1.66 | 6.20 | | W23 |
| | DW800-50 | 1.69 | 8.00 | 7.80 | W30 |

表 11-17 冷轧有取向硅钢片的电磁性能（GB2521—88）

| 厚度/mm | 牌号 | 最小磁感/T | 最大铁损/(W/kg) | 密度/(g/cm³) | 武钢牌号 |
|---|---|---|---|---|---|
| | | $B_{10}$ | $P_{17/50}$ | | |
| 0.30 | DQ113G-30 | 1.89 | 1.13 | 7.65 | — |
| | DQ122G-30 | 1.89 | 1.22 | | Q8G |
| | DQ133G-30 | 1.89 | 1.33 | | — |
| | DQ133-30 | 1.79 | 1.33 | | Q09 |
| | DQ147-30 | 1.77 | 1.47 | | Q10 |
| | DQ162-30 | 1.74 | 1.62 | | Q11 |
| | DQ179-30 | 1.71 | 1.79 | | Q12 |
| 0.35 | DQ117G-35 | 1.58 | 2.70 | 7.65 | — |
| | DQ126G-35 | 1.58 | 2.90 | | — |
| | DQ137G-35 | 1.59 | 3.10 | | Q10 |
| | DQ137-35 | 1.60 | 3.60 | | Q12 |
| | DQ151-35 | 1.61 | 4.00 | | Q14 |
| | DQ166-35 | 1.64 | 4.70 | | Q18 |
| | DQ183-35 | 1.65 | 5.40 | | Q20 |

逆变器中的变压器由于工作在高频下，铁芯损耗大，欲使涡流损耗维持在工频的情况下，那么硅钢片要特别薄，其厚度不得超过几十微米，当逆变频率在 20kHz 以上时，变压器通常采用铁氧体铁芯。应当指出，铁氧体在饱和磁感应强度、温度特性、机械强度等方面的性能都不如硅钢片，但是，它的最大特点是电阻率非常大（一般为 $10^6$～$10^9$ Ω），比硅钢片要大百万倍。因此，铁氧体涡流损耗很小，即它具有非常小的高频铁损。铁氧体另一优点是价格便宜，装配方便。目前多数采用锰锌铁氧体，其参数见表 11-18 所示，其中 MXO-2000 应用较为普遍（见图 11-1）。另外，逆变器常用的软磁铁氧体材料的主要性能如表 11-19 所示。

铁氧体铁芯结构有 E 形、EL 形、U 形、环形、EE 形及罐形等。

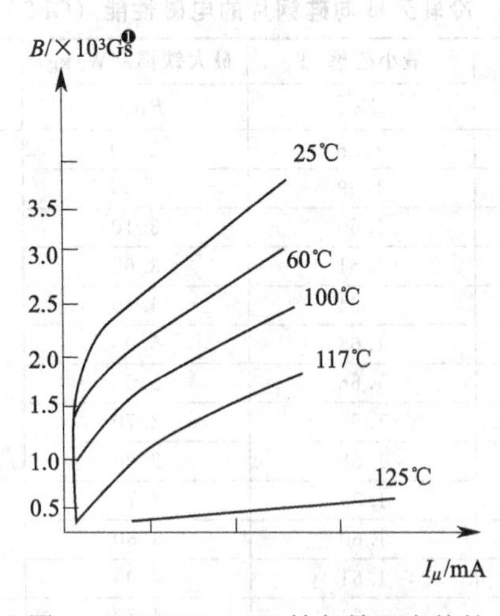


图 11-1 MXO-2000 铁氧铁温度特性

❶ 1Gs=$10^{-4}$T，下同。

**表 11-18　锰锌铁氧体参数**

| 型　号 | 初始磁导率 $\mu_i$ | 比损耗因数 $\frac{\tan\delta}{\mu_i}\times10^{-6}$ | 温度范围 $T$ /℃ | 温度系数 $\alpha_\mu$ ($\times10^{-8}$℃$^{-1}$) | 饱和密度 $B_s$ /Gs | 剩磁感应 $B_r$ /Gs | 矫顽磁力 $H_c$ /Oe① | 居里点 $T_c$ /℃ | 适用频率 $F$ /MHz |
|---|---|---|---|---|---|---|---|---|---|
| MXO-1000 | 800～1200 | ≤25 (100kHz) | 0～+85 | 5000 | 3000 | 1300 | 0.22 | 100 | 1 |
| MXO-2000 | 1500～2500 | ≤15 (100kHz) | 0～+85 | 3000 | 4000 | 1400 | 0.3 | 120 | 0.5 |
| MXD-2000 | 1500～3000 | ≤15 (100kHz) | −55～+85 | 2000 | 4500 | 1500 | 0.2 | 180 | 0.5 |

① 1Oe=79.5775A/m，下同。

选择铁芯结构，应考虑铁芯漏磁小，变压器绕制、维护方便，有利于散热等条件。在低电压大电流的变换器中，高频变压器次级绕组电流很大，导线粗不易绕制。因此，多数采用 E 形铁芯，尤其是中心柱呈圆形的 EE 形铁芯，由于漏磁小，而且容易夹紧固定，所以更为实用。

环形铁芯的优点漏磁小，但它的体积小，对于很大电流的绕组绕制不便，适用于中小功率的高频变压器。脉冲变压器或电流互感器用环形铁芯更为有利。

罐形磁芯结构与环形类似。它具有环形磁芯漏磁小的优点，同时电感可调，适用于高频变压器、脉冲变压器或通信设备中的高频滤波器。

**表 11-19　常用铁氧体磁性材料的性能**

| 参　数 | | MXD-2000 | MX-2000 | MXD-400 | MXO-800 | MXO-2000 | MXO-4000 |
|---|---|---|---|---|---|---|---|
| 起始导磁率 $\mu_i$ | | 2000 | 2000 | 400 | 800 | 2000 | 4000 |
| 温度系数 $\alpha_\mu$ /$\times10^{-8}$℃$^{-1}$ | | +2500 −500 | 3000 | 3200 | 2500 | 3500 | 4000 |
| 温度范围/℃ | | 20～60 | 20～60 | 20～60 | 20～60 | 20～60 | 20～60 |
| 居里温度 $\theta_t$/℃ | | 210 | 210 | 180 | 150 | 150 | 110 |
| 磁滞回线 | $B_r$/Gs | 4000 | 4000 | 3200 | 3000 | 4000 | 3500 |
| | $B_r$/Gs | 1200 | 1200 | 1700 | 1500 | 1400 | 1200 |
| | $H_c$/Oe | 0.25 | 0.25 | 1.0 | 0.7 | 0.3 | 0.2 |
| 电阻率 $\rho$/Ω·cm | | $1\times10^2$ | $1\times10^2$ | $1\times10^2$ | $1\times10^2$ | $1\times10^2$ | $1\times10^2$ |
| 适用频率/MHz | | 0.5 | 0.5 | 1.5 | 1 | 0.5 | 0.3 |
| 用途 | | 罐形、环形 | U 形、罐形 | 螺纹、环形 | 环形 | E 形、环形 | 环形、罐形 |

铁氧体价格便宜，但温度特性差，使用中要注意居里点的温度。此外，铁氧体机械强度差，质脆易裂，装配变压器时要特别注意。

除了上述的铁氧体之外，还应用坡莫合金和非晶态合金。

坡莫合金的特点是饱和磁感应强度高，磁导率高，铁损小，温度系数小，磁性能稳定，因此，它是高频变压器铁芯的较好材料，但因价格昂贵，所以它应用在要求比较高的设备上。常用的材料牌号有 1J40、1J51、1J79、1J85-1 等，其中 1J85-1 性能最优。

非晶态合金的性能比上述两者更优，饱和磁通密度可达到$10^4$Gs。例如，非晶态恒导磁材料的恒导范围为5000～10000Gs。由于恒导范围大，变压器储能就大，所以，铁芯的体积和重量比上述两种材料大大减少。

## 11.2 电焊机常用配件

电焊机常用配件见表11-20～表11-39。

**表11-20 快速接头**

| 产品名称 | 型号 | 电流范围/A | 配电缆截面积/$mm^2$ | 插座安装尺寸/mm | | | 参考价/(元/付) | 用途 | 生产厂家 |
|---|---|---|---|---|---|---|---|---|---|
| | | | | *L* | *M* | *N* | | | |
| 快速连接器 | DKJ10-1 | 50～125 | 5、10、16 | 25 | 5 | 28 | 14.00 | ①KJ系列快速接头与国产焊机相对应规格插头插座互换<br>②DKJE系列能与伊萨公司等欧洲国家同一规格相互换<br>③DKB系列与南京康尼机电新技术公司相关规格互换<br>④DKC系列是最新产品，插头内胀式接触导电，防止了松脱显现<br>⑤DKL、DKLE快速连接器的插头能与相对应的快速接头的插头进行互换<br>⑥快速连接器由连接器座和插头组成称一会，能快速连接二根电缆的器件，螺旋槽端面接触，产品符合IEC国际标准和GB15579.12—1998国家标准<br>⑦1998年通过国家安全认证，证书编号：CH0029270—98 | 温州市瓯海电焊设备厂(原浙江瓯海电焊设备厂) |
| | DKJ16-1 | 100～160 | 10、16、25 | 27 | 5 | 30 | 15.40 | | |
| | DKJ35-1 | 160～250 | 25、35、50 | 32.5 | 5 | 36 | 17.60 | | |
| | DKJ50-2 | 200～315 | 35、50、70 | 33 | 6 | 37 | 20.00 | | |
| | DKJ70-1 | 250～400 | 50、70、95 | 35 | 6 | 39 | 22.50 | | |
| | DKJ95-1 | 315～500 | 70、95、120 | 35 | 6.5 | 39 | 32.10 | | |
| | DKJ120-1 | 400～600 | 95、120、150 | 40 | 7 | 46 | 46.20 | | |
| | DKJE-35 | 160～250 | 16、25、35 | 32.5 | 5 | 36 | 20.00 | | |
| | DKJE-50 | 200～315 | 25、35、50 | 33 | 6 | 37 | 22.5 | | |
| | DKJE-70 | 250～400 | 50、70、95 | 35 | 6 | 39 | 24.9 | | |
| | DKC-35 | 160～250 | 25、35、50 | 32.5 | 5 | 36 | 19.4 | | |
| | DKC-50 | 200～315 | 35、50、70 | 33 | 6 | 37 | 21.9 | | |
| | DKC-70 | 250～400 | 50、70、95 | 35 | 6 | 39 | 24.7 | | |
| | DKC-95 | 315～500 | 70、95、120 | 35 | 6.5 | 39 | 35.3 | | |
| | DKC-120 | 400～600 | 95、120、150 | 40 | 7 | 46 | 50.50 | | |
| | DKB-16 | 160(150) | 10、16、25 | 24 | 6 | 44 | 17.00 | | |
| | DKB-35 | 250 | 16、25、35 | 28 | 7 | 50 | 19.80 | | |
| | DKB-50 | 400 | 35、50、70 | 30 | 6 | 32 | 22.00 | | |
| | DKB-70 | 400 | 50、70、95 | 31.5 | 6 | 34 | 25.00 | | |
| | DKB-95 | 630 | 70、95、120 | 31.5 | 6.5 | 34 | 32.00 | | |
| | DKL-16 | 100～160 | 10、16、25 | — | — | — | 16.80 | | |
| | DKL-35 | 160～250 | 25、35、50 | — | — | — | 19.10 | | |
| | DKL50 | 200～315 | 35、50、70 | — | — | — | 21.40 | | |
| | DKL-70 | 250～400 | 50、70、95 | — | — | — | 25.30 | | |
| | DKL-95 | 315～500 | 70、95、120 | — | — | — | 38.50 | | |
| | DKL-120 | 400～600 | 95、120、180 | — | — | — | 46.20 | | |
| | DKLE-50 | 200～315 | 25、35、50 | — | — | — | 23.70 | | |
| | DKLE-70 | 250～400 | 50、70、95 | — | — | — | 25.90 | | |

表 11-21　冷却风扇

| 产品名称 | 型　号 | 电源电压/V | 最大输入功率/W | 额定电流/A | 输出功率/W | 电容/(μF/V) | 风叶外径/mm | 同步转速/(r/min) | 风量/(m²/min) | 噪声/dB | 工作制 | 绝缘等级 | 温升/℃ | 用　途 | 生产厂家 |
|---|---|---|---|---|---|---|---|---|---|---|---|---|---|---|---|
| 轴流风机 | NEF-254P | 380 | — | 0.25 | 45 | 1/750 | — | 1400 | 20 | 55 | — | B组 | — | 由50Hz 380V和220V电压电机与叶轮、风框、风罩等组成的轴流风机，适用于电焊机及其他电气设备、壁面或板壁安装作通风散热 | 江苏省张家港市机械配件福利厂 |
| | NRF-254P | 220 | — | 0.4 | 45 | 2/500 | — | 1400 | 20 | 55 | — | B级 | — | | |
| | NEF-304P | 380 | — | 0.25 | 45 | 1/750 | — | 1400 | 30 | 57 | — | B级 | — | | |
| | NRF-304P | 220 | — | 0.4 | 45 | 2/500 | — | 1400 | 30 | 57 | — | B级 | — | | |
| | NEF-354P | 380 | — | 0.5 | 120 | 1.8/750 | — | 1400 | 42 | 58 | — | B级 | — | | |
| | NRF-354P | 220 | — | 0.8 | 120 | 5/500 | — | 1400 | 42 | 58 | — | B级 | — | | |
| | NEF-404P | 380 | — | 0.5 | 120 | 1.8/750 | — | 1380 | 54 | 60 | — | B级 | — | | |
| | NRF-404P | 220 | — | 0.8 | 120 | 5/500 | — | 1380 | 54 | 60 | — | B级 | — | | |
| 轴流式冷却通风机 | YT300P-21 | 220 | 150 | — | — | 2/630 | 300 | 3000 | >38 | <78 | 连续 | B级 | <40 | 50Hz 220V和380V交流供电，单相异步电动机驱动，风量大、噪声小、温升低，广泛被焊机行业采用。安装尺寸按焊机专用冷却风机相关标准，也可根据用户要求经商定后作适当调整 | 成都市68信箱机械分厂 |
| | YT300L-21 | 220 | 150 | — | — | 2/630 | 300 | 3000 | >38 | <78 | 连续 | B级 | <40 | | |
| | YT300L-41 | 220 | 120 | — | — | 2/630 | 300 | 1500 | >28 | <73 | 连续 | B级 | <40 | | |
| | YT300L-41 | 220 | 120 | — | — | 2/630 | 300 | 1500 | >28 | <73 | 连续 | B级 | <40 | | |
| | YT300P-22 | 380 | 150 | — | — | 1/850 | 300 | 3000 | >38 | <78 | 连续 | B级 | <40 | | |
| | YT300L-22 | 380 | 150 | — | — | 1/850 | 300 | 3000 | >38 | <78 | 连续 | B级 | <40 | | |
| | YT300P-42 | 380 | 120 | — | — | 1/850 | 300 | 1500 | >28 | <73 | 连续 | B级 | <40 | | |
| | YT300L-42 | 380 | 120 | — | — | 1/850 | 300 | 1500 | >28 | <73 | 连续 | B级 | <40 | | |
| | YT400P-41 | 220 | 150 | — | — | 2/630 | 400 | 1500 | >42 | <75 | 连续 | B级 | <40 | | |
| | YT400L-41 | 220 | 150 | — | — | 2/630 | 400 | 1500 | >42 | <75 | 连续 | B级 | <40 | | |
| | YT400P-42 | 380 | 150 | — | — | 1/850 | 400 | 1500 | >42 | <75 | 连续 | B级 | <40 | | |
| | YT400L-42 | 380 | 150 | — | — | 1/850 | 400 | 1500 | >42 | <75 | 连续 | B级 | <40 | | |

**表 11-22　焊钳**

| 产品名称 | 型号 | 工作电流/A | 夹持拉力/N | 连接电缆截面积/$mm^2$ | 额定负载持续率/% | 适用焊条直径/mm | 手柄温升最高值/℃ | 工作环境温度/℃ | 空气相对湿度/(℃/%) | 外型长度尺寸/mm | 质量/kg | 用途 | 参考价/(元/把) | 生产厂家 |
|---|---|---|---|---|---|---|---|---|---|---|---|---|---|---|
| 电焊钳 | HQ-200 | 200 | 60 | 16～25 | 60 | 2～4 | ≤50 | 40 | 20/90 | 200 | 0.54 | 适用于≤250A手工焊 | 12 | 温州市瓯海电焊设备厂(原浙江省瓯海电焊设备厂) |
| | HQ-300 | 300 | 80 | 35～70 | 60 | 2.5～5 | ≤50 | 40 | 20/90 | 220 | 0.6 | 适用于≤300A手工焊 | 14 | |
| | HQ-500 | 500 | 100 | 70～95 | 60 | 4～8 | ≤50 | 40 | 20/90 | 260 | 0.8 | 适用于≤500A手工焊 | 16 | |
| 电焊钳(普通、压接、加长、不烫手) | — | 300～600 | — | — | — | — | — | — | — | — | 0.3～0.46 | — | 9.50～15.50 | 宁波隆兴集团宁波隆兴电焊机制造有限公司 |

**表 11-23　焊枪**

| 产品名称 | 型号 | 长度/mm | 结构形式 | 质量/kg | 用途 | 参考价/(元/台) | 生产厂家 |
|---|---|---|---|---|---|---|---|
| 焊枪 | CQB-1-350A | 3 | 大阪型(气电一体化接口) | 4 | 适用于 $CO_2$、Ar 及混合气体等保护焊机焊接用 | 450 | 南京电焊设备厂 |
| | CQB-1-500A | 3 | 大阪型(气电一体化接口) | 5 | | 550 | |
| | CQB-2-250A | 3 | 大阪型 | 3 | | 380 | |
| | CQB-2-350A | 3 | 大阪型 | 4 | | 450 | |
| | CQB-2-500A | 3 | 大阪型 | 5 | | 550 | |
| | CQB-1-250A | 3 | 松下型 | 3 | | 380 | |
| | CQB-1-350A | 3 | 松下型 | 4 | | 450 | |
| | CQB-1-500A | 3 | 松下型 | 5 | | 550 | |

### 表 11-24 氩弧焊焊炬

| 产品名称 | 型号 | 适用互换电极 | 可配喷嘴规格 | | | 用途 | 参考价 | 生产厂家 |
|---|---|---|---|---|---|---|---|---|
| | | 直径/mm | 螺纹 | 长度/mm | 口径/mm | | /(元/套) | |
| 气冷式手工氩弧焊炬 | QQ-85°/200 | 1.6、2、3 | M18×1.5 | 45、53 | 7、9、12 | 用于有缝管的自动焊接 | 160 | 温州电焊设备总厂 |
| | QQ-85°/150 | 1.6、2、2.5、3 | M10×1 | 45、60 | 6、8 | | 155 | |
| | QQ-75°/150 | 1.6、2、2.5、3 | M10×1 | 45、60 | 6、8 | | 155 | |
| | QQ-85°/150-1 | 1.6、2、2.5、3 | M10×1 | 45、60 | 6、8 | | 165 | |
| | QQ-0-90°/150 | 1.6、2、3 | M14×1.5 | 60 | 9 | | 200 | |
| | QQ-85°/100 | 1.6、2 | M12×1.25 | 27 | 6、9 | | 150 | |
| | QQ-65°/75 | 1.2、1.6 | M12×1.25 | 17 | 6、9 | | 125 | |
| 气冷式 $Ar、CO_2$ 双用焊炬 | ZQS-0/500A | — | — | — | — | 用于有缝管的自动焊接 | 730 | |
| 水冷式手工氩弧焊炬 | QS-75°/500 | 4、5、6 | M28×1.5 | 43 | 13、15、17 | 焊炬出厂电缆一般 5m，如需另加长电缆，每米收工料费 15～25 元，订电极夹头、喷嘴请注明焊炬型号 | 255 | |
| | QS-75°/400 | 3、4、5 | M20×2.5 | 41 | 9、12 | | 210 | |
| | QS-75°/350 | 3、4、5 | M20×1.5 | 40 | 9、12、16 | | 200 | |
| | QS-65°/300 | 3、4、5 | M20×2.5 | 41 | 9、12 | | 195 | |
| | QS-85°/300 | 3、4、5 | M20×2.5 | 41 | 9、12 | | 195 | |
| | QS-85°/250 | 2、3、4 | M18×1.5 | 53 | 7、9、12 | | 190 | |
| | QS-65°/200 | 1.6、2、3 | M12×1.25 | 27 | 6、9 | | 185 | |
| | QS-85°/150 | 1.6、2、3 | M14×1.5 | 30 | 6、9 | | 180 | |
| | QS-65°/150 | 1.6、2、3 | M14×1.5 | 30 | 6、9 | | 180 | |
| | QS-0°/150 | 1.6、2、2.5 | M10×1.5 | 48 | 6、9 | | 160 | |
| 新型气冷式氩弧焊炬 | QQ-65°/100A-C | 1.6、2、2.5 | M10 | 47 | 6.3、8、9.6 | 新型氩弧焊炬系列引进国外先进焊炬生产工艺，枪体采用硅橡胶材料制成，其绝缘性、耐热性、密封性、引弧性、气体保护性能全部达到国家专业标准 | 160 | 温州电焊设备总厂 |
| | QQ-85°/160A-C | 1.6、2、2.5 | M10 | 47 | 6.3、8、9.6 | | 155 | |
| | QQ-85°/20A-C0 | 1.6、2、2.5 | M10 | 47 | 6.3、8、9.6 | | 155 | |
| 气冷式 $Ar、CO_2$ 双用焊炬 | QQ-85°/160A-C | 1.6、2、3 | M10 | 47 | 6.3、8、9.6 | | 165 | |
| | QS-65°/200A-C | 2、2.5、3 | M10 | 47 | 6.3、8、9.6 | | 200 | |
| | QS-85°/250A-C | 2、2.5、3 | M10 | 47 | 6.3、8、9.6 | | 150 | |
| | QS-85°/315A-C | 2.5、3、4 | M10 | 47 | 9.6、11、12.6 | | 125 | |
| | QS-75°/400A-C | 2.5、3、4 | M10 | 47 | 9.6、11、12.6 | | 730 | |
| | QS-75°/500A-C | 4、5、6 | M28 | 70 | 16 | | 255 | |

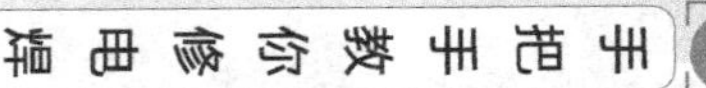


续表

| 产品名称 | 型号 | 额定电流/A | 角度/(°) | 可夹持钨极直径/mm | 可配喷嘴规格 | | | 用途 | 参考价/(元/把) | 生产厂家 |
|---|---|---|---|---|---|---|---|---|---|---|
| | | | | | 螺纹 | 长度/mm | 口径/mm | | | |
| 气冷式氩弧焊炬 | QQ-50 | 50 | 85 | 0.8、1.0、1.6 | M12×1.25 | 27 | 6、9 | ①氩弧焊炬分水冷式和气冷式两大类<br>②QQ-150-1、QQ-200-1、QQ-150-2配有氩气开关，为接触引弧。QQ-150-1S、QQ-150-2 可进行深坡口(150m)焊接<br>③C为新型氩弧焊炬 | 160 | 温州市瓯海电焊设备厂(原浙江省瓯海电焊设备厂) |
| | QQ-75 | 75 | 65 | 0.8、1.0、1.6 | M12×1.25 | 27 | 6、10 | | 200 | |
| | QQ-150 | 150 | 10、85 | 1.4、2、2.5 | M10×1 | 45/60 | 8、6 | | 245 | |
| | QQ-100(广州 150A) | 100/150 | 85 | 1.4、2、2.5 | M14×1.5 | 30 | 6、9 | | 200 | |
| | QQ-150-1 | 150 | 85 | 1.6、2、2.5、3 | M10×1 | 45/60 | 8、6 | | 280 | |
| | QQ-150-2 | 150 | 85 | 1.6、2、2.5、3 | M10×1 | 45/60 | 8、6 | | 300 | |
| | QQ-200 | 200 | 75、85 | 1.6、2、2.5、3 | M18×1.5 | 50 | 8、10 | | 260 | |
| | QQ-200-1 | 200 | 85 | 1.6、2、2.5、3 | M18×1.5 | 50 | 8、10 | | 280 | |
| | QQ-300 同体 | 300 | 65、85 | 2、3、4 | M20×1.5 | 40 | 9、12、16 | | 280 | |
| | QQ-300 分体 | 300 | 65、85 | 2、3、4 | M20×1.5 | 40 | 9、12、16 | | 345 | |
| | Q-100-C | 100 | 85 | 1、2、2.5 | M10×1.5 | 47 | 6.3、8、9.6 | | 255 | |
| | Q-160-C | 160 | 85 | 1.6、2、2.5、3 | M10×1.5 | 47 | 6.3、8、9.6 | | 280 | |
| | QQ-200-C | 200 | 85 | 1.6、2、2.5、3 | M10×1.5 | 47 | 6.3、8、9.6 | | 295 | |
| | QQ-150A-1S | 150 | 85 | 1.6、2、2.5、3 | M10×1.5 | 73/43 | 10、8 | | 290 | |
| | QQ-150A-S | 150 | 85 | 1.6、2、2.5、3 | M10×1.5 | 73/43 | 10、8 | | 300 | |
| 水冷式氩弧焊柜 | QS-150 | 150 | 85 | 1.6、2、2.5、3 | M14×1.5 | 30 | 6、9 | | 280 | |
| | QS-200 | 200 | 85 | 1.6、2、2.5、3 | M10×1.5 | 40/30 | 6、8 | | 290 | |
| | QS-250 | 250 | 75、85 | 1.6、2、2.5、3 | M18×1.5 | 47 | 7、9、12 | | 295 | |
| | QS-300 | 300 | 65、75、85 | 2、3、4 | M20×2.5 | 41 | 9、12、16 | | 295 | |
| | QS-350 | 350 | 75、85 | 3、4、5 | M20×1.5 | 40 | 9、12、16 | | 310 | |
| | QS-400 | 400 | 75、85 | 3、4、5 | M20×1.5 | 40 | 9、12、16 | | 340 | |
| | QS-500 | 500 | 75 | 5、6、7 | M27×1.5 | 43 | 14、16、18 | | 410 | |
| | QS-600 | 600 | 75 | 5、6、7 | M27×1.5 | 41 | 14、18、21 | | 460 | |
| | QS-160-C | 160 | 85 | 1.6、2、2.5、3 | M10×1.5 | 47 | 6.3、8、9.6 | | 330 | |
| | QS-200-C | 200 | 75、85 | 1.6、2、2.5、3 | M10×1.5 | 47 | 6.3、8、9.6 | | 335 | |
| | QS-250-C | 250 | 75、85 | 2、2.5、3 | M10×1.5 | 47 | 8、9.6、11 | | 340 | |
| | QS-315-C | 315 | 75、85 | 2、2.5、3、4 | M10×1.5 | 47 | 9.6、11、12.6 | | 345 | |
| | QS-400-C | 400 | 75、85 | 4、5、6 | M10×1.5 | 47 | 9.6、11、12.6 | | 370 | |
| | QS-500-C | 500 | 75 | 4、5、6、7 | M27×1.5 | 41 | 16、12.5 | | 430 | |

表 11-25　空气等离子弧切割柜

| 产品名称 | 型号 | 额定电流/A | 角度/(°) | 切割厚度/mm | | | | 可配喷嘴规格 | | | 可配分流器规格/mm | | | 用途 | | 参考价/(元/套) | 生产厂家 |
|---|---|---|---|---|---|---|---|---|---|---|---|---|---|---|---|---|---|
| | | | | 不锈钢碳钢 | 铝 | 紫铜 | 铸铁 | 螺纹 | 长度/mm | 口径/mm | 内径 | 外径 | 高 | | | | |
| HP系列抛丸除锈机 | LG-40 | 40 | 75 | 12 | 8 | 3 | 10 | M16×1.5 | 30 | 89 | 5.1 | 8.7 | 5.6 | 接触式切割 | 与同型号切割机配套,用于各种金属板才切割 | 320 | 温州市瓯海电焊设备厂(原浙江省瓯海电焊设备厂) |
| | LG-50 | 50 | 75 | 15 | 10 | 8 | 12 | M20×1 | 26 | 11 | 7 | 13 | 9.5 | 接触式切割 | | 500 | |
| | LG-60(63) | 60 | 75 | 20 | 15 | 10 | 15 | M13×1.5 | 17.5 | 35 | 8.2 | 11.5 | 10.8 | 接触式切割 | | 450 | |
| | LG-100 | 100 | 75 | 30 | 20 | 15 | 25 | M19 | 27.5 | 36.5 | 19 | 27.5 | 39.5 | 非接触式切割 | | 550 | |
| | LG-200 | 200 | 75 | 60 | 50 | 40 | 55 | M32×1.5 | 30 | 24 | 13.5 | 17 | 23.5 | 非接触式切割 | | 750 | |
| | LG-60(天宗) | 60 | 75 | 20 | 15 | 10 | 15 | 树脂 M20×2 | 25.5 | 28.5 | 3 | 5 | 35.5 | 非接触式切割 | | 480 | |
| | LG-100(天宗) | 100 | 75 | 30 | 20 | 15 | 25 | M20×2 | 25.5 | 28.5 | 3 | 5 | 35.5 | 非接触式切割 | | 580 | |

表 11-26　碳弧气刨枪

| 产品名称 | 型号 | 电流范围/A | 碳棒 | | 使用电源 | | 风源 | | 刨削效率/(kg/min) | 用途 | 参考价/(元/把) | 生产厂家 |
|---|---|---|---|---|---|---|---|---|---|---|---|---|
| | | | 型式 | 直径/mm | 焊机 | 极性 | 风压/(N/cm²) | 风量/(m³/min) | | | | |
| 碳弧气刨枪 | TBQ-500 | 400～600 | 圆或扁 | 5～10 | 常用手工弧焊直流焊机AX-500或ZXG-500或用两台300A焊机并联 | 反接 | 40～60 | 0.41 | ≥0.94 | 适用于金属切割、开槽、清根及焊缝缺陷返修。反把式操作 | 200 | 温州市瓯海电焊设备厂(原浙江省瓯海电焊设备厂) |
| | TBQ-800 | 700～1000 | | 6～12 | | | | 0.51 | ≥1.23 | | 240 | |

表 11-27　面罩

| 产品名称 | 型号 | 面罩材质 | 可配镜片尺寸长×宽/mm | 观察窗/mm | 质量/kg | 外形尺寸/mm | | | 参考价/(元/台) | 用　途 | 生产厂家 |
|---|---|---|---|---|---|---|---|---|---|---|---|
| | | | | | | 长 | 宽 | 高 | | | |
| 手持式电焊面罩 | HZ-1 | 红钢纸 | 110×50 | 40×90 | 260 | 310 | 240 | 130 | 12 | 供手工施焊 | 温州市瓯海电焊设备厂(原浙江省瓯海电焊设备厂) |
| 头戴式电焊面罩 | HZ-2 | 阻燃塑料 | 110×50 | 40×95 | 445 | 305 | 220 | 145 | 38 | 镜片框可开可闭，罩身可上下翻动，帽带可大小松紧 | |
| 头戴式软皮面罩 | HZ-3 | 软全皮 | 110×50 | 40×90 | 300 | 300 | 220 | 120 | 55 | 镜片盒可开闭，适用于狭小或困难位置焊接 | |

表 11-28　导电嘴

| 产品名称 | 型号 | 规格 | 材料 | 适用焊丝/mm | 制造工艺 | 表面处理 | 产品特点 | 硬度/HRB | 电导率/(mS/m) | 软化温度/℃ | 抗拉强度/(N/mm²) | 延伸率/% | 质量/g | 用途 | 参考价/(元/件) | 生产厂家 |
|---|---|---|---|---|---|---|---|---|---|---|---|---|---|---|---|---|
| 三角孔型导电嘴 | — | $\phi$6～10×(25～45)×(M5～M8) | $T_2$ QCr | 0.6～2.2 | 冷挤压 | 用化学抛光工艺代替传统的三酸表面处理。无废污染，符合绿色环保标准，产品表面光洁度高，能在自然状态中保持一年以上 | 采用先进的冷挤压工艺替代传统的钻孔加工，使产品分子结构更加紧密，耐磨性提高，内孔光滑，走丝畅通，孔径标准稳定 | — | — | — | — | — | 10～20 | $CO_2$ 气体保护焊机 | 0.80～3 | 南京大中电极实业有限公司 |
| 圆孔型导电嘴 | — | | | | | | | — | — | — | — | — | 10～20 | | | |
| $CO_2$ 导电嘴 | OTC<br>Panasonic<br>MB　36KD | $\phi$8×40×M6<br>$\phi$8×45×M6<br>$\phi$10×30×M8 | 铬锆铜 | — | — | — | — | 76～82 | 43～48 | 550 | 450～550 | 10～20 | — | 配 NBC 系列、OTC、松下、宾采尔焊枪 | 3<br>3<br>4 | |
| 埋弧焊导电嘴 | 林肯等 | $\phi$13×40<br>$\phi$16×47 | 铬锆铜 | — | — | — | — | 76～82 | 43～48 | 550 | 500～600 | 10～20 | — | 埋弧焊机、林肯埋弧焊机 | 6<br>30 | |
| 螺柱焊夹头 | 引、拉弧式 | $\phi$12×40 | DZ合金 | — | — | — | — | 100～110 | ≥30 | 650 | 700～800 | 6～12 | — | 螺柱焊送钉夹头 | 60 | |

表 11-29　$CO_2$ 气体减压流量计

| 产品名称 | 型号 | 额定输入压力/MPa | 额定输出压力/MPa | 额定输出流量/(L/min) | 空载升温时间/min | 预热恒温温度/℃ | 安全保护压力/MPa | 工作电压/V | 加热功率/W | 结构形式 | 质量/kg | 用途 | 生产厂家 |
|---|---|---|---|---|---|---|---|---|---|---|---|---|---|
| $CO_2$ 气体减压器 | YQC-1 | 15 | 0.16 | 30 | — | — | — | — | — | 双表式、不带加热装置 | — | — | 成都市高新仪器厂 |
| $CO_2$ 电加热式气体减压器 | YQC-4A | 15 | 0.16 | 30 | — | 70±5 | — | 36、42、110、220 | 100<br>140<br>190 | 双表式、陶瓷发热元件，自动恒温 | — | — | |
| $CO_2$ 气体减压流量计 | YQC-5A | 15 | 0.2 | 15<br>30<br>45 | — | — | — | 36、42<br>110、220 | 100<br>140<br>190 | 双表带流量计指示 | — | — | |
| $CO_3$ 气体减压器 | YQC-2T | — | — | 40～120 | — | — | — | 220 | 500 | 双表带流量计 | — | — | |

表 11-30　氩气减压流量调节器

| 产品名称 | 型号 | 额定输入压力/MPa | 额定输出压力/MPa | 额定输出流量/(L/min) | 安全保护压力/MPa | 结构形式 | 质量/kg | 用途 | 生产厂家 |
|---|---|---|---|---|---|---|---|---|---|
| 氩气减压流量调节器 | YQC-1 | 15 | 0.16 | 30 | — | 双表式 | — | — | 成都市高新仪器厂 |
| | YQYL-2 | 15 | 0.2 | 15、30、45 | — | 浮标流量计指示 | — | | |
| | AT-15 | 15 | 0.45±0.05 | 15 | ≤0.8 | — | 0.81～1.4 | 氩弧焊氩气减压流量控制调节 | 42、43 |
| | AT-30 | 15 | 0.45±0.05 | 15 | ≤0.8 | — | 0.81～1.4 | | |
| | BP-15 | — | 0.45±0.05 | 15 | ≤0.8 | — | 1 | | 温州市瓯海电焊设备厂(原浙江省瓯海电焊设备厂) |
| | ALT-25 | — | 0.45±0.05 | 25 | ≤0.3 | — | 1 | | |
| | | 15 | 0.2～0.25 | 25 | ≤0.5 | — | — | | 温州电焊设备总厂 |

表 11-31　混合气体配比器

| 产品名称 | 型号 | 混合气体 | 进气压力/MPa | 最大输出流量/(L/min) | 配比精度/% | 配比范围/% | 用途 | 生产厂家 |
|---|---|---|---|---|---|---|---|---|
| 混合气体配比器 | HQP-2 | $Ar+CO_2(O_2、H_2、He$ 等)两元气体混合 | 0.12 | 45 | ±1.5 | 0～100 可调 | — | 成都市高新仪器厂 |
| | HQP-2A | $Ar+O_2(H_2、He)$，$O_2$ 采用微型流量计 | 0.12 | 45 | ±1 | 0～100 可调 | — | |
| | HQP-3 | $Ar+CO_2+O_2(H_2、He)$ 三元或多元气体混合 | — | — | — | — | 流量计指示，并可分别调节 | |
| | HQP-1A | $Ar+CO_2$ 两元气体混合 | 0.8～1 | 20～30 | — | — | 适用于管道或集中供气 | |

表 11-32　电磁气阀

| 产品名称 | 型号 | 工作压力/MPa | 额定空气流量/($m^3$/h) | 额定电压/V | | 线圈温升 | 用途 | 参考价/(元/只) | 生产厂家 |
|---|---|---|---|---|---|---|---|---|---|
| | | | | 交流 | 直流 | | | | |
| 电磁气阀 | 二位二通 QXD-22 | 0.8 | 1～2.5 | 36、110、220 | 24 | 当环境温度不超过40℃时，温度小于 80℃ | 气体系统中被广泛采用的元件 | 38 | 温州市瓯海电焊设备厂(原浙江省瓯海电焊设备厂) |
| | 二位三通 QXD-23 | 0.8 | 1～2.5 | 36、110、220 | 24 | 当环境温度不超过40℃时，温度小于 80℃ | | 42 | |

**表 11-33　电极及材料**

| 产品名称 | 型号 | 规格 | 材料 | 硬度/HRB | 导电率/(mS/m) | 软化温度/℃ | 抗拉强度/(N/mm²) | 延伸率/% | 最大电极压力/kN | 用途 | 参考价/(元/件) | 生产厂家 |
|---|---|---|---|---|---|---|---|---|---|---|---|---|
| 标准直流电极 | J、Y、M、O、P | ϕ13×40<br>ϕ16×50<br>ϕ20×60 | 铬锆铜 | 78～88 | 44～50 | 550 | 500～600 | 10～20 | 4　6.3　10 | 低碳钢、合金钢、镀锌薄板点焊 | 6　9　15 | 南京大中电极实业有限公司 |
| 标准电极帽 | A、B、C、D、E、F、G | ϕ13×18<br>ϕ16×20<br>ϕ20×22 | 铬锆铜 | 78～88 | 44～50 | 550 | 500～600 | 10～20 | 2.5　4　6.3 | 低碳钢、合金钢、镀锌薄板点焊 | 4　5　6 | |
| DN-系列电极 | DN-25 等 | ϕ17×63 上<br>ϕ20×54 下 | 铬锆铜 | 75～85 | 43～48 | 550 | 500～600 | 10～20 | 10<br>16 | 钢、铜、铝合金钢点焊 | 12<br>13 | |
| UN-系列电极 | UN-100 等 | 80×60×30 | 铬锆铜 | 76～82 | 43～48 | 550 | 400～500 | 10～25 | — | 钢结构、铜、铝合金对焊 | 130 | |
| FN-系列电极 | FN-150 等 | ϕ290×18 上<br>ϕ110×18 下 | 铬镍铜 | 76～82 | 43～48 | 550 | 380～460 | 18～22 | 8 | 薄板、镀层薄板滚焊 | 800<br>200 | |
| TN-系列电极 | TN-250 等 | ϕ250×55 | 铬锆铜 | 75～85 | 43～48 | 550 | 500～600 | 10～20 | 16 | 有色金属、钢凸焊 | 30 | |
| 特种微型电极 | J、M | (ϕ3～9)×(20～60) | DZ 合金 | 100～110 | ≥30 | 650 | 700～800 | 6～12 | — | 镀层板、不锈钢、有色金属(显像管、灯管、电器)强规范点焊 | 4～12 | |
| 电极材料 | — | 棒、块、轮 | 铍镍铜 | 90～100 | ≥25 | 600 | 600～700 | 8～16 | — | 合金钢、防腐钢、镍合金焊接，模具 | — | |
| | — | 棒、块、轮 | 铬锆铜 | 75～85 | 43～50 | 550 | 380～600 | 10～25 | — | 阻焊电极、电极臂、轴、握杆 | — | |

**表 11-34　携带充气式小钢瓶**

| 产品名称 | 型号 | 容量/L | 工作压力/N | 爆破压力/N | 质量/kg | 外形尺寸/mm | | 用途 | 参考价/(元/只) | 生产厂家 |
|---|---|---|---|---|---|---|---|---|---|---|
| | | | | | | 直径 | 长 | | | |
| 携带充气式小钢瓶 | CP-1 | 4.5 | 1500 | 4800～5300 | 7.8 | 114 | 610 | 用自备的大钢瓶气体对小钢瓶充气。携带式解决流动焊接搬运大钢瓶难题 | 245 | 温州市瓯海电焊设备厂(原浙江省瓯海电焊设备厂) |
| | CP-2 | 4.5 | 1500 | 4800～5300 | 7.8 | 114 | 610 | 用自备的大钢瓶气体对小钢瓶充气。除携带方便外，还配有浮标式流量计 | 245 | |

## 表 11-35 电焊条保温筒

| 产品名称 | 型号 | 型式 | 适用电压/V | 加热功率/W | 恒温温度/℃ | 可容焊条 长度/mm | 可容焊条 质量/kg | 质量/kg | 外形尺寸/mm 直径 | 外形尺寸/mm 长 | 外形尺寸/mm 宽 | 外形尺寸/mm 高 | 用途 | 参考价/(元/只) | 生产厂家 |
|---|---|---|---|---|---|---|---|---|---|---|---|---|---|---|---|
| 电焊条保温筒 | TRB-2.5 | 立式 | 25～90 | 100 | 135±15 | 400 | 2.5 | 3 | 172 | 600 | — | — | — | — | 温州电焊设备总厂 |
| | | 手提立式 | 60～90 | 300 | 180 | 400 | 2.5 | 2.8 | 60 | 410 | — | — | 用焊机的二次电源加热，恒温 180℃±20℃保持焊条现场施焊时干燥 | 102 | 温州市瓯海电焊设备厂（原浙江省瓯海电焊设备厂） |
| | TRB-5 | 手提立式 | 60～90 | 300 | 180 | 400 | 5 | 3 | 190 | 480 | — | — | | 120 | |
| | | 立式 | 25～90 | 100 | 135±15 | 400 | 5 | 3.5 | 182 | 620 | — | — | — | — | 温州电焊设备总厂 |
| | TRB-2.5B | 背包式 | 25～90 | 100 | 135±15 | 400 | 2.5 | 1.8 | — | 85 | 120 | 470 | — | — | |
| | W-3 | 立卧 | 25～90 | 100 | 135±15 | 400 | 5 | 2.3 | 115 | 480 | — | — | | | |
| | TRB-5W | 卧式 | 25～90 | 100 | 135±15 | 400 | 5 | 4 | — | 140 | 170 | 480 | | | |
| | TRB-5 | 卧式 | 60～90 | 300 | 180 | 400 | 5 | 2.8 | 160 | 480 | — | — | 用焊机的二次电源加热，恒温 180℃±20℃保持焊条现场施焊时干燥 | 120 | 温州市瓯海电焊设备厂（原浙江省瓯海电焊设备厂） |
| | TRB-5 | 立卧双用活轮式 | 60～90 | 300 | 180 | 400 | 5 | 2.8 | 160 | 480 | — | — | | 130 | |
| | TRB-10 | 手提立式 | 60～90 | 450 | 180 | 400 | 10 | 5.4 | 210 | 580 | — | — | | 220 | |
| 电焊条烘干筒 | TRB-10 | 手提立式 | 110、220 | 450 | 400 | 400 | 10 | 5.4 | 210 | 580 | — | — | 可用直流 110V 或交流 220V 电压加热，用温度继电器进行无级调温控温在 30～400℃ | 550 | |

## 表 11-36 焊剂烘干机

| 产品名称 | 型号 | 额定功率/kW | 电源电压/V | 加热功率/kW | 上料机功率/kW | 可烘焊剂容量/kg | 最高工作温度/℃ | 吸料速度/(kg/h) | 温度上升/(℃/h) | 保温时间调节范围/h | 烘干后含水量/% | 工作环境温度/℃ | 质量/kg | 外形尺寸/mm 长 | 外形尺寸/mm 宽 | 外形尺寸/mm 高 | 用途 | 参考价/(元/台) | 生产厂家 |
|---|---|---|---|---|---|---|---|---|---|---|---|---|---|---|---|---|---|---|---|
| 吸入式自控焊剂烘干机 | YJJ-A-100 | 4.5 | 380 | — | 1.5 | 100 | 450 | 180 | 200 | 0～10 | 0.05 | — | 260 | 1160 | 700 | 1620 | 自动上料、微粉清除、远红外辐射加热、自动控制 | 9000 | 温州市瓯海电焊设备厂（原浙江省瓯海电焊设备厂） |
| | YJJ-A-200 | 5.4 | 380 | — | 1.5 | 200 | 450 | 180 | 200 | 0～10 | 0.05 | — | 300 | 1160 | 700 | 1720 | | 9700 | |
| | YJJ-A-300 | 7.2 | 380 | — | 1.5 | 300 | 450 | 180 | 200 | 0～10 | 0.05 | — | 400 | 1160 | 700 | 2000 | | 10200 | |
| | YJJ-A-500 | 9 | 380 | — | 1.5 | 500 | 450 | 180 | 200 | 0～10 | 0.05 | — | 450 | 1220 | 700 | 2100 | | 11000 | |
| 旋转式焊剂烘干机 | YYZH-60 | 0.75 | 380 | 4.8 | — | 60 | 450 | — | — | 10 | — | 0～45 | 240 | 1450 | 510 | 1250 | 采用远红外辐射加热，自动控温报警。在旋转下对焊机均匀加温，适用于焊剂烘焙 | 9600 | |
| | YYZH-100 | 0.75 | 380 | 4.8 | — | 100 | 450 | — | — | 10 | — | 0～45 | 280 | 1600 | 610 | 1400 | | 12500 | |
| | YYZH-150 | 0.75 | 380 | 4.8 | — | 150 | 450 | — | — | 10 | — | 0～45 | 310 | 1750 | 710 | 1550 | | 13500 | |

## 表 11-37 焊条烘干设备

| 产品名称 | 型号 | 电源电压/V | 额定功率/kW | 最高工作温度/℃ | 温度误差/℃ | 可装焊条容量/kg | 控制方法 | 焊条长度/mm | 质量/kg | 外形尺寸/mm | | | | | | 用途 | 参考价/(元/台) | 生产厂家 |
|---|---|---|---|---|---|---|---|---|---|---|---|---|---|---|---|---|---|---|
| | | | | | | | | | | 控制箱 | | | 炉体 | | | | | |
| | | | | | | | | | | 长 | 宽 | 高 | 长 | 宽 | 高 | | | |
| 自控远红外电焊条烘干炉 | RDL4-40 | 380 | 3.2 | 450 | ±10 | 40 | 程控 | ≤450 | 130 | 380 | 470 | 270 | 810 | 580 | 1100 | 烘干电焊条 | 6500 | 温州焊接设备厂 |
| | RDL4-60 | 380 | 4.0 | 450 | ±10 | 60 | 程控 | ≤450 | 150 | 380 | 470 | 270 | 810 | 620 | 1200 | | 7500 | |
| | RDL4-100 | 380 | 5.8 | 450 | ±10 | 100 | 程控 | ≤450 | 180 | 430 | 590 | 270 | 810 | 660 | 1350 | | 8500 | |
| | RDL4-150 | 380 | 7.0 | 450 | ±10 | 150 | 程控 | ≤450 | 220 | 430 | 590 | 270 | 810 | 700 | 1400 | | 9900 | |

| 产品名称 | 型号 | 电源电压/V | 额定功率/kW | 最高工作温度/℃ | 温度误差/℃ | 可装焊条容量/kg | 质量/kg | 外形尺寸/mm | | | 用途 | 参考价/(元/台) | 生产厂家 |
|---|---|---|---|---|---|---|---|---|---|---|---|---|---|
| | | | | | | | | 炉体 | | | | | |
| | | | | | | | | 长 | 宽 | 高 | | | |
| 自控远红外电焊条烘干炉 | ZYH-10 | 220 | 1.2 | — | — | 10 | 70 | 370 | 740 | 650 | 温度数字显示烘干保温控制 | 2850 | 温州市瓯海电焊设备厂(原浙江省瓯海电焊设备厂) |
| | ZYH-15 | 220 | 1.2 | — | — | 15 | 75 | 400 | 740 | 650 | | 3500 | |
| | ZYH-20 | 220 | 1.8 | — | — | 20 | 90 | 400 | 750 | 780 | | 4100 | |
| | ZYH-30 | 220 | 2.6 | — | — | 30 | 115 | 450 | 750 | 800 | | 4600 | |
| | | 220 | 3.2 | 450 | ±15 | 30 | 165 | 500 | 350 | 500 | | — | 温州焊接设备厂 |
| | ZYH-40 | 220 | 3.8 | — | — | 40 | 128 | 570 | 750 | 1050 | | 5600 | 温州市瓯海电焊设备厂(原浙江省瓯海电焊设备厂) |
| | ZYH-60 | 220 | 4.1 | — | — | 60 | 148 | 620 | 750 | 1050 | | 6800 | |
| | | 220 | 5.8 | 450 | ±15 | 60 | 195 | 500 | 450 | 500 | | — | 温州焊接设备厂 |
| | ZYH-100 | 220 | 5.4 | 500 | — | 100 | 205 | 670 | 750 | 1170 | | 8300 | 温州市瓯海电焊设备厂(原浙江省瓯海电焊设备厂) |
| | | 220 | 7.8 | 450 | ±15 | 100 | 290 | 500 | 615 | 980 | | — | 温州焊接设备厂 |
| | ZYHC-20 | 220 | 2.0 | — | — | 20 | 110 | 400 | 740 | 1120 | 温度数字显示配备储藏保温箱 | 4500 | 温州市瓯海电焊设备厂(原浙江省瓯海电焊设备厂) |
| | ZYHC-30 | 220 | 3.8 | — | — | 30 | 170 | 5700 | 750 | 1350 | | 5500 | |
| | | 220 | 2.8 | 450 | ±15 | 30 | 185 | 580 | 1325 | 780 | | — | 温州焊接设备厂 |
| | ZYHC-40 | 220 | 4.4 | — | — | 40 | 192 | 580 | 1325 | 780 | | 6500 | 温州市瓯海电焊设备厂(原浙江省瓯海电焊设备厂) |
| | ZYHC-60 | 220 | 7.0 | — | — | 60 | 231 | 620 | 750 | 1350 | | 8100 | |
| | | 220 | 5.8 | 450 | ±15 | 60 | 220 | 500 | 450 | 500 | | — | 温州焊接设备厂 |
| | ZYHC-100 | 220 | 9.0 | — | — | 100 | 260 | 950 | 750 | 1250 | | 9300 | 温州市瓯海电焊设备厂(原浙江省瓯海电焊设备厂) |
| | ZYHC-150 | 220 | 7.4 | — | — | 150 | 373 | 1050 | 750 | 1450 | | 10800 | |
| | | 220 | 9.0 | 450 | ±15 | 150 | 350 | 1225 | 1520 | 780 | | — | 温州焊接设备厂 |
| | ZYHC-200 | 220 | 8.4 | — | — | 200 | 405 | 1150 | 750 | 1270 | | 12800 | 温州市瓯海电焊设备厂(原浙江省瓯海电焊设备厂) |

**表 11-38 印刷电动机**

| 产品名称 | 型号 | 电压/V | 电流/A | 输出功率/W | 转速/(r/min) | 质量/kg | 用途 | 参考价/(元/台) | 生产厂家 |
|---|---|---|---|---|---|---|---|---|---|
| 印刷电动机 | 120SN01-C | 24 | 5 | 65 | 144 | 2.8 | 用于 $CO_2$/MAG 气保焊机送丝机 | — | 中外合资南通振康机械有限公司 |
| | 120SN02-C | 24 | 4.2 | 65 | 144 | 1.6 | | — | |
| | 120SN03-C | 28 | 4.2 | 70 | 144 | 1.6 | | — | |
| | 120SN05-C | 18.3 | 5.5 | 50 | 130 | 2.8 | | — | |
| | 120SN010-C | 24 | 5.5 | 85 | 130 | 3 | 用于埋弧焊机头并可配双驱动送丝装置 | — | |
| | 120SN01 | 24 | 5 | 75 | 3600 | 1.2 | | — | |
| | 120SN02 | 24 | 4.2 | 70 | 3600 | 0.65 | 用于各类自动/半自动 $CO_2$ 气保焊机、埋弧焊机送丝机，也适用于工业自动控制、办公设备和汽车电器 | — | |
| | 120SN03 | 28 | 4.2 | 80 | 4000 | 0.65 | | — | |
| 印刷直流减速电动机 | 154SN-J01/J02 | — | — | — | 130 | 2.4 | 用于 $CO_2$ 气保焊送丝机 | 660 | 天津市天工新技术开发公司 |
| | 154SN-J03 | 18.3/24/32/36 | 5.5/4.5/4.5/8.5 | — | 130 | 3.5 | 适用于药芯焊丝、大规格(2.0～2.4)焊丝及长电缆焊枪送丝 | 980 | |
| | 154SN-01 | — | — | — | 3000/4800 | 1.2 | 用于 $CO_2$ 气保焊送丝机 | 300 | |
| | 154SN-05 | — | — | — | 2800/4800 | 1.3 | 适用于送丝机和电动自行车 | 350 | |

**表 11-39 电器元件**

| 产品名称 | 型号 | 通态平均电流/A | 峰值电压/V | 门极触发电流/mA | 门极触发电压/V | 用途 | 生产厂家 |
|---|---|---|---|---|---|---|---|
| 普通整流管 | ZP | 5～2500 | 100～3000 | — | — | 产品体积小、重量轻，单价按电流大小计算，散热器另配 | 浙江长江股份乐清市东方整流器厂 |
| 普通晶闸管 | KP | 5～2000 | 100～3000 | 15～300 | 0.7～3 | | |
| 双向晶闸管 | KS | 5～500 | 100～1400 | 15～300 | 0.7～3 | | |

# 参 考 文 献

[1] 张永吉，乔长君等编. 电焊机维修技术. 北京：化学工业出版社，2011.
[2] 胡绳主编. 现代弧焊电源及其控制. 北京：机械工业出版社，2007.
[3] 刘竹，肖介光主编. 逆变式弧焊机. 成都：四川科学技术出版社，1994.
[4] 中国机械工程学会设备维修分会《机械设备维修问答丛书》编委会编. 电焊机维修问答. 北京：机械工业出版社，2003.
[5] 梁文广主编. 电焊机维修简明问答. 北京：机械工业出版社，1996.
[6] 陈荣幸，孔云英编著. 工厂电气故障与排除方法. 北京：化学工业出版社，2000.

## 化学工业出版社电气类图书推荐

| 书号 | 书　　名 | 开本 | 装订 | 定价/元 |
|---|---|---|---|---|
| 06669 | 电气图形符号文字符号便查手册 | 大32 | 平装 | 45 |
| 06935 | 变配电线路安装技术手册 | 大32 | 平装 | 35 |
| 10561 | 常用电机绕组检修手册 | 16 | 平装 | 98 |
| 10565 | 实用电工电子查算手册 | 大32 | 平装 | 59 |
| 07881 | 低压电气控制电路图册 | 大32 | 平装 | 29 |
| 03742 | 三相交流电动机绕组布线接线图册 | 大32 | 平装 | 35 |
| 05678 | 电机绕组接线图册 | 横16 | 平装 | 59 |
| 05718 | 电机绕组布线接线彩色图册 | 大32 | 平装 | 49 |
| 08697 | 中小型电机绕组修理技术数据 | 大32 | 平装 | 26 |
| 07126 | 电动机维修 | 大32 | 平装 | 15 |
| 07436 | 电动机保护器及控制线路 | 大32 | 平装 | 18 |
| 02363 | 防爆防腐电机检修技术问答 | 大32 | 平装 | 21 |
| 03224 | 潜水电泵检修技术问答 | 大32 | 平装 | 27 |
| 03968 | 牵引电动机检修技术问答 | 大32 | 平装 | 28 |
| 03779 | 变电运行技术问答 | 大32 | 平装 | 19 |
| 05081 | 工厂供配电技术问答 | 大32 | 平装 | 25 |
| 07733 | 实用电工技术问答 | 大32 | 平装 | 39 |
| 00911 | 图解变压器检修操作技能 | 16 | 平装 | 35 |
| 12806 | 工厂电气控制电路实例详解(第二版) | 16 | 平装 | 38 |
| 04212 | 低压电动机控制电路解析 | 16 | 平装 | 38 |
| 04759 | 工厂常见高压控制电路解析 | 16 | 平装 | 42 |
| 08271 | 低压电动机控制电路与实际接线详解 | 16 | 平装 | 38 |
| 01696 | 图解电工操作技能 | 大32 | 平装 | 21 |
| 08051 | 零起点看图学——电机使用与维护 | 大32 | 平装 | 26 |
| 08644 | 零起点看图学——三相异步电动机维修 | 大32 | 平装 | 30 |
| 08981 | 零起点看图学——电气安全 | 大32 | 平装 | 18 |
| 09551 | 零起点看图学——变压器的使用与维修 | 大32 | 平装 | 25 |
| 08060 | 零起点看图学——低压电器的选用与维修 | 大32 | 平装 | 25 |
| 09150 | 电力系统继电保护整定计算原理与算例 | B5 | 平装 | 29 |
| 09682 | 发电厂及变电站的二次回路与故障分析 | B5 | 平装 | 29 |
| 05400 | 电力系统远动原理及应用 | B5 | 平装 | 29 |
| 04516 | 电气作业安全操作指导 | 大32 | 平装 | 24 |
| 06194 | 电气设备的选择与计算 | 16 | 平装 | 29 |
| 08596 | 实用小型发电设备的使用与维修 | 大32 | 平装 | 29 |
| 10785 | 怎样查找和处理电气故障 | 大32 | 平装 | 28 |
| 11454 | 蓄电池的使用与维护(第二版) | 大32 | 平装 | 28 |
| 11271 | 住宅装修电气安装要诀 | 大32 | 平装 | 29 |
| 11575 | 智能建筑综合布线设计及应用 | 16 | 平装 | 39 |
| 11934 | 全程图解电工操作技能 | 16 | 平装 | 39 |
| 11271 | 住宅装修电气安装要诀 | 大32 | 平装 | 29 |
| 12034 | 实用电工电子控制电路图集 | 16 | 精装 | 148 |
| 12759 | 电力电缆头制作与故障测寻(第二版) | 大32 | 平装 | 29.8 |
| 12759 | 电机绕组接线图册(第二版) | 横16 | 平装 | 68 |
| 12880 | 电工口诀——插图版 | 大32 | 平装 | 18 |

以上图书由**化学工业出版社　电气出版分社**出版。如要以上图书的内容简介和详细目录，或者更多的专业图书信息，请登录 www.cip.com.cn。

地址：北京市东城区青年湖南街13号（100011）

购书咨询：010-64518888

如要出版新著，请与编辑联系。电话：010-64519265，E-mail：gmr9825@163.com